21 世纪高职高专规划教材

AutoCAD 2006 中文版实用教程

主编 卢德友 陈红中

黄河水利出版社

内容提要

AutoCAD 2006 是 Autodesk 公司新近推出的 CAD 较新版本。为紧跟时代步伐，作者适时推出了《AutoCAD 2006 中文版实用教程》。本书共分 12 章，第 1 ~ 10 章，每章按教学目标与学习要点、主要教学内容和实训三部分编写；第 11 ~ 12 章介绍了 AutoCAD 2006 的运用。本书集知识性、实用性与可操作性于一体，力求知识的点多面广、学以致用与通俗易懂。本书可作为高职高专规划教材使用，也可作为 AutoCAD 2006 的培训教材，更是广大 CAD 爱好者的参考用书。

图书在版编目(CIP)数据

AutoCAD 2006 中文版实用教程/卢德友，陈红中主编．郑州：黄河水利出版社，2007.8

ISBN 978 - 7 - 80734 - 241 - 0

Ⅰ.A… Ⅱ.①卢…②陈… Ⅲ.计算机辅助设计 - 应用软件，AutoCAD 2006 - 高等学校：技术学校 - 教材 Ⅳ.TP391.72

中国版本图书馆 CIP 数据核字(2007)第 119068 号

出 版 社：黄河水利出版社

地址：河南省郑州市金水路 11 号　　邮政编码：450003

发行单位：黄河水利出版社

发生部电话：0371 - 66026940　　传真：0371 - 66022620

E - mail：hhslcbs@126.com

承印单位：黄河水利委员会印刷厂

开本：787 mm × 1 092 mm　1/16

印张：17

字数：393 千字　　印数：1—3 000

版次：2007 年 8 月第 1 版　　印次：2007 年 8 月第 1 次印刷

书号：ISBN 978 - 7 - 80734 - 241 - 0/TP・29　　定价：27.00 元

前　言

AutoCAD 2006 是 Autodesk 公司新近推出的 CAD 较新的版本，它与前期的版本相比有很大的优越性，无论是软件的功能上还是实用方法上都有较大的改进。为了跟上时代的步伐，提高 CAD 的绘制技术，我们适时地编写了这本《AutoCAD 2006 中文版实用教程》。

《AutoCAD 2006 中文版实用教程》全书共分 12 章。第 1 章介绍了 AutoCAD 2006 中文版的基础知识，主要是针对初学者，使其对 AutoCAD 2006 有基本的了解；第 2 ~ 8 章详细讲解了利用 AutoCAD 2006 二维绘图命令绘制二维平面图形的基本方法和技巧；第 9 ~ 10 章介绍了三维图形的建模方法，通过实例讲解三维形体的绘制与编辑；第 11 ~ 12 章是 AutoCAD 2006 的运用，其中第 11 章是图纸打印与利用图纸集管理器管理图纸，第 12 章是利用 AutoCAD 2006 绘制水利工程图。

在第 1 ~ 10 章中，每章按教学目标与学习要点、主要教学内容和实训三部分编写。教学目标分介绍与讲解，"介绍"是对知识点的简单介绍，不做深层次的讲解；"讲解"则是对知识面的深层次要求（在实际教学中，可能会由于教师不同的理解与喜好，对"介绍"与"讲解"有不同的观点，这并不影响教学效果）。学习要点，是我们在编写过程中认为学生应该对知识的把握程度，分了解、熟悉和掌握三个层次的要求。"了解"是我们认为学生需要知道的知识点；"熟悉"是要求学生应该比较清楚的知识面；"掌握"则是要求学生必须会灵活运用的教学内容。教学内容部分，我们并不仅仅就工具条讲工具条，就对话框讲对话框，而是根据我们多年的教学经验，重新编排教学顺序，同一工具条上的内容可能分散在几个章节中介绍。最终的目的就是让知识具有递进性与连贯性，尽量让上一次讲解的内容，在下次上机实训时"有据可依"。实训部分分实训目的、相关知识、实训指导和实训内容四个部分。我们编写本书的一个目的就是希望将一个章节的内容作为一次教学内容，利用多媒体教室讲解一次；而在下次教学时安排学生进行上机实训。因此，我们把实训的内容排在每一章的后面。每一章的"实训目的"就是利用当前所学的内容解决实际问题；"相关知识"就是本章所讲的主要内容；"实训指导"的内容既可以作为教师在课堂上的举例，也可以作为学生上机操作的实例来用；"实训内容"是学生上机操作时练习的题目。对于"实训指导"，我们的本意是通过实例为学生上机操作创造一个切入点，学生根据指导的内容和知识点的运用加以领会贯通，起画龙点睛的作用。

我们在编写本书时力求突出本书的知识性、实用性与可操作性。"知识性"就是要达到本书知识的点多面广，我们在本书中尽量罗列 AutoCAD 的知识点，目的就是丰富本书的内容；"实用性"有两层意思，一是读者通过学习本书确实能够解决绘图的实际问题，二是本书的举例尽量与工程实际相结合，达到学以致用；"可操作性"则是我们在本书中所讲的内容深入浅出、通俗易懂，所举的例子通过所给出的步骤都能实现绘图目的。

本书由华北水利水电学院水利职业学院卢德友编写第 9、10、12 章，陈红中编写第 2、

4、8 章，张新盈编写第 1、6 章；安徽水利水电职业技术学院张春来编写第 3、7 章；三峡电力职院陈小飞编写第 5、11 章。全书由卢德友统稿。在编写过程中，我们参考了相关论文、论著中的部分内容、例图，在此我们对他们的帮助表示由衷的感谢！

我们在编写本书的时候，极尽努力，力求达到尽善尽美。但百密也可能会有一疏，再加上我们水平有限，总会有不尽人意的地方。这里衷心地希望同行、专家们提出批评指正！

编　者

2007 年 5 月

目　录

第 1 章　中文 AutoCAD 2006 基础知识

【教学目标】

1. 详细介绍 AutoCAD 2006 的安装与启动、新增功能及基本操作知识。

2. 介绍 AutoCAD 2006 的文件操作、绘图环境的设置。

【学习要点】

1. 熟悉 AutoCAD 2006 的工作界面。

(1) 熟悉工作界面中的标题栏与菜单。

(2) 了解下拉菜单与二级菜单的操作。

2. 掌握 AutoCAD 2006 的基本操作。

(1) 掌握基本操作命令。

(2) 掌握图形文件操作。

(3) 掌握绘图环境设置。

1.1　AutoCAD 2006 概述

1.1.1　AutoCAD 2006 系统所需配置

AutoCAD 2006 系统所需配置如表 1.1 所示。

表 1.1　AutoCAD 2006 硬件和软件需求

硬件/软件	需求	说明
操作系统	Windows® XP Professional, Service Pack 1 或 2; Windows XP Home Service Pack 1 或 Windows XP Home Service Pack2; Windows XP Tablet PC; Windows 2000 Service Pack 4	建议在用户界面语言与 AutoCAD 语言的代码页匹配的操作系统上安装非英文版本的 AutoCAD 代码页为不同语言的字符集提供支持 必须有管理权限,才能安装 AutoCAD
处理器	Pentium Ⅲ 或更高 800 MHz	
RAM	512 MB(推荐)	
视频	1024×768 VGA 真彩色(最低要求)	需要支持 Windows 的显示适配器
硬盘	安装 500 MB	
定点设备	鼠标、轨迹球或其他设备	
CD-ROM	任意速度(仅用于安装)	
可选硬件	打印机或绘图仪	

1.1.2 AutoCAD 2006 的安装与启动

1. 单机安装 AutoCAD 的步骤

(1)将 AutoCAD 的安装盘插入计算机的 CD-ROM 驱动器。

(2)在媒体浏览器中,单击“安装”选项卡。

(3)在“安装”选项卡上,单击“单机安装”。

(4)在“安装 AutoCAD 2006”页下单击“安装”,以启动 AutoCAD 2006 安装向导。

(5)在“Autodesk 安装程序”页上单击“确定”,以安装所需的支持部件。

(6)在“欢迎使用 AutoCAD 2006 安装向导”对话框中,单击“下一步”。

(7)查看所适用国家/地区的 Autodesk 软件许可协议。必须接受协议才能完成安装,要接受协议,先单击“我接受”,然后单击“下一步”。

注意:如果不同意协议的条款,请单击“取消”以取消安装。

(8)在“序列号”页上,输入产品包装上的序列号或编组 ID,单击“下一步”。

注意:如果同时具有编组 ID 和序列号,请在此处输入编组 ID。

(9)在“用户信息”对话框中,输入用户信息。

在此输入的信息是永久性的,它们将显示在计算机的“AutoCAD”窗口中(使用“帮助”→“关于”可以访问该窗口)。由于以后无法更改此信息(除非删除该产品),因此请确保在此处输入正确的信息。

(10)单击“下一步”。

(11)在“选择安装类型”对话框中,指定所需的安装类型,然后单击“下一步”。

“典型”安装类型将安装最常用的应用程序功能。建议大多数用户选择此项。

“自定义”将仅安装用户选择的应用程序功能。选择要安装的功能,然后单击“下一步”。

可供选择的应用程序安装类型及功能如下:

①三维 DWF 发布:发布单页三维 DWF 文件。

②CAD 标准:包含用于检查设计文件是否符合标准的工具。

③数据库:包含数据库访问工具。

④词典:包含多语言词典。

⑤图形加密:允许用户通过“安全选项”对话框使用口令保护图形。

⑥Express Tools:包含 AutoCAD 支持工具和实用程序。

⑦字体:包含 AutoCAD 字体和 TrueType 字体。

⑧新功能专题研习:包含帮助用户学习新功能的动画演示、练习和样例文件。

⑨移植自定义设置:允许用户从早期版本中移植自定义设置和文件。

⑩许可证转移实用程序:包含用于在计算机之间移动单机许可证的工具。

⑪参照管理器:允许用户查看和编辑与图形关联的外部参照文件的路径。

⑫样例:包含各种功能的样例文件。

⑬教程:包含产品课程。

⑭VBA 支持:包含 Microsoft Visual Basic for Applications 支持文件。

(12)在“安装可选工具”页上,执行以下操作:

对于“安装 Express Tools”选项，如果要安装 AutoCAD Express Tools，请选中此选项的复选框。

对于“安装三维 DWF 发布”选项，如果要安装三维 DWF 发布，请选中此选项的复选框。

(13)在“目标文件夹”对话框中，执行下列操作之一：

单击“下一步”，接受默认的目标文件夹（*C*:*Program Files**AutoCAD* 2006\\）。

输入路径或单击“浏览”，指定在其他驱动器和文件夹中安装 AutoCAD。单击“确定”，然后单击“下一步”。

注意：要查看计算机驱动器上的磁盘空间大小，请单击“磁盘需求”按钮。

(14)在“选择文本编辑器”页上，如果要编辑文本文件（例如 PGP 和 CUS 词典文件），请选择要使用的文本编辑器。可以接受默认编辑器，也可以从可用文本编辑器列表中选择。还可以单击“浏览”以定位未列出的文本编辑器。

(15)在“选择文本编辑器”页上的“产品快捷方式”部分，选择是否要在桌面上显示 AutoCAD 快捷方式图标。在默认情况下，产品图标将在桌面上显示。如果不希望显示快捷方式图标，请清除该复选框。然后单击“下一步”。

(16)在“开始安装”对话框中，单击“下一步”以开始安装。

显示“更新系统”对话框，其中显示了安装进度。安装完成后，将显示“安装完成”对话框。

(17)在“AutoCAD 2006 已经成功安装”页上，单击“完成”。如果单击“完成”，将从此对话框中打开“自述文件”。“自述文件”包含 AutoCAD 2006 文档发布时尚未具备的信息。如果不需要查看“自述文件”，请清除“自述文件”旁边的复选框。

注意：也可以在安装 AutoCAD 之后查看自述文件。

(18)如有提示，请重新启动计算机。

2. 注册和激活 AutoCAD 的步骤

第一次启动 AutoCAD 时，将显示产品激活向导。可在此时激活 AutoCAD，也可以在运行 AutoCAD 以后再激活它。如果不立即激活 AutoCAD，则在第一次运行该程序后的 30 天内，会始终显示产品激活向导。每次启动程序时，都会提示用户输入有效的激活码，直到输入为止。如果在运行 AutoCAD 30 天后未提供有效的激活码，则必须输入激活码才能运行 AutoCAD。激活 AutoCAD 后，将不再显示产品激活向导。要注册和激活产品，最快、最可靠的方式是使用 Internet。只需输入注册信息并通过 Internet 将其发送给 Autodesk 即可。提交信息后，将立即进行注册和激活。

(1)在“开始”菜单（Windows），单击“所有程序”（或“程序”）→“Autodesk”→“AutoCAD 2006”→“AutoCAD 2006”。

(2)在 AutoCAD 2006 产品激活向导中，选择“激活产品”，然后单击“下一步”。

(3)单击“注册和激活”（获得一个激活码）。

(4)单击“下一步”，并按照屏幕上的说明操作。

如果无法访问 Internet 或希望使用其他注册方式，可以通过下列方式之一来注册和激活 AutoCAD：

①电子邮件。创建包含注册信息的电子邮件,并将其发送给 Autodesk。

②传真或邮寄。输入注册信息,然后将其传真或邮寄给 Autodesk。

3. 启动 AutoCAD 2006

可以通过下列方式启动 AutoCAD。

(1)用桌面快捷方式图标启动。安装 AutoCAD 时,将在桌面上放置一个 AutoCAD 2006 快捷方式图标“”(除非您在安装过程中清除了该选项)。双击 AutoCAD 2006 图标可以启动 AutoCAD。

(2)从“开始”菜单启动。在“开始”菜单(Windows),单击“所有程序”(或“程序”)→“Autodesk”→“AutoCAD 2006”→“AutoCAD 2006”。

(3)从 AutoCAD 的安装位置启动。如果您具有超级用户权限或管理员权限,则可以从 AutoCAD 的安装位置(例如,*C*:*Program Files**AutoCAD* 2006*acad. exe*)运行该程序。有限权限用户必须从“开始”菜单或桌面快捷方式图标运行 AutoCAD。如果希望创建自定义快捷方式,请确保快捷方式的“起始位置”目录指向用户具有写权限的目录。

1.1.3 AutoCAD 2006 新功能介绍

1. 填充图形

图案填充在 AutoCAD 制图中是经常用到的。此项功能在 AutoCAD 2006 版中进行了很大的增强,可以让用户更有效地创建图案填充。边界填充和填充(另名为阴影和渐变)以及填充编辑对话框都进行了改进。它提供了更多更容易操作的选项,包括运用可伸缩屏来访问高级选项。

1)控制填充原点

在 AutoCAD 2006 版中,创建和编辑填充图案时可以指定填充原点。新的填充原点可以在填充以及填充和渐变对话框中控制。用户可以使用当前的原点,通过点击一个点来设置新的原点或利用边界的范围来确定,甚至可以指定这些选项中的一个来作为默认的行为用于以后的填充操作。

2)指定填充边界

在 AutoCAD 以前的版本中指定填充区域有许多的限制。操作时只能拾取区域中边界内的一个点,而且整个边界都必须在当前屏幕显示范围内可见。因此,只能缩放或平移到整个边界可见或将边界分成多个部分。在创建完填充后,不能利用其他的对象重新定义边界,只能删除原来的填充,重填一次。

在 AutoCAD 2006 版中,填充功能得到了很大的改进,用户可以在范围不完全在当前屏幕中的区域中选取一个点来填充。如可以填充整套房子的墙,还可以放大到某个房间来选取点。

新的边界选项允许用户添加、删除、重新创建边界以及查看当前边界。

3)创建分离的填充对象

在 AutoCAD 以前的版本中,如果需要在图形中的多个区域使用相同的填充属性,若一次将所有的区域都选中填充,则只会出现一个填充对象,这样的结果可不是我们所需要的。因为如果将所有形状的填充作为一个单一的对象,就不能在不影响其他填充图案的情况下对某一填充图案单独进行修改和删除，所以就只能每次填充一个区域来完成，这样才能让它们各自独立。

而在 AutoCAD 2006 版中，填充和渐变对话框中新增了一个选项，可以让用户在一次填充操作中创建分离的填充图案。这样一次操作等于以前的多次操作。

4）查找填充面积

有些时候，进行边界填充后，需要确定边界所包含的面积。在 AutoCAD 2006 版中，填充图案的属性窗口中增加了一个面积属性，并可以查看填充图案的面积。如果是选择了多个填充区域，累计的面积也可以查询得到。

2. 绘图和编辑

AutoCAD 提供了很多的命令来绘制和编辑任何形状、大小的几何图形。在 AutoCAD 2006 版中，很多的这些命令都被增强，使绘图和编辑任务变得更加流畅。

1）使用普通的编辑命令

在 AutoCAD 2006 版本中，普通的 AutoCAD 编辑命令被更新以提供更协调和更有效的命令交互。

COPY（复制）命令包含了一个 Undo（撤销）选项，它可以在一个复制操作过程中撤销多个复制的对象。

COPY（复制）、MOVE（移动）和 STRETCH（拉伸）命令在整个编辑进程中保留了最近移动距离值。

STRETCH（拉伸）命令提供了更加灵活和协调的对象选择项。用户可以使用标注的对象选择方法，如拾取对象。AutoCAD 能自动将这些对象当成移动的对象。用户也可以在一个 STRETCH 操作中通过多次框选来选择对象，这样可同时按不同选择集拉伸对象。

ROTATE（旋转）和 SCALE（比例缩放）命令包含了复制操作，这样可以使用户在旋转或缩放对象的同时创建对象的复制。使用增强的“参照”选项可拾取任意两个点以指定新的角度或比例。用户不再局限于将基点作为参照点。

OFFSET（偏移）命令可以在不退出命令时多次进行偏移操作。在命令中的附加选项可以进行撤销操作，自动删除源对象和指定新的对象是在当前图形中创建还是在与源对象相同的图层中创建。

CHAMFER（倒角）和 FILLET（圆角）命令包含了撤销选项，这样可以使用户在命令中撤销倒角或圆角操作。附加的功能使用户可快速创建零距离倒角或零半径圆角（需要在选择两条线的时候按下 Shift 键）。

TRIM（修剪）和 EXTEND（延伸）命令提供访问附加对象选择选项。默认的“全部选择”项可快速选择所有可视的几何图形作为剪切或延伸边界，而在选择对象进行修剪或延伸时，Fence（栏选）和 Crossing（框选）项也可用。当使用框选项时，框窗口的最初拾取点将决定选定的对象是怎样进行修剪或延伸的。

RECTANGLE（画矩形）命令提供新的面积和旋转选项。使用面积选项，可通过指定矩形的面积和一个边长来创建矩形。而旋转选项使用户在创建过程中可通过输入旋转角度或拾取两点来旋转矩形。

2)连接同类的对象

图形编辑过程可能经常会产生一些多余的对象,这些对象在图形中容易造成混乱。而把这些无用的对象删除掉或合并掉要花很多的时间。

在 AutoCAD 2006 版中,新的 JOIN(连接)命令能够将多个同类对象的线段连接成单个对象,这样可能减少文件大小和改进图形的质量。JOIN 功能对多段线、直线、圆弧、椭圆弧和样条曲线都有效。

它可以很容易地将任何数量的在同一直线方向上的线段连接成一条线。原始的线段可以是相互交叠的、带缺口的或端点相连的,但必须是在同一直线方向上的。对于圆弧段或椭圆弧段也是一样,它需要圆弧在同一圆周上。

JOIN 命令使用户可连接在同一平面而且端点相连的多个样条曲线,可使用 JOIN 命令封闭圆弧或椭圆弧,自动将它们转换为圆或椭圆。

3)创建和编辑多线

在 AutoCAD 中的多线对象可让用户创建平行线对象。尽管多线对象在平面布置图这样的图形中非常有用,但这个工具在创建和编辑这些对象时有些不标准和麻烦。

在 AutoCAD 2006 版中,增加的多线功能使多线对象更加灵活和容易使用。多线样式和多线编辑工具对话框提供了最新的、更直接的用户界面。另外,多线对象现在也支持标准的修剪和延伸命令的编辑。

4)访问三维几何图形的对象捕捉

新的 OSNAPZ 系统变量使用户可过滤和替换 OSNAP 点中当前标高的 Z 值。如果设置 OSNAPZ 为任何方式得到的 OSNAP 的 Z 值将被替换为当前标高或使用当前 UCS 的 Z 值。

3. 标注增强功能

(1)弧长标注。可以使用弧长标注来测量和显示圆弧的长度,还可以在标注样式管理器中设置标注样式。选择圆弧后,拖动光标以显示其标注。

(2)折弯半径标注。如果圆弧或圆的圆心位于图形边界之外,您可以使用折弯标注测量并显示其半径。

(3)固定长度的尺寸界线。

(4)标注线型增强功能。

(5)翻转标注箭头。

4. 多行文字增强功能

1)在位编辑器

使用在位文字编辑器,现在可以查看文字与图形的准确关系。在位文字编辑器显示了顶部带有标尺的边框和更新的"文字格式"工具栏。

2)项目序号与编号

多行文字现在可以格式化为用项目符号、数字或字母编号的列表,还可以设置子项列表格式并自动进行更新。

5. 自定义和移植

可以创建和保存简化的工作空间,使其仅包含我们在特定的任务中最常用的工具栏、工具选项板和菜单。然后,在我们转到不同的任务时,就可以快速地在工作空间之间进行切换了。

6. 一般增强功能

提取属性信息可以方便地直接从图形数据中生成日程表或 BOM 表。新的向导使得此过程更加简单。

您可以使用“编辑比例缩放列表”对话框管理用于视口、页面布局和打印的比例缩放列表。

7. 对界面的改进

您可以锁定工具栏和选项板的位置,防止它们意外地移动。锁定状态由状态栏上的挂锁图标表示。

8. 在表格中使用公式

您可以在表格中插入简单的公式,用于计算总计、计数和平均值,以及定义简单的算术表达式。要在选定的表格单元格中插入公式,可以单击鼠标右键,然后选择“插入公式”,也可以使用在位文字编辑器来输入公式。

9. 动态输入

使用动态输入功能可以在工具栏提示中输入坐标值,而不必在命令行中进行输入。光标旁边显示的工具栏提示信息将随着光标的移动而动态更新。当某个命令处于活动状态时,可以在工具栏提示中输入值。

动态输入不会取代命令窗口。

10. 动态块

动态块中定义了一些自定义特性,可用于在位调整块,而无需重新定义该块或插入另一个块。

11. 新工具

1) 快速计算器

可以使用快速计算来执行各种数学和三角函数计算。快速计算采用标准的数学表达式和图形表达式计算,其包括交点、距离和角度计算。

2) 图形修复管理器

可以检索图形的备份文件或自动保存的版本。程序或系统出现故障后,下次启动 AutoCAD 时将打开图形修复管理器。它显示发生故障时所有打开的图形文件的列表。

1.2 AutoCAD 2006 基本操作

1.2.1 AutoCAD 2006 的工作界面与基本操作

1. AutoCAD 2006 的工作界面

AutoCAD 2006 启动之后,进入如图 1.1 所示的界面,现介绍界面的主要内容。

1) 标题栏

显示 AutoCAD 2006 标题文件。

2) 菜单栏

AutoCAD 2006 缺省定义的菜单,每项标题下都有自己的对应菜单,也叫下拉菜单。

注意:在下拉菜单中如某一项右端有一黑三角,说明该菜单项仍为标题项,在它下面还有一级菜单,叫级联菜单。如果某一菜单后跟“...”,点击之后将出现一对话框,说明有另一新内容需要操作。

在屏幕的不同区域上单击鼠标右键时,可以显示快速获取当前动作有关命令的快捷菜单。它包括:

(1)绘图区域内选定或没有选定任何对象。

(2)绘图区域内一个命令期间。

(3)在文字和命令窗口中。

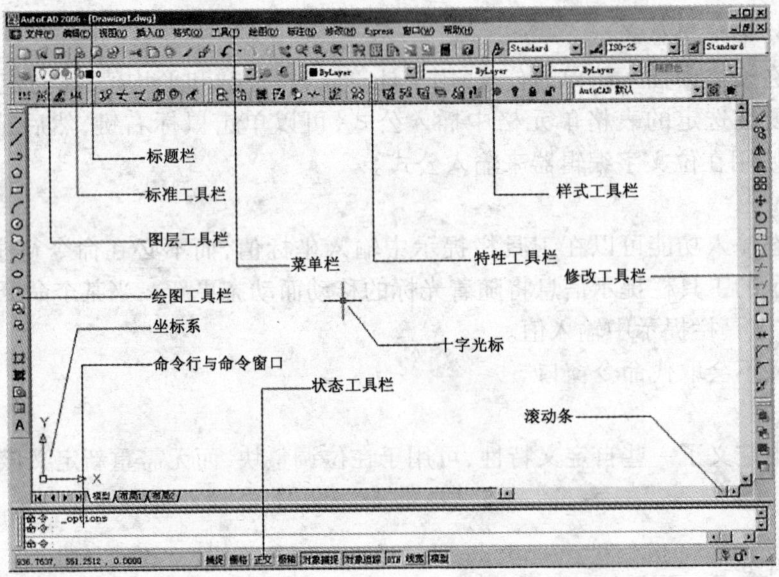

图 1.1 AutoCAD 2006 的工作界面

(4)绘图区域内和设计中心中的图标上。

(5)绘图区域内和“在位文字编辑器”中的文字上。

(6)工具栏或工具选项板上。

(7)模型或布局选项卡上。

(8)状态栏或状态栏按钮上。

(9)特定对话框上。

快捷菜单上通常包含以下选项:

(1)重复执行输入的上一个命令。

(2)取消当前命令。

(3)显示用户最近输入的命令的列表。

(4)剪切、复制以及从剪贴板粘贴。

(5)选择其他命令选项。

(6)显示对话框,例如“选项”或“自定义”。

(7)放弃输入的上一个命令。

3）工具栏

AutoCAD 最初显示以下几个工具栏："标准"工具栏、"样式"工具栏、"图层"工具栏、"特性"工具栏、"绘图"工具栏、"修改"工具栏。

4）十字光标

用以确定当前点位置的光标，十字丝与当前用户坐标系的 *X* 轴、*Y* 轴平行。十字光标的大小可以改变。

5）坐标系

分世界坐标系（WCS）和用户坐标系（UCS）。AutoCAD 2006 基本作图平面为用户坐标系的 *XY* 平面。

6）命令行与命令窗口

AutoCAD 2006 的所有命令都通过命令行显示出来，并由命令窗口记录下来，命令窗口的大小可以调节。

7）状态工具栏

显示当前光标的坐标值，并可以控制对图形对象操作的状态。

8）滚动条

用以调整图形对象显示的范围。

2. AutoCAD 2006 的基本操作

1）工具栏的操作

（1）工具栏的调用。右键单击任意工具栏，然后单击快捷菜单上的某个工具栏。

（2）工具栏的关闭。如果工具栏是固定的，使其浮动，单击工具栏右上角的"关闭"按钮；如果工具栏是浮动的，单击工具栏右上角的"关闭"按钮。

（3）工具栏的浮动。将光标定位在工具栏结尾处的双条线上，然后按下定点设备上的按钮，将工具栏从固定位置拖开并释放按钮。

（4）工具栏的固定。将光标定位在工具栏的名称上或任意空白区，然后按下定点设备上的按钮，将工具栏拖到绘图区域的顶部、底部或两侧的固定位置，当固定区域中显示工具栏的轮廓时，释放按钮。

要将工具栏放置到固定区域中而不固定，请在拖动时按住 Ctrl 键。

（5）工具栏大小的调整。将光标定位在浮动工具栏的边上，直到光标变成水平或垂直的双箭头为止。按住按钮并移动光标，直到工具栏变成需要的形状为止。

2）快捷键的使用

（1）键盘快捷键。

常用键盘快捷键见表 1.2。

（2）常用功能键。

①F1 键：调用 AutoCAD 帮助对话框；

②F2 键：使图形窗口与文本窗口相互切换；

③F3 键：对象捕捉开关；

④F4 键：校准数字化仪开关；

⑤F5 键：不同方向正等轴测图作图平面间的转换开关；

表 1.2　常用键盘快捷键

类型	名称	主键	类型	名称	主键
文件操作	新建	Ctrl + N	编辑操作	复制	Ctrl + C
	打开	Ctrl + O		粘贴	Ctrl + V
	关闭	Ctrl + Q		剪切	Ctrl + X
	保存	Ctrl + S		重做	Ctrl + Y
	另存为	Ctrl + Shift + N		放弃	Ctrl + Z

⑥F6 键:坐标显示模式开关;

⑦F7 键:栅格模式开关;

⑧F8 键:正交模式开关;

⑨F9 键:捕捉模式开关;

⑩F10 键:极轴追踪开关;

⑪F11 键:对象追踪开关;

⑫F12 键:动态输入开关。

(3)鼠标右键和左键。

①单击鼠标右键可以弹出快捷菜单。在不同的操作过程中,在不同位置单击鼠标右键,将会得到不同的快捷菜单。

单击鼠标右键可弹出快捷菜单的位置有:图形窗口、命令行、对话框、窗口、工具栏、状态行、模块标签和布局标签等。

另外,单击鼠标右键可以重复上次的操作命令。

②单击鼠标左键可输入点,拾取实体和选择按钮、菜单、命令;用鼠标左键双击文件名可直接打开文件。

(4)空格键、回车键和 Esc 键。

①空格健:重复执行上一次命令;在输入文字时不同于回车键。

②回车键:重复执行上一次命令,相当鼠标右键。

③Esc 键:中断命令执行。

3)命令操作

(1)命令输入。

①用键盘输入命令。在命令行中输入完整的命令名,然后按 ENTER 键或空格键。如输入 LINE,执行画直线命令。命令名字母不分大小写。某些命令还有缩写名称。例如,除了可以通过输入 line 来启动直线命令外,还可以输入 l。如果启用了“动态输入”并设置为显示动态提示,用户则可以在光标附近的工具栏提示中输入多个命令。

②单击下拉菜单中的对应菜单选项区。在命令行中显示对应的命令说明与命令名。

③单击工具栏中的对应图标。如单击“绘制”工具栏中的“”图标,执行画直线命令。同时在命令行中得到相应命令说明与命令名。

④单击屏幕菜单中的对应选项。

(2)透明命令。

所谓透明命令就是在执行某一命令时,该命令不终止又去执行另一命令,当另一命令执行完后又回到原命令状态，能继续执行原命令。

不是所有命令都可以透明执行，只有那些不选择对象、不创造新对象、不导致重生成以及结束绘图任务的命令才可以透明执行。

(3)命令的重复、重做、撤销与放弃。

①命令的重复：按 Enter 键、空格键或单击鼠标右键。

②命令的重做：对于已撤销放弃的命令，如果还想找回来，重做可以满足，其命令名为 REDO。或单击标准工具栏中的图标“”。重做不是可以无限次重做，它和 AutoCAD 默认的次数有关。

③命令的放弃：对于已执行过的命令想撤销，那么执行放弃，它与撤销有一定的区别。单击标准工具栏中的图标“”可以完成。

④命令的撤销：撤掉正在执行中的命令。常用连续按两次 Esc 键的方法来完成。

4)数据的输入

(1)坐标值的输入。

坐标分直角坐标与极坐标，它们都有相对坐标和绝对坐标之分。

①直角坐标的两种输入方法：绝对坐标“$x, y[, z]$”和相对坐标“$@x, y[, z]$”。坐标值均相对当前用户坐标系；

②极坐标的两种输入方法：绝对坐标“$\rho < \theta$”和相对坐标“$@\rho < \theta$”。坐标值均相对当前用户坐标系。

对于坐标来说，必需明确了解相对坐标与绝对坐标的概念。

启用“动态输入”时，可以在光标附近的工具栏提示中输入坐标值。

(2)距离值的输入。

AutoCAD 中距离值的输入有两种方法：一种是通过移动光标以指示方向，然后输入与第一点的距离来指定点；另一种是在屏幕上点取两点，两点距离作为输入值。

(3)“动态输入”。

启用“动态输入”时，工具栏提示将在光标附近显示信息，该信息会随着光标移动而动态更新。当某条命令为活动时，工具栏提示将为用户提供输入的位置。

1.2.2 AutoCAD 2006 的文件操作

1. 新建文件

新建文件是指在没有任何操作的情况建立一个新文件。

建立新文件有三种方法：

(1)在命令行中用键盘输入：NEW。

(2)在菜单栏中点击：文件→新建。

(3)在“标准”工具栏单击图标：。

执行以上三种命令后，都会弹出如图 1.2 所示的对话框，根据对话框中提供的方法建立新文件。

2. 打开文件

打开文件是指打开一个已经存在的文件。

图 1.2　新建文件

打开文件有三种方法：

(1)在命令行中用键盘输入：OPEN。

(2)在菜单栏中点击：文件→打开。

(3)在“标准”工具栏单击图标：。

执行以上三种命令后，都会弹出如图 1.3 所示的对话框。可以在“搜索”栏内查找所需文件夹。找到相应文件后，在“文件名”中显示相应文件名，同时可以在“文件类型”中查找不同类型的文件，最后点击“打开”。

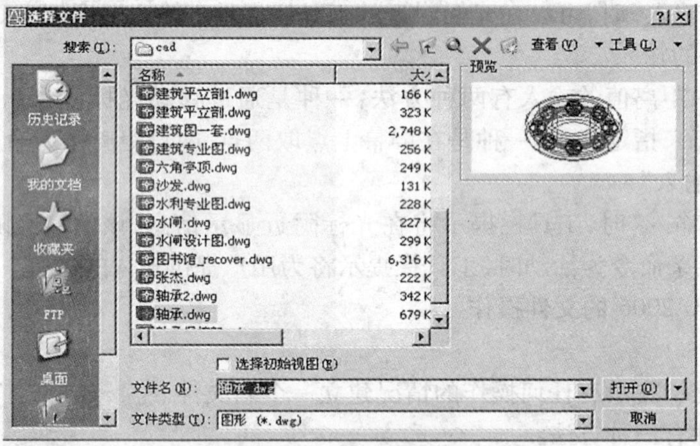

图 1.3　打开文件

每选定一个图形文件，在“预览”栏中会出现相应的图形，进行预览。

3. 保存文件

保存文件是指将一个绘制成功的图形文件存盘。如果是第一次存盘，则提示要输入文件名；如果文件名已赋，则会自动存盘。

保存文件有三种方法：

(1)在命令行中用键盘输入：SAVE。

(2)在菜单栏中点击:文件→保存。

(3)在“标准”工具栏单击图标:。

4.另存文件

另存文件是指将一个已经赋名存盘的文件改名存盘。另存文件需要重新输入新文件名。

另存文件有两种方法:

(1)在命令行中用键盘输入:SAVE AS...。

(2)在菜单栏中点击:文件→另存为...。

执行上述命令后,出现如图 1.4 所示的对话框。

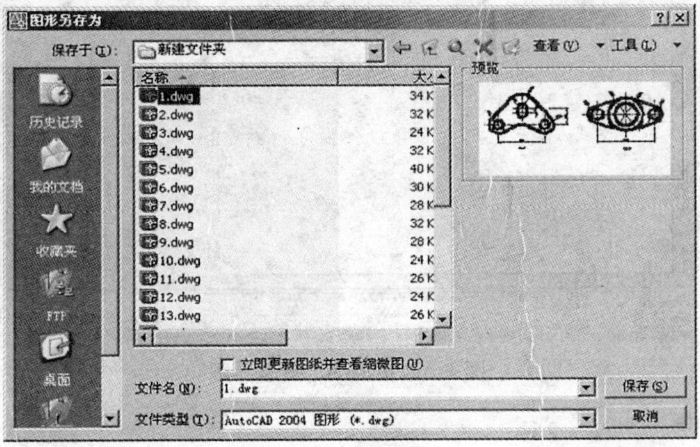

图 1.4 另存文件

在此对话框中,可以通过“保存于”栏查找所要保存的位置,在“文件名”中输入要保存的文件名,在“文件类型”中选择保存的文件类型,最后点击“保存”。

1.3 设置绘图环境

1.3.1 设置图形界限与单位

1.设置图形界限

1)启动命令的方法

(1)在命令行中用键盘输入:LIMITS。

(2)在菜单栏中点击:格式→图形界限。

2)执行命令的过程

命令:_limits

重新设置模型空间界限:

指定左下角点或[开(ON)/关(OFF)]<0.0000,0.0000>:↙

指定右上角点 <6.7901,5.9071>:420,297↙

3)参数说明

(1)指定左下角点是指图形左下角的坐标;指定右上角点是指图形右上角的坐标。

(2)[开(ON)/关(OFF)]是指打开或关闭图形检查功能。执行“开(ON)”时图形的检查功能被打开;执行“关(OFF)”时图形的检查功能被关闭。

4)例子

以A2图幅为例来说明图形界限的设置(栅格显示图幅界限)(如图1.5所示)。

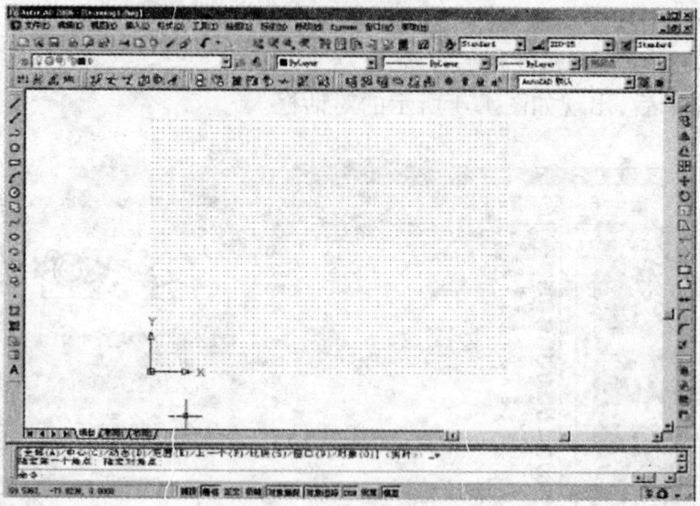

图1.5 设置A2图形界限

命令:_limits

重新设置模型空间界限:

指定左下角点或[开(ON)/关(OFF)]<0.0000,0.0000>:↙

指定右上角点 <420.0000,297.0000>:594,420↙

命令:<栅格 开>

2.设置绘图单位(UNITS)

1)启动命令的方法

(1)在命令行中用键盘输入:DDUNITS。

(2)在菜单栏中点击:格式→单位。

2)执行命令的过程

执行“DDUNITS”后,会调出如图1.6(a)所示的“图形单位”对话框。

3)参数说明

在图1.6(a)所示的“图形单位”对话框中的参数及其说明如下。

(1)长度:长度“类型”系统缺省设置为“小数”,可以通过下拉列表框来设置其他的单位类型;“精度”系统缺省设置为“0.0000”,也可通过下拉列表框来设置其他的数值类型。

(2)角度:角度“类型”系统缺省设置为“十进制度数”,可以通过下拉列表框来设置其他的角度类型;“精度”系统缺省设置为“0”,也可通过下拉列表框来设置其他的数值类型。

(3)设计中心块的图形单位:一般采用系统缺省设置“毫米”。

(4)方向:用来设定角度的方向。一般采用系统缺省设置“东方向为0°”(如图1.6(b)所示)。

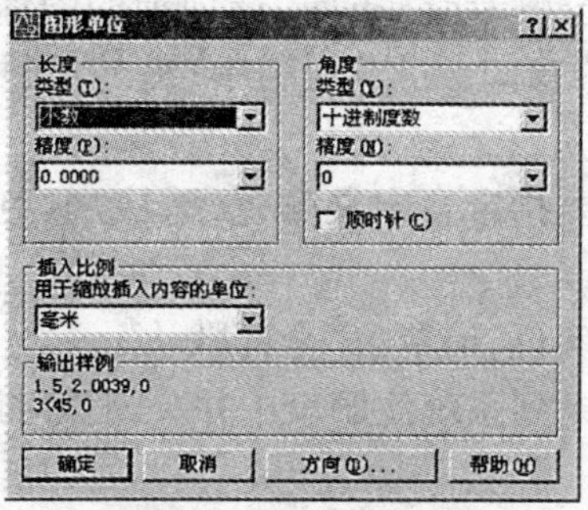

(a)“图形单位”对话框

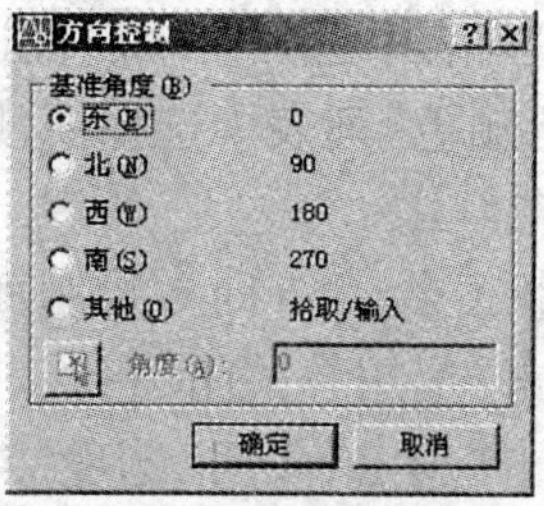

(b)“方向控制”对话框

图1.6 “图形单位”设置

1.3.2 配置绘图系统

在菜单栏中点击:工具→选项,出现如图1.7所示的“选项”对话框,可以在“选项”对话框中修改影响界面和绘图环境的许多设置。可以不断尝试,直至找到最适合自己需要的环境。

1.“显示”配置

进入“选项”对话框后,点击“显示”选项。

1)窗口元素

在“窗口元素”选项内可以对AutoCAD工作界面中的工具栏、绘图区域及滚动条进行显示控制,重要的是还可以对窗口元素的颜色和命令行窗口的字体进行设置。

如果在“窗口元素”中勾选“显示屏幕菜单”,则在工作界面上出现如图1.8所示的“屏幕菜单”。“屏幕菜单”对绘图过程有很大帮助。

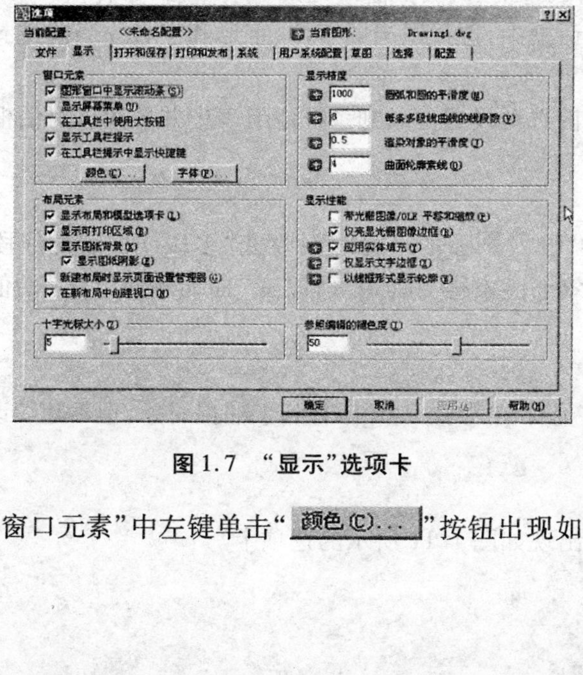

图1.7 “显示”选项卡

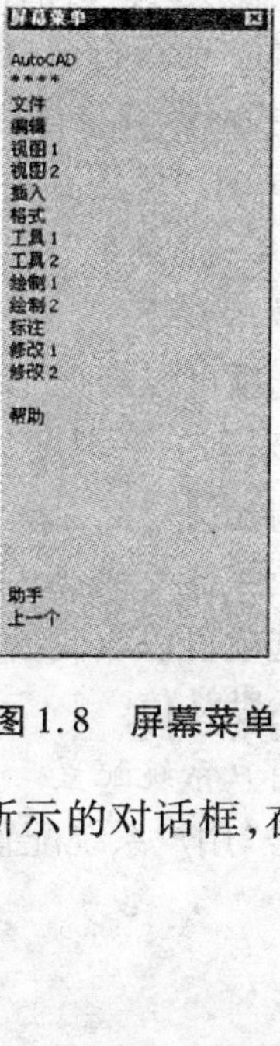

图1.8 屏幕菜单

在“窗口元素”中左键单击“颜色(C)...”按钮出现如图1.9所示的对话框,在此对话框中可以对“布局”选项卡和“模型”选项卡的背景色以及提示和十字光标的颜色进行设置。具体操作如下。

(1)在“选项”对话框的“显示”选项卡中,单击“颜色”。

(2)在“颜色选项”对话框中,单击“模型”选项卡或“布局”选项卡的图像,选择要修改的元素。单击图像区域时,该选择将显示在“窗口元素”列表中;另外,还可以通过从“窗口元素”列表中选择某个属性进行修改。

(3)从“颜色”列表中选择要使用的颜色。要指定自定义颜色,请从“颜色”列表中选择“选择颜色”。

(4)要恢复为 Windows 控制面板中指定的颜色,请单击“全部默认”。

(5)单击“应用并关闭”将当前选项设置记录到系统注册表中并关闭该对话框。

(6)单击“确定”关闭“选项”对话框。

在“窗口元素”中左键单击“字体(F)...”按钮出现如图 1.10 所示对话框,在此对话框中可以修改应用程序窗口和文本窗口中使用的字体。此设置不影响图形中的文字。具体操作过程如下。

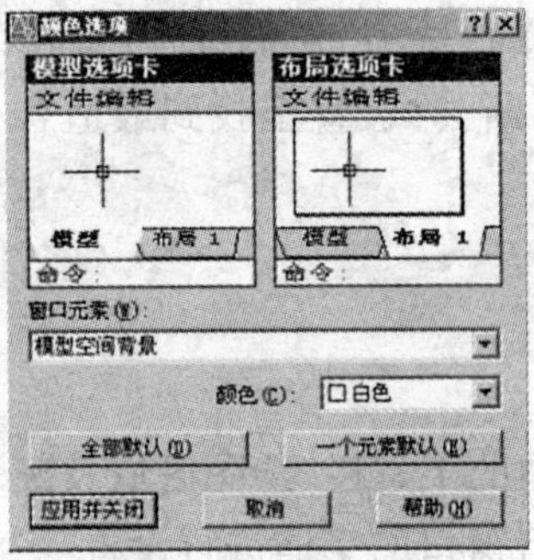

图 1.9　颜色选择

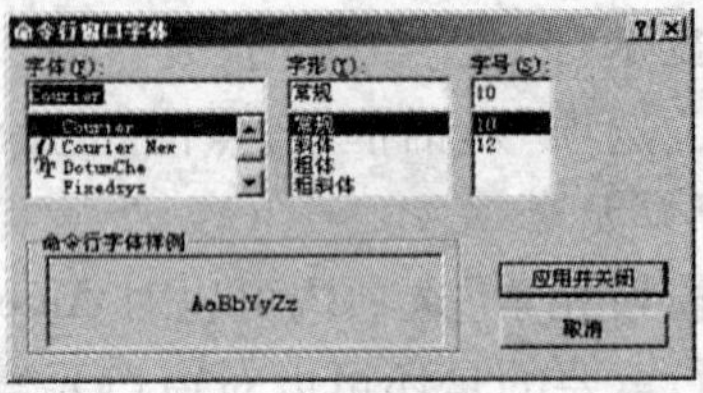

图 1.10　“命令行窗口字体”对话框

(1)在“选项”对话框的“显示”选项卡中的“窗口元素”下,单击“字体”。

(2)在“命令行窗口字体”对话框中,选择适当的字体、字形和字号。当前选择的样例将显示在“命令行字体样例”下。

(3)单击“应用并关闭”将当前选项设置记录到系统注册表中并关闭该对话框。

(4)单击“确定”关闭“选项”对话框。

2)显示精度

该选项可以修正二维平面中“圆及圆弧的平滑度”;改变“多段线曲线的线段数”;改变“渲染对象的平滑度”,使立体效果渲染得更加逼真;改变“曲面轮廓素线”的值使立体表面更加光滑。

3)十字光标大小

该选项可以改变绘图区十字光标的大小,大光标有利于捕捉对象,但不建议改变此选项的初始默认值。

2. 用户系统配置

点击“用户系统配置”选项,出现如图 1.11 所示的选项卡。

1）自定义右键

在“Windows 标准”中点击“自定义右键单击(I)...”，出现如图 1.12 所示的选项卡，在“自定义右键单击”选项卡内来确定鼠标右键的操作功能。

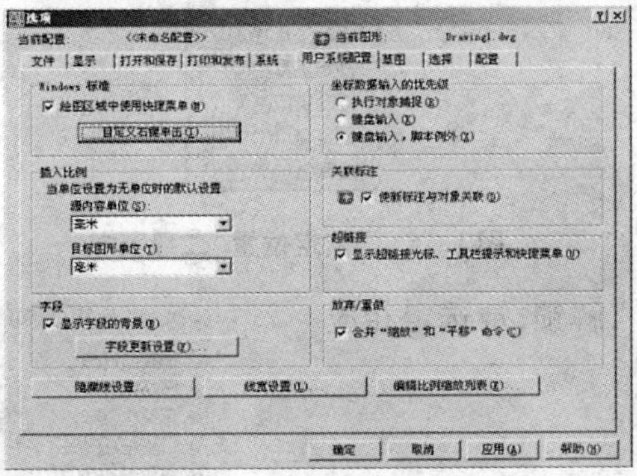

图 1.11　“用户系统配置”对话框

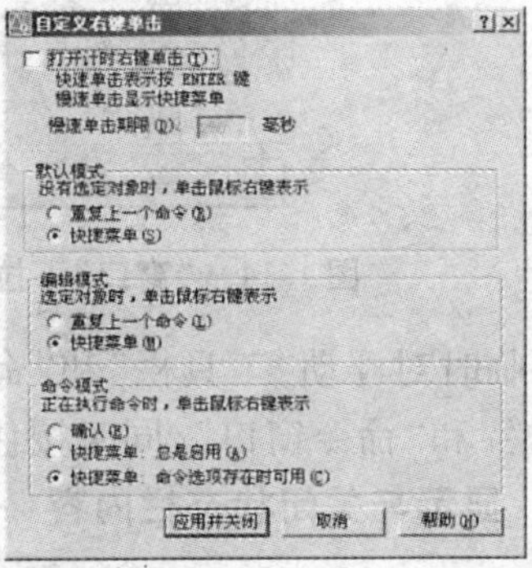

图 1.12　“自定义右键单击”对话框

2）线宽设置

点击“线宽设置(L)...”，出现如图 1.13 所示的选项卡，在此选项卡中可以对绘图线宽进行设置。在“线宽”选项内选择“Bylayer”，勾选“显示线宽”项，选择“默认”线宽为 0.6mm，按图 1.13 所示“调整显示比例”。

除了以上两项设置以外，还可以对“文件”、“系统”、“草图”、“选择”对话框内的相关内容进行设置。

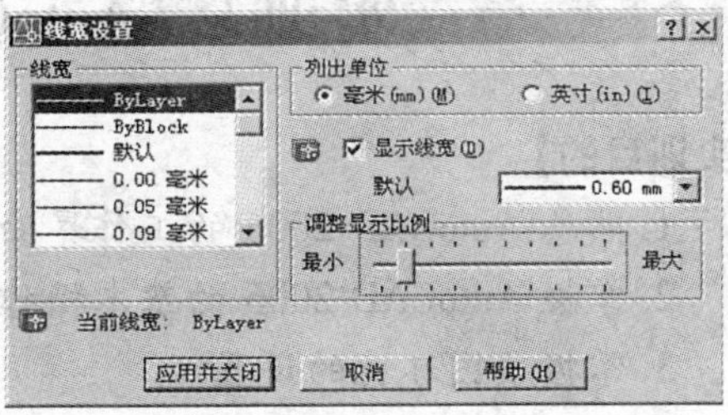

图 1.13　“线宽设置”选项卡

1.3.3　工具栏与命令窗口的锁定

工具栏与命令窗口都可以进行浮动与固定操作。对排列好的工具栏和命令窗口，无论它们是固定的还是浮动的，都可以锁定它们的位置。

锁定工具栏与命令窗口有以下三种方法：

（1）点击“主菜单”中的“窗口”选项，显示其下拉菜单内容如图 1.14 所示，点击图 1.14中的“锁定位置”项，出现如图 1.15 所示的二级菜单，在此菜单中可以对“工具栏”与“命令窗口”进行锁定操作。

（2）左键单击屏幕右下角处“ ”中的黄锁，也会出现与图 1.15 一样的菜单，同样也可以对“工具栏”与“命令窗口”进行锁定操作。只要对其中的一项锁定，则黄锁呈上锁状的灰色锁。

（3）右键单击任何工具栏，然后左键单击快捷菜单上的“锁定位置”项，出现与图1.15一样的菜单，同样也可以对“工具栏”与“命令窗口”进行锁定操作。

通过以上方法锁定的固定“工具栏”与“命令窗口”，其顶部的两条灰线消失，锁定的所有内容都不能进行移动与关闭；通过以上方法锁定的浮动“工具栏”与“命令窗口”，锁定的所有内容都不能进行移动，但却能关闭。

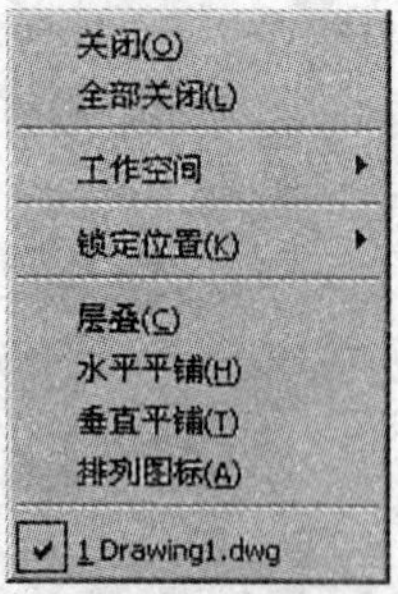

图 1.14 “窗口”下拉菜单

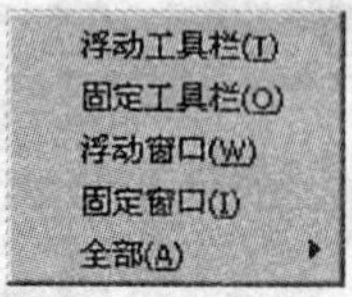

图 1.15 “锁定位置”二级菜单

要临时对浮动“工具栏”和“命令窗口”解锁，请选定相应“工具栏”和“命令窗口”，同时按住 Ctrl 键。

1.3.4 显示与关闭状态栏内容

单击屏幕右下角处图标“ ”中的黑三角，则出现如图 1.16 所示的菜单。去掉对应项前的对勾，则关闭相应状态工具栏内的内容。勾选其中的选项，则显示相应状态工具栏的内容。

图 1.16 状态栏控制菜单

实训 1 AutoCAD 2006 的基本操作

【实训目的】

1. 熟悉 AutoCAD 2006 的工作界面。
2. 掌握 AutoCAD 2006 的基本操作。
3. 掌握绘图环境的设置。

【相关知识】

1. 基本操作命令。
2. 图形文件操作。
3. 设置绘图环境。

【实训指导】

指导 1 熟悉 AutoCAD 2006 的工作界面

1) 启动 AutoCAD 2006

具体方法见教材相关知识。

2) 认识工作界面中的标题栏与菜单栏

(1) 进入 AutoCAD 2006 的工作界面后，首先观察屏幕上方的标题栏，发现标题栏中的图名为“AutoCAD 2006 - [Drawing1.dwg]”，文件名并没有具体的命名，暂时不用管它，在下面的文件操作中再给它命名。

(2) 再观察菜单栏，逐一点击菜单栏的选项，观察它们的下拉菜单的内容，对于后面有“►”或“…”的内容再点击，观察它们的内容。此时不必对它们的操作进行了解，只要记住它们的内容即可。

(3)观察屏幕内的所有工具栏(条)。

(4)在屏幕内移动光标，观察状态栏内的坐标变化。

指导2　掌握工具栏与命令窗口的操作

(1)将光标放置在“绘图”工具栏或“命令窗口”的两条灰线上，按住鼠标左键不松，将它们拖至绘图区后释放左键，则“绘图”工具栏或“命令窗口”就浮动在屏幕上了。反之将浮动的“绘图”工具栏或“命令窗口”拖至你想要的位置，释放鼠标，则“绘图”工具栏或“命令窗口”的一端出现两条灰线，此时“绘图”工具栏或“命令窗口”就固定了。

(2)点击浮动工具栏上的“×”，则关闭该工具栏。单击任意工具栏，然后单击快捷菜单上的某个工具栏，就可以调出相应工具栏。

指导3　绘制图1.17所示的平面图形

(1)点击“绘图”工具栏上的“ ”，在屏幕绘图区任点一点，作为画直线的起点。

(2)点击状态栏上的“正交”按钮后，在命令行中输入15，画一条水平线。

(3)点击“标准”工具栏上的“ ”，用光标选定刚才所画的直线，放大显示该直线。

(4)再点击一次“正交”按钮，使画线处于非正交状态。移动光标，使直线倾角处于50°；在动态输入状态下输入25，如图1.18所示；然后按回车键。

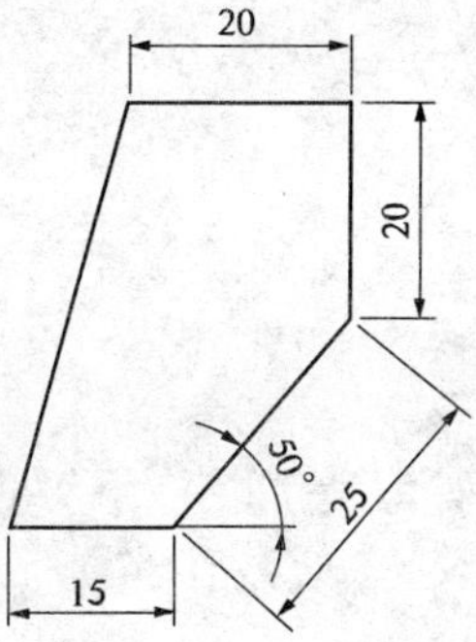

图1.17　平面图形

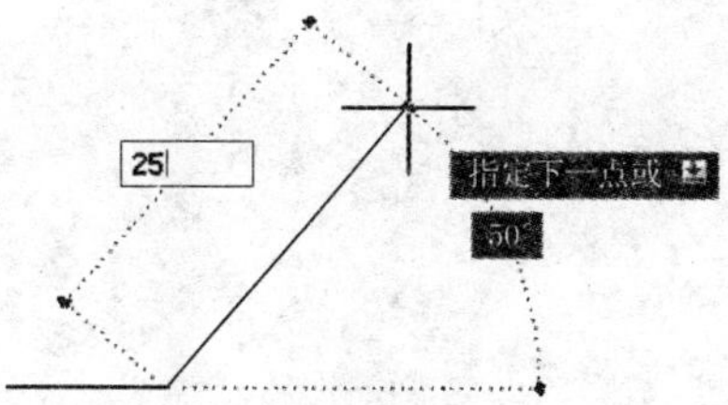

图1.18　画角度线

(5)在命令行中输入@0,20按回车键。

(6)在命令行中输入@ -20,0按回车键。

(7)在命令行中输入C，按回车键。

指导4　将指导3中绘制的平面图形命名保存

(1)指导3中的平面图形绘制完成后，点击“标准”工具栏中的“ ”。

(2)在出现的“图形另存为”对话框内，在“保存于”栏内查找存放路径，在“文件名”栏内填写文件名，如“平面图形”。

(3)点击“保存”。

【实训内容】

(1)熟悉AutoCAD 2006的工作界面。

(2)将“修改”工具栏调整为浮动工具栏，然后关闭该工具栏，再将“修改”工具栏调出。

(3)绘制图1.19所示的平面图形。

(4)绘制图1.20所示平面图形。

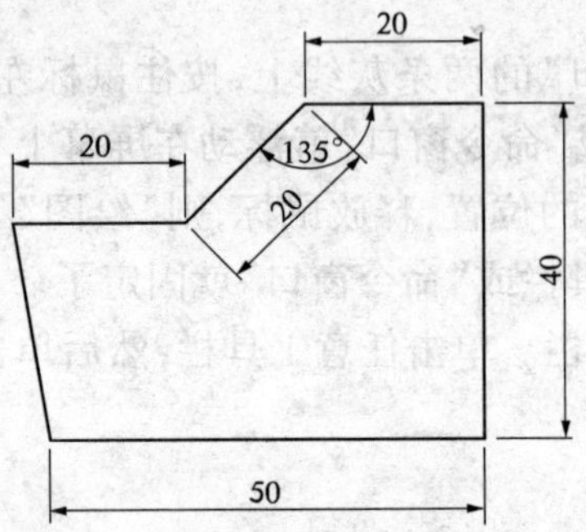

图1.19　平面图形

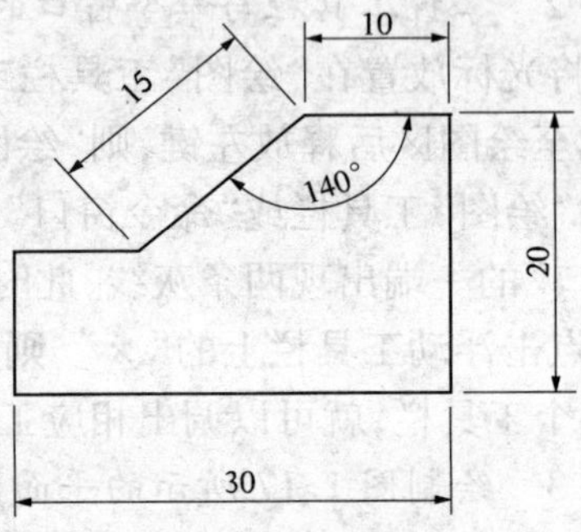

图1.20　平面图形

(5)将(3)、(4)两题的图形命名保存，文件名分别为“平面图形1”和“平面图形2”。

(6)将屏幕底色设置为白色，命令行中的字体设置为红色的隶书体。

(7)将“命令窗口”调整为浮动窗口，并锁定。

第 2 章　二维图形的绘制与编辑(一)

【教学目标】

1. 详细介绍绘图命令中直线、曲线、点和多边形命令。
2. 讲解对象的选择与显示。
3. 介绍部分修改命令的使用方法。

【学习要点】

1. 掌握直线、曲线和多边形命令的使用方法。
2. 熟悉对象的选择方式和状态控制方式。
3. 掌握对象的修改命令。
4. 了解对象的状态控制。

2.1　线与点的绘制

2.1.1　直线的绘制

1. 直线、射线与构造线

1)直线

(1)启动命令的方法。

①在命令行中用键盘输入:LINE。

②在菜单栏中点击:绘图→直线。

③在“绘图”工具栏单击“直线”按钮:。

(2)执行命令的过程。

命令:_line 指定第一点:　　(回车)

指定下一点或[放弃(U)]:　　(在屏幕上左键单击选择某一指点)

指定下一点或[放弃(U)]:　　(在屏幕上左键单击选择另一指点)

指定下一点或[闭合(C)/放弃(U)]:

(在屏幕上单击右键选择确认退出;或输入“U”后回车结束命令)

指定下一点或[闭合(C)/放弃(U)]:

(当连续绘制两条以上的直线时输入“C”后回车使所绘制直线闭合)

(3)参数说明。

①指定第一点:在屏幕上用鼠标点击直线的第一个点或用键盘输入直线的第一个点的坐标。

②指定下一点:确定直线上的下一个端点。

③放弃(U):输入“U”后回车,结束操作。

④闭合(C):输入“C”后回车,系统会自动将所画的线框闭合。

(4)注意事项。

绘制水平和竖直直线时，我们可以打开正交模式(点击状态栏上的“正交”按钮或按F8键)，直接输入两点之间的距离来确定直线。

当把状态栏上的“DYN(动态输入)”按钮打开后，绘制直线时，可以动态绘制任意方向和长度的线段。如图2.1所示，在图中执行“直线”命令，在屏幕上确定第一点后，可以先把光标移动到已知角度，如30°(直线与水平线的夹角)的位置上，然后输入线段的长度100回车，接着绘制下一段直线。

(5)例子。

绘制如图2.2所示的图形。

命令:_line 指定第一点：<正交 开> （指定*A*点）

指定下一点或[放弃(U)]:150↙ （确定*B*点）

指定下一点或[放弃(U)]：<正交 关>100↙ （“DYN”打开，绘制*BC*段）

指定下一点或[闭合(C)/放弃(U)]：<正交 开>100↙ （确定*D*点）

指定下一点或[闭合(C)/放弃(U)]：<正交 关><对象捕捉开>↙

指定下一点或[闭合(C)/放弃(U)]:c↙ （图形自动闭合）

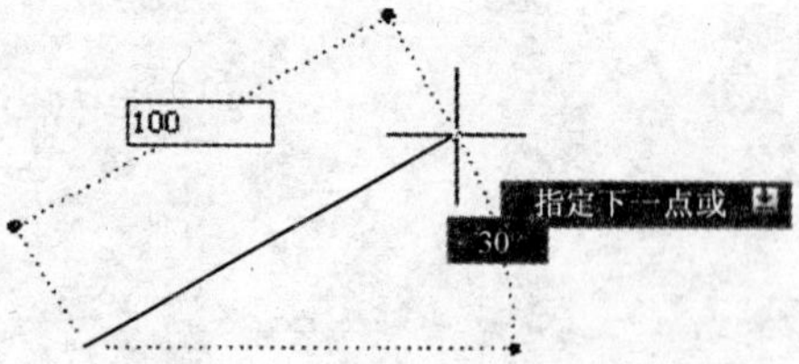

图2.1 “动态输入”的应用

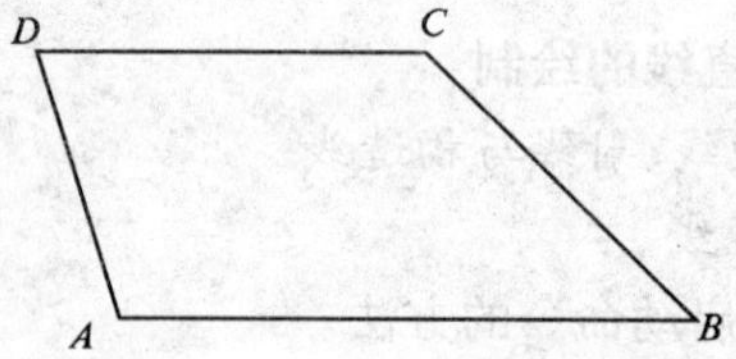

图2.2 “直线”命令的应用

2)射线

(1)启动命令的方法。

①在命令行中用键盘输入:RAY。

②在菜单栏中点击:绘图→射线。

(2)执行命令的过程。

命令:ray↙

指定起点：

指定通过点：

指定通过点： （用回车来结束命令）

(3)参数说明。

①指定起点:指定射线的起点。

②指定通过点:指定射线通过的点。

(4)注意事项。

射线是一条单向无限长的线段，起点和通过点确定了射线延伸的方向，它通常是作为我们作图时的辅助线来使用。

3)构造线

(1)启动命令的方法。

①在命令行中用键盘输入:XLINE。

②在菜单栏中点击:绘图→构造线。

③在“绘图工具栏”中单击“构造线”按钮:。

(2)执行命令的过程。

命令:xline↙

指定点或[水平(H)/垂直(V)/角度(A)/二等分(B)/偏移(O)]:

(在屏幕上指定第一个点)

指定通过点: (在屏幕上指定第二个点)

指定通过点:

(3)参数说明。

①指定点:指定构造线上的第一个点。

②指定通过点:指定构造线通过的第二个点。

③水平(H):输入“H”后回车,画水平构造线。

④垂直(V):输入“V”后回车,画垂直构造线。

⑤角度(A):输入“A”后回车,再输入角度回车(构造线与水平线的夹角,正值与负值构造线方向不同)画指定角度的构造线。

⑥二等分(B):画已知角的平分线,输入“B”后回车。有如下命令过程:

命令:xline↙

指定点或[水平(H)/垂直(V)/角度(A)/二等分(B)/偏移(O)]:b↙

指定角的顶点:

指定角的起点:

指定角的端点:

⑦偏移(O):输入“O”后回车,画已知线段的平行线。有如下命令过程:

命令: xline↙

指定点或[水平(H)/垂直(V)/角度(A)/二等分(B)/偏移(O)]:o↙

指定偏移距离或[通过(T)]<1.0000>:30↙

(输入两条平行线之间的垂直距离或通过一已知点)

选择直线对象: (选择已知线段)

指定要偏移的边: (选择在已知线段的哪个方向画平行线)

(4)注意事项。

构造线是一条无限长的直线,它通常是作为作图时的辅助线来使用。在利用构造线的偏移性作平行线时,所输入的距离是两条平行线的垂直距离。

(5)例子。

作直线 *AB* 的平行线,两平行线之间距离是30mm。如图2.3所示。

命令: _xline↙

指定点或[水平(H)/垂直(V)/角度(A)/二等分(B)/偏移(O)]:o↙

指定偏移距离或[通过(T)]<通过>:30↙
选择直线对象:　　　　　　　　　(选择直线 AB)
指定向哪侧偏移:　　　　(在直线 AB 的下方单击左键)
选择直线对象:　　　　　　　　　(单击右键确认)

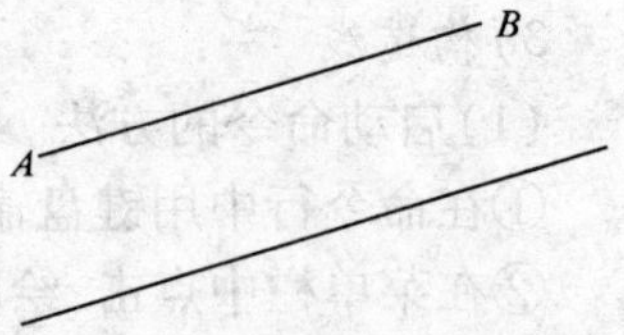

图 2.3 “构造线”命令的应用

2. 多线与多线样式设置

1)多线

(1)启动命令的方法。

①在命令行中用键盘输入:MLINE。

②在菜单栏中点击:绘图→多线。

(2)执行命令的过程。

命令:_mline↙
当前设置:对正 = 上,比例 = 20.00,样式 = STANDARD
指定起点或[对正(J)/比例(S)/样式(ST)]:
指定下一点:
指定下一点或[放弃(U)]:
指定下一点或[闭合(C)/放弃(U)]:

(3)参数说明。

①起点、下一点:指定多线的起点和端点。

②对正(J):绘制多线时,光标所在的位置,有上、无、下之分。

③比例(S):以在多线样式定义中建立的多线宽度为基数,进行扩大或缩小,允许输入负值和零。

④闭合(C):将连续绘制两条以上的多线闭合。

⑤样式(ST):输入 st 回车后,命令行提示输入多线样式的名称。我们将在后面介绍“多线样式”的设置方法。

(4)注意事项。

当把状态栏上的“DYN”按钮打开后,可以根据给定的长度和角度(多线与水平线的夹角度)来绘制多线。

2)多线样式设置

绘制多线时,首先应根据实际情况设置多线样式,可以设一种,也可设多种。然后再有选择地调用。

(1)启动命令的方法。

①在命令行中用键盘输入:MLSTYLE。

②在菜单栏中点击:格式→多线样式。

(2)执行命令的过程。

命令:mlstyle↙

系统将弹出“多线样式”对话框,如图 2.4 所示。在该对话框中,首先点击“新建”按钮来设置新建的样式名,如图 2.5 所示。然后点击“继续”来设置所建样式的特性,如图 2.6所示,在该对话框中各项的含义如下。

说明:对新建的多线样式添加一个说明。

封口:有四个复选框分别是直线、外弧、内弧和角度,通过选择不同的选择来改变所绘多线起点和端点的形状。

元素:在这个区域中,可以增加多线的数量、设置多线之间的距离、改变多线中每条线的颜色;还可以加载不同的线型。

填充颜色:设置绘制多线的背景填充色。

显示连接:控制相邻的两条多线顶点处接头的显示。

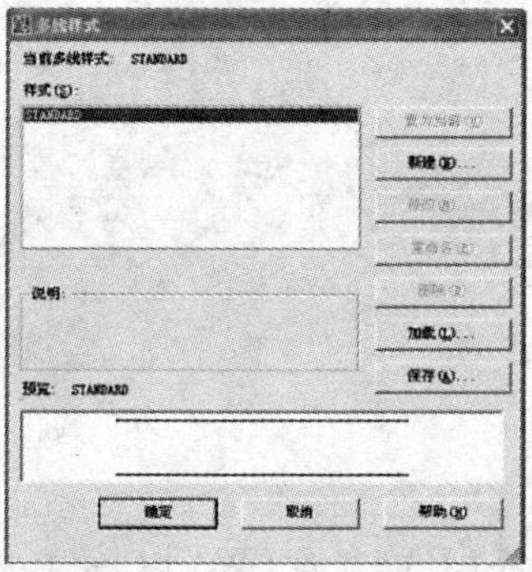

图 2.4 “多线样式”对话框

图 2.5 “创建新的多线样式”对话框

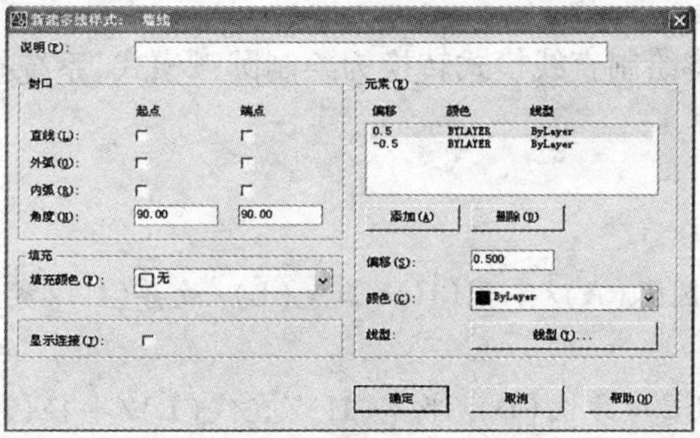

图 2.6 “新建多线样式”对话框

(3)例子。

用多线命令绘制一段间距为 240mm 的墙线。

①在图 2.4“多线样式”对话框,点击“新建”按钮。

②在图 2.5“创建新的多线样式”对话框的“新样式名”中输入“墙线”,然后点击“继续”按钮。

③在图 2.6“新建多线样式”对话框中点击“添加”按钮,再增加一条多线。分别选中三条多线,依次在“偏移”栏中输入三次数值:第一次是 120;第二次是 0;第三次是 -120。然后将中间的那条多线的线型修改为点画线。

绘图过程如下:

命令:mline↙

当前设置:对正 = 下,比例 = 1.00,样式 = 墙线

指定起点或[对正(J)/比例(S)/样式(ST)]:

指定下一点：

指定下一点或[放弃(U)]：

绘出图形如图 2.7 所示。

图 2.7 “多线样式设置及多线”命令应用

2.1.2 曲线的绘制

曲线包括多段线、样条线和云线。

1. 多段线

1)启动命令的方法

(1)在命令行中用键盘输入:PLINE。

(2)在菜单栏中点击:绘图→多段线。

(3)在“绘图”工具栏上单击“多段线”按钮: 。

2)执行命令的过程

命令：_pline↙

指定起点：

当前线宽为 0.0000

指定下一个点或[圆弧(A)/半宽(H)/长度(L)/放弃(U)/宽度(W)]：

指定下一点或[圆弧(A)/闭合(C)/半宽(H)/长度(L)/放弃(U)/宽度(W)]：

3)参数说明

(1)“圆弧(A)”:将绘制直线模式转换为绘制圆弧模式,系统有如下命令过程:

命令：_pline↙

指定起点：

当前线宽为 0.0000

指定下一个点或[圆弧(A)/半宽(H)/长度(L)/放弃(U)/宽度(W)]:a↙

指定圆弧的端点或

[角度(A)/圆心(CE)/方向(D)/半宽(H)/直线(L)/半径(R)/第二个点(S)/放弃(U)/宽度(W)]：

在上述这段命令行中,各个命令含义如下。

①角度(A):指所绘圆弧的弧度,也就是圆弧所包含的圆心角。

②圆心(CE):指输入或指定所绘圆弧的圆心。

③方向(D):确定所绘圆弧的起点的切线方向。

④半宽(H):确定所绘圆弧起点和端点一半的线宽。

⑤直线(L):确定所绘的多段线为直线段。

⑥半径(R):指定所绘圆弧的半径。

⑦第二点(S):指定所绘圆弧的端点。

⑧放弃(U):只是退出上一步操作命令,而不是退出整个命令。

⑨宽度(W):确定所绘圆弧起点和端点线宽。

(2)闭合(C):指定所绘制的多段线闭合。

(3)半宽(H):指定所绘多段线宽度的一半。

(4)长度(L):指定所绘多段线中,线段的长度。

(5)放弃(U)/宽度(W):与(1)中的解释相同。

4)注意事项

多段线可以单独的由直线段或曲线段组成,也可以由直线段和曲线段共同组成,它是一个组合对象,在被选择时其是作为一个整体被选择的。它可以定义整个线段的宽度,也可以定义起、终点的宽度,使线宽呈渐变方式变化。常用来绘制粗实线或箭头。我们在绘图过程中应根据具体情况来利用其所提供的功能。

5)例子

用多段线的命令绘制图2.8。

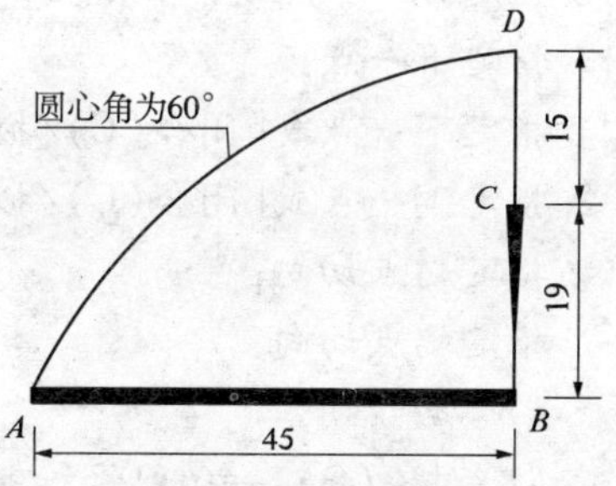

图2.8 “多段线”命令的应用

(1)先绘制线段 *AB*。

命令: _pline ↙

指定起点:

当前线宽为 0.0000

指定下一个点或[圆弧(A)/半宽(H)/长度(L)/放弃(U)/宽度(W)]: <正交 开> w ↙

指定起点宽度 <0.0000>:1 ↙

指定端点宽度 <1.0000>:1 ↙

指定下一个点或[圆弧(A)/半宽(H)/长度(L)/放弃(U)/宽度(W)]:45 ↙

(2)绘制箭头 *BC*。

指定下一点或[圆弧(A)/闭合(C)/半宽(H)/长度(L)/放弃(U)/宽度(W)]:w ↙

指定起点宽度 <1.0000>: 0 ↙

指定端点宽度 <0.0000>: 1 ↙

指定下一点或[圆弧(A)/闭合(C)/半宽(H)/长度(L)/放弃(U)/宽度(W)]:19 ↙

(3)绘制线段 *CD*。

指定下一点或[圆弧(A)/闭合(C)/半宽(H)/长度(L)/放弃(U)/宽度(W)]:w ↙

指定起点宽度 <1.0000>: 0 ↙

指定端点宽度 <0.0000>: 0 ↙

指定下一点或[圆弧(A)/闭合(C)/半宽(H)/长度(L)/放弃(U)/宽度(W)]:15 ↙

(4)绘制圆弧 *DA*。

指定下一点或[圆弧(A)/闭合(C)/半宽(H)/长度(L)/放弃(U)/宽度(W)]:a ↙

指定圆弧的端点或

[角度(A)/圆心(CE)/闭合(C)/方向(D)/半宽(H)/直线(L)/半径(R)/第二个点(S)/放弃(U)/宽度(W)]: <正交 关> a ↙

指定包含角:60 ↙

指定圆弧的端点或[圆心(CE)/半径(R)]:

指定圆弧的端点或

[角度(A)/圆心(CE)/闭合(C)/方向(D)/半宽(H)/直线(L)/半径(R)/第二个点(S)/放弃(U)/宽度(W)]:

2. 样条曲线

1)启动命令的方法

(1)在命令行中用键盘输入:SPLINE。

(2)在菜单栏中点击:绘图→样条曲线。

(3)在"绘图"工具栏上单击"样条曲线"按钮:。

2)执行命令的过程

命令:spline↙

指定第一个点或[对象(O)]:　　(在屏幕上选择一点)

指定下一点:　　(在屏幕上选择第二点)

指定下一点或[闭合(C)/拟合公差(F)]<起点切向>:　　(在屏幕上选择第三点)

指定下一点或[闭合(C)/拟合公差(F)]<起点切向>:

指定起点切向:　　(指定起点的切线方向)

指定端点切向:　　(指定端点的切线方向)

3)参数说明

(1)对象(O):一条已经绘制好的多段线经过"编辑多段线"命令中的"样条曲线"命令编辑后,可以执行"对象(O)"将其转化为样条曲线。

(2)闭合(C):将所绘制的曲线闭合。

(3)拟合公差(F):拟合公差的大小代表曲线离控制点的距离。拟合公差为0时,曲线通过控制点。绘制曲线时,可以通过修改拟合公差而使绘制的曲线更光滑。

4)注意事项

绘制样条曲线时,至少需要三个已知点。

5)例子

通过点 A、B、C、D 绘制一条曲线(如图2.9所示)。

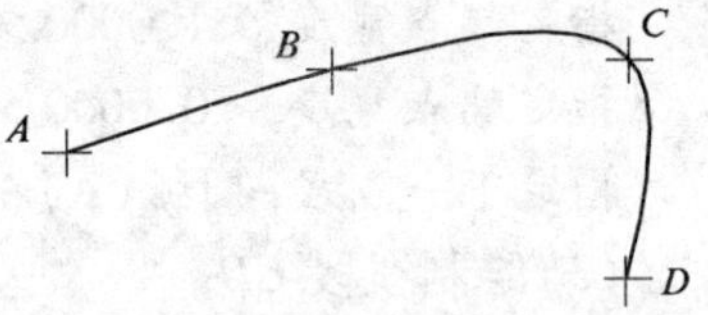

图2.9 "样条曲线"命令的使用

命令:_spline↙

指定第一个点或[对象(O)]:　　(选择 A 点)

指定下一点:　　(选择 B 点)

指定下一点或[闭合(C)/拟合公差(F)]<起点切向>:　　(选择 C 点)

指定下一点或[闭合(C)/拟合公差(F)]<起点切向>:　　(选择 D 点)

指定下一点或[闭合(C)/拟合公差(F)]<起点切向>:

指定起点切向:　　(指定 A 点的切线方向)

指定端点切向:　　(指定 D 点的切线方向)

3. 修订云线

云线是由连续圆弧组成的多段线,可以通过改变圆弧弧长大小来绘制成各种各样的形状。

1)启动命令的方法

(1)在命令行中用键盘输入:REVCLOUD。

(2)在菜单栏中点击:绘图→修订云线。

(3)在"绘图"工具栏上单击"修订云线"按钮:。

2)执行命令的过程

命令：_revcloud↙

最小弧长：15　最大弧长：15　样式：普通

指定起点或［弧长(A)/对象(O)/样式(S)］<对象>：　　　　(在屏幕上指定一点)

沿云线路径引导十字光标...　　　　　　　　　　　　　　　　　　　(回车)

反转方向［是(Y)/否(N)］<否>:↙

修订云线完成。

3)参数说明

(1)弧长(A):指定云线中弧线的长度,其中有最小弧长和最大弧长之分。

(2)对象(O):将一个对象转换为云线。其中要转换的对象的长度应该大于或等于指定的弧长,否则就无法转换。

(3)样式(S):确定云线的样式,通过选择圆弧样式［普通(N)/手绘(C)］来实现。

4)注意事项

利用云线命令绘制的对象为多段线。

5)例子

采用手绘的方法绘制一段最小弧长为10、最大弧长为20的云线。

命令：_revcloud↙

最小弧长：15　最大弧长：15　样式：普通

指定起点或［弧长(A)/对象(O)/样式(S)］<对象>:a↙

指定最小弧长 <15>:10↙

指定最大弧长 <10>:20↙

指定起点或［弧长(A)/对象(O)/样式(S)］<对象>:s↙

选择圆弧样式［普通(N)/手绘(C)］<普通>:c↙

圆弧样式 = 手绘

指定起点或［弧长(A)/对象(O)/样式(S)］<对象>：　　　　(在屏幕上指定一点)

沿云线路径引导十字光标...

修订云线完成。

结果如图2.10所示。

2.1.3 点的绘制

点是最基本几何元素之一。在AutoCAD中点的设置和绘制是非常重要的。

图2.10 "云线"命令的应用

1.点样式的设置

1)启动命令的方法

(1)在命令行中用键盘输入:DDPTYPE。

(2)在菜单栏中点击:格式→点样式。

2)执行命令的过程

通过执行"DDPTYPE"命令后,系统会弹出如图2.11所示"点样式"对话框。

3）参数说明

在“点样式”对话框中，各项的含义如下：

（1）点大小：输入百分比表示。

（2）有两种尺寸选择，一种是“相对于屏幕设置大小”；另一种是“按绝对单位设置大小”。

（3）另外，在该对话框中列出了一些点的样式图例。用户可以根据实际情况进行选择。

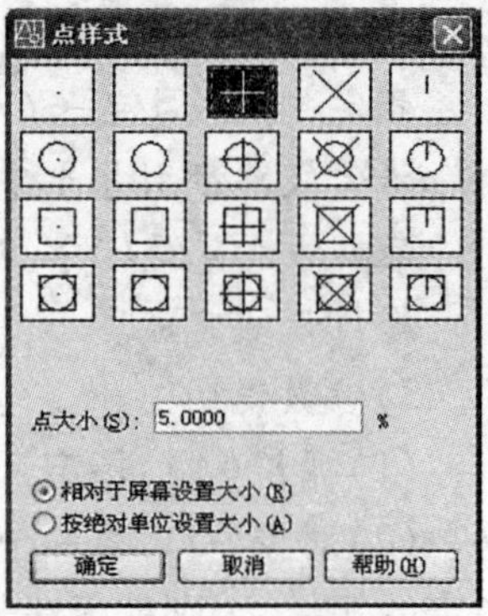

图 2.11 “点样式”对话框

2. 单点、多点、定数等分点和定距等分点

1）单点

（1）启动命令的方法。

①在命令行中用键盘输入：POINT。

②在菜单栏中点击：绘图→点→单点。

（2）执行命令的过程。

命令：_point ↙

当前点模式：PDMODE = 2 PDSIZE = －5.0000　　（当前要绘制的点的模式和大小）

指定点：　　（输入、选择或指定一点）

（3）参数说明。

①指定点：在当前指定点的方式有两种，它们分别是键盘输入点的坐标和选择特征点。

②在需要输入点时，同时按下 Shift 键和鼠标右键，利用弹出的快捷菜单来选择端点、圆心等；或者激活“状态栏”上的“对象捕捉”按钮。这是 AutoCAD 提供的智能化绘图方法之一。

2）多点

（1）启动命令的方法。

①在菜单栏中点击：绘图→点→多点。

②在“绘图”工具栏上单击“点”按钮：。

（2）执行命令的过程。

执行命令的过程与单点相同。

3）定数等分点

（1）启动命令的方法。

①在命令行中用键盘输入：DIVIDE。

②在菜单栏中点击：绘图→点→定数等分。

（2）执行命令的过程。

命令：_divide ↙

选择要定数等分的对象：　　（选择要等分的对象）

输入线段数目或［块(B)］：　　（将选择的对象平均分成相同的几段）

（3）参数说明。

①输入线段数目：输入要将对象分成长度相同的线段的段数。

②块(B):在选定的对象上等间距地放置“块”(“块”的含义在以后章节中介绍)。

(4)注意事项。

定数等分不仅能等分直线,还可以等分圆、多段线、曲线和一些在选择对象时能够一次选定的对象。

(5)例子。

将图 2.12 中的 *AB* 圆弧进行 10 等分。

命令: _divide ↙

选择要定数等分的对象:

输入线段数目或 [块(B)]:10 ↙

注意:首先要设置“点样式”。

结果如图 2.13 所示。

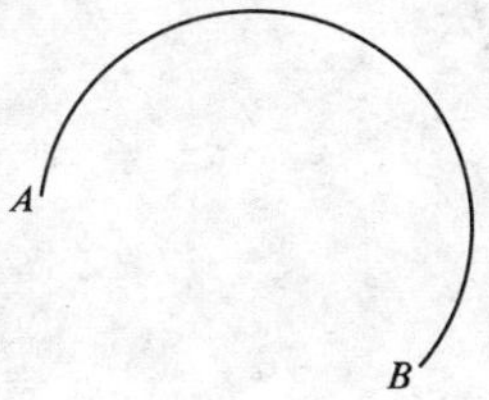

图 2.12　点“定数等分”命令应用的题目

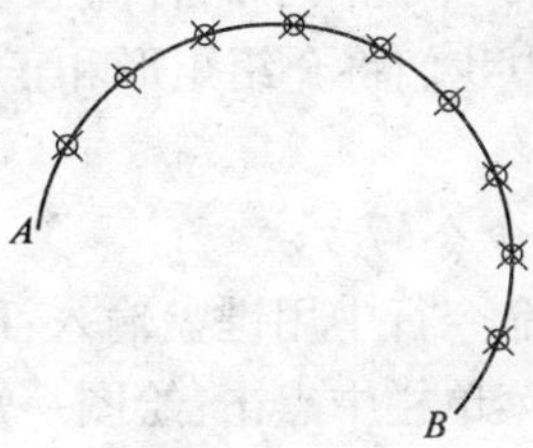

图 2.13　点“定数等分”命令应用的结果

4)定距等分点

(1)启动命令的方法。

①在命令行中用键盘输入:MEASURE。

②在菜单栏中点击:绘图→点→定距等分。

(2)执行命令的过程。

命令:_measure ↙

选择要定距等分的对象:　　　　(选择要等分的对象)

指定线段长度或 [块(B)]:　　　　(将选择的对象按输入的长度进行等分)

(3)参数说明。

①指定线段长度:输入一个长度数值且回车后,点对象就会沿选择的对象按指定的长度依次放置。

②块(B):在选定的对象上按指定的长度放置“块”。

(4)注意事项。

点对象或其他块对象在所选对象上放置时,首先从离选择对象时单击左键位置最近的端点处开始依次放置。最后被分割的一段长度有可能等于或小于设定的长度值。

(5)例子。

将图 2.14 中的 *CD* 圆弧进行定距等分,等分距离为 10。

命令: _measure ↙

选择要定距等分的对象:

指定线段长度或 [块(B)]:10↙

结果如图 2.15 所示。

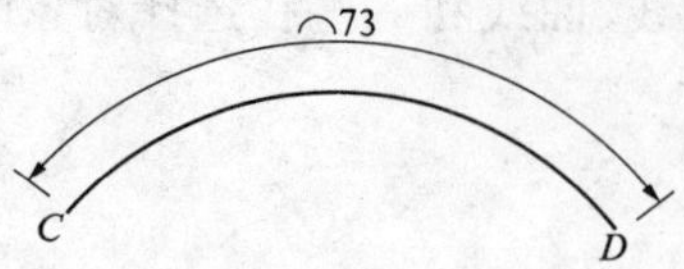

图 2.14 点"定距等分"命令应用的题目

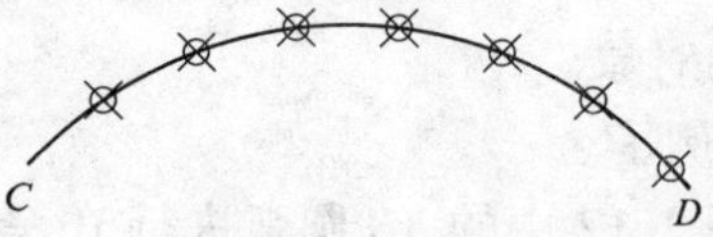

图 2.15 点"定距等分"命令应用的结果

2.2 平面图形的绘制

AutoCAD 中提供了两种直接作平面图形的方法,这对我们今后的作图是很有帮助的,在本节中我们将介绍矩形和正多边形的命令使用方法。

2.2.1 矩形

1. 启动命令的方法

(1)在命令行中用键盘输入:RECTANG。

(2)在菜单栏中点击:绘图→矩形。

(3)在"绘图"工具栏单击"矩形"按钮:。

2. 执行命令的过程

命令: _rectang↙

指定第一个角点或 [倒角(C)/标高(E)/圆角(F)/厚度(T)/宽度(W)]:

(在屏幕上或键盘上输入一角点)

指定另一个角点或 [面积(A)/尺寸(D)/旋转(R)]:

(在屏幕上或键盘上输入另一对角点)

3. 参数说明

(1)倒角(C):输入"C"回车后,命令行有如下的命令过程:

命令: _rectang↙

指定第一个角点或 [倒角(C)/标高(E)/圆角(F)/厚度(T)/宽度(W)]:c↙

指定矩形的第一个倒角距离 <0.0000>:50↙

(指定第一个角点的竖直方向的距离)

指定矩形的第二个倒角距离 <50.0000>:50↙

(指定第一个角点的水平方向的距离)

指定第一个角点或 [倒角(C)/标高(E)/圆角(F)/厚度(T)/宽度(W)]:

指定另一个角点或[面积(A)/尺寸(D)/旋转(R)]:

(2)标高(E):输入"E"回车后,命令行要求输入标高。

(3)圆角(F):输入"F"回车后,命令行有如下的命令过程:

命令: _rectang↙

指定第一个角点或 [倒角(C)/标高(E)/圆角(F)/厚度(T)/宽度(W)]:f↙

指定矩形的圆角半径 <50.0000>:30↙ （指定圆角的半径）

指定第一个角点或［倒角(C)/标高(E)/圆角(F)/厚度(T)/宽度(W)］:

指定另一个角点或［面积(A)/尺寸(D)/旋转(R)］:

(4)厚度(T):输入“T”回车后,命令行中要求输入矩形的厚度。

(5)宽度(W):输入“W”回车后,命令行中要求输入矩形的线宽。

(6)面积(A):输入“A”回车后,命令行有如下的命令过程:

命令: _rectang↙

指定第一个角点或［倒角(C)/标高(E)/圆角(F)/厚度(T)/宽度(W)］:

指定另一个角点或［面积(A)/尺寸(D)/旋转(R)］:a↙

输入以当前单位计算的矩形面积 <200.0000>:2000↙ （输入要绘制矩形的面积）

计算矩形标注时依据［长度(L)/宽度(W)］ <长度>:↙

（以长度作为另一已知数据）

输入矩形长度 <10.0000>:20↙

(7)尺寸(D):输入“D”回车后,命令行有如下的命令过程。

命令: _rectang↙

指定第一个角点或［倒角(C)/标高(E)/圆角(F)/厚度(T)/宽度(W)］:

指定另一个角点或［面积(A)/尺寸(D)/旋转(R)］:d↙

指定矩形的长度 <20.0000>:20↙ （输入要绘制矩形的长度）

指定矩形的宽度 <100.0000>:20↙ （输入要绘制矩形的宽度）

指定另一个角点或［面积(A)/尺寸(D)/旋转(R)］: （在指定的点上单击左键）

(8)旋转(R):输入“R”回车后,命令行有如下的命令过程。

命令: _rectang↙

指定第一个角点或［倒角(C)/标高(E)/圆角(F)/厚度(T)/宽度(W)］:

指定另一个角点或［面积(A)/尺寸(D)/旋转(R)］:r↙

指定旋转角度或［拾取点(P)］ <0>:30↙

（输入要绘制矩形与水平线的夹角,有正、负之分）

指定另一个角点或［面积(A)/尺寸(D)/旋转(R)］:

4. 注意事项

矩形是闭合的多段线,它具有多段线的一些属性。

另外,在以上的参数说明中,标高(E)、厚度(T)是在作三维绘图时用到。

5. 例子

绘制图 2.16。

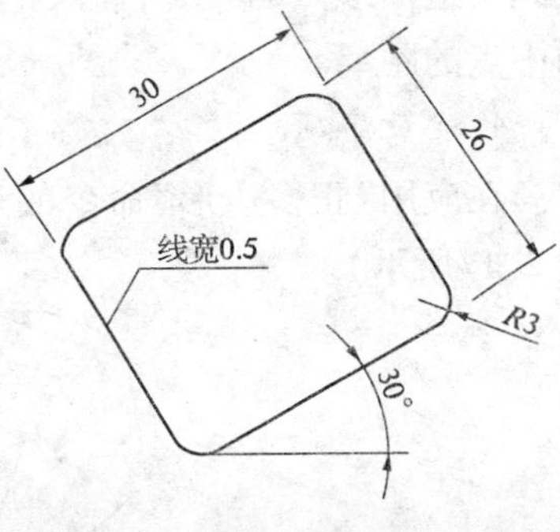

图 2.16 “矩形”命令的应用

命令: _rectang↙

指定第一个角点或［倒角(C)/标高(E)/圆角(F)/厚度(T)/宽度(W)］:f↙

指定矩形的圆角半径 <0.0000>:3↙

指定第一个角点或［倒角(C)/标高(E)/圆角(F)/厚度(T)/宽度(W)］: w↙

指定矩形的线宽 <0.0000>：0.5↙

指定第一个角点或［倒角(C)/标高(E)/圆角(F)/厚度(T)/宽度(W)］：

指定另一个角点或［面积(A)/尺寸(D)/旋转(R)］：r↙

指定旋转角度或［拾取点(P)］ <0>：30↙

指定另一个角点或［面积(A)/尺寸(D)/旋转(R)］：d↙

指定矩形的长度 <20.0000>:30↙

指定矩形的宽度 <20.0000>:26↙

指定另一个角点或［面积(A)/尺寸(D)/旋转(R)］：

2.2.2 正多边形

1. 启动命令的方法

(1)在命令行中用键盘输入:POLYGON。

(2)在菜单栏中点击:绘图→正多边形。

(3)在“绘图”工具栏单击“正多边形”按钮: 。

2. 执行命令的过程

命令:_polygon↙

输入边的数目 <4>:6↙

指定多边形的中心点或［边(E)］：　　　　(在屏幕上指定一点为多边形的中心点)

输入选项［内接于圆(I)/外切于圆(C)］ <I>：

指定圆的半径：　　　　(在屏幕上指定圆的半径)

3. 参数说明

(1)指定多边形的中心点:输入或指定中心点的位置来确定多边形,多边形大小由外切圆或内接圆的半径确定。

(2)边(E):用多边形的一条边定位,命令行要求输入一条边的两个端点,确定多边形的边长。

“内接于圆(I)/外切于圆(C)”:输入正多边形的内接于圆(I)时,圆的半径等于中心点到多边形顶点的距离;输入正多边形外切于圆(C)时,圆的半径等于中心点到多边形边的中点的距离。

4. 注意事项

在应用“正多边形”命令的过程中,注意区分“内接于圆(I)”和“外切于圆(C)”(如图2.17所示)。

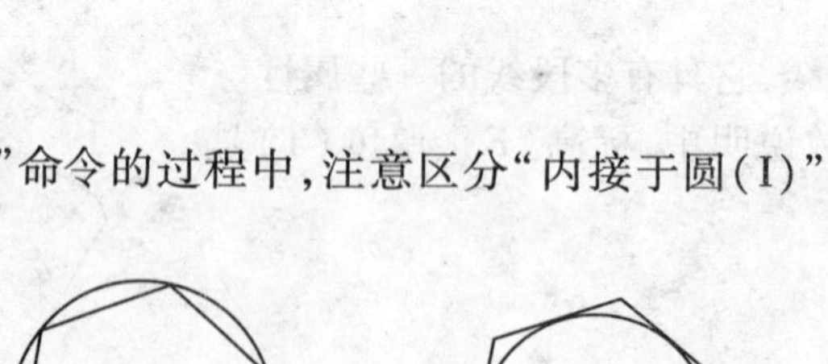

(a)内接于圆　　(b)外切于圆

图2.17　内接于圆和外切于圆的区别

2.3 对象的选择、显示与修改

绘图过程中，需要经常选择所绘的几何元素，以便修改和编辑图形，在本节中我们将学习选择模式的设置和对象选择的方法。

2.3.1 对象的选择

1. 选择模式的设置

1) 启动命令的方法

(1) 在命令行中用键盘输入：OPTIONS。

(2) 在菜单栏中点击：工具→选项→选择。

2) 执行命令的过程

执行“OPTIONS”命令后，系统弹出如图 2.18 所示的“选项”对话框。

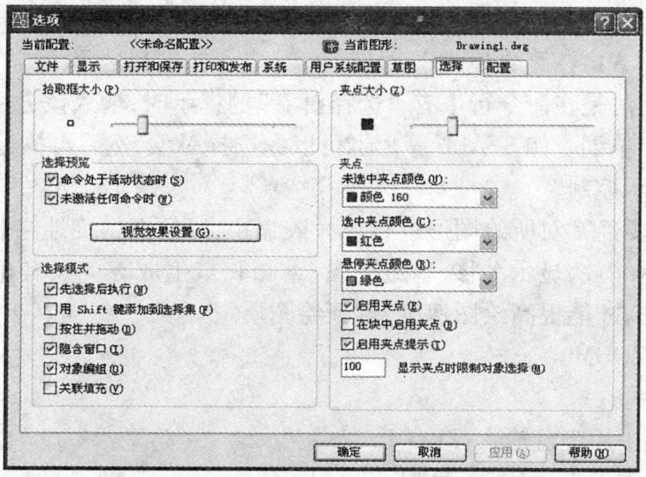

图 2.18 选项中“选择”对话框

3) 参数说明

在该对话框中，我们只介绍“选择模式”和“拾取框大小”两个区域。

(1) 选择模式。

①先选择后执行：选择该复选框后，表示先选择几何元素然后再执行编辑命令。

②用 Shift 键添加到选择集：选择该复选框后，表示在选择第一个几何元素后，按住 Shift 键可以增加选择其他几何元素。

③按住并拖动：选择该复选框后，表示在选择图形时应按住鼠标左键进行拖动选择。

④隐含窗口：选择该复选框后，表示在选择图形时隐含窗口。

⑤对象编组：表示在选择对象时是否进行对象编组。

⑥关联填充：选择该复选框后，表示在选择带填充的图形时，边界也被选择。

(2) 拾取框大小：用户可以通过滑块的移动来调节拾取框的大小。

4) 注意事项

进行选择模式的设置时，应根据具体情况和绘图习惯来进行设置，而不要盲目地来进行选择。

2. 选择的方法

选择模式设置好后，就可以进行对象选择了，主要的选择方法如下：

(1)单选(S)：一次只能选择一个几何元素。

(2)全选(ALL)：一次全部地选择所绘的图形。

(3)窗选(W)：把要选择的图形拾取到一个矩形框中，从左向右选择，只有全被框住的对象才会被选择。

(4)窗交(C)：把要选择的图形拾取到一个矩形框中，从右向左选择，凡是全被框住或部分被框住的对象就会被选择。

(5)选择最后(L)：选择最后一次绘制的几何对象。

(6)选择最前(P)：选择开始绘制的第一个对象。

(7)取消选择(U)：取消选择的对象。

(8)删除对象(R)：把选入构造集中的对象删除掉，进入删除模式。

(9)加入对象(A)：在删除模式下，加入对象，进入构造集选择模式。

以上方法的用法是在命令行中有“选择对象”的提示时，输入该方法的英文名称的第一个字母或第一个单词。如 S、ALL 等。也可以先选择对象，然后再执行某个命令。

2.3.2 对象的显示控制

绘图过程中，要经常对所绘图形进行放大或缩小，以便能精确地绘制图形。常用的显示控制命令有显示缩放、显示平移、鸟瞰视图、重画和重生成等。只有正确熟练地掌握这些命令的使用方法，才能提高绘图速度，保证绘图质量。

1. 显示缩放(ZOOM)

1)启动命令的方法

(1)在命令行中用键盘输入：ZOOM。

(2)在菜单栏中点击：视图→缩放。

(3)单击“缩放”工具栏(如图 2.19 所示)上的图标。

图 2.19 “缩放”工具栏

2)执行命令的过程

命令：_zoom ↙

指定窗口的角点，输入比例因子 (nX 或 nXP)，或者

[全部(A)/中心(C)/动态(D)/范围(E)/上一个(P)/比例(S)/窗口(W)/对象(O)] <实时>：

按 Esc 或 Enter 键退出，或单击右键显示快捷菜单。

3)参数说明

(1)全部(A)：在绘图界限内，所画的图形全部显示在当前屏幕上。

(2)中心点(C)：指定中心点输入缩放比例或高度，来放大或缩小图形。

(3)动态(D)：动态的确定缩放图形的位置，用视图框来调整。

(4)范围(E)：不管在绘图界限内还是绘图界限外，把所画的图形全部地显示在屏幕上。

(5)上一个(P):在屏幕显示上一次缩放前的图形。

(6)比例(S):根据输入的比例数值系数来显示图形。

(7)窗口(W):执行该命令时,用矩形窗口来框住所要放大的图形。

(8)对象(O):将选定的一个或多个对象放大后,位于屏幕的中心。

(9)按 Esc 或 Enter 键退出。

2. 显示平移(PAN)

在不改变图形大小的情况下,为了更好地观察图形,有时候需要来移动屏幕上显示的图形,这就应用到了在本节中介绍的显示平移命令。

1)启动命令的方法

(1)在命令行中用键盘输入:PAN。

(2)在菜单栏中点击:视图→平移→实时。

(3)单击“标准”工具栏上的图标:。

2)执行命令的过程

命令: _pan↙

按 Esc 或 Enter 键退出,或单击右键显示快捷菜单。

3)参数说明

在执行完“PAN”命令后,屏幕上的光标就变成了一只小手,当我们按住左键进行移动时,屏幕上的图形也随着光标的移动而移动。将图形移动到合适位置后,可以按 Esc 键或 Enter 键退出,也可单击鼠标右键在显示的快捷菜单中选择退出(如图 2.20 所示)。

4)注意事项

在应用显示平移命令时,系统在平移的二级菜单中给我们提供了六种显示平移的方式,本节给大家介绍的是最常用的一种。

另外,大家在绘图过程中可以通过图 2.20 所示的快捷菜单在缩放和平移之间进行快速的切换。

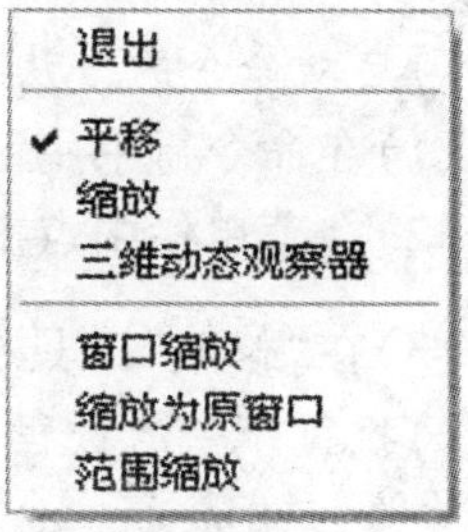

图 2.20 “显示控制”快捷菜单

2.3.3 对象的删除与分解

1. 删除

1)启动命令的方法

(1)在命令行中用键盘输入:ERASE。

(2)在菜单栏中点击:修改→删除。

(3)在“修改”工具条单击“删除”按钮:。

2)执行命令的过程

命令: _erase↙

选择对象: 找到 1 个　　(选择要删除的对象)

选择对象:　　(单击右键删除对象)

3)注意事项

在实际的绘图过程中,也可以先选择要删除的对象,然后执行删除命令。

2. 分解

如果对象是一个整体(比如块、多行文字、尺寸等),要对这些对象中的局部进行修改时,需要把整个对象先进行分解,然后再进行编辑。

1)启动命令的方法

(1)在命令行中用键盘输入:EXPLODE。

(2)在菜单栏中点击:修改→分解。

(3)在“修改”工具栏上单击“倒角”按钮: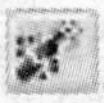。

2)执行命令的过程

命令: _explode ↙

选择对象: 找到 1 个

选择对象:

3)注意事项

有些对象在进行分解后会失去原有整体对象的属性,比如多段线,在进行分解后会失去半宽、宽度等属性(如图 2.21 所示)。

图 2.21　箭头分解

2.3.4　直线的修剪、拉长与延伸

1. 修剪

在修改和编辑图形时,用到的最重要的一个命令就是修剪,下面就来介绍修剪命令的用法。

1)启动命令的方法

(1)在命令行中用键盘输入:TRIM。

(2)在菜单栏中点击:修改→修剪。

(3)在“修改”工具栏单击“修剪”按钮:。

2)执行命令的过程

命令: _trim ↙

当前设置: 投影 = UCS　边 = 无

选择剪切边 ...

选择对象: 找到 1 个　　(选择要剪切对象的边界)

选择要修剪的对象或 [投影(P)/边(E)/放弃(U)]:　　(选择要剪切的对象)

3)参数说明

(1)投影(P):输入“P”后回车,系统有如下的命令提示:

选择要修剪的对象或 [投影(P)/边(E)/放弃(U)]:p ↙

输入投影选项 [无(N)/UCS(U)/视图(V)] <UCS>:

(确定在哪个绘图环境中进行修剪)

(2)边(E):输入“E”后回车,系统有如下的命令提示:

选择要修剪的对象或 [投影(P)/边(E)/放弃(U)]:e ↙

输入隐含边延伸模式［延伸(E)/不延伸(N)］<不延伸>:e↙
选择要修剪的对象或［投影(P)/边(E)/放弃(U)］:
(3)放弃(U):退出操作过程。
4)注意事项
执行修剪命令时,一定要注意在执行命令过程中点击左右键的顺序。
2. 拉长
1)启动命令的方法
(1)在命令行中用键盘输入:LENGTHEN。
(2)在菜单栏中点击:修改→拉长。
2)执行命令的过程
命令: lengthen↙
选择对象或［增量(DE)/百分数(P)/全部(T)/动态(DY)］:
（直接选择要拉长的对象）
当前长度: 20.7211 （选择拉长对象的参数）
选择对象或［增量(DE)/百分数(P)/全部(T)/动态(DY)］:
3)参数说明
(1)增量(DE):定量拉长直线,输入 DE,系统有以下的命令提示:
输入长度增量或［角度(A)］ < 0.0000 > :100↙
（输入长度或角度的增量,有正、负之分,正为拉长,负为缩短）
选择要修改的对象或［放弃(U)］: （选择要拉长的对象）
(2)百分数(P):按原直线长的百分率拉长,输入 P,系统有以下的命令提示:
输入长度百分数 < 100.0000 > : 50↙
（缩短为原长的一半,只能是正值。不要输入百分值）
选择要修改的对象或［放弃(U)］:
(3)全部(T):当我们输入“T”然后回车后,系统有以下的命令提示:
指定总长度或［角度(A)］ < 1.0000) > :90↙ （输入要拉长的总的长度或角度）
选择要修改的对象或［放弃(U)］:
(4)动态(DY):定性不定量拉长直线,系统进入动态拉长对象。
4)注意事项
拉长命令不仅可以拉长对象而且还可以缩短对象。拉长一般只拉长单根直线。
3. 延伸
1)启动命令的方法
(1)在命令行中用键盘输入:EXTEND。
(2)在菜单栏中点击:修改→延伸。
(3)在“修改”工具栏单击“延伸”按钮:。
2)执行命令的过程
命令: _extend↙

当前设置:投影=UCS,边=无

选择边界的边...

选择对象或 <全部选择>: 指定对角点: 找到 2 个　　　　　(选择要延伸到的对象)

选择对象:　　　　　　　　　　　　　　　　　　　　(单击右键确认)

选择要延伸的对象,或按住 Shift 键选择要修剪的对象,或

[栏选(F)/窗交(C)/投影(P)/边(E)/放弃(U)]:

3)参数说明

栏选(F)/窗交(C):选择延伸对象的两种方式,其他的参数与修剪中类似。

4)注意事项

延伸后的对象是一个完整的整体。

2.3.5 对象的偏移、拉伸与缩放

1.偏移

1)启动命令的方法

(1)在命令行中用键盘输入:OFFSET。

(2)在菜单栏中点击:修改→偏移。

(3)在"修改"工具栏单击"偏移"按钮:。

2)执行命令的过程

命令: _offset ↙

当前设置: 删除源=否　图层=源　OFFSETGAPTYPE=0

指定偏移距离或[通过(T)/删除(E)/图层(L)] <通过>:

选择要偏移的对象,或[退出(E)/放弃(U)] <退出>:

指定要偏移的那一侧上的点,或[退出(E)/多个(M)/放弃(U)] <退出>:

3)参数说明

(1)指定偏移距离:偏移后的对象与原对象的间距。

(2)通过(T):让偏移后的新对象通过某一个已知的点。

(3)删除(E):用来设置偏移对象后是否删除源对象。

(4)图层(L):用来设置偏移后的对象所在的图层。

(5)多个(M):在不退出偏移命令的情况下,连续偏移出多个对象。

4)注意事项

直线用偏移的命令可以得到一组平行线;圆用偏移的命令可以得到一组同心圆;首尾相连的曲线用偏移的命令可以得到一组同比缩放、形状相似的曲线。如图 2.22 所示。

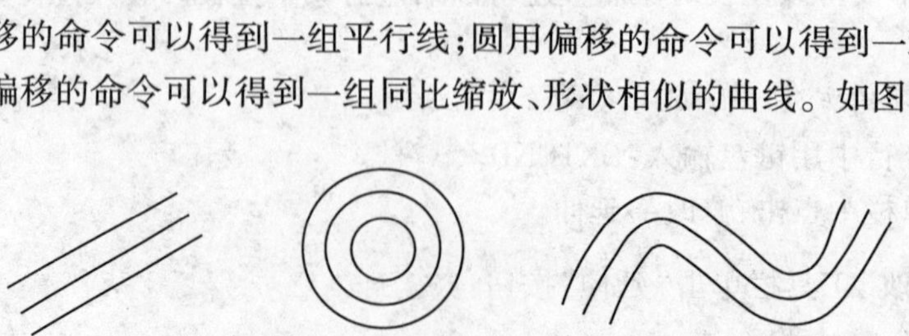

图 2.22 "偏移"命令的应用

2. 拉伸

1) 启动命令的方法

(1) 在命令行中用键盘输入:STRETCH。

(2) 在菜单栏中点击:修改→拉伸。

(3) 在“修改”工具栏单击“拉伸”按钮:。

2) 执行命令的过程

命令: stretch ↙

以交叉窗口或交叉多边形选择要拉伸的对象... (选择对象的两种方式)

选择对象: 指定对角点: 找到 3 个

选择对象:

指定基点或[位移(D)]<位移>: (指定拉伸的第一个基准点)

指定位移的第二点或<使用第一个点作为位移>: (指定拉伸的第二个基准点)

3) 参数说明

(1) 指定基点:指定某一点为基准点拉伸对象。

(2) 位移:输入偏移值,以选中对象中心点为基点拉伸对象。

4) 注意事项

拉伸仅移动位于选择框内的顶点和端点,其他在选择框外的顶点和端点不移动。如图 2.23 所示。

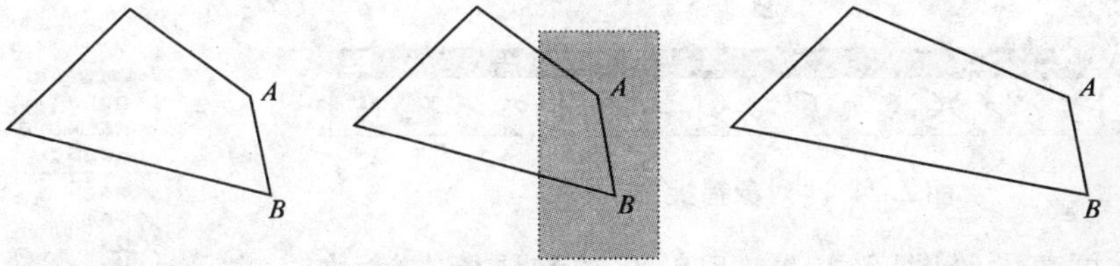

(a) 四边形　　(b) 选择对象　　(c) 拉伸 A 点和 B 点

图 2.23　“拉伸”命令的应用

3. 缩放

缩放命令是改变图形的实际尺寸,而不是改变在屏幕上的显示大小。

1) 启动命令的方法

(1) 在命令行中用键盘输入:SCALE。

(2) 在菜单栏中点击:修改→比例。

(3) 在“修改”工具栏上单击“比例”按钮:。

2) 执行命令的过程

命令: _scale ↙

选择对象: 指定对角点: 找到 2 个 (选择所要缩放的对象)

选择对象:

指定基点: (选择一点作为缩放的基点)

指定比例因子或[复制(C)/参照(R)] <1.0000>:

（输入缩放的比例因子或用参照方式进行缩放）

3）参数说明

（1）指定比例因子：指定缩放的比例。

（2）复制（C）：在原对象不删除的情况下，重新复制一个对象进行缩放。

（3）参照（R）：指定一段参照长度，用新长度来缩放对象。

4）注意事项

经过比例缩放过的图形，因它的实际大小发生了变化，因此在标注尺寸时应注意设置尺寸标注的样式，这在作图过程中一定要引起重视。另外，输入的比例因子均为正值，大于1时为放大，小于1时为缩小。

2.4 对象的状态控制与图线的选择

2.4.1 对象的状态控制

1. 对象捕捉

工程图样中，各种绘图元素通过相交、相切等方式结合起来，组成了一幅完整的工程图形。其中两个元素之间的联系是通过对象捕捉的方式进行的。因此，在绘图的整个过程中，对象捕捉的应用是非常频繁的，是绘图中比较实用的定点方式。

1）启动命令的方法

（1）利用"对象捕捉工具栏"（如图2.24所示）来进行对象捕捉。

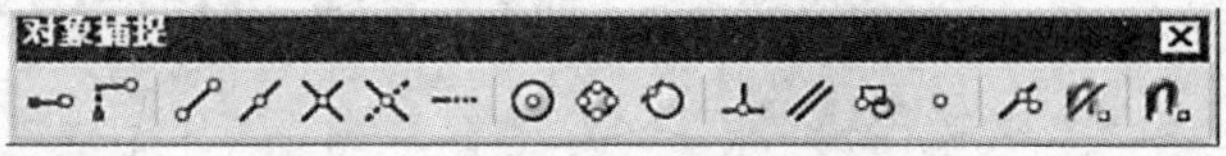

图2.24 "对象捕捉"工具栏

（2）在屏幕的绘图区同时按下Shift键和鼠标右键，如图2.25所示。

（3）在"状态栏"上点击"对象捕捉"按钮或按F3键。

2）应用方式

在执行某个绘图命令的过程中，当命令行提示需要从某个点开始绘图时，我们可以通过上面三种方式启动"对象捕捉"。关于"对象捕捉方式设置"和"捕捉点"的含义，将在以后的有关章节进行介绍。

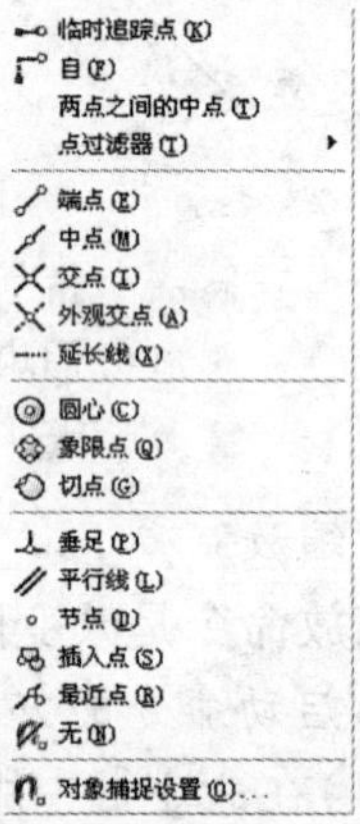

图2.25 "对象捕捉"快捷菜单

2. 正交

大多数图形的绘制都离不开水平线和铅垂线。当执行正交命令时，系统就会自动地切换成只画平行于X轴和平行于Y轴直线的正交模式，从而可以提高绘图的精度，加快作图的速度。

1）启动命令的方法

（1）在命令行中用键盘输入：ORTHO。

（2）单击图2.26所示"状态行"中的"正交"按钮。

图 2.26 “状态”工具栏

(3)按 F8 键进行切换。

2)执行命令的过程

命令：_ortho↙

输入模式［开(ON)/关(OFF)］<OFF>：on

（输入“on”为打开正交模式，输入“off”为关闭正交模式）

2.4.2 图线的选择

按照工程制图的国标规定，图线有线型与线宽之分，在一张工程图中，不同的线型与线宽代表了不同的含义。因此，用 AutoCAD 绘图时，线型与线宽的设置是非常重要的。下面我们将就线型与线宽设置的调用方法介绍如下：

1. 线型

1)启动命令的方法

(1)在命令行中用键盘输入：LINETYPE。

(2)在菜单栏中点击：格式→线型。

2)参数说明

执行该命令后，系统就会弹出如图 2.27 所示的对话框。

在该对话框中，我们可以通过点击“加载”按钮，在弹出的“加载”对话框(见图 2.28)中来增加线型的数量。

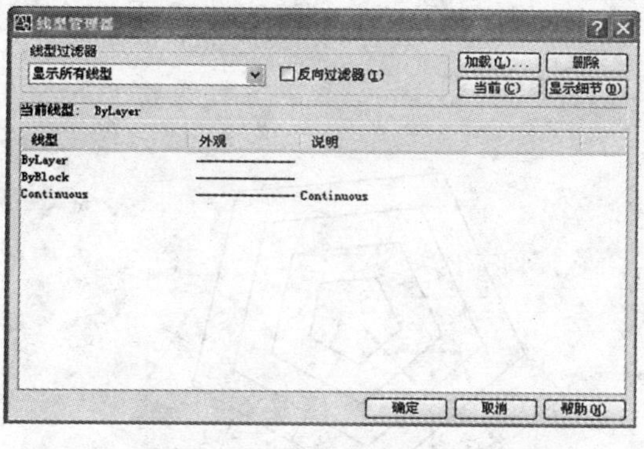

图 2.27 “线型管理器”对话框

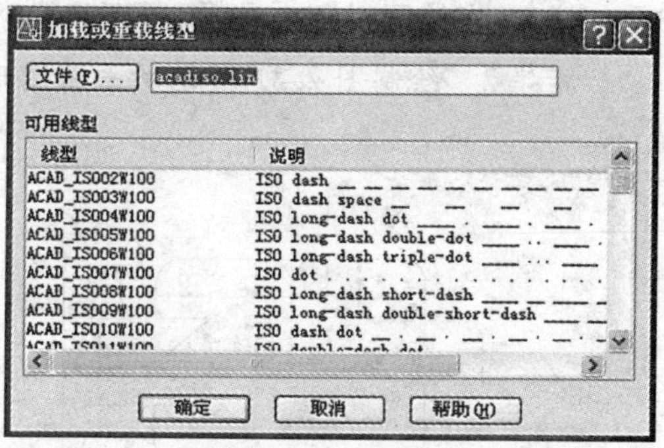

图 2.28 加载线型

3)线型调用

在开始绘制对象前，根据所绘对象的线型，通过点击“对象特性”工具栏上的下拉菜单来进行选择，如图 2.29 所示。

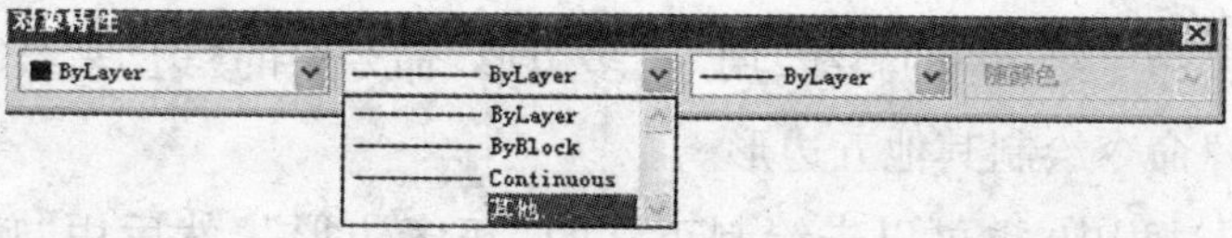

图 2.29 “对象特性”工具栏

2. 线宽

线宽的调用方式与线型相似,也是通过点击“对象特性”工具条上的下拉菜单来进行选择。

注意:我们这里所介绍的线型和线宽只是一种简单的应用方式,在具体绘制专业图时要通过设置图层来统一的定义这两项内容,在以后的章节中我们会做详细的介绍。

实训2　二维图形的绘制与编辑命令(一)

【实训目的】

1. 熟悉对象的状态控制。

2. 掌握二维图形的绘制与编辑命令。

3. 了解对象的选择方法与显示控制。

【相关知识】

本章介绍了相关绘图与编辑的命令、对象选择方法、对象显示控制和状态控制。

【实训指导】

指导1　绘制图2.30所示的平面图形

(1)用“矩形”命令绘制长50、宽40的矩形,用“直线”命令加中心线。

(2)用“分解”命令分解所绘矩形。

(3)用“构造线”、“偏移”、“修剪”命令绘制其余部分。

注意:在绘图过程中,调用线型和线宽。

指导2　绘制图2.31所示的平面图形

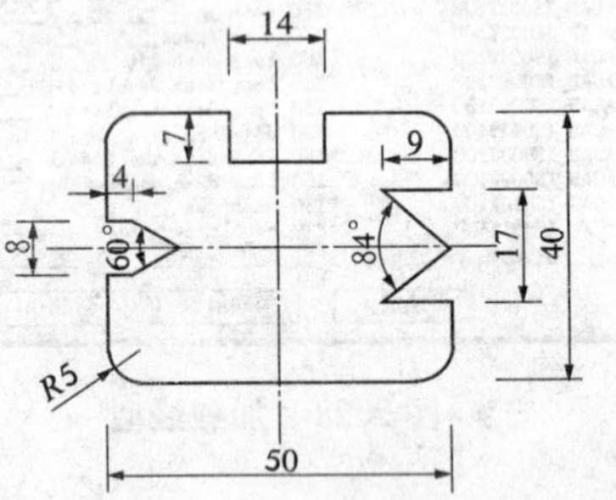

图2.30　平面图形

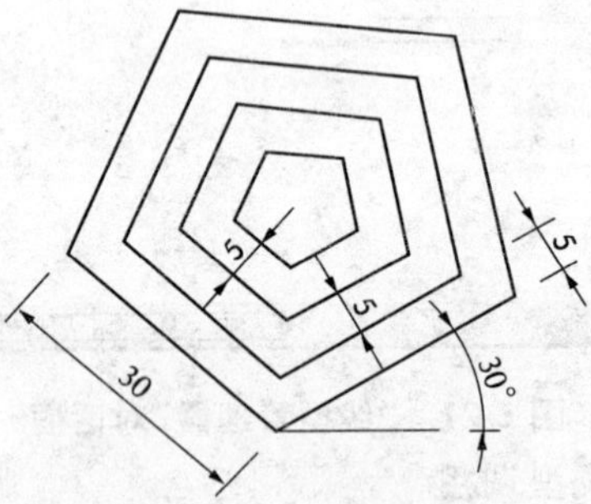

图2.31　平面图形

(1)用“直线”命令绘30°的斜线;用“正多边形”命令中的“边”来绘制正五边形。

(2)用“偏移”命令绘制其他五边形。

注意:在绘图过程中,也可以先绘制正立的“正多边形”,然后用“旋转”命令再进行旋转。

【实训内容】

绘制下列图形(见图 2.32 和图 2.33 所示)。

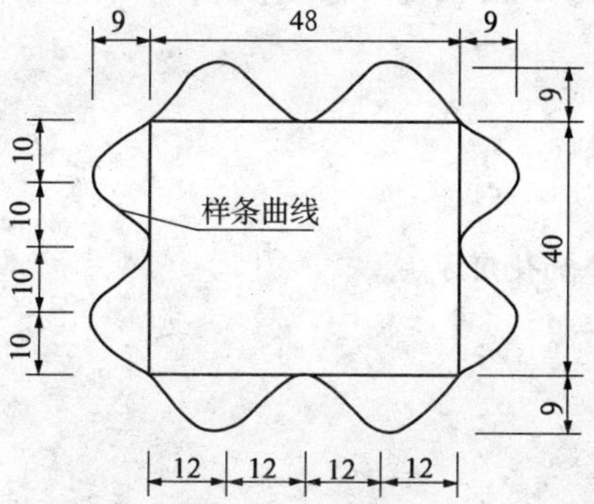

图 2.32　平面图形

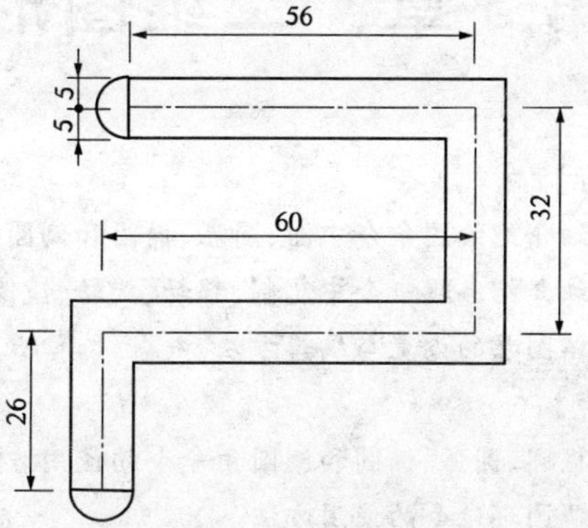

图 2.33　平面图形

第 3 章　二维图形的绘制与编辑(二)

【教学目标】

1. 详细介绍绘图命令中圆、圆弧、椭圆和倒圆角命令。

2. 详细介绍编辑命令中复制、移动、旋转、镜像命令的使用方法。

3. 介绍图层的设置与编辑方法。

【学习要点】

1. 掌握圆、圆弧、椭圆和倒圆角命令的使用方法。

2. 了解圆环命令的使用方法。

3. 掌握对象的复制、阵列、旋转、镜像等修改命令。

4. 了解对象移动的方式。

5. 掌握图层的设置与编辑方法。

3.1　曲线图形的绘制

3.1.1　圆、圆弧与圆环

1. 圆

1)启动命令的方法

(1)在命令行中用键盘输入:CIRCLE。

(2)在菜单栏中点击:绘图→圆。

(3)在“绘图”工具栏单击“圆”按钮: 。

2)执行命令的过程

命令: _circle　指定圆的圆心或[三点(3P)/两点(2P)/相切、相切、半径(T)]:

(在屏幕上指定一点)

指定圆的半径或[直径(D)]:　　(在屏幕上指定或在键盘上输入圆的半径或直径)

3)参数说明

(1)指定圆的圆心:确定圆心的位置。

(2)三点(3P):当输入“3P”然后回车时,系统会出现以下的命令过程:

指定圆的圆心或[三点(3P)/两点(2P)/相切、相切、半径(T)]:3p↙

(输入圆周上的三个点画圆)

指定圆上的第一点:　(在屏幕上指定一点)

指定圆上的第二点:　(在屏幕上指定一点)

指定圆上的第三点:　(在屏幕上指定一点)

(3)两点(2P):当输入“2P”然后回车时,系统会出现以下的命令过程:

指定圆的圆心或[三点(3P)/两点(2P)/相切、相切、半径(T)]:2p↙

（输入圆直径的两个端点画圆）

指定圆直径的第一个端点：　　　　　　　　　　（在屏幕上指定一点）

指定圆直径的第二个端点：　　　　　　　　　　（在屏幕上指定一点）

(4)相切、相切、半径(T)：当输入"T"然后回车时，系统会出现以下的命令过程：

指定圆的圆心或[三点(3P)/两点(2P)/相切、相切、半径(T)]：t↙

（指定圆上的两个切点并输入半径画圆）

在对象上指定一点作圆的第一条切线：　　　　　　（在屏幕上指定切点）

对象上指定一点作圆的第二条切线：　　　　　　　（在屏幕上指定切点）

指定圆的半径 <126.0015>：200↙　　　　　　　　　（输入圆的半径）

4)注意事项

用 AutoCAD 画圆时，有六种画法，如图 3.1 所示的菜单。其中最常用的是"相切、相切、相切"这种画法，大家应熟练掌握。

5)例子

作一个圆与两直线及一个圆相切，如图 3.2 所示。

命令：_circle　　　　　　　　　　（点击图 3.1 中的"相切、相切、相切"）

指定圆的圆心或[三点(3P)/两点(2P)/相切、相切、半径(T)]：_3p↙

指定圆上的第一点：_tan 到　　　　　　　　　　（选择 *A* 点）

指定圆上的第二点：_tan 到　　　　　　　　　　（选择 *B* 点）

指定圆上的第三点：_tan 到　　　　　　　　　　（选择 *C* 点）

结果如图 3.3 所示。

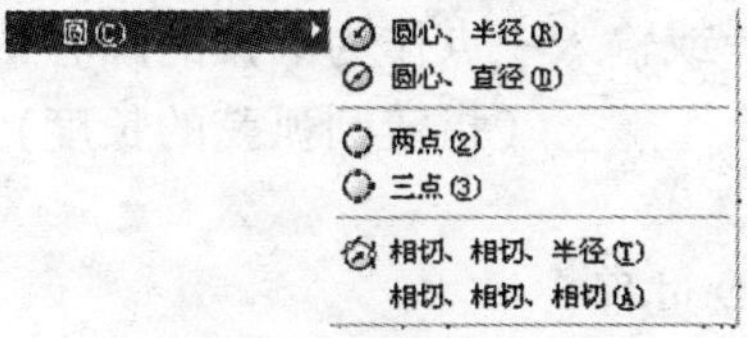

图 3.1　圆的六种画法

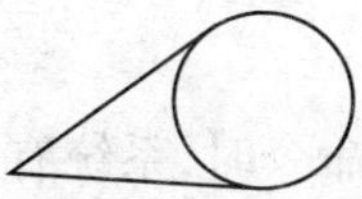

图 3.2　"圆"命令的应用

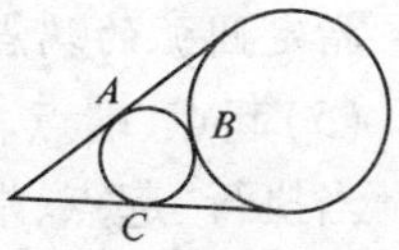

图 3.3　"圆"命令的应用

2. 圆弧

1)启动命令的方法

(1)在命令行中用键盘输入：ARC。

(2)在菜单栏中点击：绘图→圆弧。

(3)在"绘图"工具栏单击"圆弧"按钮：。

2)执行命令的过程

AutoCAD 中给出了我们十一种画圆弧的方法（如图 3.4 所示）。

3)参数说明

在这里我们将画圆弧的方法以及命令过程给大家说明如下：

(1)三点。

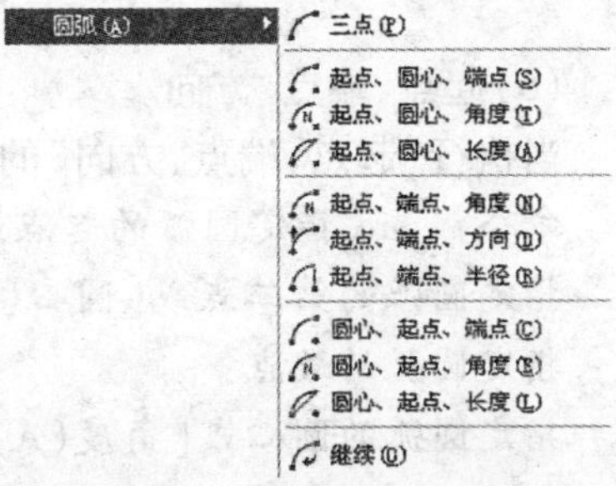

图 3.4　圆弧的十一种画法

当执行“三点”的命令时，系统有如下的命令过程：

命令：_arc 指定圆弧的起点或[圆心(C)]：　　（选择或输入一点作为圆弧的起点）

指定圆弧的第二点或[圆心(C)/端点(E)]：（选择或输入一点作为圆弧的第二点）

指定圆弧的端点：　　（选择或输入一点作为圆弧的端点）

(2)起点、圆心、端点。

当执行“起点、圆心、端点”的命令时，系统有如下的命令过程：

命令：_arc 指定圆弧的起点或[圆心(C)]：　　（选择或输入一点作为圆弧的起点）

指定圆弧的第二点或[圆心(C)/端点(E)]：_c 指定圆弧的圆心：

（选择或输入一点作为圆弧的圆心）

指定圆弧的端点或[角度(A)/弦长(L)]：　　（选择或输入一点作为圆弧的端点）

(3)起点、圆心、角度。

当执行“起点、圆心、角度”的命令时，系统有如下的命令过程：

命令：_arc 指定圆弧的起点或[圆心(C)]：　　（选择或输入一点作为圆弧的起点）

指定圆弧的第二点或[圆心(C)/端点(E)]：_c 指定圆弧的圆心：

（选择或输入一点作为圆弧的圆心）

指定圆弧的端点或[角度(A)/弦长(L)]：_a 指定包含角：　　（输入圆弧的角度）

(4)起点、圆心、长度。

当执行“起点、圆心、长度”的命令时，系统有如下的命令过程：

命令：_arc 指定圆弧的起点或[圆心(C)]：　　（选择或输入一点作为圆弧的起点）

指定圆弧的第二点或[圆心(C)/端点(E)]：_c 指定圆弧的圆心：

（选择或输入一点作为圆弧的圆心）

指定圆弧的端点或[角度(A)/弦长(L)]：_l 指定弦长：　　（指定圆弧弦的长度）

(5)起点、端点、角度。

当执行“起点、端点、角度”的命令时，系统有如下的命令过程：

命令：_arc 指定圆弧的起点或[圆心(C)]：　　（选择或输入一点作为圆弧的起点）

指定圆弧的第二点或[圆心(C)/端点(E)]：

指定圆弧的端点：　　（选择或输入一点作为圆弧的端点）

指定圆弧的圆心或[角度(A)/方向(D)/半径(R)]：_a 指定包含角：

（输入圆弧的角度）

(6)起点、端点、方向。

当执行“起点、端点、方向”的命令时，系统有如下的命令过程：

命令：_arc 指定圆弧的起点或[圆心(C)]：　　（选择或输入一点作为圆弧的起点）

指定圆弧的第二点或[圆心(C)/端点(E)]：_e

指定圆弧的端点：　　（选择或输入一点作为圆弧的端点）

指定圆弧的圆心或[角度(A)/方向(D)/半径(R)]：_d 指定圆弧的起点切向：

（确定圆弧起点的切线方向）

(7)起点、端点、半径。

当执行“起点、端点、半径”的命令时，系统有如下的命令过程：

命令：_arc 指定圆弧的起点或[圆心(C)]：　　　　（选择或输入一点作为圆弧的起点）
指定圆弧的第二点或[圆心(C)/端点(E)]：_e
指定圆弧的端点：　　　　　　　　　　　　　　　（选择或输入一点作为圆弧的端点）
指定圆弧的圆心或[角度(A)/方向(D)/半径(R)]：_r 指定圆弧半径：
（确定圆弧的半径）

(8)圆心、起点、端点。

当执行"圆心、起点、端点"的命令时，系统有如下的命令过程：

命令：_arc 指定圆弧的起点或[圆心(C)]：_c 指定圆弧的圆心：
（选择或输入一点作为圆弧的圆心）
指定圆弧的起点：　　　　　　　　　　　　　　　（选择或输入一点作为圆弧的起点）
指定圆弧的端点或[角度(A)/弦长(L)]：　　　　（选择或输入一点作为圆弧的端点）

(9)圆心、起点、角度。

当执行"圆心、起点、角度"的命令时，系统有如下的命令过程：

命令：_arc 指定圆弧的起点或[圆心(C)]：_c 指定圆弧的圆心：
（选择或输入一点作为圆弧的圆心）
指定圆弧的起点：　　　　　　　　　　　　　　　（选择或输入一点作为圆弧的起点）
指定圆弧的端点或[角度(A)/弦长(L)]：_a 指定包含角：　　　　（输入圆弧的角度）

(10)圆心、起点、长度。

当执行"圆心、起点、长度"的命令时，系统有如下的命令过程：

命令：_arc 指定圆弧的起点或[圆心(C)]：_c 指定圆弧的圆心：
（选择或输入一点作为圆弧的圆心）
指定圆弧的起点：　　　　　　　　　　　　　　　（选择或输入一点作为圆弧的起点）
指定圆弧的端点或[角度(A)/弦长(L)]：_l 指定弦长：　　　（指定圆弧弦的长度）

(11)继续。

当执行"继续"的命令时，系统有如下的命令过程：

命令：_arc 指定圆弧的起点或[圆心(C)]：
（系统以上一次命令中的最后一个点作为起点）
指定圆弧的端点：　　　　　　　　　　　　　　　（选择或输入一点作为圆弧的端点）

4）注意事项

在实际的绘制圆弧过程中，应根据题目提供的已知条件，然后决定采用哪一种绘制圆弧的方法。

5）例子

以 $A(100,150)$ 为起点，$B(@30,40)$ 为圆心，作一段圆心角为90°的圆弧。

命令：_point ↙
当前点模式：PDMODE = 35　PDSIZE = 0.0000
指定点：100,150 ↙　　　　　　　　　　　　　　　　　　　　（确定 A 点）
命令：_point
当前点模式：PDMODE = 35　PDSIZE = 0.0000

指定点：@30,40↙ （确定 *B* 点）

命令：_point

当前模式：POMODE = 35

PDSIZE = 0.0000

指定点：* 取消 *

命令：_arc 指定圆弧的起点或[圆心(C)]：100,150↙

指定圆弧的第二个点或[圆心(C)/端点(E)]：_c 指定圆弧的圆心：@30,40↙

指定圆弧的端点或[角度(A)/弦长(L)]：_a 指定包含角：90↙

结果如图3.5所示。

3. 圆环

1）启动命令的方法

（1）在命令行中用键盘输入：DONUT。

（2）在菜单栏中点击：绘图→圆环。

2）执行命令的过程

命令：donut↙

指定圆环的内径 <10.0000>：30↙ （输入圆环内圆的半径）

指定圆环的外径 <20.0000>：50↙ （输入圆环外圆的半径）

指定圆环的中心点 <退出>： （选择一点作为圆环的中心点）

结果如图3.6所示。

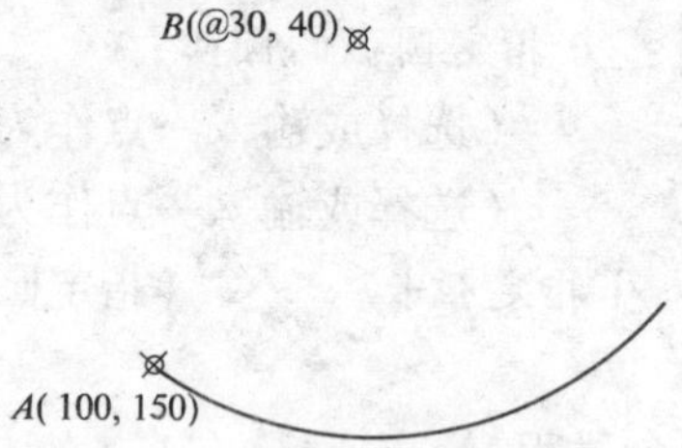

图3.5 "圆弧"命令的应用

图3.6 "圆环"命令的应用

3.2 对象倒角与圆角、打断与合并

3.2.1 倒角与圆角

绘制机械图时会经常用到圆角和倒角，它是直线相交的两种形式。

1. 倒角

1）启动命令的方法

（1）在命令行中用键盘输入：CHAMFER。

（2）在菜单栏中点击：修改→倒角。

（3）在"修改"工具条上单击"倒角"按钮：。

2）执行命令的过程

命令：_chamfer↙

("修剪"模式) 当前倒角距离 1 = 0.0000,距离 2 = 0.0000

选择第一条直线或[放弃(U)/多段线(P)/距离(D)/角度(A)/修剪(T)/方式(E)/多个(M)]:

选择第二条直线,或按住 Shift 键选择要应用角点的直线:

3)参数说明

(1)放弃(U):放弃上一次操作命令。

(2)多段线(P):输入"P"回车后,系统要求选择形成倒角的二维多段线。

(3)距离(D):输入"D"回车后,系统要求指定两个倒角距离。第一个是水平方向上的尺寸;第二个是垂直方向上的尺寸。

(4)角度(A):输入"A"回车后,系统要求指定第一条直线倒角距离和第一条直线的倒角角度(倒角角度指的是倒角斜线与水平线的夹角)。

(5)修剪(T):输入"T"回车后,系统要求设置修剪的模式,有两种情况,一种是"修剪";一种是"不修剪"。它的含义是指形成倒角的两个对象的多余部分或不足部分是否进行修剪和延伸。

(6)方式(E):输入"E"回车后,系统提示选择修剪的方法(按距离或角度)。

(7)多个(M):输入"M"回车后,系统在不退出"倒角"命令的情况下,重复的选择多个形成倒角的对象。

4)注意事项

输入倒角的两个距离时,可以相等,也可以不相等。

5)例子

将图 3.7 中的正五边形进行倒角。距离 1 = 3,距离 2 = 3。

命令: _chamfer↙

("修剪"模式) 当前倒角距离 1 = 0.0000,距离 2 = 0.0000

选择第一条直线或[放弃(U)/多段线(P)/距离(D)/角度(A)/修剪(T)/方式(E)/多个(M)]:d↙

指定第一个倒角距离 <0.0000>:3↙

指定第二个倒角距离 <3.0000>:3↙

选择第一条直线或[放弃(U)/多段线(P)/距离(D)/角度(A)/修剪(T)/方式(E)/多个(M)]:m↙

选择第一条直线或[放弃(U)/多段线(P)/距离(D)/角度(A)/修剪(T)/方式(E)/多个(M)]:

选择第二条直线,或按住 Shift 键选择要应用角点的直线:

……

结果如图 3.8 所示。

2. 圆角

1)启动命令的方法

(1)在命令行中用键盘输入:FILLET。

(2)在菜单栏中点击:修改→圆角。

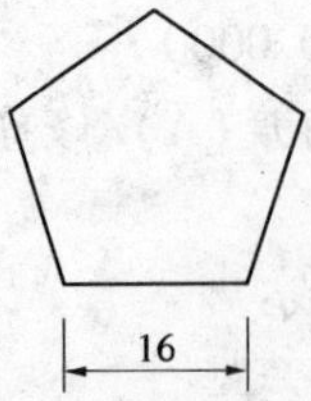

图 3.7　倒角命令的应用

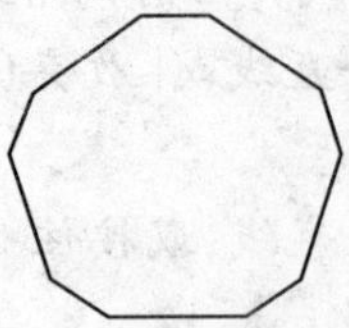

图 3.8　倒角命令的应用

(3)在"修改"工具条上单击"圆角"按钮：。

2)执行命令的过程

命令：_fillet ↙

当前设置：模式 = 修剪，半径 = 0.0000

选择第一个对象或[放弃(U)/多段线(P)/半径(R)/修剪(T)/多个(M)]：

选择第二个对象，或按住 Shift 键选择要应用角点的对象：

3)参数说明

(1)放弃(U)：放弃上一次操作命令。

(2)多段线(P)：输入"P"回车后，系统要求选择形成圆角的二维多段线。

(3)半径(R)：输入"R"回车后，系统要求指定圆角的半径。

(4)修剪(T)：输入"T"回车后，系统要求设置修剪的模式，有两种情况，一种是"修剪"；一种是"不修剪"。它的含义是指形成圆角的两个对象的多余部分是否进行修剪。

(5)多个(M)：输入"M"回车后，系统在不退出"倒角"命令的情况下，可以重复的选择多个要形成圆角的对象。

4)注意事项

形成圆角的两个对象是否相交，都可进行圆角连接。

5)例子

将图 3.9 中的直线和圆弧用圆角连接起来。

命令：_fillet ↙

当前设置：模式 = 修剪，半径 = 0.0000

选择第一个对象或[放弃(U)/多段线(P)/半径(R)/修剪(T)/多个(M)]：r ↙

指定圆角半径 <0.0000>：10 ↙（设置圆角半径）

选择第一个对象或[放弃(U)/多段线(P)/半径(R)/修剪(T)/多个(M)]：

（选择直线）

选择第二个对象，或按住 Shift 键选择要应用角点的对象：　（选择圆弧）

结果如图 3.10 所示。

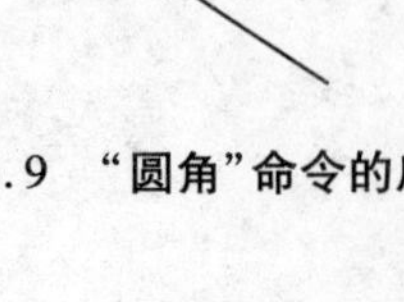

图 3.9　"圆角"命令的应用

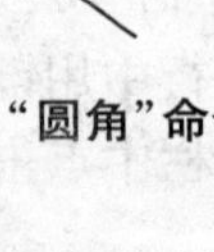

图 3.10　"圆角"命令的应用

3.2.2 打断与合并

1. 打断

1)启动命令的方法

(1)在命令行中用键盘输入:BREAK。

(2)在菜单栏中点击:修改→打断。

(3)在“修改”工具栏单击“打断”按钮:。

2)执行命令的过程

命令: _break　选择对象:

指定第二个打断点 或[第一点(F)]:

3)参数说明

(1)选择对象:执行打断时,选择对象的同时,也就选择了第一打断点。

(2)指定第二打断点:选择第二打断点。

(3)第一点(F):如果要自定第一打断点,选用“F”。

4)注意事项

打断命令可以部分的删除对象或将对象分成两个部分。另外,第一打断点与第二打断点是按逆时针方向确定的,选择的位置不同,打断成的线段也不同(如图 3.11 所示)。

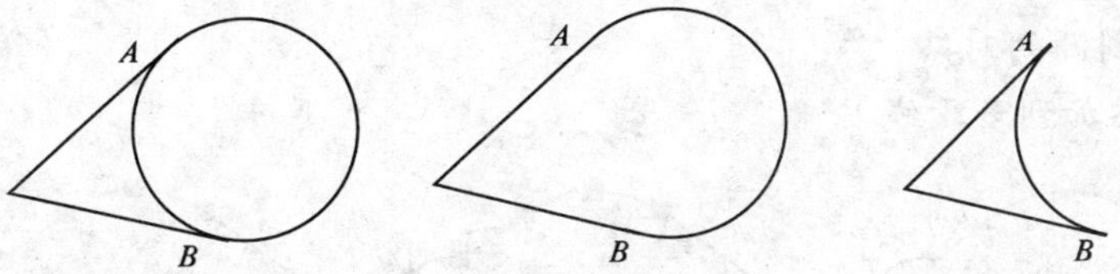

(a) A 和 B 为打断点　(b) A 为第一打断点　(c) B 为第一打断点

图 3.11　“打断”命令的应用

2. 合并

1)启动命令的方法

(1)在命令行中用键盘输入:JOIN。

(2)在菜单栏中点击:修改→合并。

(3)在“修改”工具栏单击“合并”按钮:。

2)执行命令的过程

命令: _join　选择源对象:

选择要合并到源的直线: 找到 1 个

选择要合并到源的直线:

已将 1 条直线合并到源

3)参数说明

选择源对象:可以作为源对象的对象有直线、多段线、圆弧、椭圆弧或样条曲线,根据所选择的源对象不同,系统有不同的命令提示。

(1)当选择的源对象为直线时,系统可以将多条共线的直线对象合并为一条直线,而这些直线对象之间可以有空隙。

(2)当选择的源对象为多段线时，系统可以将多条直线、圆弧和多段线合并为一个对象，而这些直线对象之间不能有空隙，并且开始选择的对象一定要是多段线。

(3)当选择的源对象为圆弧时，系统可以将多条圆弧合并为一个圆弧对象，而这些圆弧对象必须在同一个圆上，并且圆弧之间可以有空隙。

(4)当选择的源对象为椭圆弧时，系统可以将多条椭圆弧合并为一个椭圆弧对象，而这些椭圆弧对象必须在同一个椭圆上，并且圆弧之间可以有空隙。

(5)当选择的源对象为样条曲线时，系统可以将多条样条曲线合并为一个样条曲线对象，而这些样条曲线对象必须在同一个平面上，并且应是闭合的。

4)注意事项

“合并”命令可以将一组单个的相似对象合并到一起，以便于我们进行编辑，但在应用时要注意根据选择的源对象不同，它的适用条件也不同。

5)例子

将图3.12中的多段线 a、直线 b 和圆弧 c 用“合并”命令合并成一个对象。

命令：_join　选择源对象：（选择多段线 a）
选择要合并到源的对象：找到 1 个（选择直线 b）
选择要合并到源的对象：找到 1 个，总计 2 个（选择圆弧 c）
选择要合并到源的对象：（单击右键确认）
2 条线段已添加到多段线

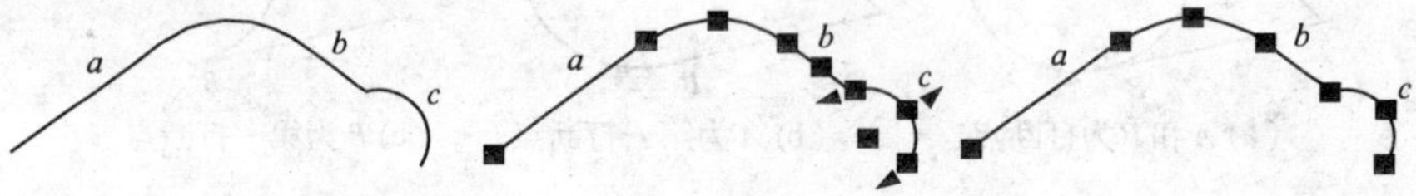

(a)多段线 a、直线 b 和圆弧 c　(b) a、b、c 为单个对象　(c)合并为一个对象

图3.12　“合并”命令的应用

3.3　对象的变换

对象的变换是指对象位置和数量的变化，常用的变换命令有移动、复制、旋转、镜像和阵列，这几个命令之间有相似之处，同时又有区别。下面就将它们的用法介绍如下。

3.3.1　对象的移动与复制

1.移动

1)启动命令的方法

(1)在命令行中用键盘输入:MOVE。

(2)在菜单栏中点击:修改→移动。

(3)在“修改”工具栏单击“移动”按钮：。

2)执行命令的过程

命令：_move↙

选择对象：找到 1 个

选择对象：

指定基点或[位移(D)] <位移>：

3)参数说明

(1)指定基点:指定一个点作为基准点。

(2)位移(D):输入“D”回车后,命令行要求输入一个坐标值。而对象移动的距离就是输入的坐标点与原点之间的距离。

4)注意事项

对象经过移动后,原对象就不存在了,它被移动到一个新的位置。

2. 复制

1)启动命令的方法

(1)在命令行中用键盘输入:COPY。

(2)在菜单栏中点击:修改→复制。

(3)在“修改”工具条单击“复制”按钮:。

2)执行命令的过程

命令：_copy↙

选择对象：找到 1 个

选择对象：

指定基点或[位移(D)] <位移>：指定第二个点或 <使用第一个点作为位移>：

指定第二个点或[退出(E)/放弃(U)] <退出>：

3)参数说明

(1)指定基点:指定一个点作为基准点。

(2)位移(D):输入“D”回车后,命令行要求输入一个坐标值。而两个对象之间的距离就是输入的坐标点与原点之间的距离。

4)注意事项

一次可以复制一个几何元素,也可以复制整个图形,并且在不退出命令的情况下,可以重复地复制多个对象。

另外,我们常用复制命令来作水平或竖直线的平行线。

5)例子

用“复制”命令作一组间距为 10 的平行线(见图 3.13)。

图 3.13　用“复制”命令作水平线的平行线

命令：_copy ↙

选择对象：指定对角点：找到 1 个

选择对象：

指定基点或[位移(D)] <位移>：<正交 开>

指定第二个点或 <使用第一个点作为位移>：10 ↙

指定第二个点或[退出(E)/放弃(U)] <退出>：20 ↙

指定第二个点或[退出(E)/放弃(U)] <退出>：30 ↙

指定第二个点或[退出(E)/放弃(U)] <退出>：40 ↙

指定第二个点或[退出(E)/放弃(U)] <退出>：↙

注意：在作平行线时，一定要将“正交”打开。

3.3.2 对象的旋转、镜像与阵列

1. 旋转

1）启动命令的方法

（1）在命令行中用键盘输入：ROTATE。

（2）在菜单栏中点击：修改→旋转。

（3）在“修改”工具条单击“旋转”按钮：。

2）执行命令的过程

命令：_rotate ↙

UCS 当前的正角方向：ANGDIR = 逆时针 ANGBASE = 0

选择对象：找到 1 个

选择对象：

指定基点：

指定旋转角度，或[复制(C)/参照(R)] <0>：

（输入正值逆时针旋转，输入负值顺时针旋转）

3）参数说明

（1）复制(C)：输入“C”回车后，可以将原对象复制一份旋转到指定的角度，而原对象还在原来的位置。

（2）参照(R)：输入“R”回车后，命令行要求输入一个参照角度值和一个新角度值。而对象最终旋转的角度是新角度减去参照角度。

4）注意事项

在应用“旋转”命令时要注意 ANGDIR 的取值，当 ANGDIR 的值是 0 时，输入正角按逆时针旋转；当 ANGDIR 的值是 1 时，输入正角按顺时针旋转。

5）例子

绘制平面图形如图 3.14 所示。

（1）首先绘制右上角的圆。（见图 3.15）

命令：_line 指定第一点：（绘制 45°的斜线）

指定下一点或[放弃(U)]：@29 <45 ↙

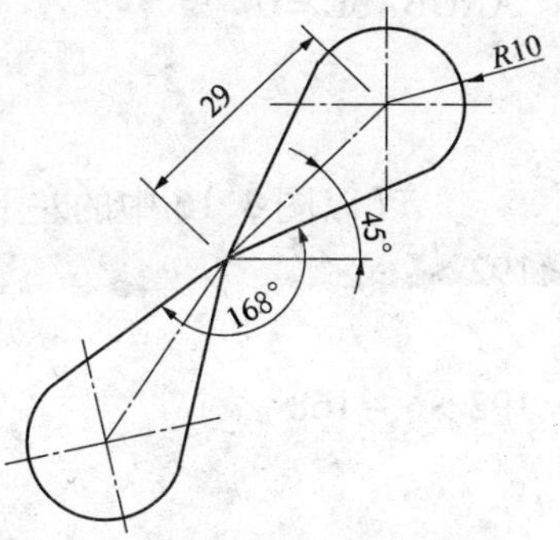

图 3.14　平面图形

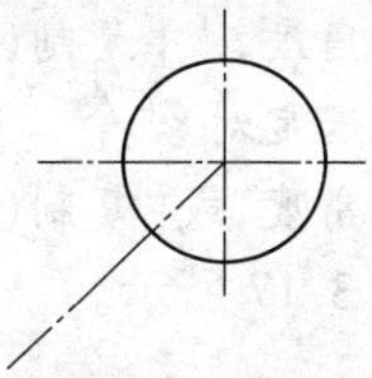

图 3.15　绘制圆

指定下一点或[放弃(U)]:↙

命令: _line 指定第一点: <对象捕捉追踪 开>　　(绘制圆的中心线)

指定下一点或[放弃(U)]: <正交 开>

指定下一点或[放弃(U)]:

命令: _line 指定第一点:

指定下一点或[放弃(U)]:

指定下一点或[放弃(U)]:

命令: _circle 指定圆的圆心或[三点(3P)/两点(2P)/相切、相切、半径(T)]:

(绘制半径为 10 的圆)

指定圆的半径或[直径(D)] <9.9625>:10↙

(2)绘制切线(见图 3.16)。

命令: _line 指定第一点:　　(绘制切线)

指定下一点或[放弃(U)]: <正交 关>

指定下一点或[放弃(U)]:

命令: _line 指定第一点:

指定下一点或[放弃(U)]:

指定下一点或[放弃(U)]:

命令: _trim　　(修剪对象)

当前设置:投影 = UCS,边 = 无

选择剪切边...

选择对象或 <全部选择>: 指定对角点: 找到 1 个↙

选择对象: 指定对角点: 找到 1 个,总计 2 个↙

选择要修剪的对象,或按住 Shift 键选择要延伸的对象,或

[栏选(F)/窗交(C)/投影(P)/边(E)/删除(R)/放弃(U)]:

选择要修剪的对象,或按住 Shift 键选择要延伸的对象,或

[栏选(F)/窗交(C)/投影(P)/边(E)/删除(R)/放弃(U)]:

(3)旋转对象。

命令: _rotate

UCS 当前的正角方向：ANGDIR = 逆时针　ANGBASE = 0

选择对象：指定对角点：找到 6 个

选择对象：

指定基点：< 对象捕捉 开 >　　（以图 3.16 中的左下交点为基点）

指定旋转角度,或[复制(C)/参照(R)] <192>：c ↙

旋转一组选定对象。

指定旋转角度,或[复制(C)/参照(R)] <192>：-168 ↙

结果如图 3.17 所示。

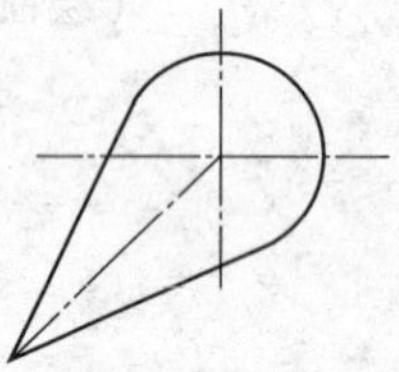

图 3.16　绘制切线

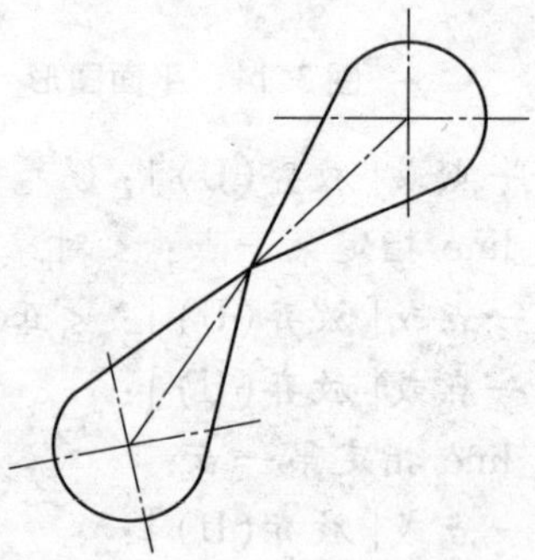

图 3.17　“旋转”命令应用的结果

2. 镜像

1)启动命令的方法

(1)在命令行中用键盘输入：MIRROR。

(2)在菜单栏中点击：修改→镜像。

(3)在“修改”工具条上单击“镜像”按钮：。

2)执行命令的过程

命令：mirror ↙

选择对象：指定对角点：找到 6 个　　（选择要镜像的对象）

选择对象：　　（单击右键确认）

指定镜像线的第一点：指定镜像线的第二点：　　（指定对称轴线上的两个点）

是否删除源对象？[是(Y)/否(N)] <N>：↙

3)注意事项

文本镜像后有可读与不可读之分,需用系统变量“MIRRTEXT”进行设置。设置“MIRRTEXT”的值为 0(OFF)时,文本镜像后可读；为 1(ON)时,文本镜像后不可读。

4)例子

将图 3.18 进行镜像。

命令：_mirror ↙

选择对象：指定对角点：找到 3 个

选择对象：

指定镜像线的第一点：< 正交 开 > < 对象捕捉 开 >　　（选择 *A*）

指定镜像线的第二点:

要删除源对象吗? [是(Y)/否(N)] <N>:↙

结果如图 3.19 所示。

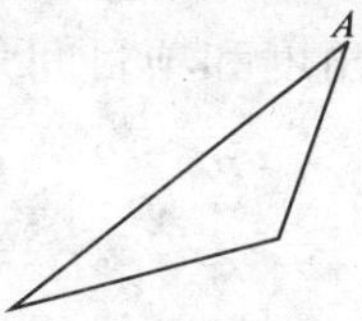

图 3.18 三角形

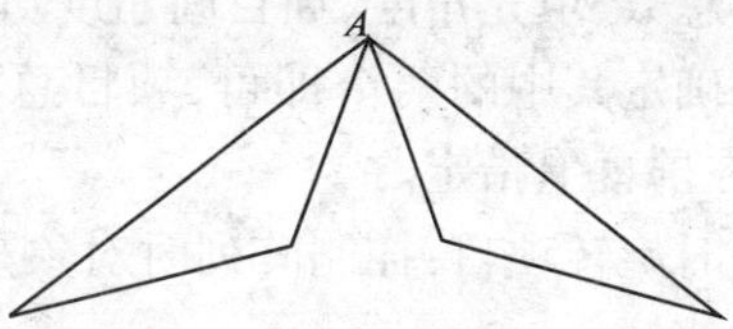

图 3.19 "镜像"命令的应用

3.阵列

1)启动命令的方法

(1)在命令行中用键盘输入:ARRAY。

(2)在菜单栏中点击:修改→阵列。

(3)在"修改"工具栏上单击"阵列"按钮:。

2)执行命令的过程

输入"array"命令回车后,系统弹出如图 3.20 所示的"阵列"对话框。

3)参数说明

在该对话框中,主要项的含义如下:

(1)矩形阵列(见图 3.20)。

①行、列:输入矩形阵列中行数和列数。

②行偏移、列偏移:确定矩形阵列中的行间距和列间距(注意正值和负值的不同,在添加对象时的方向也不同)。

③阵列角度:确定矩形阵列的角度,正值逆时针旋转,负值顺时针旋转。

④"选择对象"按钮:用于选择要阵列的对象,点击该按钮后,系统又回到绘图界面,进行选择对象。

(2)环形阵列(见图 3.21)。

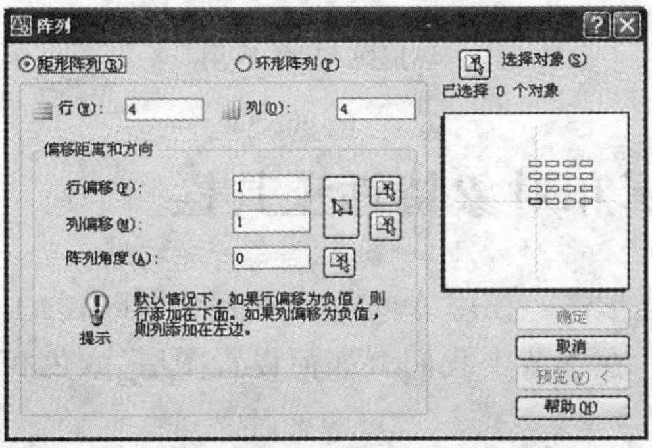

图 3.20 "矩形阵列"对话框

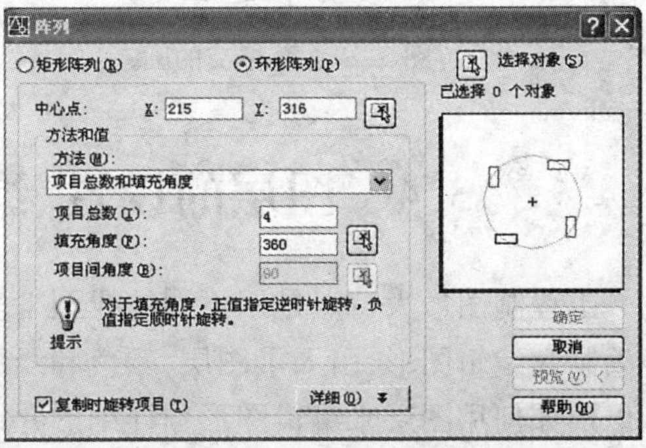

图 3.21 "环形阵列"对话框

①中心点:输入或选择环形阵列的中心点。

②方法:有三种方法可以选择,其分别为项目总数和填充角度、项目总数和项目间角度、填充角度和项目间角度。

③项目总数、填充角度、项目间角度:是环形阵列的三个参数,根据选择的方法不同,系统只要求确定其中的两个即可,项目总数只能输入,而填充角度和项目间角度可以输入,也可以在屏幕上指定。

④复制时旋转项目:控制阵列时对象是否旋转。

4)注意事项

在矩形阵列中,输入的行间距为正值时,向对象的上方阵列;输入的行间距为负值时,则向对象的下方阵列。而输入的列间距为正值时,向对象的右边阵列;输入的列间距为负值时,向对象的左边阵列。大家在实际应用中一定要注意。

5)例子

将图 3.22 中左边的圆进行环形阵列。

操作过程:

(1)在“修改”工具栏上单击“阵列”按钮,弹出如图 3.21 所示的对话框。

(2)在“项目总数”中输入 10,“填充角度”中输入 360°。

(3)点击“中心点”按钮,返回屏幕选择 1 点。

(4)点击“选择对象”按钮,返回屏幕选择左边的圆。

(5)点击“确定”按钮。

结果如图 3.23 所示。

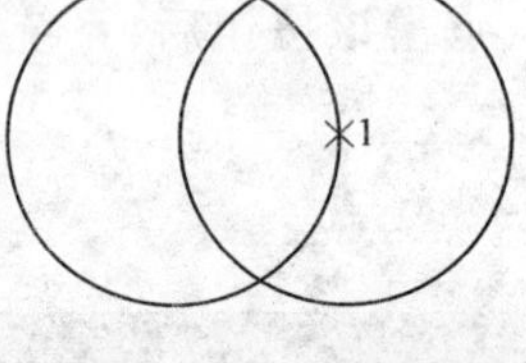

图 3.22　两相交的圆

图 3.23　“环形阵列”的应用

3.4　图层的设置、编辑和对象特性工具栏

工程制图最大特点是用不同的线型来表达形体。在用 AutoCAD 进行绘图时,为了方便绘制和编辑图形,引入了图层、颜色和线型。在本节中我们就如何设置图层、颜色和线型以及如何用图层来编辑图形作详细的介绍。

3.4.1　图层的设置

通过设置图层,来达到修改和输出图形的目的。

1. *启动命令的方法*

(1)在命令行中用键盘输入:LAYER。

(2)在菜单栏中点击:格式→图层。

(3)在"图层"工具栏上单击"图层特性管理器"按钮:。

2. *执行命令的过程*

通过执行"LAYER"命令后,系统会弹出如图3.24所示的"图层特性管理器"对话框。

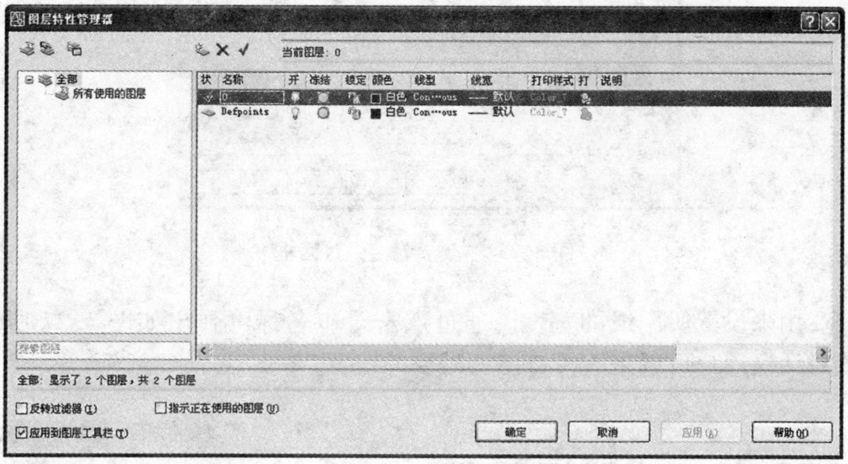

图3.24 "图层特性管理器"对话框

3. *参数说明*

(1)在该对话框中,将常用的选项含义介绍如下。

①""按钮:用于创建新的图层。

②""按钮:删除掉不要的已建好的图层。

③""按钮:选择某一个图层为当前操作的图层。

(2)显示图层列表区。

①状态:显示图层的四种状态类型,其分别是图层过滤器、所用图层、空图层或当前图层。

②名称:显示图层的名称,通过左键单击可以修改某一图层的名称。

③开:控制被选图层在屏幕上的显示以及是否进行打印输出。

④冻结:控制在所有的视口中冻结该图层,冻结的图层既不能显示,也不能被输出打印。

⑤锁定:被锁定的图层是不能进行编辑的。

⑥颜色:通过点击对应的图标,可弹出如图3.25所示的对话框,用户可以进行图层颜色的设置。

⑦线型:用来指示用户选择所需要的线型,通过左键点击对应名称可弹出如图3.26所示的对话框。如果在列表中没有所需要的线型,可以点击"加载"按钮,在线型库中进行加载。

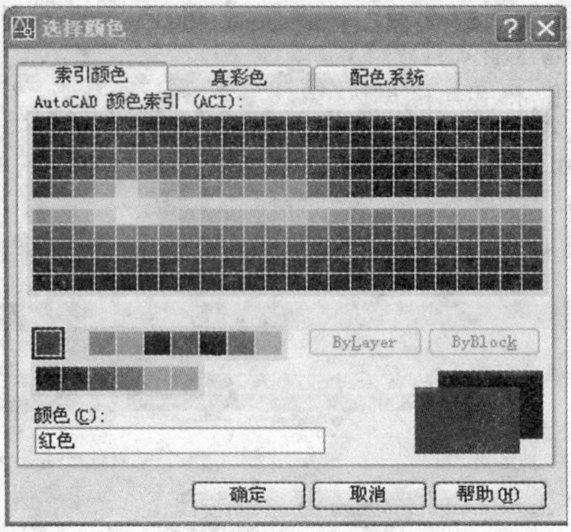

图 3.25 “选择颜色”对话框

⑧线宽:用来设置所用线的宽度。通过点击对应名称可弹出如图 3.27 所示的对话框,通过该对话框用户可以来选择自己所需要的线宽。

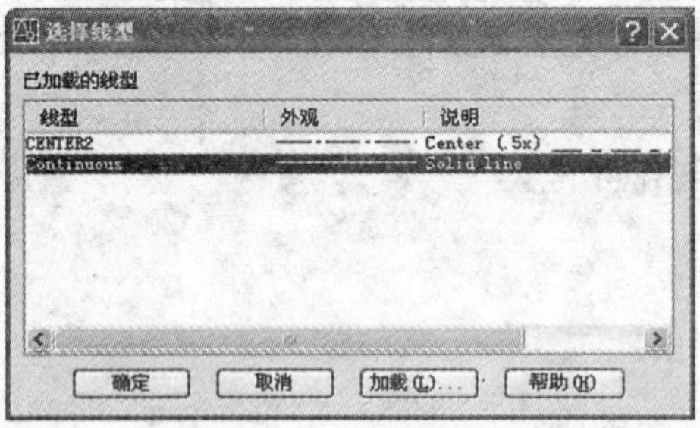

图 3.26 “选择线型”对话框

图 3.27 “线宽”对话框

⑨打印样式:选定与系统相关联的打印样式。

⑩打印:控制被选择的图层是否进行打印输出。

4. 注意事项

绘图过程中,应根据实际的需要来设置图层的数量和正确地使用图层列表框中各项的功能。

5. 例子

下面我们设置一个建筑工程制图中常用的图层设置。

首先我们打开“图层特性管理器”,如图 3.28 所示。然后按照下面的说明进行图层的设置。

(1)名称:粗实线。

颜色:红色;

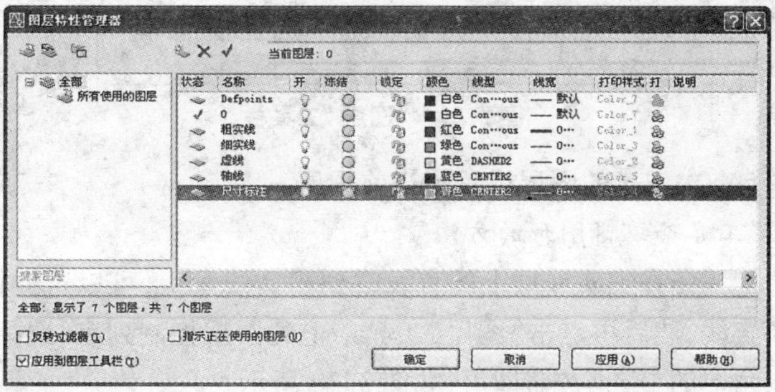

图 3.28　图层设置示例

线型：continuous；

线宽：0.35mm。

(2)名称：细实线。

颜色：绿色；

线型：continuous；

线宽：0.15mm。

(3)名称：虚线。

颜色：黄色；

线型：DASHED2；

线宽：0.15mm。

(4)名称：轴线。

颜色：蓝色；

线型：CENTER2；

线宽：0.15mm。

(5)名称：尺寸标注。

颜色：青色；

线型：continuous；

线宽：0.15mm。

3.4.2　图层的编辑

图层编辑就是在绘图过程中用图层对对象进行编辑。AutoCAD 与其他的绘图软件最大的区别就在于，它将绘制的图形用不同的图层、颜色和线型来表示，这样做的好处是绘图者可以方便地来编辑和进行绘图输出。因此，如何用图层、颜色和线型来编辑图形就显得尤为重要了。在本节中，编者将把以下几种编辑图形的方法来给大家做详细的介绍。

1.“图层”工具栏介绍

如图 3.29 是“图层”工具栏，在此工具栏上各项含义如下：

(1) 

：选择图层和控制图层。

(2) ：将在屏幕上选择的对象的图层设置为当前图层。

图 3.29 “图层”工具栏

(3):将上一次用过的图层设置为当前图层。

2. 用“图层”工具条编辑图形的方法

如果我们想把一条在细实线层上的直线改到粗实线层上,可以这样做:首先,用鼠标左键来选择这条直线,然后再点击“图层”工具条上的图层控制列表,选择粗实线层,最后连续按键盘左上角上的“Esc”按钮即可,如图 3.30 所示。

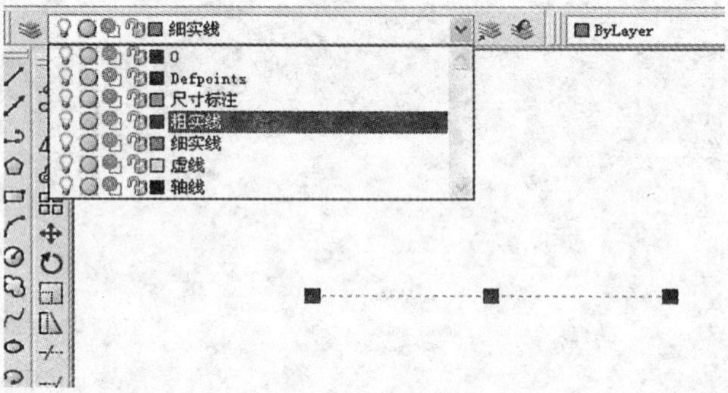

图 3.30 “图层”工具条编辑对象

3.4.3 “对象特性”工具栏

在绘图过程中,有时可以不设置图层,而直接设置对象的颜色和线型,也可在设置好图层的情况下,而直接修改对象的颜色和线型。这就是“对象特性”工具栏。

1. “对象特性”工具栏介绍

图 3.31 就是“对象特性”工具栏,在此工具栏上各项含义如下:

图 3.31 “对象特性”工具栏

(1)

:选择对象的颜色或修改对象的颜色。

(2)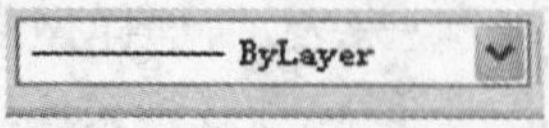

:选择对象的线型或修改对象的线型。

(3)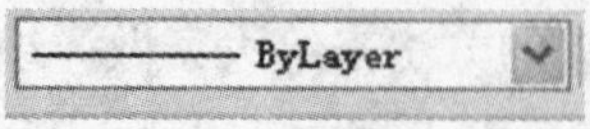

:选择对象的线宽或修改对象的线宽。

2. “对象特性”工具栏的用法

在绘图过程中,可以分颜色来绘制对象,让不同的颜色代表不同的线型和线宽;也可以只选择线型和线宽来绘制对象,而不用图层和颜色。当然,采用这两种方式绘制的对象在输出打印时要进行详细的设置。

实训3　二维图形的绘制与编辑(二)

【实训目的】

1. 熟悉图层的设置与编辑。

2. 掌握二维图形的绘制与编辑命令。

3. 了解“对象特性”工具条选择和使用方法。

【相关知识】

本章介绍的相关绘图与编辑命令、图层的设置和编辑方法。

【实训指导】

指导1　绘制如图3.32所示的平面图形

(1)用“LAYER”命令设置图层。

(2)用“直线”、“圆”复制命令绘制上半部分。

(3)用“修剪”命令编辑图形。

(4)用“镜像”命令绘制下半部分。

注意:在绘图过程中,调用图层。

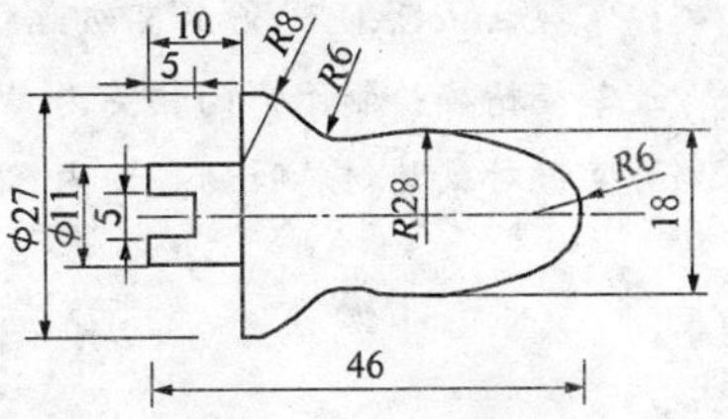

图3.32　平面图形

指导2　绘制如图3.33所示的平面图形

(1)用“LAYER”命令设置图层。

(2)用“直线”、“圆”和“椭圆”命令绘制图形。

(3)用“修剪”命令编辑图形。

注意:在绘图过程中,椭圆命令的使用。

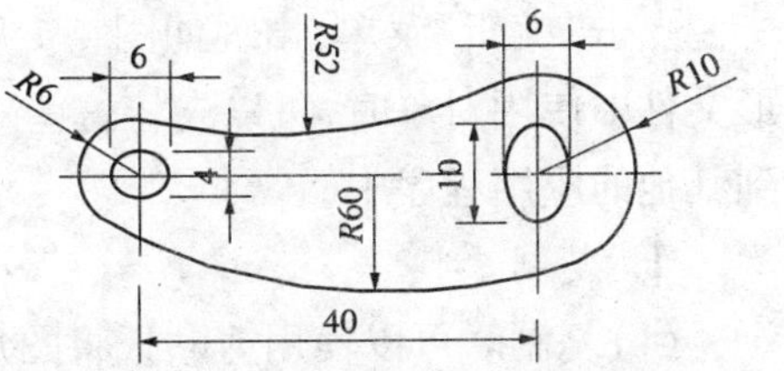

图3.33　平面图形

【实训内容】

(1)绘制如图3.34所示的平面图形。

(2)绘制如图3.35所示的平面图形。

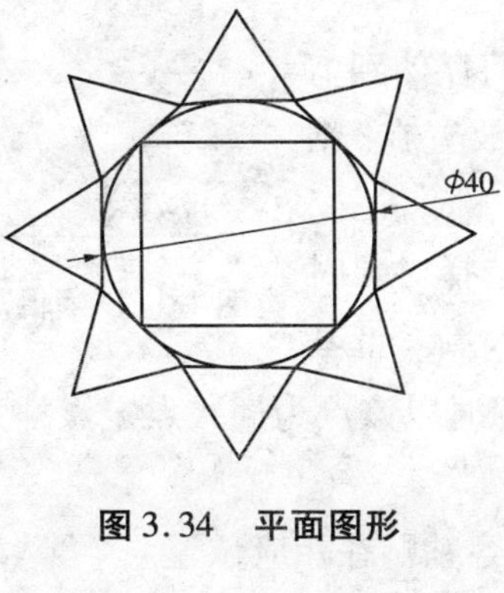

图3.34　平面图形

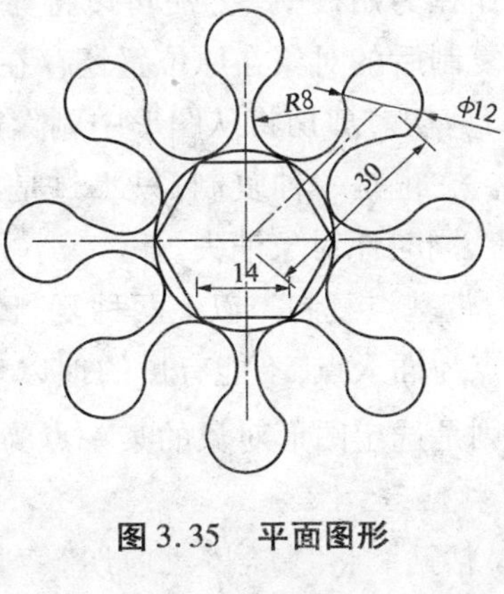

图3.35　平面图形

第 4 章　图形的高级编辑与精确绘制图形

【教学目标】

1. 介绍 AutoCAD 2006 的高级编辑命令:介绍“编辑”菜单中的部分操作命令;详细介绍特性编辑的操作方法与步骤;讲解“修改”菜单中“对象”下的多线、多段线与样条线编辑;夹点编辑的相关操作。

2. 介绍精确绘制图形的相关内容。

3. 讲解对象几何特性的查询。

【学习要点】

1. 掌握 AutoCAD 2006 的高级编辑命令的操作。

2. 掌握精确绘制图形的相关内容。

3. 掌握对象几何特性的查询内容与方法。

4.1　图形的高级编辑

4.1.1　“编辑”菜单

点击“编辑”菜单,出现如图 4.1 所示的下拉菜单。当用户要从另一个应用程序的图形文件中使用对象时,可以先将这些对象剪切或复制到剪贴板,然后将它们从剪贴板粘贴到其他的应用程序中。

1. 复制

(1)复制。可以使用剪贴板将图形的部分或全部复制到其他应用程序创建的文档中。对象以矢量格式复制,这样在其他应用程序中将保持高分辨率。这些对象以 WMF(Windows 图元文件)格式存储在剪贴板中。然后可以将剪贴板中存储的信息嵌入其他文档。复制后的对象在原位置还存在。

(2)剪切。剪切将从图形中删除选定对象并将它们存储到剪贴板上。它也是一种复制,只不过是将剪切后的对象放置在“粘贴板”上,同时原对象消失。

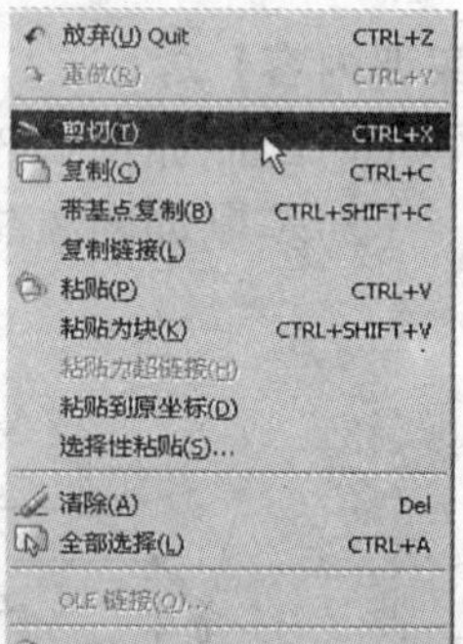

图 4.1　“编辑”菜单

(3)带基点复制。以上两种复制,“粘贴”时,都以选择对象时的左下点为插入点,不能有目的地以对象某一点为插入点。带基点复制则是选定图形对象的某一点为插入点,在“粘贴”时以该点为插入点定点插入。

2. 粘贴

(1)粘贴。将“复制”、“剪切”、“带基点复制”的内容粘贴在相应位置。

(2)粘贴为块。将“复制”、“剪切”、“带基点复制”的内容在粘贴的同时,将粘贴对象转变为图块。

4.1.2 对象特性编辑

1. 特性编辑

1) 启动命令的方法

(1) 在命令行中用键盘输入:PROPERTIES。

(2) 在菜单栏中点击:修改→特性“

”。

(3) 在“标准”工具条上单击“对象特性”按钮:。

2) 执行命令的过程

通过执行“PROPERTIES”的命令,系统会弹出如图 4.2 所示的“特性”对话框。

3) 参数说明

在图 4.2 所示对话框的上面显示了一个下拉列表框,当未选择对象时,显示为“无选择”;当选择对象后,显示为该对象的名称。在该对话框的左边为标题,可以点击标题中的“×”关闭对话框,也可以点击标题中的“

”来隐藏对话和显示对话框,同时也可以对该对话框进行特性操作。在列表框的右上角有一个快速选择按钮“”,点击它会弹出如图 4.3 所示的“快速选择”对话框,我们可以通过该对话框来快速地选择对象。

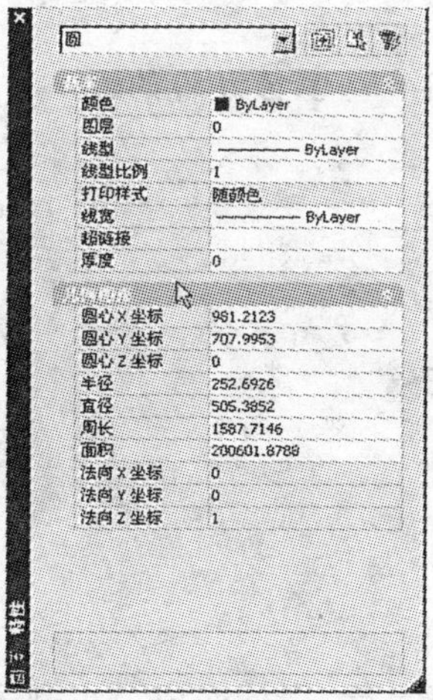

图 4.2 “特性”对话框

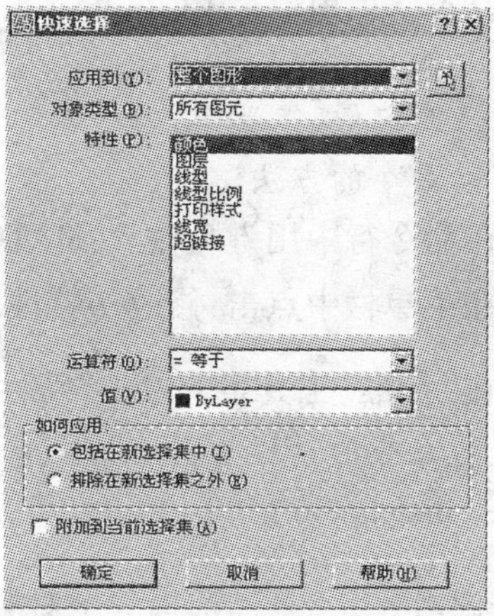

图 4.3 “快速选择”对话框

在“特性”对话框中“无选择”时有“基本”、“打印样式”、“视图”和“其他”四项内容,选择对象后则为“基本”、“几何图形”等内容,用户可以通过这些选项内容来编辑对象。可以编辑的对象有颜色、图层、线型、线型比例等。

我们在编辑对象时,首先应该选择被编辑的对象,然后在“特性”对话框中修改对象的特性。修改对象的特性时,有些可以输入一个新的数据,有些可以通过下拉列表框进行选择。在修改完对象的特性后,按回车键,则对象就按修改内容作相应改变。按“×”退出操作。

注意:特性操作可以作为一种变量对图形对象进行参数化操作。

【例4.1】 将图4.4中的圆改变为直径为50的圆。

此题的目的不只是将图中的直径尺寸改变为50就行了,而是要随着改变尺寸数值的同时,也要改变圆的大小,也就是让圆的大小随着尺寸数值而驱动。

操作过程如下:

(1)点击圆周(注意:不要连同尺寸一起选择);

(2)点击"特性"按钮;

(3)改变"特性"对话框中"几何图形"下的半径为"50";

(4)按回车键;

(5)关闭"特性"对话框。

结果如图4.5所示。

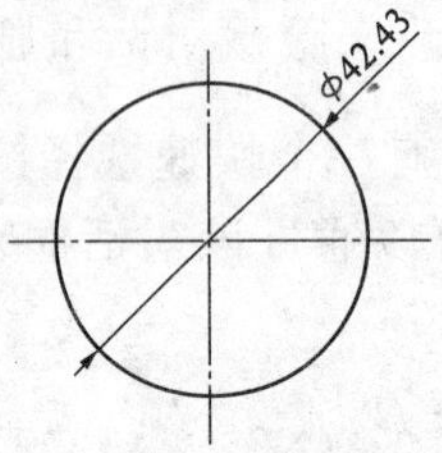

图4.4 圆

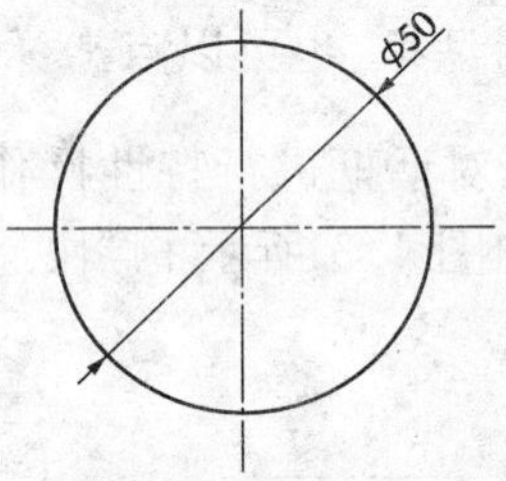

图4.5 直径为50的圆

2.特性匹配

1)启动命令的方法

(1)在命令行中用键盘输入:MATCHPROP。

(2)在菜单栏中点击:修改→特性匹配"特性匹配(M)"。

(3)在"标准"工具条上单击"特性匹配"按钮: 。

2)执行命令的过程

命令:matchprop↙

选择源对象: (选择一个对象作为源对象,选择完后,鼠标变成一小刷子" ")

当前活动设置:颜色 图层 线型 线型比例 线宽 厚度 打印样式 文字 标注 填充图案 多段线 视口 表格 (当前源对象所具有的特性)

选择目标对象或[设置(S)]: (选择要修改的对象,可以连续选择)

选择目标对象或[设置(S)]:↙ (回车结束选择)

3)参数说明

设置(S):输入"S"回车后,系统会弹出如图4.6所示的"特性设置"对话框。用户通过该对话框可以来设置要复制源对象的某些特性。

【例4.2】 将图4.7方框中的砖符号改变为圆内的混凝土符号。

操作过程如下:

(1)单击“特性匹配”按钮:“ ”;

(2)点击圆内的混凝土符号;

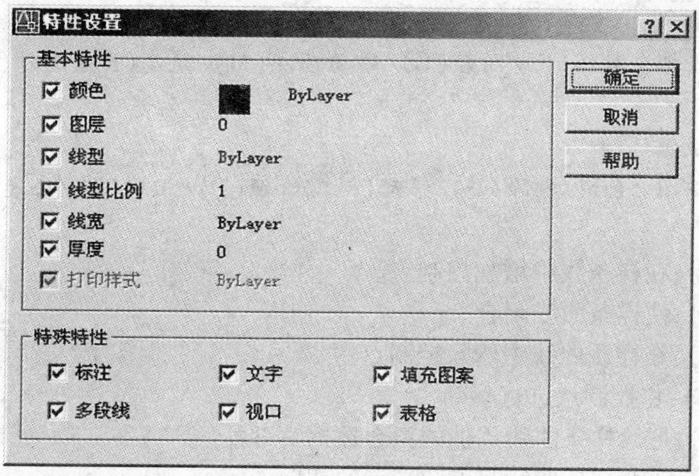

图 4.6 “特性设置”对话框

(3)当光标变成小刷子后,将小刷子移到方框内的砖符号上,如图 4.8 所示;

(4)点击砖符号;

(5)按“Esc”键或鼠标右键结束。

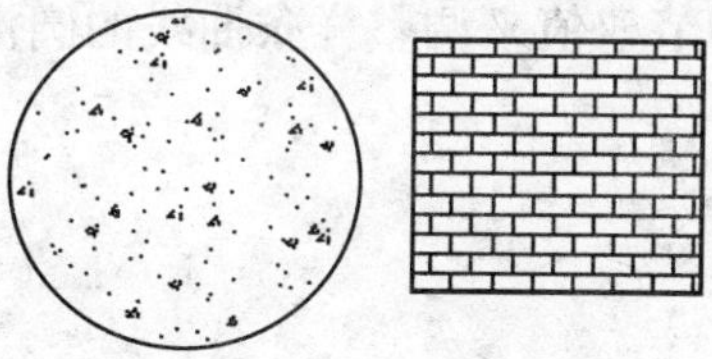

图 4.7 几何图形

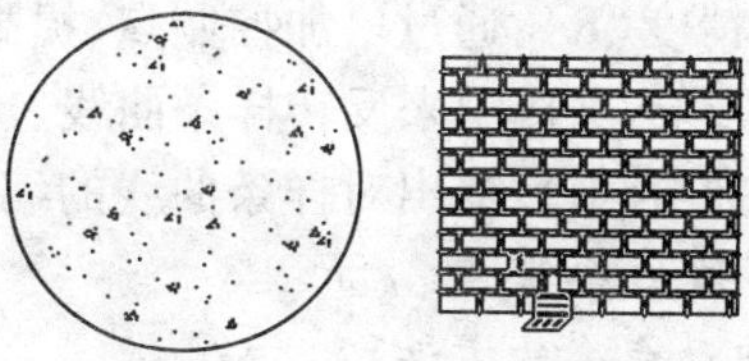

图 4.8 特性匹配操作

4.1.3 对象编辑

1. 样条线编辑

1)启动命令的方法

(1)在命令行中用键盘输入:SPLINEDIT。

(2)在菜单栏中点击:修改→对象→样条曲线。

(3)在“修改Ⅱ”工具条上单击“编辑样条曲线”按钮: 。

2)执行命令的过程

命令:splinedit ↙

选择样条曲线: (选择要编辑的样条曲线)

输入选项[拟合数据(F)/闭合(C)/移动顶点(M)/精度(R)/反转(E)/放弃(U)]:

(输入要修改的参数,然后回车)

3)参数说明

(1)拟合数据(F):输入“F”回车后,系统有以下的命令提示:

命令: _splinedit ↙

选择样条曲线:

输入选项［拟合数据(F)/闭合(C)/移动顶点(M)/精度(R)/反转(E)/放弃(U)]: f ↙

输入拟合数据选项

［添加(A)/闭合(C)/删除(D)/移动(M)/清理(P)/相切(T)/公差(L)/退出(X)]<退出>:

①添加(A):在样条线中增加控制点。

②闭合(C):使样条曲线闭合。

③删除(D):在样条曲线中删除控制点。

④移动(M):将控制点进行移动。

⑤清理(P):把给样条曲线添加的拟合数据清理掉。

⑥相切(T):改变样条曲线起点和端点的切向。

⑦公差(L):编辑样条曲线的公差。

⑧退出(X):退出对拟合数据的操作。

(2)闭合(C):使样条曲线的起点和端点光滑地连接在一起。当样条线闭合时,此选项为“打开”。

(3)移动顶点(M):移动在样条曲线上的控制点。

(4)精度(R):通过增加控制点、提高阶数和调节权值来调整样条曲线的圆滑度。

(5)反转(E):用来反转样条曲线。

(6)放弃(U):退出对样条曲线的编辑。

2. 多段线编辑

1)启动命令的方法

(1)在命令行中用键盘输入:PEDIT。

(2)在菜单栏中点击:修改→对象→多段线。

(3)在“修改Ⅱ”工具条上单击“编辑多段线”按钮: 。

2)执行命令的过程

命令: _pedit 选择多段线或［多条(M)]: ↙

选择多段线或[多条(M)]: (选择要编辑的多段线)

输入选项

[闭合(C)/合并(J)/宽度(W)/编辑顶点(E)/拟合(F)/样条曲线(S)/非曲线化(D)/线型生成(L)/放弃(U)]: c ↙

3)参数说明

(1)闭合(C):使所选择的多段线闭合。如果已经是闭合的多段线则命令提示为“打开(O)”。

(2)合并(J):将直线或曲线与多段线合并,而直线或曲线的首尾端点必须与多段线的端点重合。

(3)宽度(W):指定多段线新的线宽。

(4)编辑顶点(E):输入“E”回车后,系统有如下的命令提示:

命令: _pedit 选择多段线或[多条(M)]: (选择要编辑的多段线)

[闭合(C)/合并(J)/宽度(W)/编辑顶点(E)/拟合(F)/样条曲线(S)/非曲线化(D)/线型生成(L)/放弃(U)]: e↙

输入顶点编辑选项

[下一个(N)/上一个(P)/打断(B)/插入(I)/移动(M)/重生成(R)/拉直(S)/切向(T)/宽度(W)/退出(X)] <N>:

①打断(B):将两个标记点之间的线删除。

②插入(I):在多段线中插入一个新的顶点。

③移动(M):移动顶点的位置。

④重生成(R):重新生成编辑后的多段线。

⑤拉直(S):将两个标记点之间的线变成直线。

⑥切向(T):指顶点的切线方向。

⑦宽度(W):设置两个标记点之间的线宽。

⑧退出(X):退出编辑顶点的操作。

(5)拟合(F):使多段线拟合成一条曲线。

(6)样条曲线(S):将多段线上的顶点作为控制点,生成一条样条曲线。

(7)非曲线化(D):将已经生成的拟合曲线和样条曲线变成直线段。

(8)线型生成(L):控制多段线的生成选项。当使用非连续线时,如果选择“ON”,则非连续线中的线段以整条多段线为对象进行分配;如果选择“OFF”,则非连续线中的线段以多段线中两个顶点之间的线段为对象进行分配。

(9)放弃(U):放弃在该编辑中已经对多段线做的修改。

注意:在这里我们编辑的是二维多段线,如果选择的是三维多段线,则系统提示的选项含义就完全不同了。

3. 多线编辑

1)启动命令的方法

(1)在命令行中用键盘输入:MLEDIT。

(2)在菜单栏中点击:修改→对象→多线。

2)执行命令的过程

命令: mledit↙

选择第一条多线:

选择第二条多线:

选择第一条多线 或[放弃(U)]:

3)参数说明

当我们输入“MLEDIT”然后回车后,系统会弹出如图4.9所示的“多线编辑工具”对话框,用户可在该对话框中选择一种工具,来编辑多线交接的方式。该对话框将以四列显示样例图像。第一列控制十字交叉的多线,第二列控制 T 形相交的多线,第三列控制角点结合和顶点,第四列控制多线中的打断。

(1)十字闭合:在两条多线之间创建闭合的十字交点。

(2)十字打开:在两条多线之间创建打开的十字交点。打断将插入第一条多线的所有元素和第二条多线的外部元素。

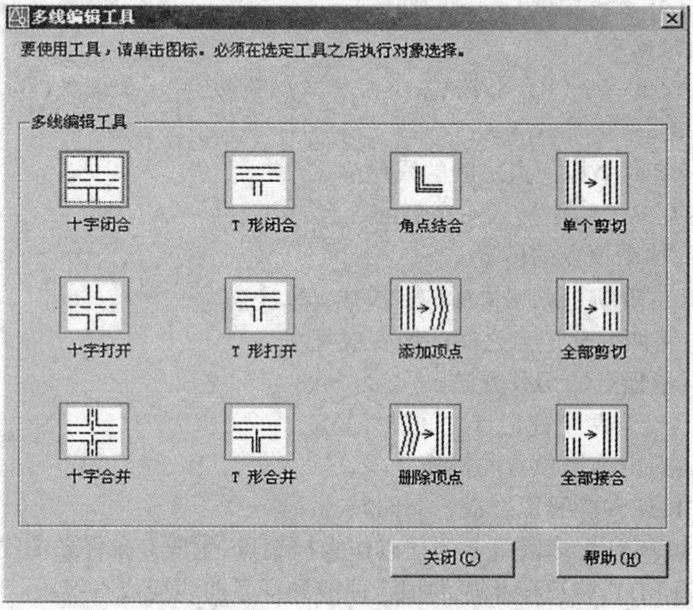

图 4.9 “多线编辑工具”对话框

(3)十字合并:在两条多线之间创建合并的十字交点。选择多线的次序并不重要。

(4)T 形闭合:在两条多线之间创建闭合的 T 形交点。将第一条多线修剪或延伸到与第二条多线的交点处。

(5)T 形打开:在两条多线之间创建打开的 T 形交点。将第一条多线修剪或延伸到与第二条多线的交点处。

(6)T 形合并:在两条多线之间创建合并的 T 形交点。将多线修剪或延伸到与另一条多线的交点处。

(7)角点结合:在多线之间创建角点结合。将多线修剪或延伸到它们的交点处。

(8)添加顶点:向多线上添加一个顶点。

(9)删除顶点:从多线上删除一个顶点。

(10)单个剪切:在选定多线元素中创建可见打断。

(11)全部剪切:创建穿过整条多线的可见打断。

(12)全部接合:将已被剪切的多线线段重新接合起来。

4.1.4 夹点编辑

夹点是控制对象形状的特殊点。在用 AutoCAD 2006 进行绘图时,所绘制的每一个对象都有一系列的控制点。要对对象进行编辑,可以修改对象的控制点,来达到编辑对象的目的。通过夹点编辑，可以对对象执行拉伸、移动、旋转、缩放或镜像操作。

1. 夹点编辑的操作

1)启动命令的方法

首先选择要编辑的对象，使它的周围出现一系列的控制点，这些控制点默认为蓝色，我们叫它为“冷点”，然后把鼠标放在要编辑的控制点上单击左键，选择该控制点，此时选择的控制点变红色，我们叫它为“热点”。在“热点”状态下则系统就进入了对该点的编辑状态(如果在选择控制点时按 Shift 键，则可以同时选择多个控制点，并在要编辑的控制点上再单击左键，系统就进入了对这些点的编辑状态)。

2)执行命令的过程

当我们选择控制点后，系统有如下的命令提示：

命令:

* * 拉伸 * *

指定拉伸点或[基点(B)/复制(C)/放弃(U)/退出(X)]:　　(按“空格”进行切换)

* * 移动 * *

指定移动点或[基点(B)/复制(C)/放弃(U)/退出(X)]:　　(按“空格”进行切换)

* * 旋转 * *

指定旋转角度或[基点(B)/复制(C)/放弃(U)/参照(R)/退出(X)]:

(按“空格”进行切换)

* * 比例缩放 * *

指定比例因子或[基点(B)/复制(C)/放弃(U)/参照(R)/退出(X)]:

(按“空格”进行切换)

* * 镜像 * *

指定第二点或[基点(B)/复制(C)/放弃(U)/退出(X)]:　　(按“空格”进行切换)

3)参数说明

(1)指定拉伸点或[基点(B)/复制(C)/放弃(U)/退出(X)]。

①指定拉伸点:将控制点拉伸到一个新的位置。可以通过将选定夹点移动到新位置来拉伸对象。文字、块参照、直线中点、圆心和点对象上的夹点将移动对象而不是拉伸它。

②基点(B):指定一点作为拉伸的基点。

③复制(C):拉伸时，将原对象复制一份进行拉伸即原对象保持不变。

④放弃(U):放弃已做的拉伸操作。

⑤退出(X):退出夹点编辑命令。

(2)指定移动点或[基点(B)/复制(C)/放弃(U)/退出(X)]。

①指定移动点:将控制点移动到一个新的位置。可以通过选定的夹点移动对象。选定的对象被亮显并按指定的下一点位置移动一定的方向和距离。

②基点(B):指定一点作为移动的基点。

③复制(C):移动时，将原对象复制一份进行移动即原对象保持不变。

④放弃(U):放弃已做的移动命令操作。

⑤退出(X):退出夹点编辑命令。

(3)指定旋转角度或［基点(B)/复制(C)/放弃(U)/参照(R)/退出(X)］。

①指定旋转角度:输入旋转的角度,以控制点为圆心,进行旋转。

②基点(B):指定一点作为旋转的中心点。

③复制(C):旋转时,将原对象复制一份进行旋转即原对象保持不变。

④放弃(U):放弃已做的旋转命令操作。

⑤参照(R):指定参照角。

⑥退出(X):退出夹点编辑命令。

(4)指定比例因子或［基点(B)/复制(C)/放弃(U)/参照(R)/退出(X)］。

①指定比例因子:输入放大或缩小的比例因子。

②基点(B):指定一点作为比例缩放的基点。

③复制(C):缩放时,将原对象复制一份进行缩放即原对象保持不变。

④放弃(U):放弃已做的缩放命令操作。

⑤参照(R):指定参照长度。

⑥退出(X):退出夹点编辑命令。

(5)指定第二点或［基点(B)/复制(C)/放弃(U)/退出(X)］。

①指定第二点:指定镜像线上的第二点(第一点是控制点)。

②基点(B):指定一点作为镜像线的第一点。

③复制(C):镜像时,将原对象复制一份进行镜像即原对象保持不变。

④放弃(U):放弃已做的镜像命令操作。

⑤退出(X):退出夹点编辑命令。

注意:夹点编辑命令完成后,我们可以连续按 Esc 键退出操作。另外,我们在切换夹点编辑命令时,也可以用快捷菜单来完成,比如在选择完某一个控制点后,然后把鼠标放在该控制点上,然后单击右键,系统会弹出如图 4.10 所示的快捷菜单,用户可以通过此快捷菜单进行命令选择。

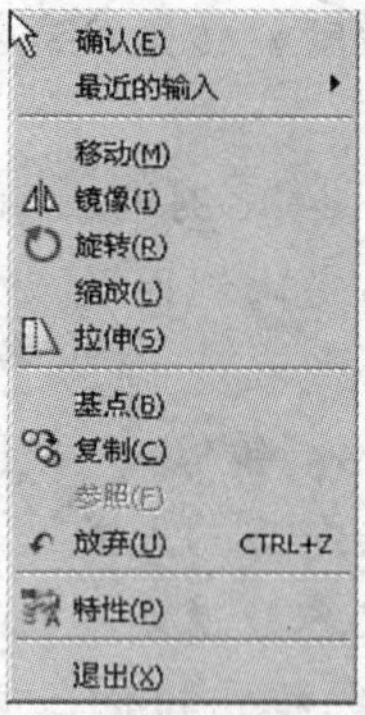

图 4.10 “夹点编辑”快捷菜单

2. 使用夹点编辑创建多个旋转副本的步骤

(1)选择要旋转的对象。

(2)在对象上通过单击选择基夹点。亮显选定夹点,并激活默认夹点模式“拉伸”。

(3)按 Enter 键或“空格”键遍历夹点模式,直到显示夹点模式“旋转”。另外,可以单击鼠标右键显示模式和选项的快捷菜单。

(4)输入 c(复制)。

(5)旋转捕捉对象,或输入选定夹点和指定的副本位置之间的角度。按下 Ctrl 键并通过指定其他位置来放置其他副本,这些副本以与上一个副本相同的旋转捕捉角度创建。

(6)按 Enter 键、空格键或 Esc 键关闭夹点。

3. 使用夹点编辑为对象创建镜像并保留原对象的步骤

(1)选择要镜像的对象。

(2)在对象上通过单击,亮显选定夹点,并激活默认夹点模式“拉伸”。通过按 Enter

键或空格键,遍历夹点模式直到出现“镜像”夹点模式。另外,可以单击鼠标右键显示模式和选项的快捷菜单。

(3)按下 Ctrl 键(或输入 c 代表“复制”)保留原始图像,然后指定镜像线的第二点。为对象创建镜像时,打开“正交”模式常常是很有用的。

(4)按 Enter 键、空格键或 Esc 键关闭夹点。

4. 使用夹点编辑缩放对象并保留原对象的步骤

(1)选择要缩放的对象。

(2)在对象上通过单击选择基夹点。亮显选定夹点,并激活默认夹点模式“拉伸”。

(3)按 Enter 键或空格键遍历夹点模式,直到显示夹点模式“比例缩放”。另外,可以单击鼠标右键显示模式和选项的快捷菜单。

(4)输入 c(复制)。

(5)缩放捕捉对象,或输入缩放比例因子。

(6)按 Enter 键、空格键或 Esc 键关闭夹点。

5. 夹点编辑的相关设置

1)启动命令的方法

(1)在命令行中用键盘输入:OPTIONS。

(2)在菜单栏中点击:工具→选项→选择。

2)执行命令的过程

通过执行“OPTIONS”命令后,系统会弹出如图 4.11 所示的“选项”对话框中的选择选项卡。

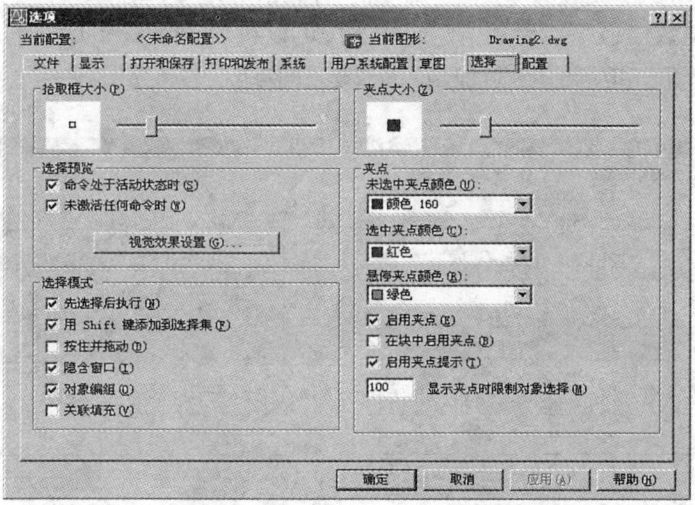

图 4.11　选项中的“选择”选项卡

3)参数说明

在该对话框中,我们只介绍“夹点”和“夹点大小”两个区域。

(1)启用夹点:选中该复选框后,表示系统在选择对象后出现夹点。

(2)在块中启用夹点:选中该复选框后,表示系统在选择块后出现夹点。

(3)未选中夹点颜色:确定未被选中的夹点的颜色。可通过下拉列表进行选择。

(4)选中夹点颜色:确定选中的夹点的颜色。可通过下拉列表进行选择。

(5)夹点大小:可通过滑块来调节夹点的大小。

注意:在作图过程中,应根据需要是否启动夹点,因为启动夹点后系统处理图形的速度会明显减慢。

4.2 精确绘制图形

4.2.1 草图设置

“草图设置”是对状态控制对象进行设置,主要设置:捕捉和栅格、极轴追踪、对象捕捉和动态输入。

“草图设置”的打开:工具→草图设置;光标移到状态控制按钮上击右键→设置。

1. 捕捉和栅格

对捕捉和栅格的间距、捕捉类型和样式进行设置,如图 4.12 所示。在“捕捉类型和样式”栏中启动“极轴捕捉”后除“栅格捕捉”可用外,其他捕捉方式失效。启动“等轴测捕捉”则光标出现“”形状,按 F5 键在水平等轴测、正面等轴测和侧面等轴测之间转换,可以绘制轴测图,特别是绘等轴测圆非常有意义。

2. 极轴追踪

主要掌握极轴角设置,如图 4.13 所示。“增量角”一次只能选择一个值,在绘图时,以“增量角”的整数倍追踪。启用“附加角”时,可以按要求设置多个“附加角”值,在绘图时,同时以“增量角”和所设的“附加角”的整数倍追踪。

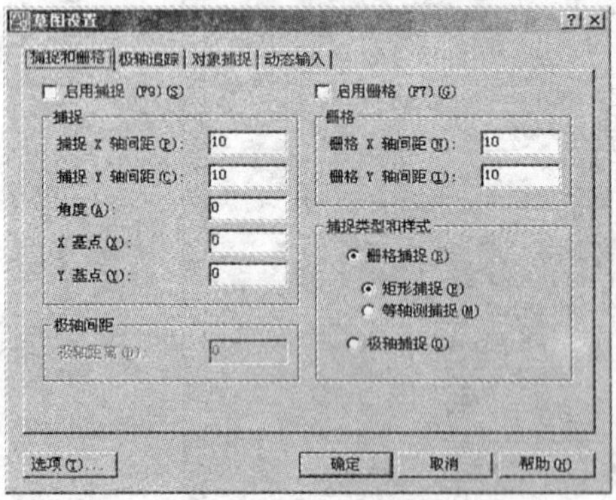

图 4.12 “捕捉和栅格”选项卡

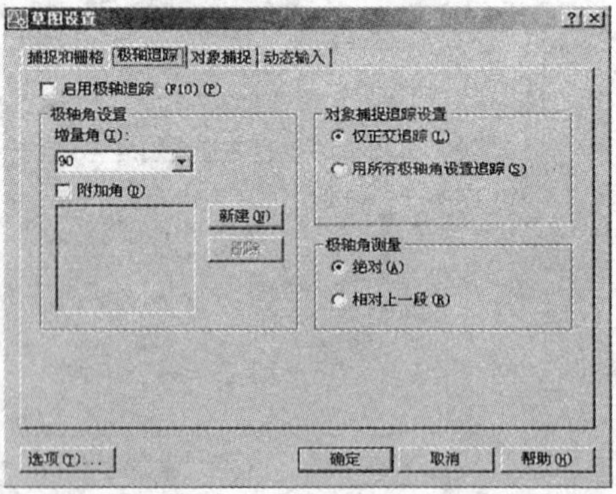

图 4.13 “极轴追踪”选项卡

3. 对象捕捉

可以捕捉 13 种特殊点,如图 4.14 所示。具体运用时,不是全选就是最好,全选可以捕捉到想要的点,但这些点离的太近就无法精确出哪是想要的点了。最好是先全清,然后根据需要设置捕捉点，缺点是来回转换。常用端点、中点、圆心、交点和切点，其次象限点、垂足和节点。

4. 动态输入

对“指针输入”、“标注输入”和“动态提示”进行设置，如图 4.15 所示。

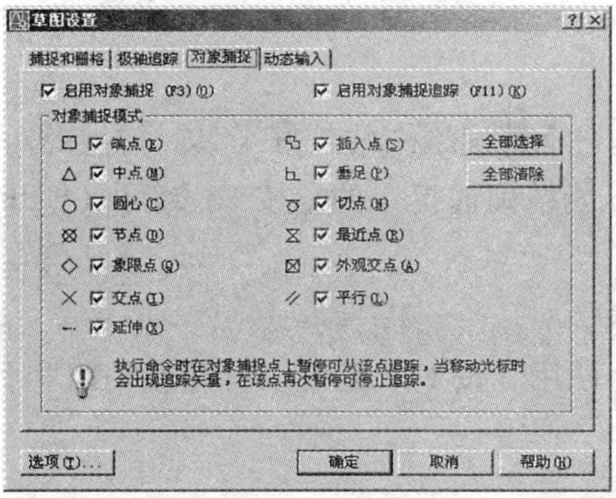

图 4.14　对象捕捉

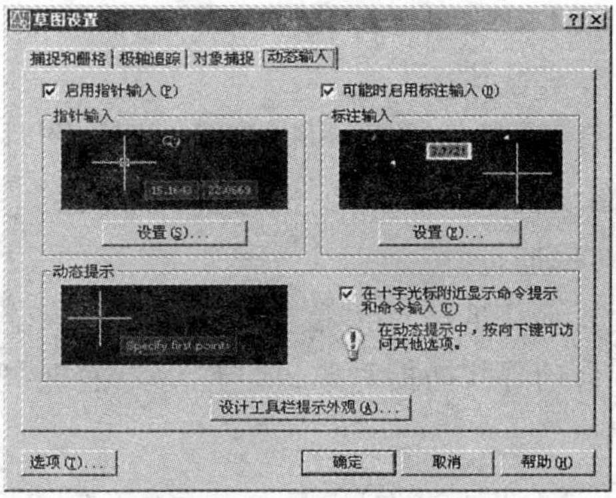

图 4.15　动态输入

“指针输入”设置是对坐标“格式”和“可见性”的选择；“标注输入”设置是对标注输入的字段数进行选择，按 Tab 键可以对标注字段逐个进行切换；“动态提示”是对动态光标的“颜色”、“大小”和“透明度”进行设置。

4.2.2　状态控制绘图

状态控制绘图是指利用状态栏中的控制按钮，精确绘图过程中的每一步，如图 4.16 所示。

图 4.16　状态控制按钮

1. 捕捉

按“草图设置”中设置好的捕捉间距进行捕捉点。打开“捕捉”后，光标行走迟钝，因为光标在沿“捕捉”点行走，关闭“捕捉”，光标行走自如。一般不打开“捕捉”。按 F9 键可以打开或关闭“捕捉”。

2. 栅格

按“草图设置”中设置好的栅格间距进行捕捉点。打开“栅格”后，光标行走迟钝，因为光标在沿“栅格”点行走，关闭“栅格”，光标行走自如。一般不打开“栅格”。打开“栅格”后，屏幕绘图区呈点状分布。按 F7 键可以打开或关闭“栅格”。

3. 正交

精确绘制水平线与竖直线需要打开“正交”。关闭“正交”，可以绘制任意直线。但要精确绘制水平与竖直线还是要打开“正交”，因为关闭“正交”绘图有时屏幕显示看似正确，事实并不符合要求。按 F8 键可以打开或关闭“正交”。

4. 极轴

打开“极轴”，在绘图时可以按设置好的极轴角捕捉直线或点。“极轴追踪”可以精确绘制角度线和精确绘制三视图。绘制不同极角线，需设置不同极轴角，同时及时调整极轴角。按 F10 键可以打开或关闭“极轴”。

5. 对象捕捉

打开“对象捕捉”可以精确捕捉绘图对象，它是精确绘图的较好工具。捕捉的对象为“草图设置”中捕捉点。关闭“对象捕捉”，是不能精确捕捉点的。按 F3 键可以打开或关闭“对象捕捉”。

6. 对象追踪

自动寻找捕捉对象，常与“对象捕捉”联合使用。按 F11 键可以打开或关闭“对象追踪”。

7. 动态输入(DYN)

可以代替命令行随光标行进过程中，随时进行距离、角度和坐标等值的输入。按 F12 键可以打开或关闭“动态输入”。

8. 线宽

显示线的宽度，不是设置线的宽度。打开“线宽”，屏幕显示设置好的线宽，如果没有设置线宽，屏幕线为细线。为了保证绘图的线宽正确，绘图时最好打开“线宽”，以防最后调整的麻烦。

9. 模型

“模型”是在“图纸空间”与“模型空间”转换的开关。

4.2.3 对象捕捉操作

1. 单点捕捉

有时在绘图时，需要用到一些特殊点，而此时又不是对象捕捉的点，那么就要用到临时追踪点。

1) 启动命令的方法

在任意标准工具栏上，点击鼠标右键，出现工具栏快捷菜单，勾选“对象捕捉”，则出现“对象捕捉”工具栏，如图 4.17 所示。

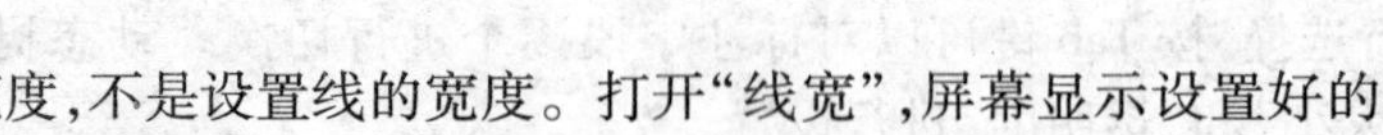

图 4.17 “对象捕捉”工具栏

在绘图区，按住 Shift 键或 Ctrl 键，同时单击鼠标右键，可以调出对象捕捉快捷菜单，如图 4.18 所示。

2) 参数说明

(1)：临时追踪点。

(2) :捕捉自某一点。

(3) :捕捉到端点。

(4) :捕捉到中点。

(5) :捕捉到交点。

(6) :捕捉到外观交点。

(7) :捕捉延长线。

(8) :捕捉到圆心。

(9) :捕捉到象限点。

(10) :捕捉到切点。

(11) :捕捉到垂足。

(12) :捕捉到平行线。

(13) :捕捉到节点。

(14) :捕捉到插入点。

(15) :捕捉到最近点。

(16) :无捕捉。

(17) :对象捕捉设置。

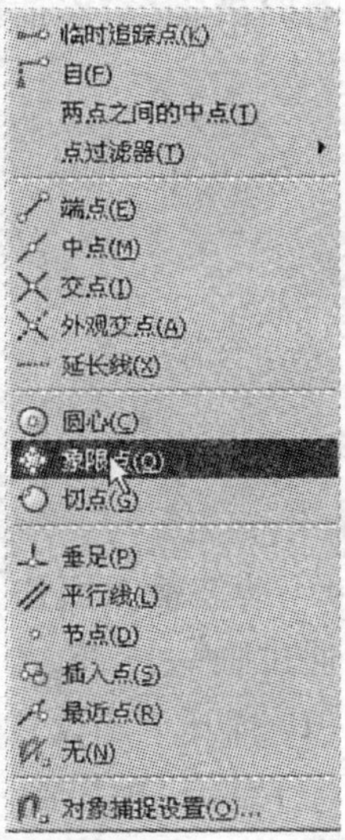

图 4.18　对象捕捉快捷菜单

【例 4.3】　绘制图 4.19 中两圆的公切线。

(1)先点击直线按钮“ ”,再点击捕捉切点按钮“ ”。

(2)在小圆周上点击一下鼠标左键,找到一个切点,再点击捕捉切点按钮“ ”。

(3)在大圆周上点击一下鼠标左键,最后按一次回车键结束。结果如图 4.20 所示。

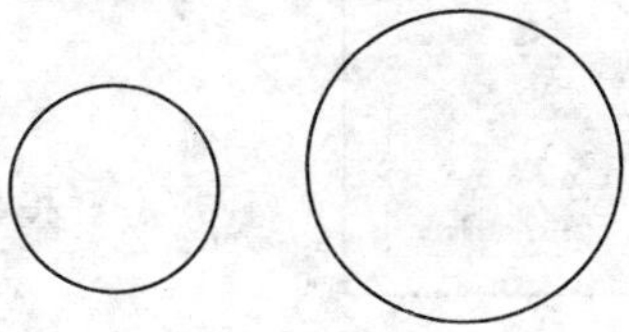

图 4.19　已知两圆

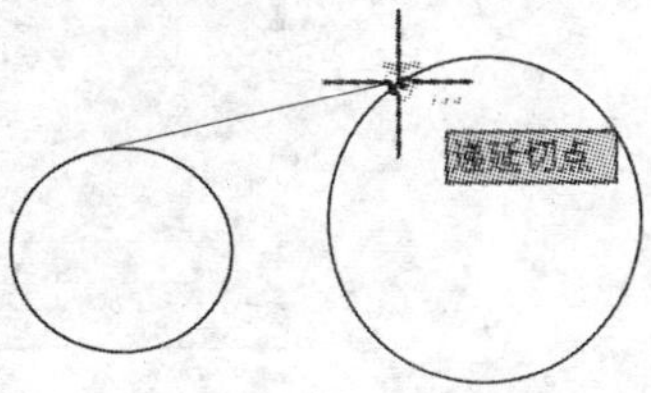

图 4.20　绘两圆切线

2. 自动捕捉

自动捕捉分“极轴追踪”捕捉与“对象追踪”捕捉,具体操作如下:

(1)极轴追踪捕捉:打开极轴和对象捕捉,移动光标到设置好的极轴角的位置处,动点与上一点之间产生一条虚线,并给出极轴角和极轴长度,如图 4.21 所示。

(2)对象追踪捕捉:打开极轴和对象追踪,移动光标到需要对应的两点位置,结果在两点之间产生两条相交虚线,并给出极轴角,如图 4.22 所示。

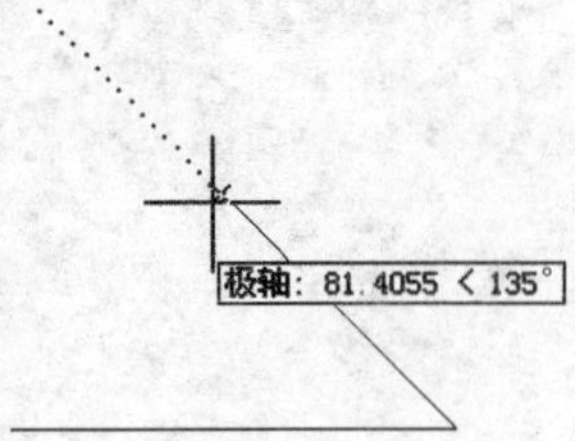

图 4.21 “极轴追踪捕捉”的应用

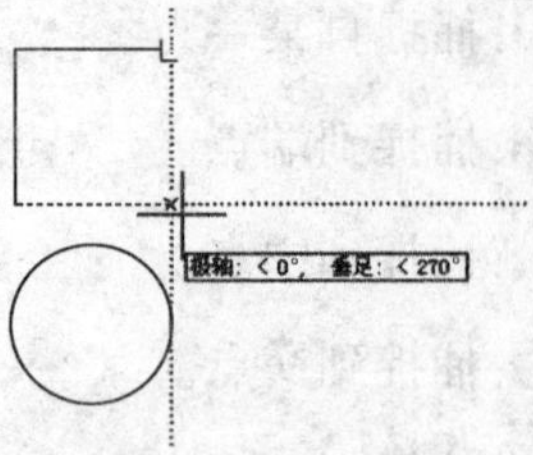

图 4.22 “对象追踪捕捉”的应用

有时极轴、对象捕捉和对象追踪同时打开,三者协同操作对绘图更有利,如图 4.23 所示。

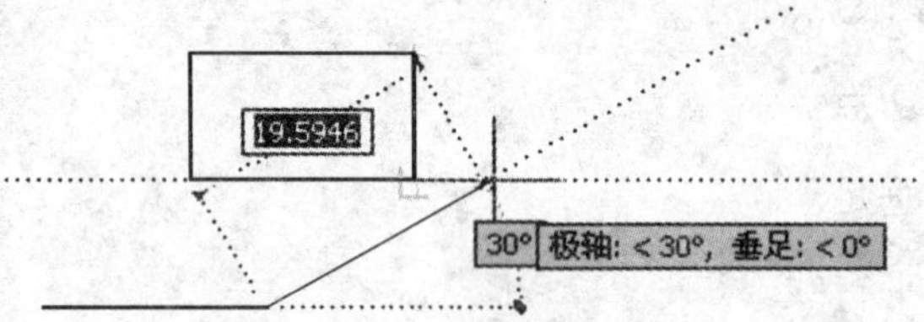

图 4.23 “对象捕捉”的应用

4.2.4 动态输入操作

通过画一长 25,与 X 轴夹角 45°的直线为例说明动态输入操作。

(1)打开草图设置,点击“动态输入”选项。

(2)点击“标注输入”下的“设置”,出现如图 4.24 所示的标注输入设置对话框。

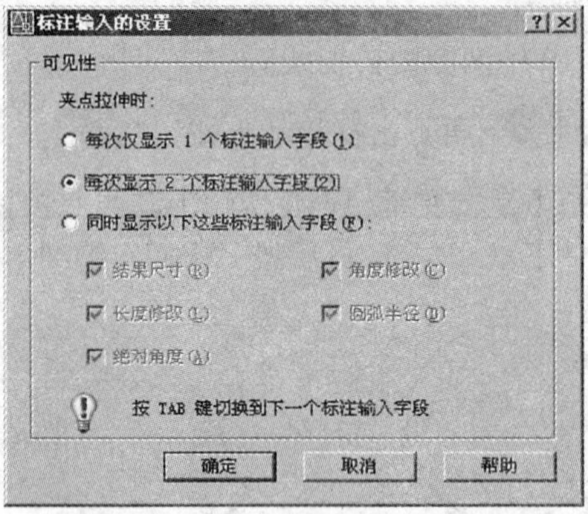

图 4.24 “标注输入”的设置

(3)选择“每次显示 2 个标注输入字段”选项,点击确定,关闭“草图设置”。

(4)点击画直线命令,绘直线的起点 1。

(5)拖动鼠标,准备绘直线的第二点,出现动态输入坐标。在长度值处输入 25,如图 4.25所示。

(6)按 Tab 键,在长度值 25 后出现一把黄锁,锁定长度值不变并进入角度输入。输入角度 45°,如图 4.26 所示。

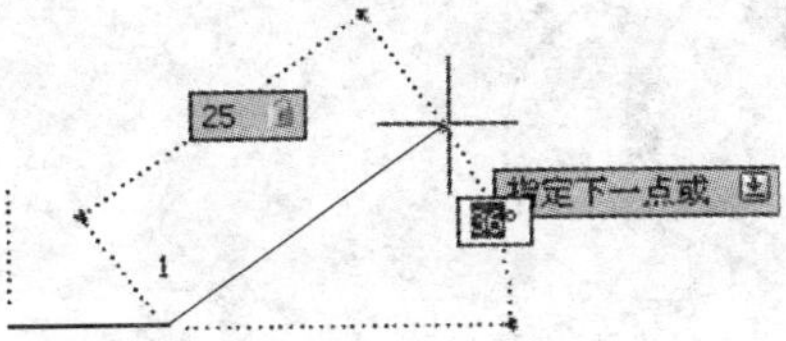

图 4.25　输入长度 25

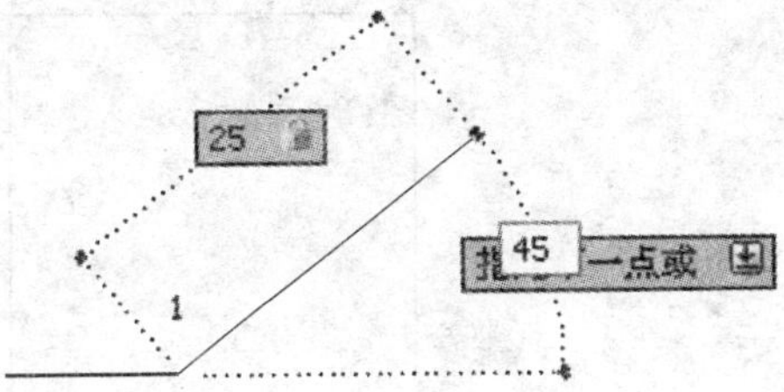

图 4.26　输入角度 45°

(7)按回车键,进入下一点动态输入。再按一次回车键结束命令。

4.3　对象几何特性查询

查询是学习 AutoCAD 的基本内容,查询结果的准确性与精确绘图有必然联系,因此上述精确绘图的知识将是查询的前提。查询的方法很多,必须找出相应的方法才能使查询快速准确。

1. 查询的方法

(1)在菜单栏中点击:工具→查询;

(2)调出查询工具栏,如图 4.27 所示。

2. 查询的内容

如图 4.28 所示为查询内容菜单。

图 4.27　查询

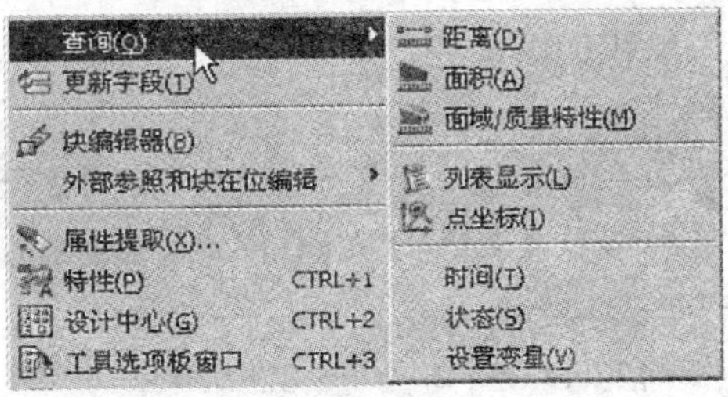

图 4.28　查询内容

3. 参数说明

(1)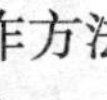:查询两点距离。

操作方法:

命令: _dist 指定第一点: 指定第二点:

距离 = 26.1543,XY 平面中的倾角 = 22, 与 XY 平面的夹角 = 0

X 增量 = 24.2899, Y 增量 = 9.6978, Z 增量 = 0.0000

(2):查面积。

查询如图 4.29 所示的矩形和圆的面积。

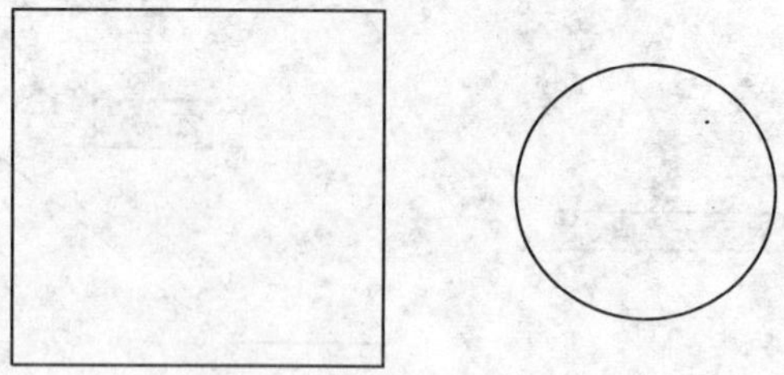

图 4.29　查询矩形和圆的面积

操作方法：

①查矩形面积。

命令：_area　　（点击面积图标）

指定第一个角点或［对象(O)/加(A)/减(S)］：

指定下一个角点或按 Enter 键全选：　　（点正方形的一个角点）

指定下一个角点或按 Enter 键全选：　　（点正方形的下一个角点）

指定下一个角点或按 Enter 键全选：　　（点正方形的下一个角点）

指定下一个角点或按 Enter 键全选：↙　　（点正方形的下一个角点并按回车）

面积 = 422.8605，周长 = 82.5145

或

命令：_area

指定第一个角点或［对象(O)/加(A)/减(S)］：o↙　　（矩形为一整体）

选择对象：

面积 = 422.8605，周长 = 82.5145

②矩形面积加圆面积。

命令：_area　　（点击面积图标）

指定第一个角点或［对象(O)/加(A)/减(S)］：a↙

指定第一个角点或［对象(O)/减(S)］：o↙

（"加"模式）选择对象：　　（点击正方形）

面积 = 422.8605，周长 = 82.5145

总面积 = 422.8605

（"加"模式）选择对象：　　（点击圆）

面积 = 338.8125，圆周长 = 65.2506

总面积 = 761.6730

（"加"模式）选择对象：↙

指定第一个角点或［对象(O)/减(S)］：* 取消 *

③从矩形加圆面积中减圆面积。

命令：_area　　（点击面积图标）

指定第一个角点或［对象(O)/加(A)/减(S)］：a↙

指定第一个角点或［对象(O)/减(S)］：o↙

（"加"模式）选择对象：　　（点击正方形）

面积 = 422.8605,周长 = 82.5145
总面积 = 422.8605
("加"模式)选择对象: (点击圆)
面积 = 338.8125,圆周长 = 65.2506
总面积 = 761.6730
("加"模式)选择对象:↙
指定第一个角点或[对象(O)/减(S)]:s↙
指定第一个角点或[对象(O)/加(A)]:o↙
("减"模式)选择对象: (点击圆)
面积 = 338.8125,圆周长 = 65.2506
总面积 = 422.8605
("减"模式)选择对象:↙
指定第一个角点或[对象(O)/加(A)]:↙

(3):查面域或质量特征。

对三维面或三维形体进行查询。如查询上述圆的特征,因刚才作圆时没按三维面域作,因此在查询前先把它转变为三维面域,然后查询。

①转化面域。

命令:_region
选择对象:找到 1 个
选择对象:
已提取 1 个环。
已创建 1 个面域。

②查询圆面域。

命令:_massprop
选择对象:找到 1 个
选择对象:

```
-------------------- 面域 --------------------
面积:                    3052.2081
周长:                    195.8448
边界框:             X:192.7398 -- 255.0791
                    Y:-354.1952 -- -291.8559
质心:               X:223.9094
                    Y:-323.0256
惯性矩:             X:319225601.6367
                    Y:153765122.7519
惯性积:            XY:-220761558.3875
旋转半径:           X:323.4013
```

Y：224.4512

主力矩与质心的 X－Y 方向：

I：741341.6986 沿［1.0000 0.0000］

J：741341.6986 沿［0.0000 1.0000］

是否将分析结果写入文件？［是(Y)/否(N)］＜否＞：＊取消＊

【例 4.4】 查询图 4.30 所示带轮质量特性。

查询方法同上，结果如图 4.31 所示。

(4) 列表查询。

列表查询用于查询对象的类型、所在的图层、相对于当前用户坐标系的 *X*、*Y*、*Z* 位置以及对象是位于模型空间还是图纸空间。

图 4.30 带轮

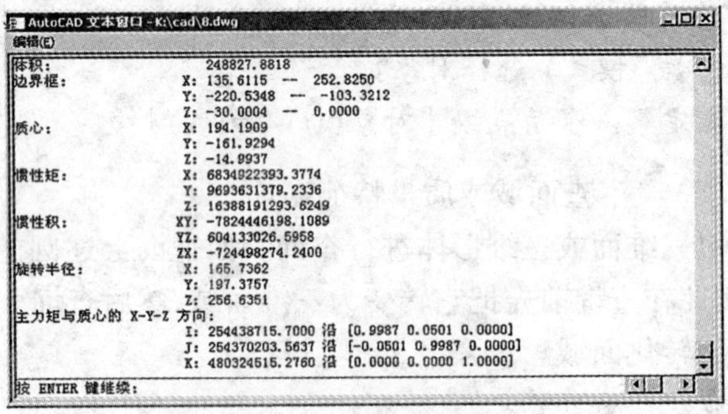

AutoCAD 文本窗口 - K:\cad\8.dwg
编辑(E)
```
体积:              248827.8818
边界框:          X: 135.6115  --  252.8250
                 Y: -220.5348  --  -103.3212
                 Z: -30.0004  --  0.0000
质心:            X: 194.1909
                 Y: -161.9294
                 Z: -14.9937
惯性矩:          X: 6834922393.3774
                 Y: 9693631379.2336
                 Z: 16388191293.6249
惯性积:         XY: -7824446198.1089
                YZ: 604133026.5958
                ZX: -724498274.2400
旋转半径:        X: 165.7362
                 Y: 197.3757
                 Z: 256.6351
主力矩与质心的 X-Y-Z 方向:
                 I: 254438715.7000 沿 [0.9987 0.0501 0.0000]
                 J: 254370203.5637 沿 [-0.0501 0.9987 0.0000]
                 K: 480324515.2760 沿 [0.0000 0.0000 1.0000]
按 ENTER 键继续:
```

图 4.31 带轮的质量特性

如列表查询图 4.30 所示带轮。

命令：_list

选择对象：找到 1 个

选择对象：

3DSOLID 图层：0

空间：模型空间

颜色：4（青色）线型：BYLAYER

句柄 ＝ 30

边界框：边界下限 X ＝ 135.6115，Y ＝ －220.5348，Z ＝ －30.0004

边界上限 X ＝ 252.8250，Y ＝ －103.3212，Z ＝ 0.0000

实训 4 精确绘制图形与对象查询

【实训目的】

1. 掌握多线编辑的操作。

2. 掌握利用夹点编辑绘制图形。

3. 熟悉草图设置及状态控制操作。

4. 掌握使用对象捕捉及动态输入绘制图形。

5. 掌握对象几何特性的查询。

【相关知识】

1. 二维绘图的高级编辑命令。

2. 精确绘图的相关操作。

3. 查询的相关知识。

【实训指导】

指导1　绘制图4.32所示的建筑平面图(多线绘制)

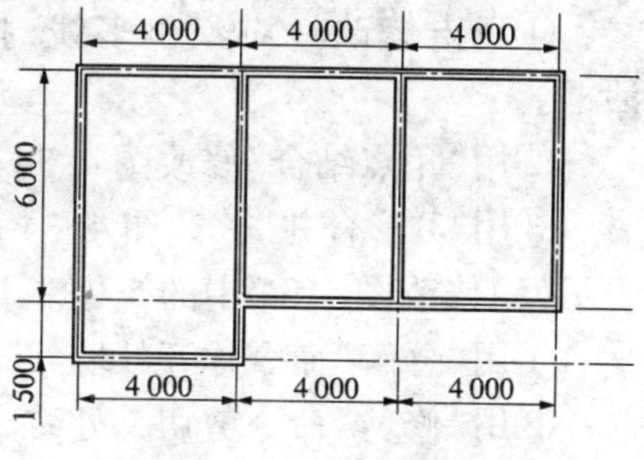

图4.32　建筑平面图

(1)设置绘图环境。

①设置图层(方法参见前面相关内容)。

②设置“线宽设置”(参考图1.13)。

③设置图形界限为420×297。

(2)在轴线层上绘制轴线网,如图4.33所示。

①用“直线”命令绘制一条水平轴线和一条竖向轴线。

②按1:100的比例用“偏移”命令绘制其他轴线,间距根据图4.32中给出。

③用“修剪”和“拉长”命令修整轴网。

(3)在墙线层绘制墙线,如图4.34所示。

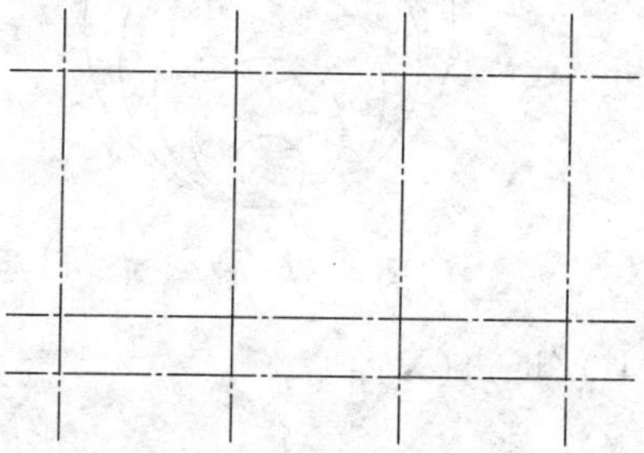

图4.33　轴线网

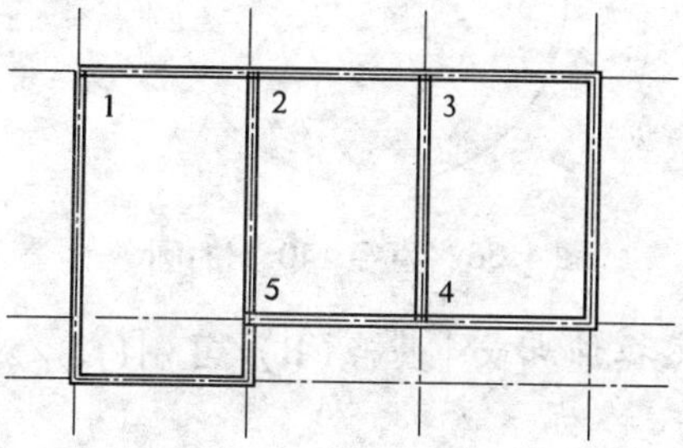

图4.34　绘制墙线

①设置多线。

命令:_mline

当前设置:对正 = 上,比例 = 20.00,样式 = STANDARD

指定起点或[对正(J)/比例(S)/样式(ST)]:s↙

输入多线比例 <20.00>:2.4↙

当前设置:对正 = 上,比例 = 2.40,样式 = STANDARD

指定起点或[对正(J)/比例(S)/样式(ST)]:j↙

输入对正类型[上(T)/无(Z)/下(B)] <上>:z↙

当前设置:对正 = 无,比例 = 2.40,样式 = STANDARD

指定起点或[对正(J)/比例(S)/样式(ST)]:

②用“多线”命令绘制外墙线。

③用“多线”命令绘制内墙线。

(4)用“多线编辑工具”修改墙线。

①点击修改→对象→多线,打开多线编辑工具对话框。

②用“角点结合”修改图 4.34 中的 1 处。

③用“T 形合并”修改图 4.34 中的 2、3、4 处。

(5)修改图 4.34 中的 5 处。

①用“分解”命令炸开外墙线。

②用“修剪”命令剪切 5 处多余线。

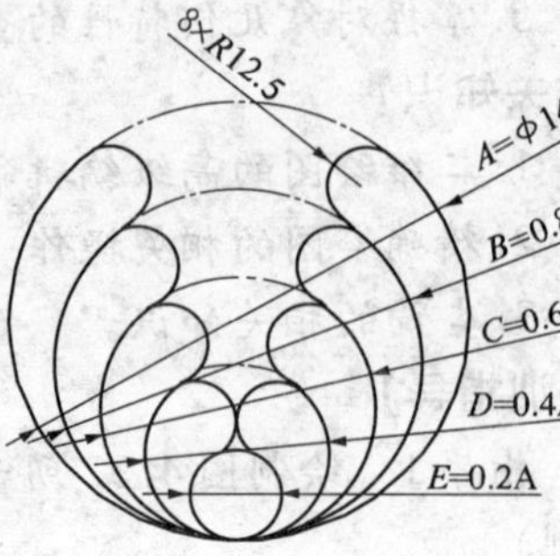

图 4.35　平面图形

指导 2　用夹点编辑绘制图 4.35

(1) 绘制直径 140.5 的圆,如图 4.36 所示。

(2) 夹点编辑绘制其他圆,如图 4.37 所示。

命令:　(点击圆周)

命令:　(点击圆下面的“冷点”使之成为“热点”)

＊＊ 拉伸 ＊＊

图 4.36　直径 140.5 的圆

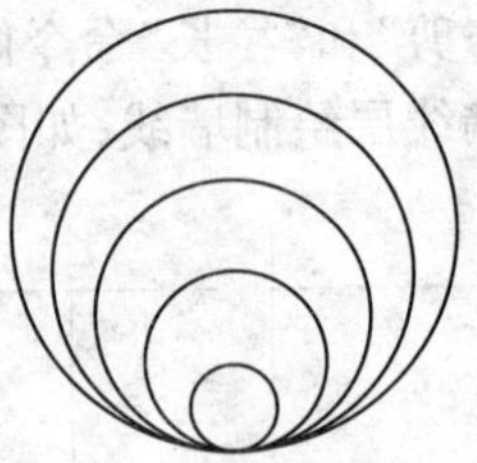

图 4.37　比例圆

指定拉伸点或［基点(B)/复制(C)/放弃(U)/退出(X)］:　(按空格键)

＊＊ 移动 ＊＊

指定移动点或［基点(B)/复制(C)/放弃(U)/退出(X)］:　(按空格键)

＊＊ 旋转 ＊＊

指定旋转角度或［基点(B)/复制(C)/放弃(U)/参照(R)/退出(X)］:(按空格键)

＊＊ 比例缩放 ＊＊

指定比例因子或［基点(B)/复制(C)/放弃(U)/参照(R)/退出(X)］: b↙

指定基点:　(选择圆下面的“热点”为基点)

＊＊ 比例缩放 ＊＊

指定比例因子或［基点(B)/复制(C)/放弃(U)/参照(R)/退出(X)］: c↙

＊＊ 比例缩放 (多重) ＊＊

指定比例因子或［基点(B)/复制(C)/放弃(U)/参照(R)/退出(X)］: 0.8↙

＊＊ 比例缩放 (多重) ＊＊

指定比例因子或［基点(B)/复制(C)/放弃(U)/参照(R)/退出(X)］: 0.6↙

＊＊ 比例缩放 (多重) ＊＊

指定比例因子或［基点(B)/复制(C)/放弃(U)/参照(R)/退出(X)］: 0.4↙

＊＊ 比例缩放（多重）＊＊

指定比例因子或［基点(B)/复制(C)/放弃(U)/参照(R)/退出(X)］：0.2↙

＊＊ 比例缩放（多重）＊＊

指定比例因子或［基点(B)/复制(C)/放弃(U)/参照(R)/退出(X)］：↙

命令： （按 Esc 键退出）

(3)用“相切、相切、半径”画半径 12.5 的四个小圆，并用“修剪”命令修剪，如图 4.38 所示。

图 4.38 相切圆

(4)用“镜像”命令镜像另一边四个小圆，如图 4.39 所示。

(5)“修剪”多余部分，如图 4.40 所示。

(6)用“对象捕捉”捕捉圆心，绘点画圆。

指导 3 绘制图 4.41，并查询阴影区域 *A* 的面积及外轮廓周长

(1)绘直径 40 的圆，如图 4.42 所示。

图 4.39 镜像圆

图 4.40 修剪圆

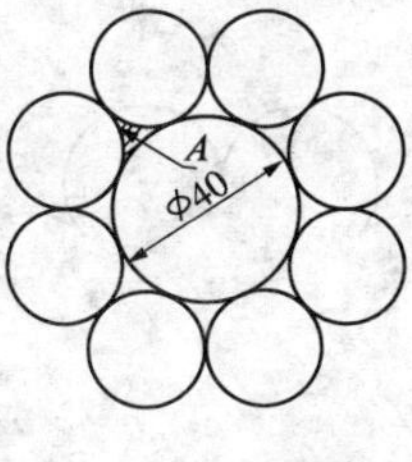

图 4.41 平面图形

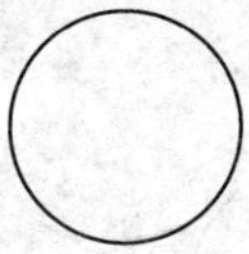

图 4.42 直径 40 的圆

(2)16 等分圆周，如图 4.43 所示。

(3)“相切、相切、相切”绘三切圆，如图 4.44 所示。

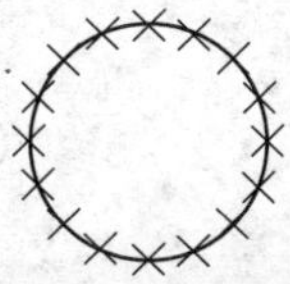

图 4.43 16 等分圆周

图 4.44 三切圆

(4)8 份阵列小圆，即得原题图。

(5)点击绘图→边界(B)...,出现如图 4.45 所示边界创建。

(6)“对象类型”选择“多段线”,在阴影内“拾取点”创建边界图形。

(7)用“移动”命令将创建的边界移出,如图 4.46 所示。

(8)用“区域”命令查询面积。

命令: _area↙

指定第一个角点或[对象(O)/加(A)/减(S)]: o↙

选择对象:

面积 = 32.9331,周长 = 44.9207

(9)用“删除”、“修剪”命令修剪得到图形外轮廓,如图 4.47 所示。

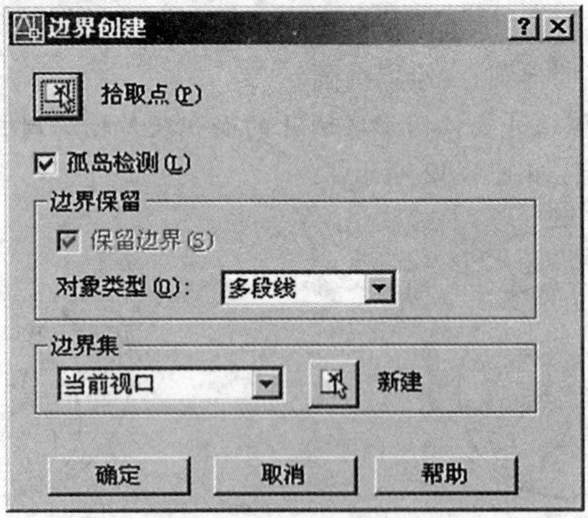

图 4.45　边界创建

图 4.46　边界图形

图 4.47　外围图形

(10)将外轮廓转变为多段线。

点击修改→对象→多段线。

命令: _pedit 选择多段线或[多条(M)]:　　(点击一个小圆弧)

选定的对象不是多段线

是否将其转换为多段线? <Y> :y↙

输入选项[闭合(C)/合并(J)/宽度(W)/编辑顶点(E)/拟合(F)/样条曲线(S)/非曲线化(D)/线型生成(L)/放弃(U)]: j↙

选择对象：指定对角点：找到 8 个　　　　　　　　　　（框选整个图形）

选择对象：

7 条线段已添加到多段线

输入选项［打开(O)/合并(J)/宽度(W)/编辑顶点(E)/拟合(F)/样条曲线(S)/非曲线化(D)/线型生成(L)/放弃(U)］：↙

(11)用“区域”命令查询面积的方法，查询外轮廓周长。

命令：_area

指定第一个角点或［对象(O)/加(A)/减(S)］：o↙

选择对象：

面积 = 5383.4455，周长 = 389.5037

【实训内容】

(1)按照指导 1 练习多线修改。

(2)用夹点编辑旋转绘制图 4.48。

(3)绘制图 4.49 所示平面图形，并查询阴影区域 *A* 的面积及五个小圆组成的轮廓周长。

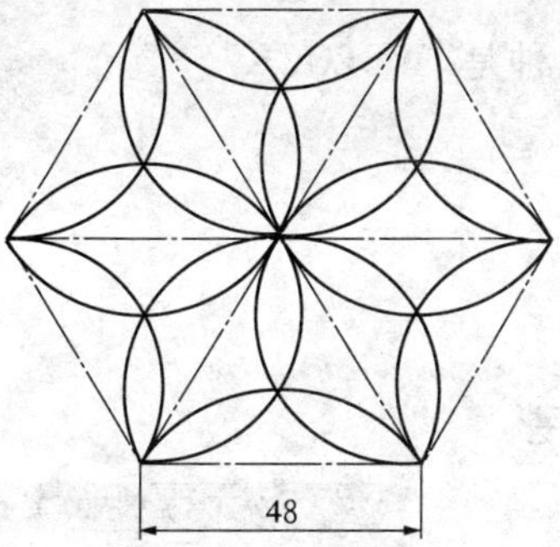

图 4.48　平面图形

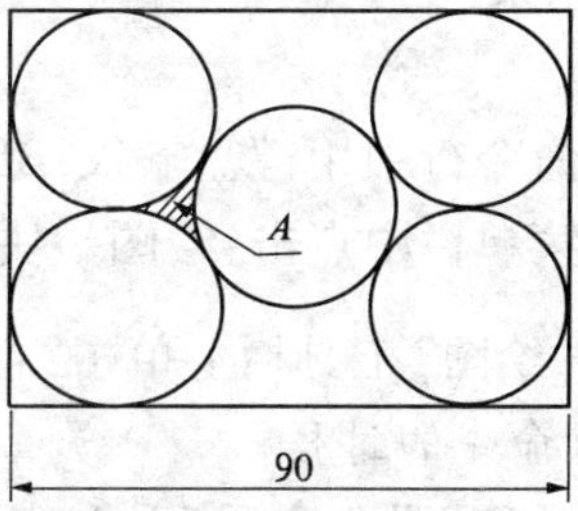

图 4.49　平面图形

(4)绘制图 4.50 所示平面图形。

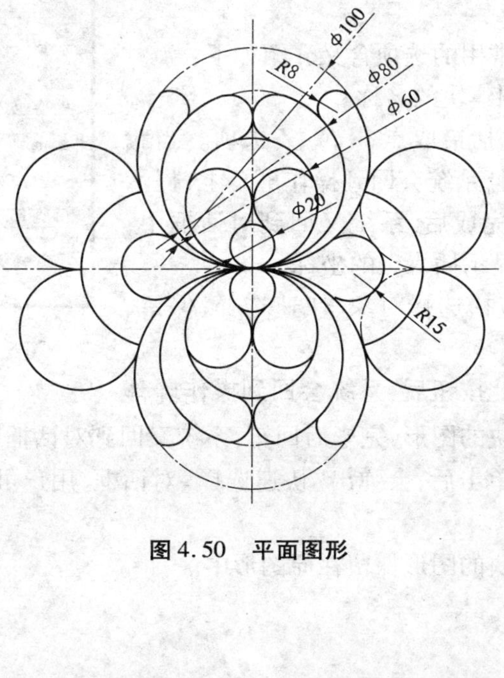

图 4.50　平面图形

第 5 章　图块及其属性

【教学目标】

本章主要介绍图块的创建与属性编辑，以及创建和编辑动态块。

【学习要点】

1. 掌握图块的创建方法。
2. 熟悉插入图块的方法。
3. 掌握创建动态块和编辑动态块。

5.1　创建块与插入块

5.1.1　创建块

创建图块的方法有两种：一种是“BLOCK”，一种是“WBLOCK”。

1. BLOCK

1）启动命令的方法

（1）在命令行中用键盘输入：BLOCK。

（2）在菜单栏中点击：绘图→块→创建。

（3）在“绘图”工具栏上单击“创建块”按钮：。

2）执行命令的过程

执行“BLOCK”命令后，系统会弹出如图 5.1 所示的“块定义”对话框。

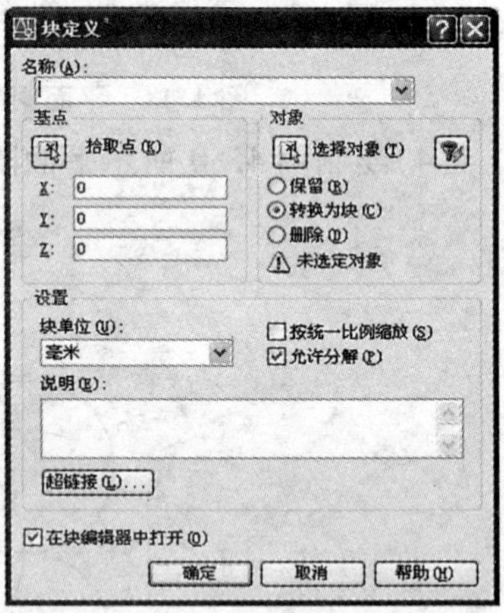

图 5.1　“块定义”对话框

3）参数说明

在该对话框中，将常用的选项含义介绍如下：

（1）名称：输入新创建块的名称。

（2）“基点”部分包括拾取点、X、Y、Z 选项。当我们点击“拾取点”按钮时，系统会回到操作屏幕上，提示让我们选择插入的点，完成后，系统又回到对话框中，在 X、Y、Z 的空白框内显示插入点的坐标。

（3）“对象”部分包括选择对象、快速选择、保留、转换为块、删除等选项。

①选择对象：点击此按钮后，系统会回到操作屏幕上，提示选择要转化为块的图形，完毕后回车，系统又回到对话框中。

②快速选择按钮：单击后，会弹出“快速选择”对话框，用户可以通过该对话框来快速地选择屏幕上的图形。

③保留：将转化为块的图形保留在原图形中。

④转换为块:将选择的图形转化为块。

⑤删除:将转化为块的图形从原图形中删去。

(4)“设置”部分包括块单位、按统一比例缩放、允许分解和说明。

①块单位:选择图块插入的单位。

②按统一比例缩放:通过点选来确定在插入图块时是否按统一比例缩放。

③允许分解:指定插入图块时是否分解。

④说明:与块有关系的说明。

(5)在块编辑器中打开:控制在块编辑器中是否打开当前的块定义。

4)注意事项

用这种方式形成的图块只能在当前图形文件中使用。而在其他文件中是不能被使用的。

5)例子

将图5.2创建成块。过程如下:

(1)执行“BLOCK”命令,系统弹出“块定义”对话框。

(2)在“块定义”对话框中,在“名称”栏输入“窗户”。然后点击“拾取点”按钮,在屏幕上选择 *A* 点。

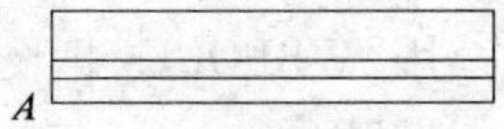

图5.2　窗户

(3)点击“选择对象”按钮,来全部选择图形。

(4)插入的单位定义为“毫米”。

(5)点击“确定”按钮,完成定义。如图5.3所示。

2. WBLOCK

1)启动命令的方法

在命令行中用键盘输入:WBLOCK。

2)执行命令的过程

执行“WBLOCK”命令后,系统会弹出如图5.4所示的“写块”对话框。

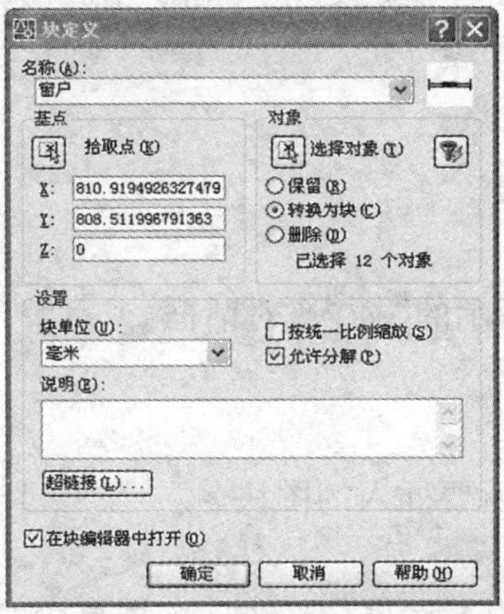

图5.3　“BLOCK”命令的应用

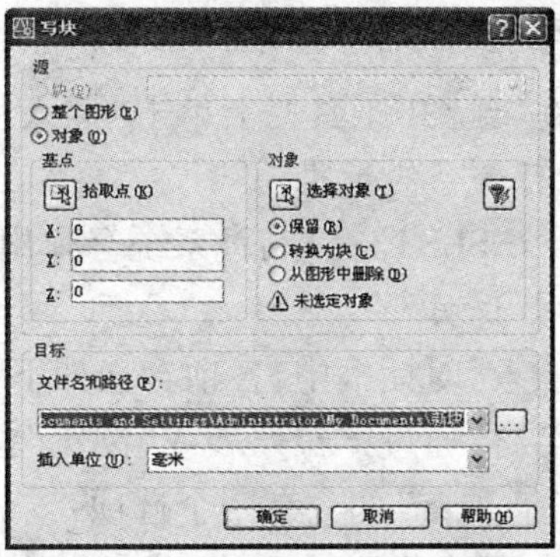

图5.4　“写块”对话框

3)参数说明

在该对话框中,将常用的选项含义介绍如下。

(1)“源”部分包括三个选项:块、整个图形、对象。

①块:当文件中已经定义有图块时,该项亮显,用户可以通过下拉列表来选择图块。

②整个图形:把整个图形作为一个图块来定义。

③对象:把图形中的某一部分定义为一个图块。

(2)“基点”和“对象”部分的选项含义与“块定义”中相同。

(3)“目标”部分包括文件名、位置、插入单位。

①文件名:输入新定义块的名称。

②位置:新定义的图块保存的位置。可以通过其后的按钮选择保存路径。

③插入单位:插入新定义图块时的单位。

4)注意事项

用这种方式形成的图块以文件名的形式保存在某个文件夹中,可以在其他图形文件中使用。

5)例子

用“WBLOCK”把图5.2定义成块。

做题步骤:

(1)执行“WBLOCK”的命令,系统弹出“写块”对话框。

(2)在该对话框中,首先选择“对象”,然后点击“拾取点”按钮,在图形中选择一点。

(3)点击“选择对象”按钮,把图形全部选择。然后再选择“保留”。

(4)在“文件名”中输入“窗户”;保存在D盘上的新建文件夹中;插入“单位”选择“毫米”。

(5)最后点击“确定”按钮。完成操作。

设置对话框如图5.5所示。

5.1.2 插入块

1.利用“INSERT”插入块

1)启动命令的方法

(1)在命令行中用键盘输入:INSERT。

(2)在菜单栏中点击:插入→块。

(3)在“绘图”工具栏上单击“插入块”按钮:。

2)执行命令的过程

执行“INSERT”命令后,系统会弹出如图5.6所示的“插入”对话框。

3)参数说明

在“插入”对话框中,各项含义如下:

(1)名称:通过下拉列表或“浏览”按钮来选择所要插入的图块名。

(2)“插入点”部分有四个选项:

①在屏幕上指定:如果选择该项,则“X、Y、Z”均不亮显。系统回到屏幕中,让用户在屏幕上选择插入的点。并在命令行出现以下的命令过程:

指定插入点或[基点(B)/比例(S)/X/Y/Z/旋转(R)/预览比例(PS)/PX/PY/PZ/预览旋转(PR)]:

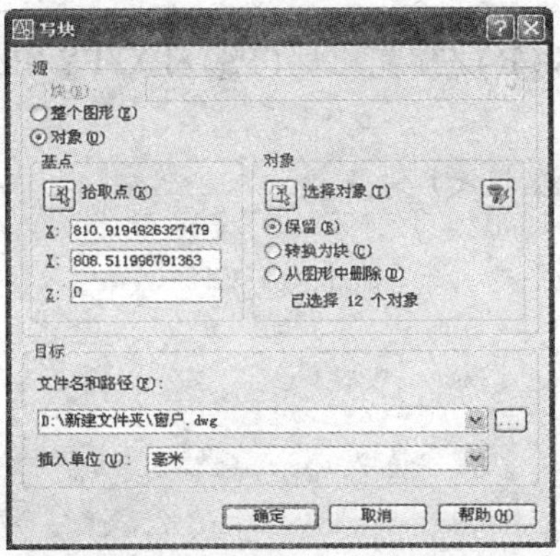

图 5.5　WBLOCK 命令的应用

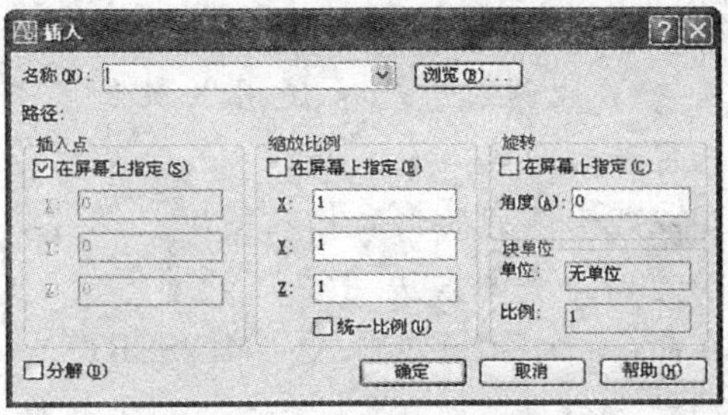

图 5.6　“插入”对话框

②X、Y、Z：如果不选择“在屏幕上指定”，则“X、Y、Z”均亮显。用户可以通过输入 X、Y、Z 的坐标来确定插入点。

(3)“缩放比例”部分有五个选项。

①在屏幕上指定：选择该项后，“X、Y、Z”三项均不亮显。要求用户在命令行中输入缩放的比例。

②X、Y、Z：如果不选择“在屏幕上指定”，则“X、Y、Z”均亮显。用户可以通过输入在 X、Y、Z 方向上的比例来确定插入图块的大小。

③统一比例：选择该项后，系统要求 X、Y、Z 方向上的比例使用相同的值。

(4)“旋转”部分有两个选项：一个是“在屏幕上指定”，一个是“角度”。用户可以通过这两种方法来确定插入图块旋转的角度。

(5)块单位：显示块单位的单位和比例。

(6)分解：在图形中插入的图块为一个整体，选择该项后，图块就会被分解成若干个元素。相当于“分解”命令。

4)注意事项

在输入“X、Y、Z”方向上的缩放比例时，当 X 为负值，则插入的图块将沿着 *Y* 轴进行镜像；当 Y 为负值，则插入的图块将沿着 *X* 轴进行镜像。另外，我们在用该对话框插入图块时，插入的点一般是在屏幕上指定的，其他的选项可以直接在命令行中输入完成。下面以一个例子来说明。

5)例子

把上面定义好的窗户的图块插入到一个新文件中。

操作步骤如下：

首先执行“INSERT”命令，系统弹出“插入”对话框，在该对话框中，通过“浏览”按钮来选择“窗户”的图块，然后再选择“插入点”中的在“在屏幕上指定”的复选框。其他的参数设置如图 5.7 所示，最后单击“确定”按钮，系统回到屏幕中。

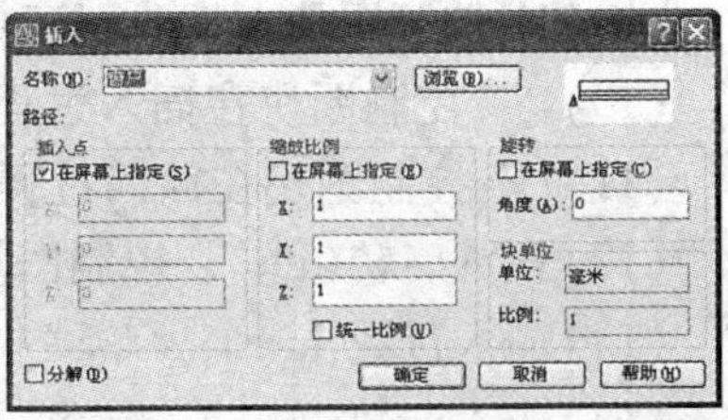

图 5.7　“INSERT”命令的应用

在命令行中的命令如下：

命令：_insert

指定插入点或［基点(B)/比例(S)/X/Y/Z/旋转(R)/预览比例(PS)/PX/PY/PZ/预览旋转(PR)］：

输入 X 比例因子，指定对角点，或［角点(C)/XYZ］ <1>：1↙

输入 Y 比例因子或 <使用 X 比例因子>：1↙

指定旋转角度 <0>：0↙

2. 以矩形阵列的形式插入图块

1）启动命令的方法

在命令行中用键盘输入："MINSERT"

2）执行命令的过程

命令：minsert

输入块名或［?］：窗户

单位：毫米　转换：1.0000

指定插入点或［基点(B)/比例(S)/X/Y/Z/旋转(R)/预览比例(PS)/PX/PY/PZ/预览旋转(PR)］：　　（指定一点）

输入 X 比例因子，指定对角点，或［角点(C)/XYZ］ <1>：↙

输入 Y 比例因子或 <使用 X 比例因子>：1↙

指定旋转角度 <0>：↙

输入行数（---） <1>：2↙

输入列数（|||） <1>：2↙

输入行间距或指定单位单元（---）：20↙

指定列间距（|||）：20↙

3）参数说明

（1）输入块名或［?］：输入已经创建好的图块名或输入"?"来查询图块。

（2）指定插入点：在屏幕上指定插入图块的基点。

（3）比例(S)：指定插入图块时图形在 X、Y、Z 轴上统一的比例因子。

（4）X：指定插入图块时图形在 X 轴上的比例因子。

（5）Y：指定插入图块时图形在 Y 轴上的比例因子。

（6）Z：指定插入图块时图形在 Z 轴上的比例因子。

（7）旋转(R)：指定插入图块时图形旋转的角度。

（8）预览比例(PS)：控制图块在插入过程中拖动的显示比例。

（9）PX：控制图块在插入过程中 X 轴方向上拖动的显示比例。

（10）PY：控制图块在插入过程中 Y 轴方向上拖动的显示比例。

（11）PZ：控制图块在插入过程中 Z 轴方向上拖动的显示比例。

（12）预览旋转(PR)：控制图块在插入过程中拖动的显示旋转角度。

（13）输入行数（---） <1>：指定矩形阵列的行数。

（14）输入列数（|||） <1>：指定矩形阵列的列数。

（15）输入行间距或指定单位单元（---）：指定矩形阵列的行间距。

(16)指定列间距（|||）：指定矩形阵列的列间距。

4)注意事项

在用“MINSERT”插入的图块时,所插入的图块不能被分解。

5)例子

绘制图5.8。

(1)首先绘制单个对象(如图5.9所示)。

(2)将图5.9创建成块。设置过程如图5.10所示。

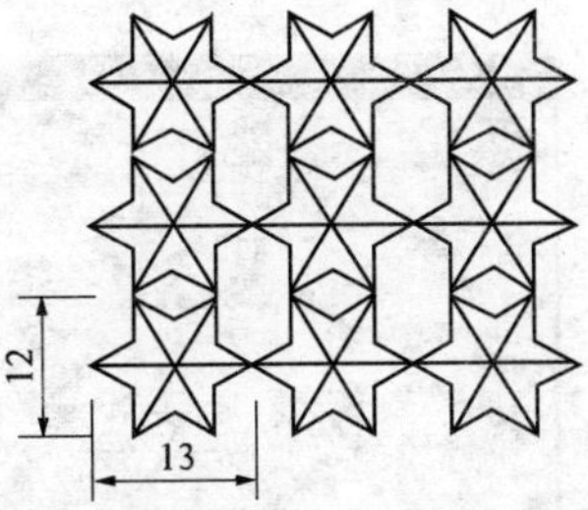

图5.8 “MINSERT”命令的应用示例

图5.9 绘制单个对象

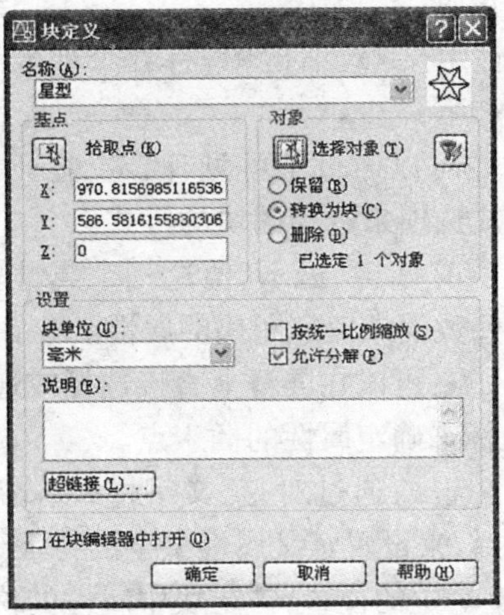

图5.10 将单个对象创建成块

(3)执行“MINSERT”命令,阵列插入图块。过程如下:

MINSERT 输入块名或[?]<星型>:

单位:毫米 转换:1

指定插入点或[基点(B)/比例(S)/X/Y/Z/旋转(R)/预览比例(PS)/PX/PY/PZ/预览旋转(PR)]: （在屏幕上指定）

输入 X 比例因子,指定对角点,或[角点(C)/XYZ(XYZ)]<1>:↙

输入 Y 比例因子或<使用 X 比例因子>:1↙

指定旋转角度<0>:

输入行数(---)<1>:3↙

输入列数(|||)<1>:3↙

输入行间距或指定单位单元(---):12↙

指定列间距(|||):13↙

5.2 创建与编辑块属性

5.2.1 创建块属性

创建图块时,可以在图块上附上一些文字说明以及其他的一些属性信息,以便我们在插入图块时，连同图块和属性一起插入到新的图形中，这种定义图块的过程就是创建图块的属性。

1. 启动命令的方法

(1)在命令行中用键盘输入：ATTDEF。

(2)在菜单栏中点击：绘图→块→定义属性。

2. 执行命令的过程

执行“ATTDEF”命令后，系统会弹出如图 5.11 所示的“属性定义”对话框。

3. 参数说明

在“属性定义”对话框中，有五个部分选项，各选项的含义如下：

(1)模式：可以通过不可见、固定、验证、预置四个可选的模式选项来选择图块的模式。

(2)属性：有标记、提示、值这三个属性输入框，通过输入一些数据来确定图块的属性。

(3)插入点：可以在屏幕上直接选择或通过输入 X、Y、Z 的坐标来确定属性的插入点。

(4)文字选项：通过对正、文字样式、高度、旋转等选项的选择，来设置定义属性文字的特征。

(5)锁定块中的位置：锁定块中属性的位置。

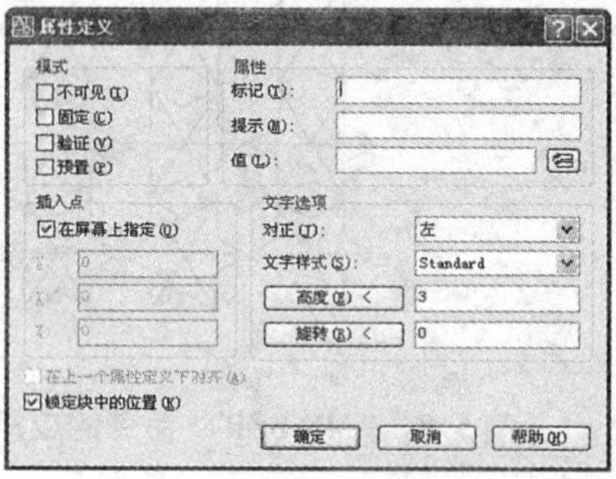

图 5.11　“属性定义”对话框

4. 注意事项

图块的属性是图块固有的特性，常用在形状相同而性质不同的图形中，如标高、标题栏、轴线编号等。大家在应用时一定要熟练地掌握其用法。

5. 例子

下面以一个例子来说明如何创建块属性。

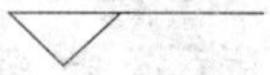

图 5.12　高程符号

定义高程符号的属性(见图 5.12)，并写成块，插入到图形中。

1)定义高程符号的属性

(1)执行“ATTDEF”的命令，弹出“属性定义”对话框。在该对话框中在“标记”栏后输入“高程”；在“提示”栏后输入“请输入高程”。

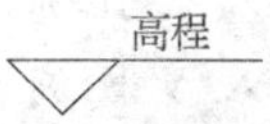

图 5.13　放置文字

(2)在“高度”栏后输入“3.5”。

(3)点击“确定”按钮，在屏幕上放置文字的位置。如图5.13所示。

设置的过程如图 5.14 所示。

2)将图 5.13 生成图块

(1)执行“BLOCK”命令，系统弹出“块定义”对话框。

(2)在该对话框中，“名称”框后输入“高程符号”；点击“拾取点”按钮，在屏幕上选择高程符号的下角点。

图 5.14　定义属性

(3)点击“选择对象”按钮,全部选择图5.13。以上的设置过程如图5.15所示。

(4)点击“确定”按钮。系统弹出如图5.16“编辑属性”对话框,在“请输入高程”栏后输入一个标准值,也可不输入任何值。单击“确定”按钮完成操作过程。

3)在图形中插入高程符号

(1)执行“INSERT”命令,弹出“插入”对话框。

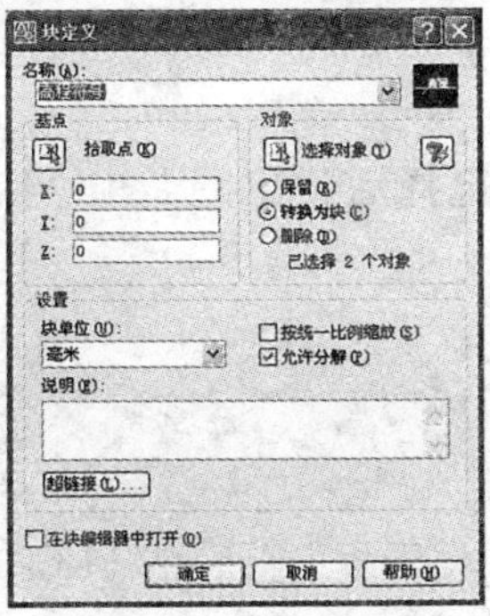

图5.15　创建块

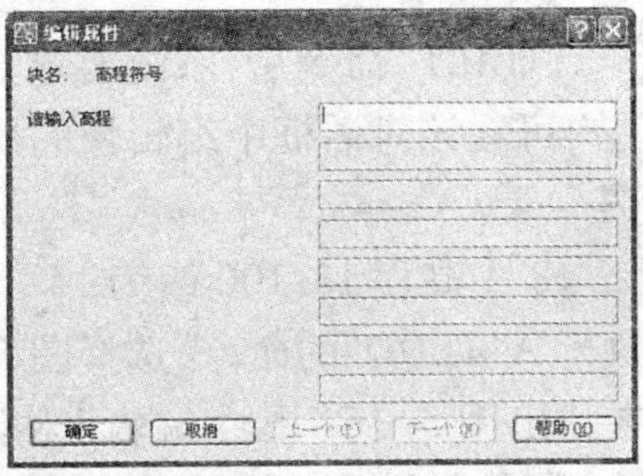

图5.16　编辑属性

(2)在该对话框中,“名称”栏后选择“高程符号”;“插入点”选择“在屏幕上指定”;“缩放比例”选择“统一比例”;“旋转角度”为0。如图5.17所示。

(3)点击“确定”按钮,系统在命令行提示“请输入高程”,我们输入“13.100”。

结果如图5.18所示。

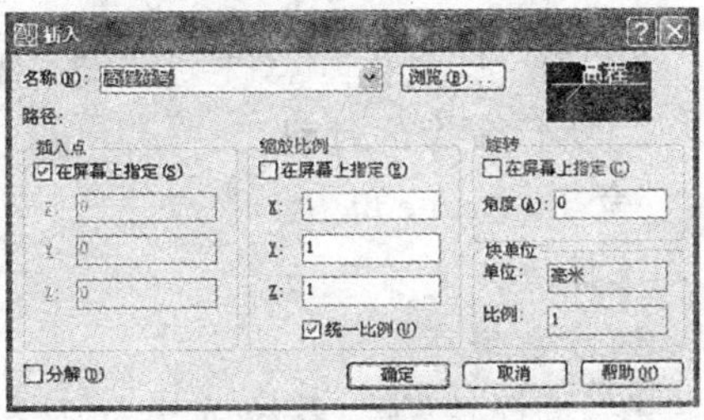

图5.17　插入图块

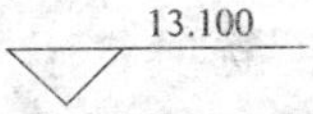

图5.18　插入图块示例

5.2.2　编辑块属性

应用到图形中的图块有时需要对它的属性进行修改编辑,编辑图块属性的方式有如下几种:

1. 用“DDEDIT”命令进行编辑

1)启动命令的方法

(1)在命令行中用键盘输入:DDEDIT。

(2)在菜单栏中点击:修改→对象→文字→编辑。

2)执行命令的过程

命令:ddedit ↙

选择注释对象或[放弃(U)]:

3)参数说明

在“选择注释对象”后,系统弹出如图5.19所示的“编辑属性定义”对话框,在该对话框中各项的含义如下:

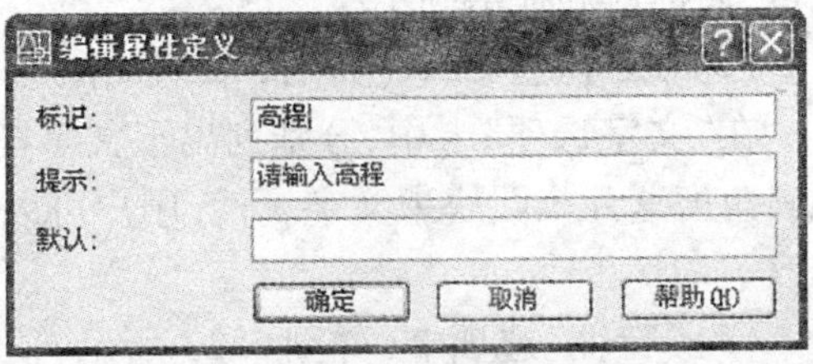

图5.19　“编辑属性定义”对话框

①标记:可以修改在定义块属性时的标记。

②提示:修改命令行中的提示语。

③默认:输入默认的属性值。

4)注意事项

在用"DDEDIT"命令编辑图块时,所编辑的图块必须是经过分解的,并且它只能修改块属性定义的标记、提示和默认值。

2. 用"ATTEDIT"命令进行编辑

1)启动命令的方法

在命令行中用键盘输入:ATTEDIT。

2)执行命令的过程

执行"ATTEDIT"命令后,系统要求选择要编辑的块,选择后弹出图 5.16"编辑属性"对话框,用户可在该对话框中编辑块的属性内容。

3)例子

将图 5.18 中高程 13.100 改为 14.100。

(1)执行 ATTEDIT 的命令,选择图 5.18 作为参照块。

(2)在弹出图 5.16"属性编辑"对话框中,将"请输入高程"栏后的"13.100"改为"14.100"。点击确定,结果如图 5.20 所示。

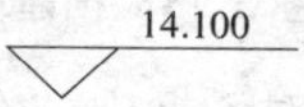

图 5.20　用"ATTEDIT"命令编辑图块

3. 用"EATTEDIT"命令进行编辑

1)启动命令的方法

(1)在命令行中用键盘输入:EATTEDIT。

(2)在菜单栏中点击:修改→对象→属性→单个。

(3)在"修改Ⅱ"工具栏上单击"编辑属性"按钮:。

2)执行命令的过程

命令:_eattedit

选择块:

3)参数说明

在"选择块"后,系统弹出如图 5.21 所示的"增强属性编辑器"对话框,在该对话框中各项的含义如下:

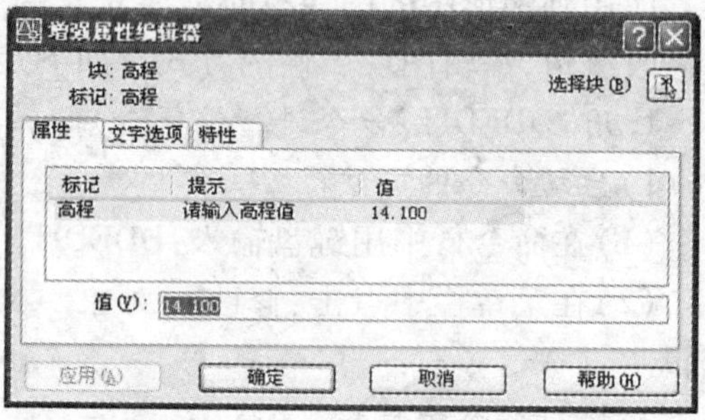

图 5.21　增强属性编辑器——属性

(1)"属性"选项卡。

在"属性"选项卡中,分别列出了标记、提示和值这几个属性,能修改的是图块的属性值,而标记和提示则不能修改。

(2)"文字选项"卡(如图 5.22 所示)。

在"文字选项"卡中,分别列出了文字样式、对正、反向、颠倒、高度、宽度比例、旋转和倾斜角度这几个图块中文字属性,用户可以根据需要对这几个文字显示方式属性值进行修改。

(3)"特性"选项卡(如图 5.23 所示)。

在"特性"选项卡中,分别列出了图层、颜色、线型、线宽和打印样式这几个属性,用户可以根据需要对属性所在图层、颜色、线型、线宽等进行修改。

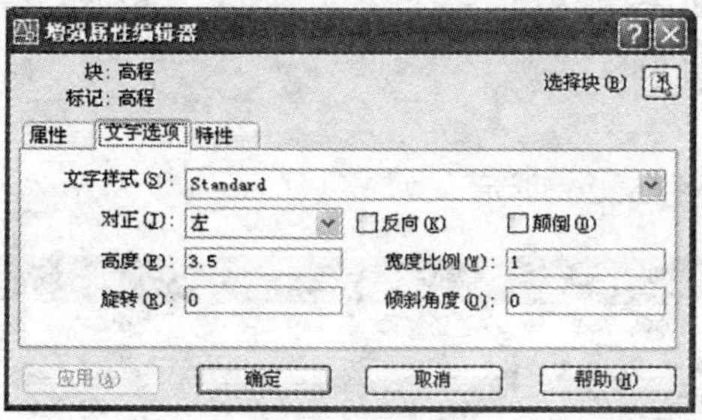

图 5.22　增强属性编辑器——文字选项

图 5.23　增强属性编辑器——特性

4)注意事项

在用"EATTEDIT"命令进行编辑图块时，只能对单个图块进行修改，并且只可以更改属性特性和属性值。

5)例子

将图 5.20 中高程 14.100 改为 15.100，文字高度改为 3，图层改为"尺寸标注"。

(1)执行"EATTEDIT"命令。

(2)在弹出的图 5.21"增强属性编辑器——属性"对话框中，将"值"栏后的"14.100"改为"15.100"。

(3)在弹出图 5.22"增强属性编辑器——文字选项"对话框中，将"高度"栏后的"3.5"改为"3"。

(4)在弹出图 5.23"增强属性编辑器——特性"对话框中，将"图层"栏后的"0"改为"尺寸标注"。

(5)点击"确定"按钮。结果如图 5.24 所示。

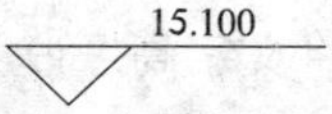

图 5.24　用"EATTEDIT"命令编辑图块

4. 用"BATTMAN"进行编辑

在复杂的图形中，有时采用的图块数量比较多，我们可以用"BATTMAN"命令来对图块进行统一的管理。

1)启动命令的方法

(1)在命令行中用键盘输入：BATTMAN。

(2)在菜单栏中点击：修改→对象→属性→块属性管理器。

(3)在"修改Ⅱ"工具栏上单击"块属性管理器"按钮：。

2)执行命令的过程

执行"BATTMAN"命令后，系统会弹出如图 5.25 所示的"块属性管理器"对话框。

3)参数说明

在"块属性管理器"对话框中各项的含义如下：

(1)选择块：点击该按钮后，系统又回到屏幕上，要求用户选择一个图块。

(2)块：通过下拉列表选择要编辑块的名称。

(3)标记、提示、默认、模式：所选择块的属性列表。

(4)同步：更新图形中同一种类型的全部图块，但此操作不会改变每个块中的属性值。

(5)上移:将选定的属性值在列表中向上移动一行。

(6)下移:将选定的属性值在列表中向下移动一行。

(7)删除:将选定的属性值在列表中删除。

(8)编辑:将选定的属性值进行编辑修改,如图 5.26 所示。

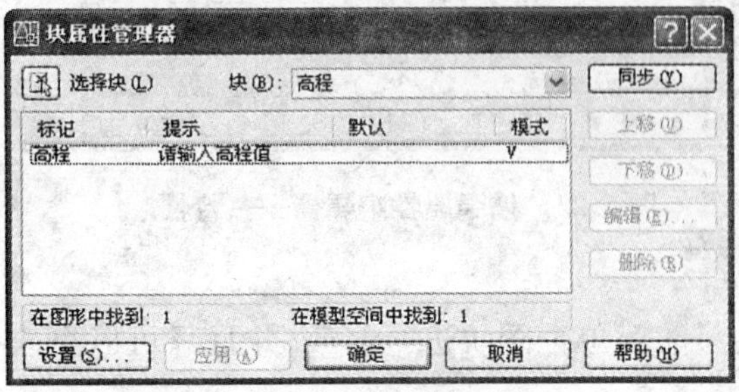

图 5.25　块属性管理器

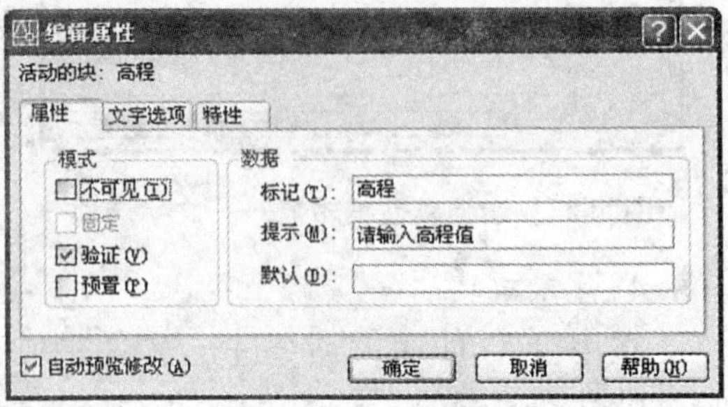

图 5.26　编辑属性

(9)设置:可以控制“块属性管理器”中属性值的列出方式和数目,如图5.27所示。

(10)应用:将所作的修改应用到图形中,但不退出该对话框。

4)例子

将图 5.28 中的一组高程图块,文字高度改为 3,图层改为“尺寸标注”。

步骤如下:

(1)执行“BATTMAN”命令。

(2)在弹出图 5.25,点击“选择块”按钮,选择图 5.28 中任意的一个高程符号。

(3)点击“块属性管理器”对话框中的“编辑”按钮,在图 5.26 所示“文字选项”、“特性”选项中将文字高度改为 3,将图层选为“尺寸标注”。然后点击“确定”按钮。

(4)在“块属性管理器”对话框中,点击“同步”按钮。

(5)点击“确定”按钮。结果如图 5.29 所示。

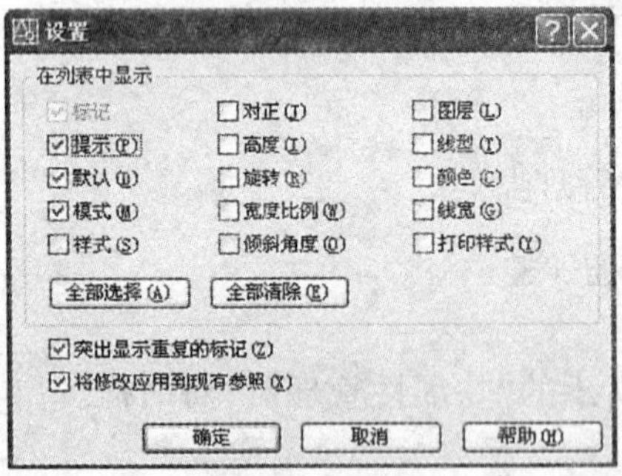

图 5.27　设置

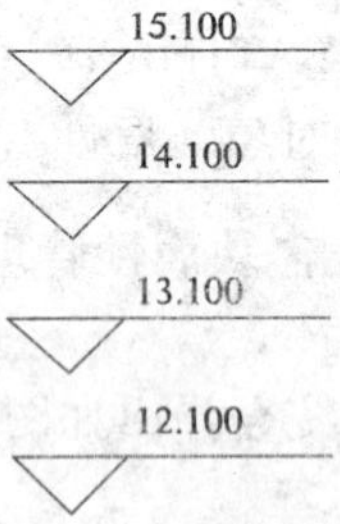

图 5.28　高程图

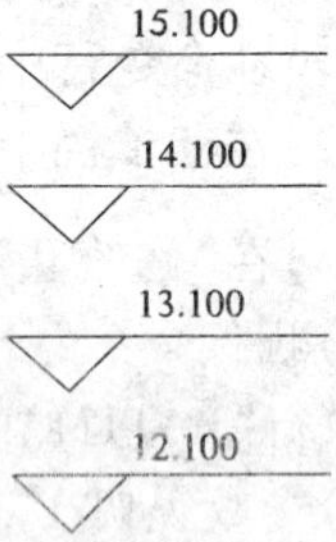

图 5.29　修改后的高程图块

5.3　动态块

绘图过程中,有时需要创建一个标准的图块,可以在以后绘制类似图形中都能应用,这就要求在创建好的标准图块中添加一些动态定义，往图形中添加标准图块时只需要修改图块自身的动态属性就能达到我们应用的要求。在本节中我们就如何创建动态块和动态块的应用介绍如下。

5.3.1　创建动态块

1)启动命令的方法

(1)在命令行中用键盘输入：BEDIT。

(2)在菜单栏中点击：工具→块编辑器。

(3)在“标准”工具栏上单击“块编辑器”按钮：。

2)创建动态块的过程

(1)执行“BEDIT”命令后，系统弹出如图5.30所示的“编辑块定义”对话框。各项含义：

①要创建或编辑的块：选择要创建的动态块的名称，可以是当前图形，也可以是已创建好的图块。

②名称列表：在当前图形中的块定义的列表。从该列表中选择某个块定义后，其名称将显示在上面框中。

③预览：对选定的图块或图形的预览。

④说明：对创建某个动态块的说明。

(2)在“编辑块定义”对话框中点击“确定”按钮，系统会弹出如图5.31所示的对话框。根据对话框提示，我们可以单击“是”、“否”。

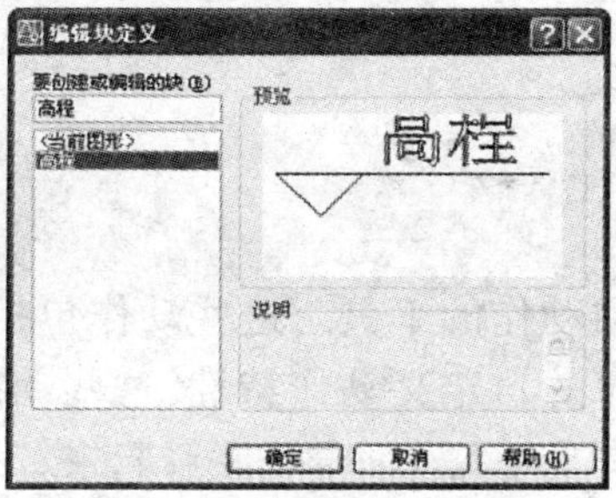

图5.30　“编辑块定义”对话框

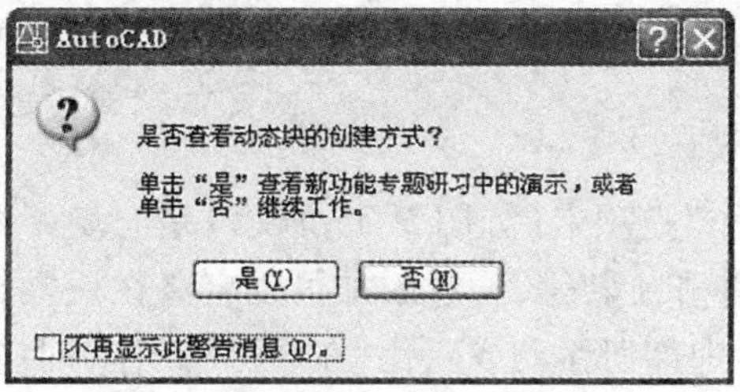

图5.31　“AutoCAD”对话框

(3)如果在图5.31所示的对话框中单击“否”，系统就进入了“块编辑器”中的编写区域(见图5.32)，在这个区域中可以绘制和编辑几何图形或者对已是动态块的对象进行编辑。

在该编写区域，我们将介绍两个内容：

①“块编辑器”工具条(如图5.33所示)。

②“块编写选项板”窗口。

在“块编写选项板”窗口中包括三个选项卡。

“参数”选项卡(如图5.34所示)是一个向块中添加动态参数的工具。这些动态参数包括形成块的几何图形的位置、距离和角度。将动态参数添加到块定义中时，该动态参数将确定块的一个或多个自定义特性。

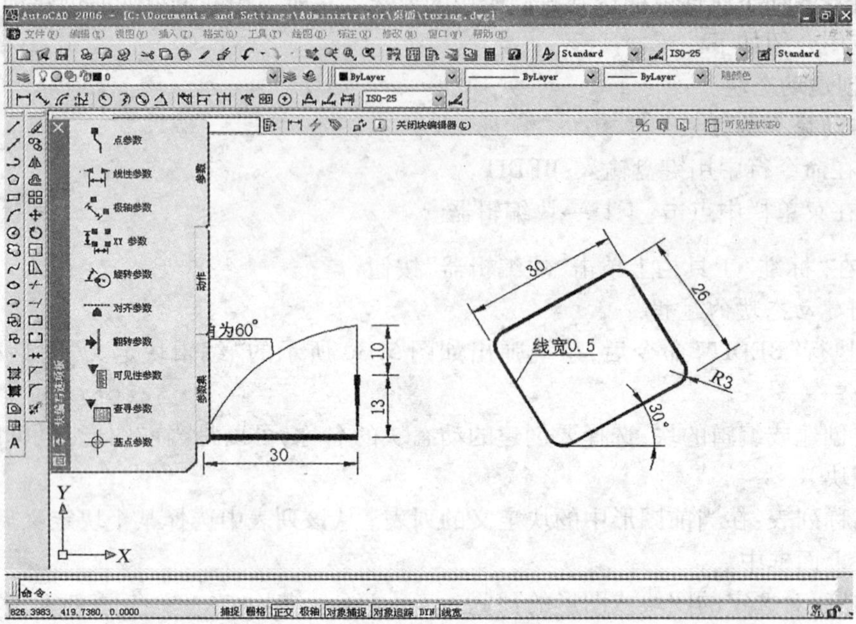

图 5.32 “块编辑器”中的编写区域

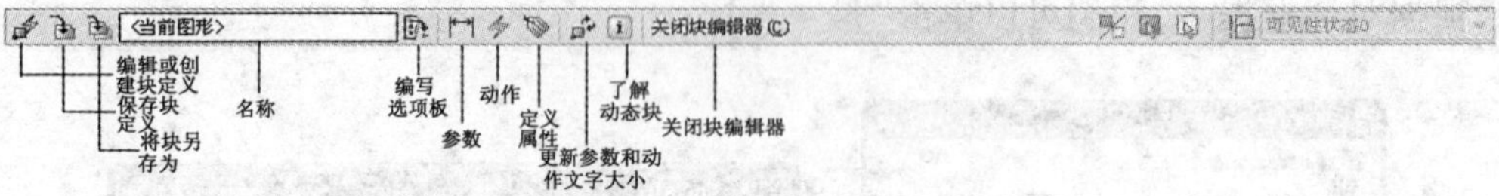

图 5.33 “块编辑器”工具条

“动作”选项卡(如图 5.35 所示)是向块中添加动作的工具。这些动作包括了移动、缩放、拉伸和旋转等,通过添加可以定义在块操作时的自定义动作特性,这些动态块在以后的图形中如何移动或变化,在添加“动作”时应与“参数”选项卡相联系起来。

“参数集”选项卡(如图 5.36 所示)可以向块中添加一个动态参数和至少一个动作的工具。参数集包括了点移动、线性移动、线性拉伸和线性阵列等,在向块中添加参数集时,选定一个动作后,这个动作将自动与动作参数相联系。

(4)在定义完动态参数后,点击“块编辑器”工具条上的“关闭块编辑器”按钮,系统弹出是否保存改动,点击“是”按钮。

3)注意事项

在使用块编辑器创建动态块时,用户可以从头创建块,也可以向已有的块中添加动态参数,还可以像在绘图区域中一样创建几何图形。

5.3.2 动态块的应用

下面我们举一个例子来说明动态块的创建和应用。

在图 5.37 中加入轴线编号。

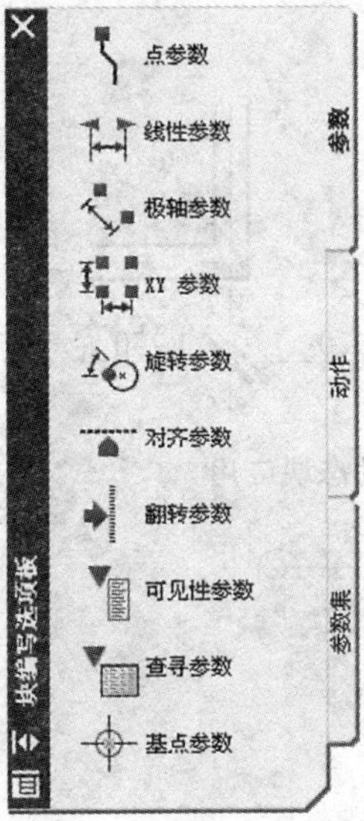

图 5.34　参数

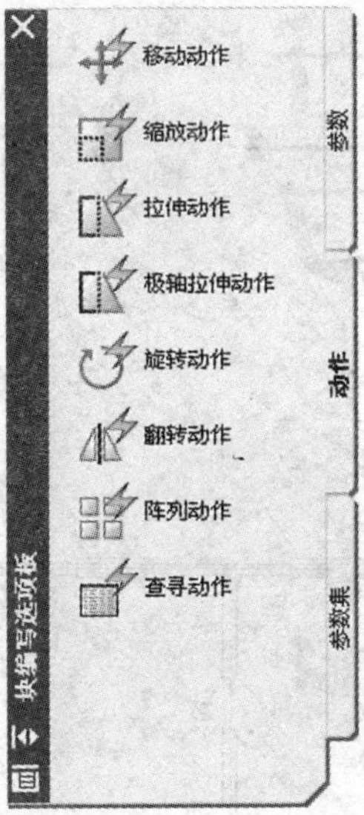

图 5.35　动作

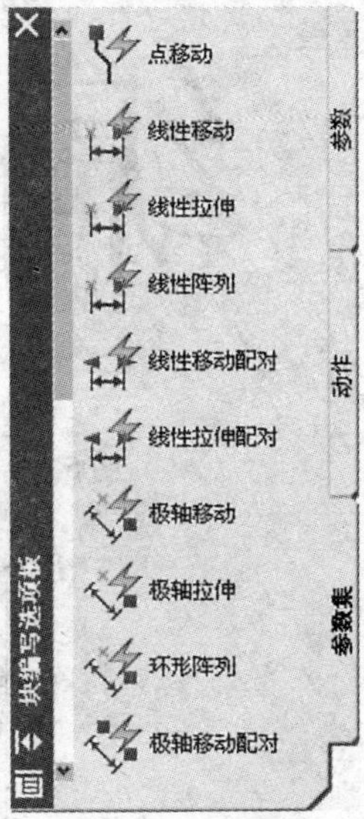

图 5.36　参数集

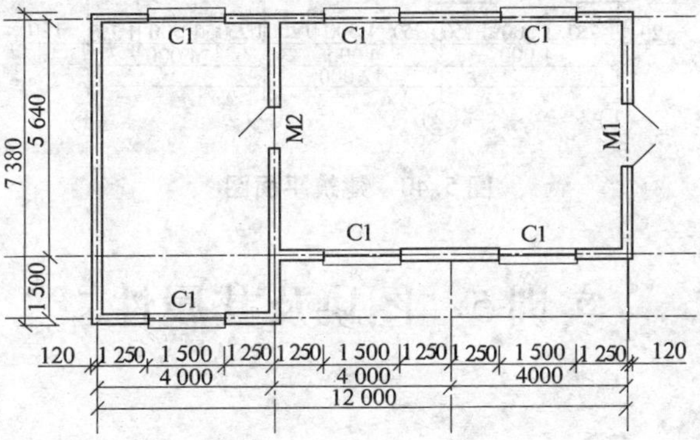

图 5.37　建筑平面图

做题步骤如下：

(1)用“圆”命令绘制一个直径是 8mm 的圆；再用“ATTDEF”命令定义它的属性。

(2)用“BLOCK”命令将其形成块(块名：编号)。

(3)用“INSERT”命令先插入竖直轴线的编号。

(4)执行“BEDIT”命令，在“块编辑器”中的编写区域，点击“参数”选项卡中的“旋转”参数，为此块定义一个旋转参数；然后点击“动作”选项卡上的“旋转”，为块中的文字定义一个旋转动作，如图 5.38 所示。

(5)在用“INSERT”命令先插入水平轴线的编号时，将“插入”对话框中的“旋转角度”定义为 -90°。

(6)插入 *A* 轴线编号后，再选择它，然后将字母 *A* 旋转 90°(如图 5.39 所示)。

(7)依次用同样的方法再编辑其他水平轴线编号结果如图 5.40 所示。

图 5.38　定义属性

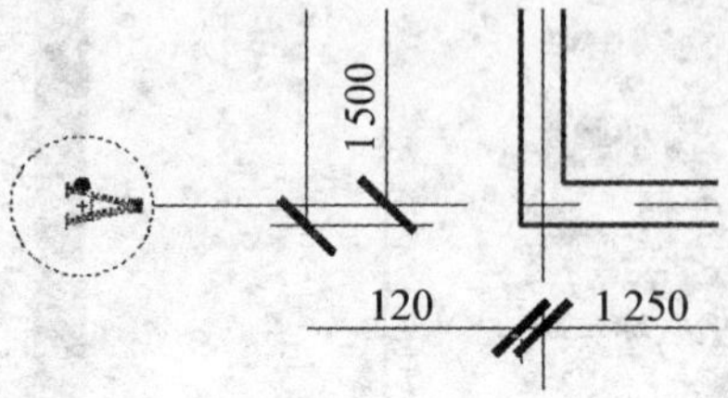

图 5.39　动态块应用

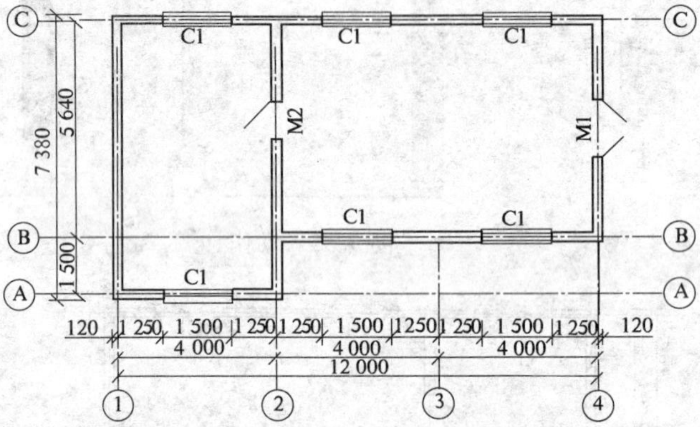

图 5.40　建筑平面图

实训 5　图块及其属性

【实训目的】

1. 熟悉图块的创建、编辑和插入方法。

2. 掌握创建动态块的方法。

【相关知识】

本章介绍的相关图块命令。

【实训指导】

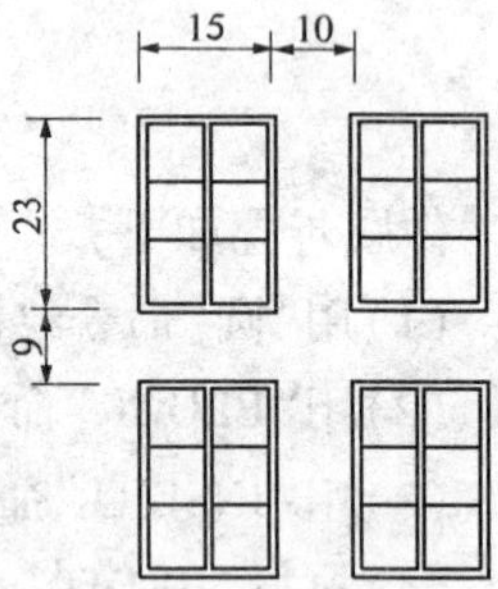

图 5.41　平面图形

指导 1　绘制图 5.41 的平面图形(其余尺寸自定)

(1)首先绘制单个对象,并用“BLOCK”创建成块。

(2)用以矩形阵列的形式插入图块。

命令:minsert

输入块名或[?] <CH>:

指定插入点或[比例(S)/X/Y/Z/旋转(R)/预览比例(PS)/PX/PY/PZ/预览旋转(PR)]:

输入 X 比例因子,指定对角点,或[角点(C)/XYZ] <1>:1↙

输入 Y 比例因子或 <使用 X 比例因子 >:1↙

指定旋转角度 <0 >:0↙

输入行数 (---) <1 >:2↙

输入列数 (|||) <1 >:2↙

输入行间距或指定单位单元 (---):32↙

指定列间距 (|||):25↙

注意:在绘图过程中,图块名为“CH”。

指导 2　在绘制图 5.37 时将 C1 创建成块并调用

(1)首先绘制 C1 如图 5.42 所示。

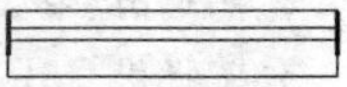

图 5.42　窗户

(2)执行“BEDIT”命令,在“块编辑器”的编写区域,点击“参数”选项卡中的“翻转”参数,为块定义一个翻转参数;然后点击“动作”选项卡上的“翻转”,为块定义一个翻转动作。

(3)用“INSERT”在图形中插入窗户,并编辑 C 轴线上的窗户将其翻转。

【实训内容】

(1)绘制图 5.43 中左边的脸盆,创建成块,并在右边的脸盆架中调用。

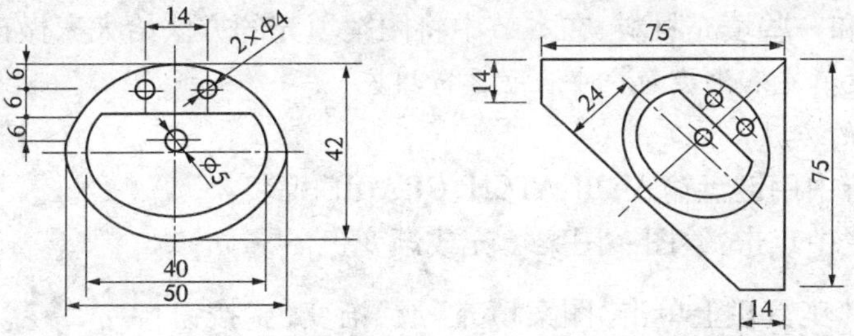

图 5.43　平面图形

(2)绘制图 5.44 所示平面图形,图中未知尺寸自定。

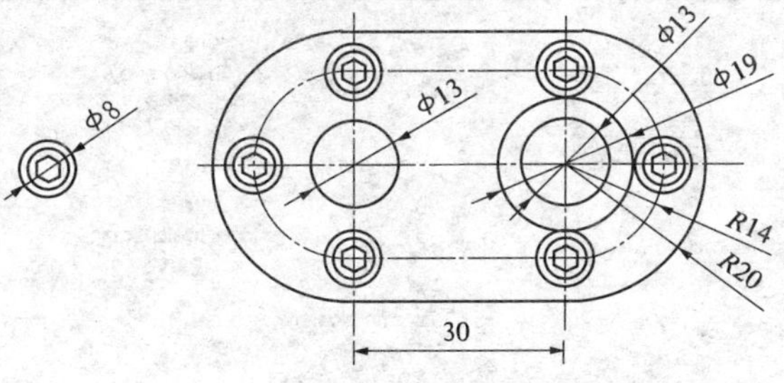

图 5.44　平面图形

第 6 章　图案填充与图样绘制

【教学目标】

本章主要介绍图案填充与编辑,以及绘制三视图和剖视图。

【学习要点】

1. 掌握图案的填充方法。

2. 熟悉图案填充编辑。

3. 掌握用 CAD 绘制三视图和剖视图的方法。

6.1　图案填充与编辑

6.1.1　图案填充

在做形体的剖视图和剖面图时,需要填充实体部分的材料。AutoCAD 为我们提供了图案填充的命令和一些填充材料,在本节中将图案填充的方法给大家做详细的介绍。

1. 利用"图案填充和渐变色"对话框进行填充

1) 启动命令的方法

(1) 在命令行中用键盘输入:BHATCH、GRADIENT。

(2) 在菜单栏中点击:绘图→图案填充或渐变色。

(3) 在"绘图"工具栏上单击"图案填充"或"渐变色"按钮: 、 。

2) 执行命令的过程

执行 "BHATCH"然后回车,系统会弹出如图 6.1 所示的"图案填充和渐变色"对话框。

图 6.1　图案填充和渐变色——图案填充选项卡

3)参数说明

在该对话框中有两个选项卡:一个是图案填充;一个是渐变色。下面将常用的选项含义介绍如下:

(1)"图案填充"选项卡。

①类型:图案的类型有三种,其分别为预定义、用户定义和自定义。

②图案:填充图案的名称,单击其后按钮会弹出如图 6.2 所示的"填充图案选项板"对话框,用户可通过此对话框来选择所要填充的图案。

③样例:显示要填充图案的样例。

④自定义图案:用户自己定义的图案。

⑤角度:输入或选择填充图案的倾斜角度。

⑥比例:输入或选择填充图案的比例。

⑦双向:当"图案填充"选项卡上的"类型"设置为"用户定义"时,此选项可用,它是将用户定义的图案绘制成 90°交叉线。

⑧相对图纸空间:此选项在布局中可用,它是相对于图纸的空间单位缩放填充图案。

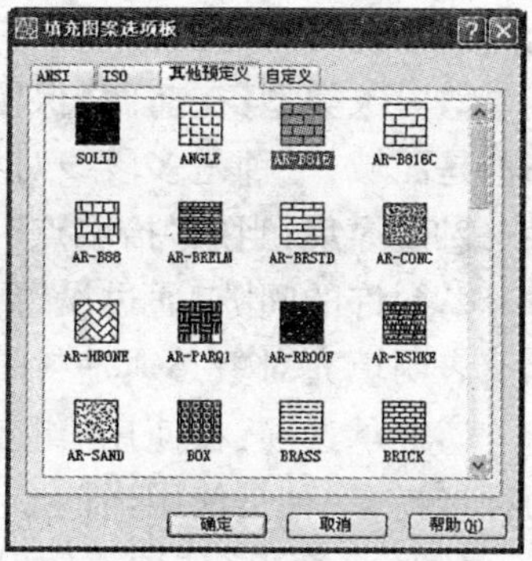

图 6.2　填充图案选项板

⑨间距:当"图案填充"选项卡上的"类型"设置为"用户定义"时,此选项可用,它是设定用户定义图案中的直线间距。

⑩ISO 笔宽:当"图案填充"选项卡上的"类型"设置为"预定义",并将"图案"设置为可用的 ISO 图案的一种时,此选项可用,它是以选定的笔宽进行缩放 ISO 预定义图案。

⑪使用当前原点:将填充图案的开始点设置为默认。

⑫指定的原点:用户可通过"单击以设置新原点"、"默认为边界范围"、"存储为默认原点"和"原点预览"选项,来指定新的填充图案的开始点。

⑬添加:拾取点:通过点击该按钮,系统回到选择区,在要填充的区域选择一点。

⑭添加:选择对象:通过点击该按钮,系统要求选择要填充的对象。

⑮删除边界:当"添加:拾取点"和"添加:选择对象"后,此按钮可用。点击该按钮后,系统回到选择区,可以添加或删除边界。有如下命令过程:

拾取内部点或[选择对象(S)/删除边界(B)]:

选择对象或[添加边界(A)]:

选择对象或[添加边界(A)/放弃(U)]:

⑯重新创建边界:当进行填充图案编辑时,此选项可用。点击该按钮后,系统回到选择区,可以重新创建边界。有如下命令过程:

命令:_hatchedit

输入边界对象的类型[面域(R)/多段线(P)]<多段线>:

要重新关联图案填充与新边界吗?[是(Y)/否(N)]<N>:

⑰查看选择集:当"添加:拾取点"和"添加:选择对象"后,此按钮可用。

⑱关联:可以用来确定填充后的对象是否是一个整体。如图 6.3 所示为关联和不关联的区别。

⑲创建独立的图案填充:在同时填充几个独立的闭合对象时,是否创建独立的图案填充对象。

⑳绘图次序:选择绘图的次序。

㉑继承特性:选择该按钮后,用户可以使要填充的对象具有某一个已填充对象的特性。

㉒孤岛显示样式:在它的下面有三个选项——“普通”、“外部”、“忽略”。用户可以选择一种来作为处理选择区域内的孤岛。

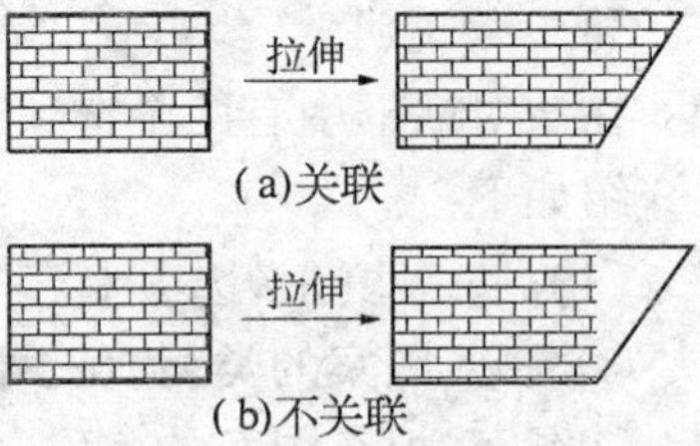

图 6.3　关联与不关联的区别

㉓对象类型:在前面“保留边界”被选中后,该选项才亮显,可以选择新边界的类型。一种是面域;一种是多段线对象。

㉔边界集:当用“拾取点”的方式选择对象时,系统对要填充的对象边界进行检测。

㉕允许的间隙:通过设置公差,来定义对象的图案填充边界的间隙值。默认值为 0,此值表明填充对象必须是封闭区域而没有间隙。

㉖继承选项:在使用“继承特性”填充图案时,用来选择图案填充原点的位置,可以有两种选择,一种是使用当前原点;一种是使用源图案填充的原点。

(2)“渐变色”选项卡(如图 6.4 所示)。

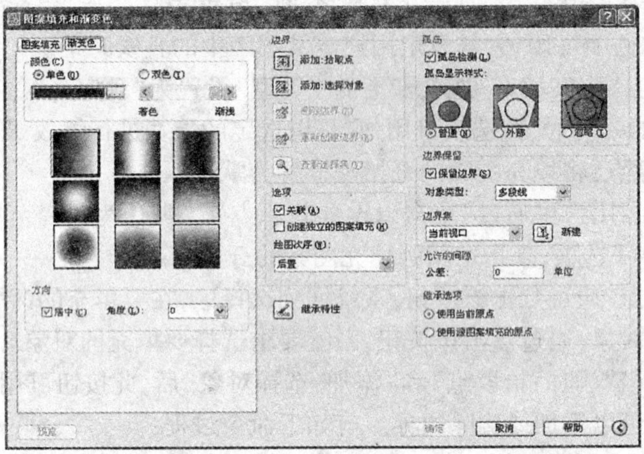

图 6.4　图案填充和渐变色——“渐变色”选项卡

在“渐变色”选项卡中,我们主要介绍颜色和方向两个选区,而其他选区与前面介绍的“图案填充”选项卡一样,这里就不重复介绍了。

①单色:指的是用单色填充,它指定选择的某一种颜色逐渐从深到浅来进行过渡,在选择“单色”后,它的下面将显示“颜色样本”和“滑块”。

颜色样本:左键双击后,出现“选择颜色”对话框(如图 6.5 所示),用户可通过该对话框来选择所需要的单色。

“着色—渐浅”滑块:用来调节单色与白色的比例。

②双色:指的是用双色填充,用户可以选择两种颜色,并指定在两种颜色之间进行渐变填充。在选择“双色”后,其后显示两个“颜色样本”分别为颜色 1 和颜色 2 。

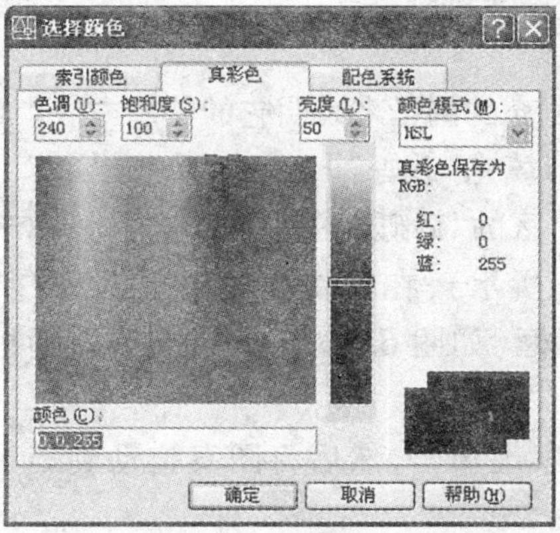

图 6.5　选择颜色

③渐变图案:在该选区列出了九个图案样例,用户可根据实际情况进行选择。

④方向:确定在用渐变色填充时的位置和方向。其后有两个参数可以调节,一个是"居中",一个是"角度"。

4)例子

分别用"孤岛检测"中的"普通"和"忽略"填充图 6.6。

步骤如下:

(1)执行"BHATCH"命令,在图 6.1 所示图案填充对话框中,选择"孤岛检测"样式中的"普通"。然后进行填充,如图 6.7 所示。

(2)执行"BHATCH"命令,在图 6.1 所示图案填充对话框中,选择"孤岛检测"样式中的"忽略"。然后进行填充,如图 6.8 所示。

图 6.6　未填充的图形

图 6.7　"孤岛检测"样式中"普通"命令的应用

图 6.8　"孤岛检测"样式中"忽略"命令的应用

2. 利用"工具选项板窗口"进行填充

1)启动命令的方式

(1)在命令行中用键盘输入:TOOLPALETTES。

(2)在菜单栏中点击:工具→工具选项板窗口。

(3)在"标准"工具栏上单击"工具选项板窗口"按钮:。

2)执行命令的过程

执行"TOOLPALETTES"后,在屏幕上弹出"工具选项板"工具条,在该工具条上我们选择"图案填充"选项卡,如图 6.9 所示。

3)参数说明

在"图案填充"选项卡上列出了两种填充样例:一种是"英制图案填充";一种是"ISO

图案填充”。用户可根据需要来进行选择。

4)使用方法

下面我们举一个图案填充的例子来说明它的使用方法。

例子:给图 6.10 中矩形填充“砂砾”。

(1)在“英制图案填充”区的“砂砾”图案上单击右键,出现有一快捷菜单(如图 6.11 所示),在该快捷菜单上选择“特性”,弹出“工具特性”对话框(如图 6.12 所示),在该对话框中,将比例调整为 10。

(2)左键在“砂砾”图案上单击,然后将图案拖动到矩形中。结果如图 6.13 所示。

3.在“图案填充”选项卡上创建和使用填充图案

在填充的过程中,有时需要自己创建图案,以便在以后的绘图中使用。

1)创建填充图案(干砌石图案)

(1)在屏幕上绘制一个干砌石图案(如图 6.14 所示)。

(2)执行“BLOCK”将干砌石形成图块。

(3)点击菜单栏中:编辑→复制,将干砌石图块进行复制。

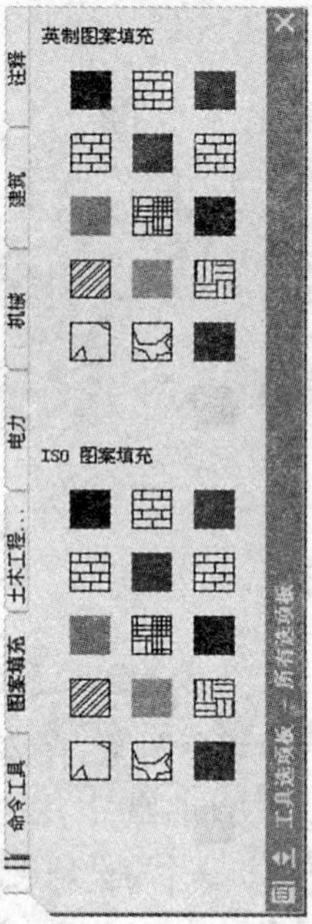

图 6.9　工具选项板

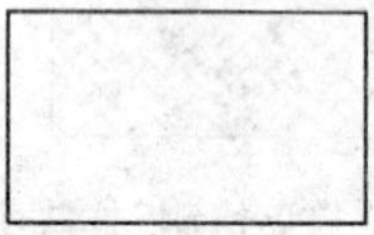

图 6.10　矩形

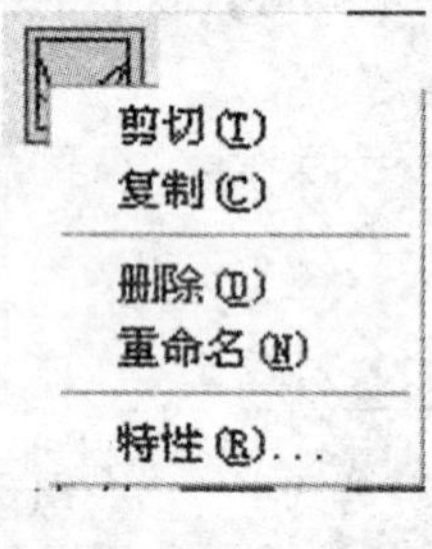

图 6.11　快捷菜单

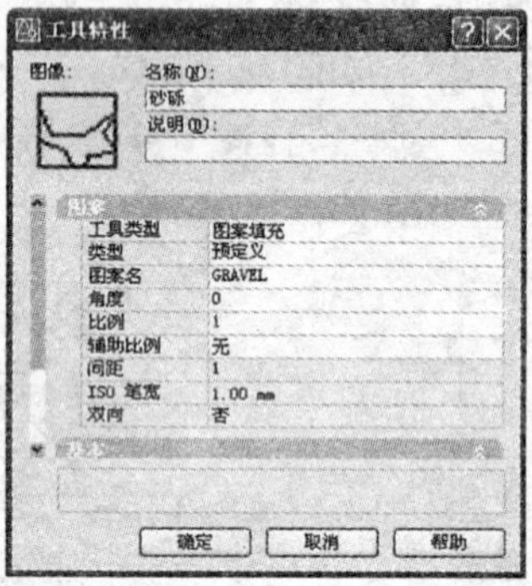

图 6.12　“工具特性”对话框

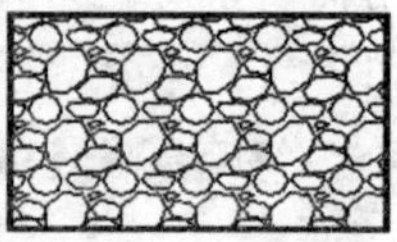

图 6.13　填充

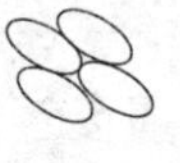

图 6.14　干砌石

(4)在“工具选项板”、“图案填充”选项卡上单击右键,在弹出的如图 6.15 所示的快捷菜单上点击“粘贴”,就将图案加到了“图案填充”选项卡上(如图 6.16所示)。

2)使用定义的填充图案

在图 6.17 中填充干砌石。

(1)左键在“干砌石”图案上单击,然后将图案拖动到图 6.17 中。调整插入的比例,有如下命令过程:

命令:_executetool 忽略块干砌石的重复定义。

指定插入点或[基点(B)/比例(S)/X/Y/Z/旋转(R)/预览比例(PS)/PX/PY/PZ/预览旋转(PR)]:s↙

指定 XYZ 轴比例因子:0.2↙　　　　　　　　　　　　　　(选择合适的图案比例)

指定插入点:

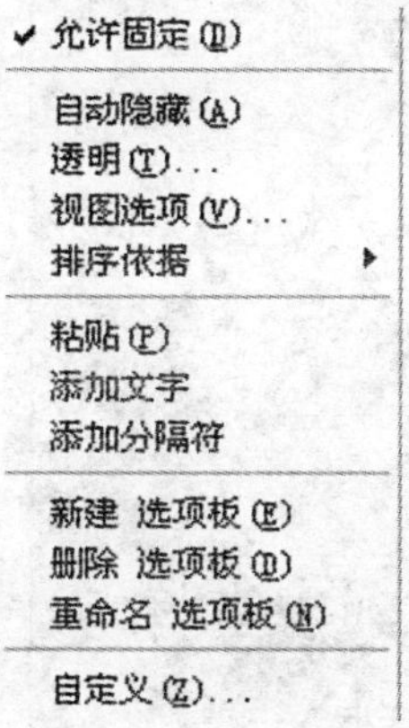

图 6.15　图案填充快捷菜单

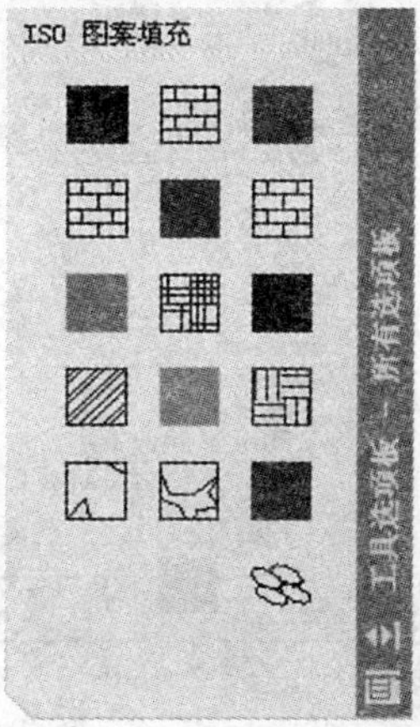

图 6.16　“图案填充”对话框

(2)可利用上述方法进行多次填充,并将图案移动到适当位置,结果如图 6.18 所示。

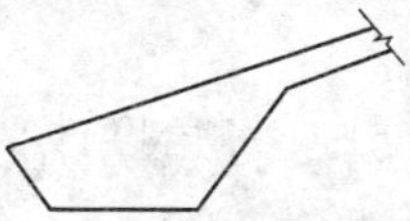

图 6.17　坝脚放大图

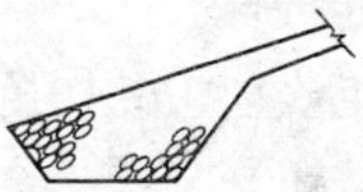

图 6.18　“填充”后的坝脚图

6.1.2　编辑图案填充

图形的图案填充完成后,有时侯需要对图案的类型、比例和角度等项目进行修改,这就用到了图案填充的编辑命令——HATCHEDIT。

1. 启动命令的方法

(1)在命令行中用键盘输入:HATCHEDIT。

(2)在菜单栏中点击:修改→对象→图案填充。

(3)在“修改Ⅱ”工具栏上单击“编辑图案填充”按钮:。

2. 执行命令的过程

命令: _hatchedit↙

选择图案填充对象:

(选择要编辑的图案后,系统会弹出如图 6.19 所示对话框,用户可在该对话框中选择要修改的参数。)

3. 参数说明

在图 6.19 的对话框中包括了两个选项卡——“图案填充”和“渐变色”。这两个选项卡上项目的含义与前面介绍的“图案填充和渐变色”对话框完全相同,这里就不一一给大家介绍了。

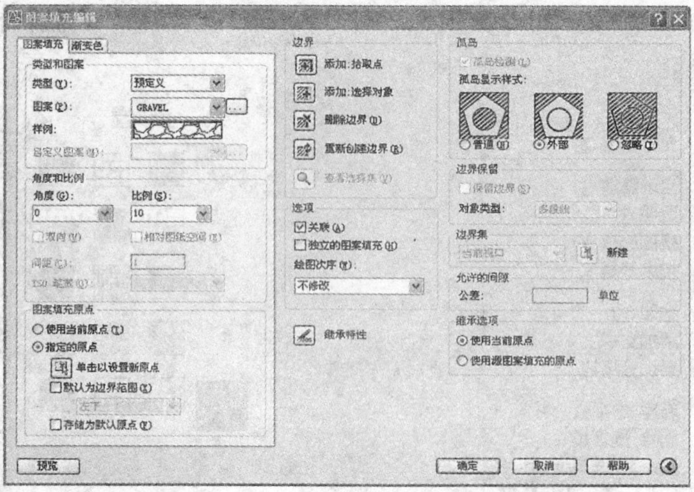

图 6.19 “图案填充编辑”对话框

4. 例子

将图 6.20 中的填充图案比例改为 0.05,角度改为 90°。

命令: _hatchedit

选择图案填充对象:

(选择图案后,在图 6.19 的“图案填充编辑”对话框中,将角度改为 90°,比例改为 0.05,单击确定按钮)

结果如图 6.21 所示。

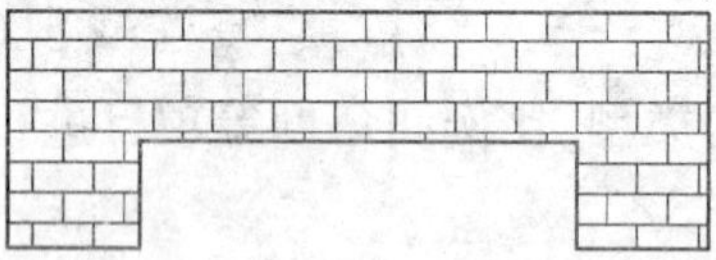

图 6.20 断面图

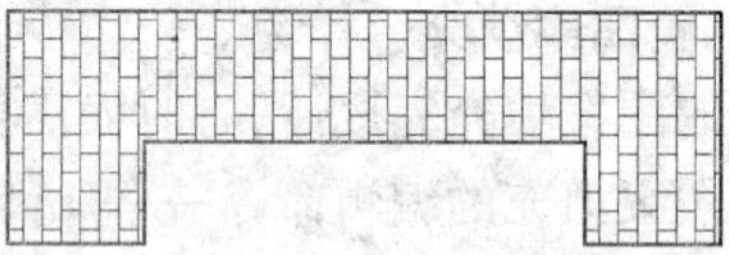

图 6.21 编辑图案

6.2 图样绘制

在本节中我们主要介绍怎样利用所学过的 CAD 知识来绘制三视图和剖视图。

6.2.1 绘制三视图

绘制三视图的相关 CAD 命令包括构造线、直线、圆、修剪、正交、对象捕捉和对象追踪等。下面列举几个例子来说明绘制三视图的方法。

【例 6.1】 根据直观图 6.22,作出组合体的三视图。

做题步骤如下:

(1)设置“图层”和“绘图单位”。

(2)变换图层,在细实线图层上绘图,根据投影规律,用“XLINE”搭建作图线框。

注意:主要用“XLINE”命令中“偏移”选项,如图 6.23 所示。

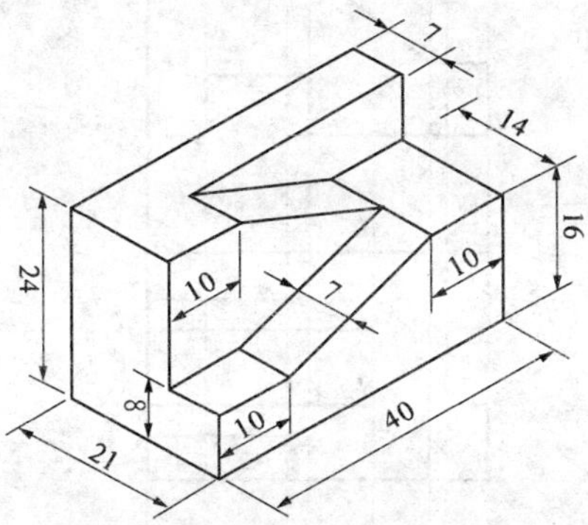

图 6.22 直观图

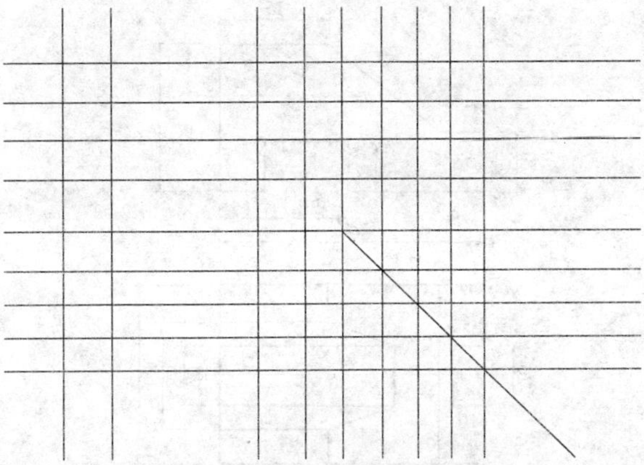

图 6.23 搭建作图线框

(3)变换图层到粗实线层。

①作主视图。将对象捕捉打开,用“直线”的命令绘制主视图。

②作俯视图(方法同上)。

③作左视图(方法同上)。

结果如图 6.24 所示。

(4)变换图层到虚线层,将左视图上边的两条实线改为虚线,并删除辅助线。结果如图 6.25 所示。

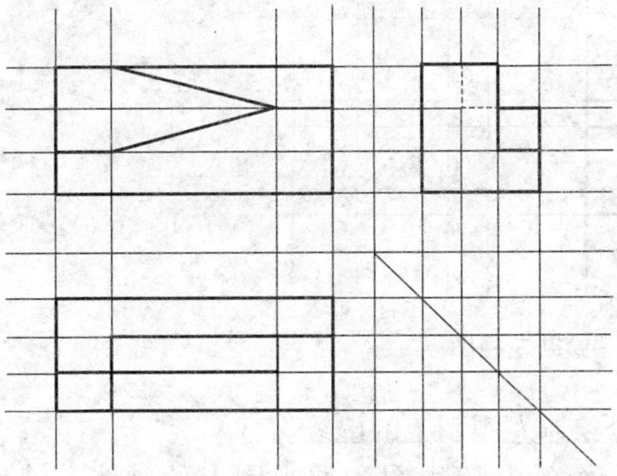

图 6.24 绘制三视图

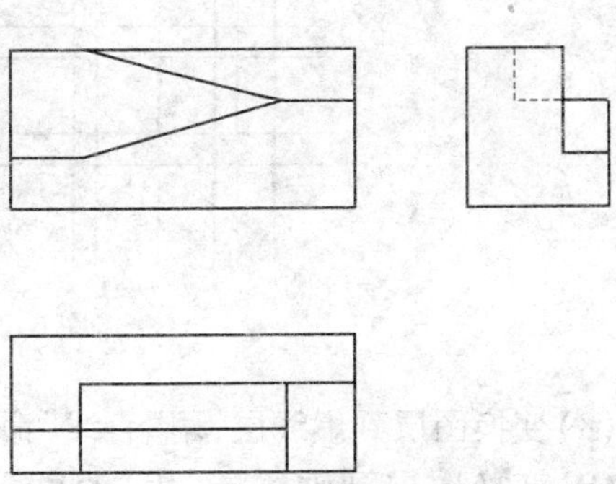

图 6.25 删除辅助线

【例 6.2】 抄绘两视图(见图 6.26),并补绘第三视图。

做题步骤如下:

(1)设置“图层”和“绘图单位”。打开“正交”和“对象捕捉”。

(2)变换图层到粗实线层,用“直线”命令绘制所给的主视图。

(3)变换图层到细实线层,用“XLINE”命令作竖直的辅助线。

(4)变换图层到粗实线层,用“直线”命令绘制所给的俯视图,如图 6.27 所示。

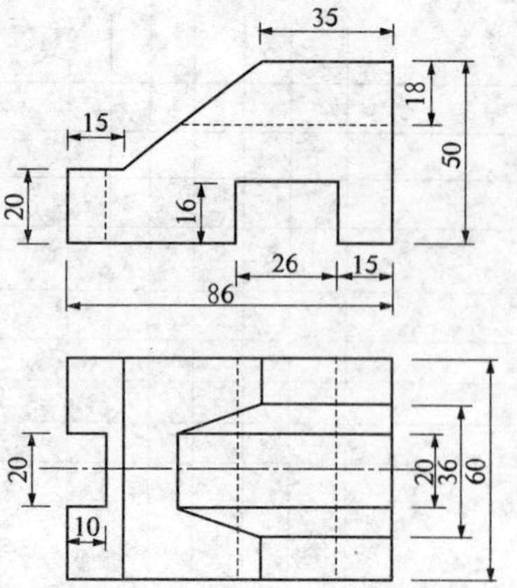

图 6.26　已知两视图

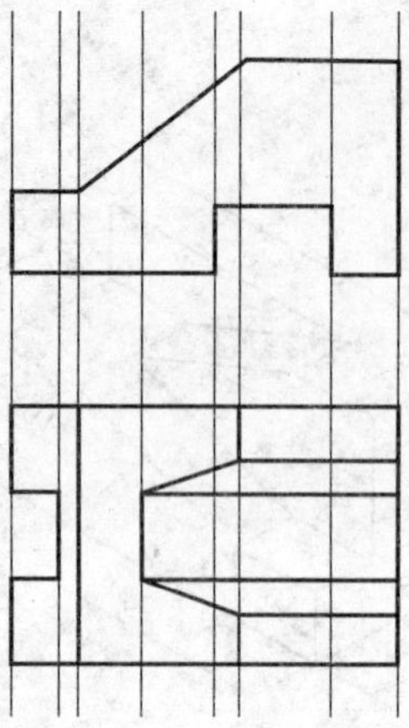

图 6.27　绘制两视图

(5)变换图层到虚线层,用“直线”命令绘制主视图和俯视图上的虚线。

(6)变换图层到细实线层,用“XLINE”命令作水平的辅助线和45°的斜线。

(7)变换图层到粗实线层,用“直线”命令绘制左视图,如图 6.28 所示。

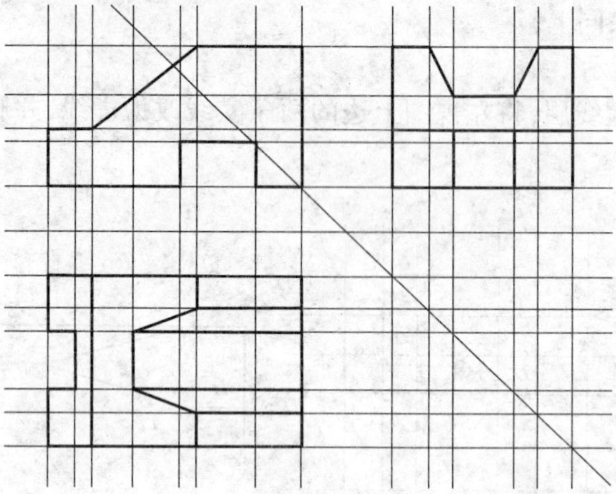

图 6.28　绘制左视图

(8)变换图层到虚线层,用“直线”命令绘制左视图上的虚线。

(9)变换图层到轴线层,用“直线”命令绘制俯视图和左视图上的轴线。结果如图 6.29所示。

6.2.2　绘制剖视图

绘制剖视图的相关 CAD 命令主要包括在本章中介绍的图案填充。下面我们列举几个例子来说明绘制剖视图的方法。

【例 6.3】　已知图 6.30 的两个视图,作 A—A 半剖视图和 B—B 全剖视图。

做题步骤:

(1)变换图层到粗实线层,用“直线”、“圆”和“偏移”等命令绘制俯视图。

(2)变换图层到虚线层,用“直线”命令在俯视图上加上虚线。

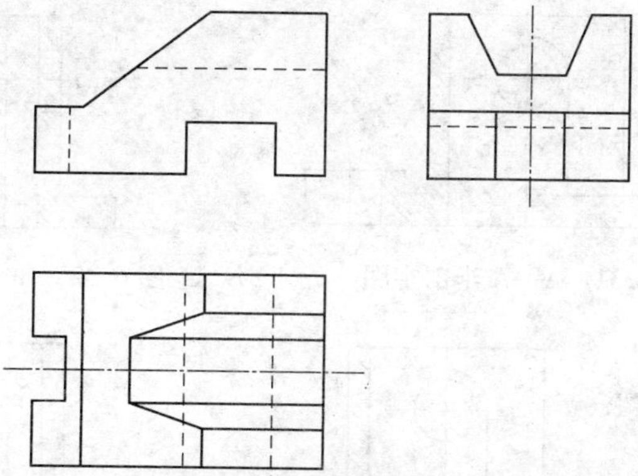

图 6.29　删除辅助线

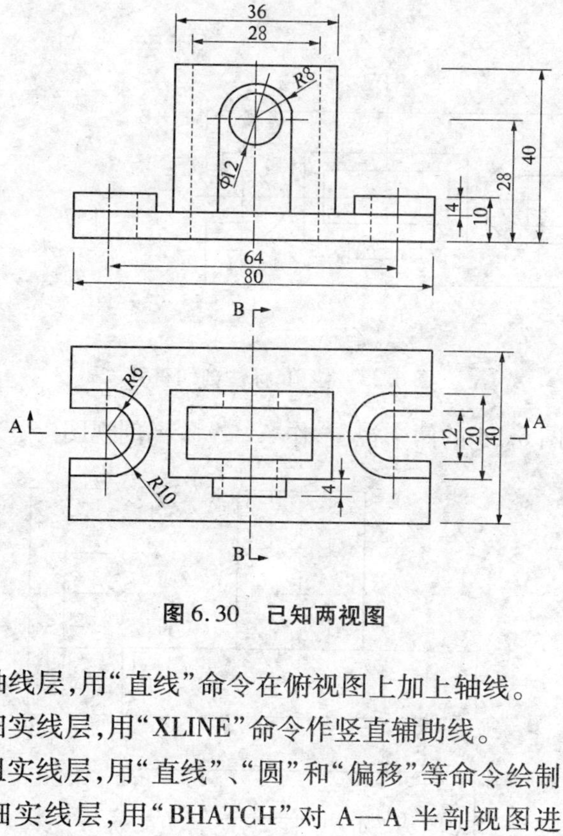

图 6.30　已知两视图

(3)变换图层到轴线层,用“直线”命令在俯视图上加上轴线。

(4)变换图层到细实线层,用“XLINE”命令作竖直辅助线。

(5)变换图层到粗实线层,用“直线”、“圆”和“偏移”等命令绘制 A—A 半剖视图。

(6)变换图层到细实线层,用“BHATCH”对 A—A 半剖视图进行填充。如图 6.31 所示。

(7)变换图层到细实线层,用“XLINE”命令作水平和竖直辅助线,以及 45°的斜线。

(8)变换图层到粗实线层,用“直线”和“偏移”等命令绘制剖视图。

(9)变换图层到细实线层,用“BHATCH”对 B—B 全剖视图进行填充,结果如图 6.32 所示。

(10)最后修剪,并标注剖切符号,完成全图。如图 6.33 所示。

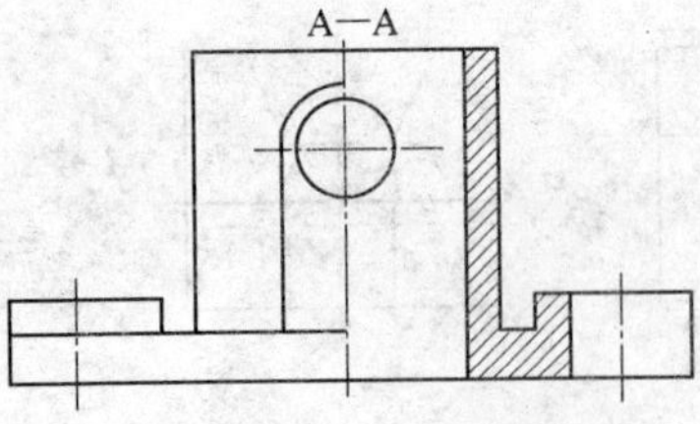

图 6.31　A—A 半剖视图

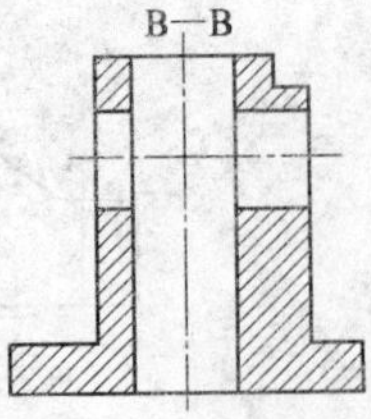

图 6.32　B—B 全剖视图

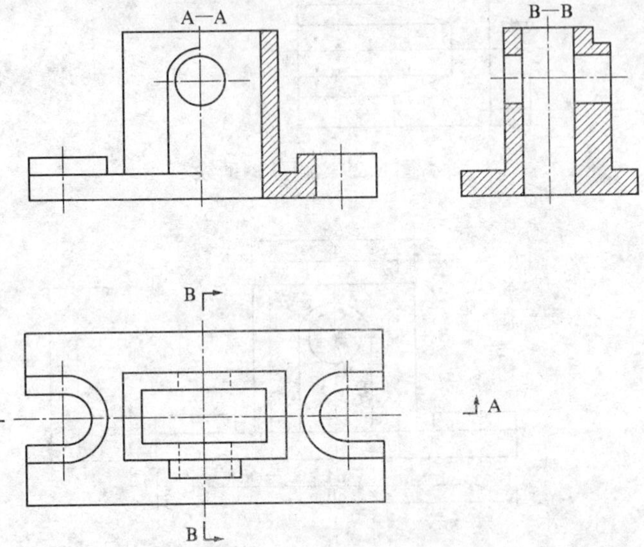

图 6.33　修剪、标注剖切符号

【例 6.4】 已知图 6.34 的两个视图，作 A—A 阶梯剖视图。

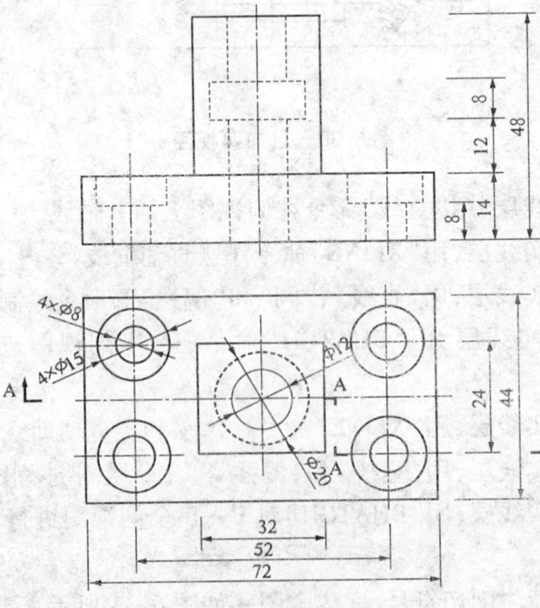

图 6.34　两视图

做题步骤：

(1)变换图层到粗实线层，用“直线”、“圆”和“偏移”等命令绘制俯视图。

(2)变换图层到虚线层，用“直线”命令在俯视图上加上虚线。

(3)变换图层到轴线层，用“直线”命令在俯视图上加上轴线。

(4)变换图层到细实线层，用“XLINE”命令作竖直辅助线。

(5)变换图层到粗实线层，用“直线”和“偏移”等命令绘制 A—A 剖视图。

(6)变换图层到细实线层，用“BHATCH”对 A—A 剖视图进行填充。如图 6.35 所示。

(7)最后修剪，并标注剖切符号，完成全图，如图 6.36 所示。

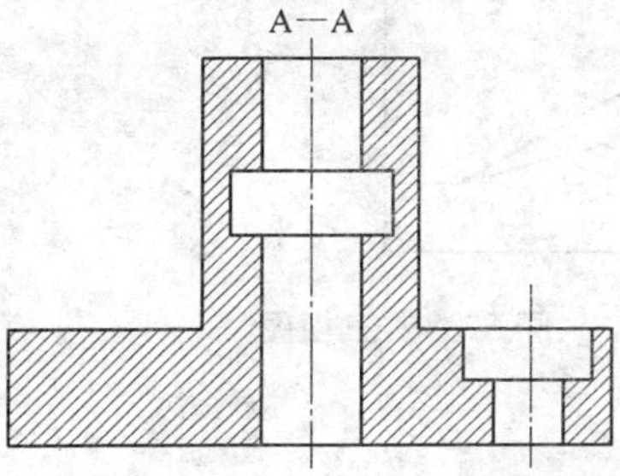

图 6.35　绘制 A—A 阶梯剖视图

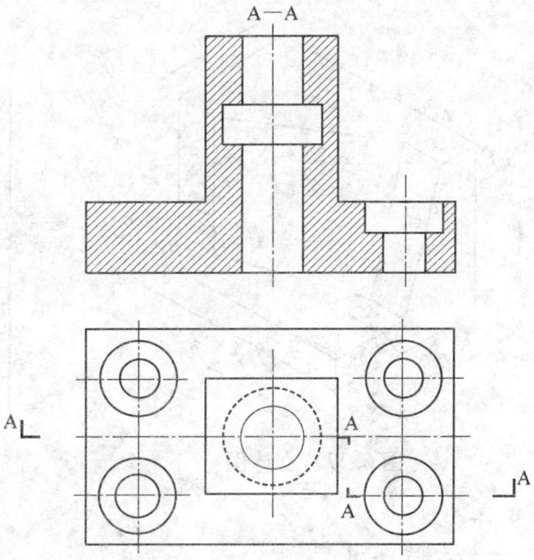

图 6.36　修剪完成全图

实训 6　图样绘制

【实训目的】

1. 熟悉图案填充与编辑的方法。

2. 掌握用 CAD 绘制三视图和剖视图的方法。

【相关知识】

本章介绍的相关图案填充命令。

【实训指导】

指导 1　根据立体图 6.37 绘制三视图

(1)首先利用“直线”命令绘制俯视图。

(2)执行“XLINE”绘制“长对正、高平齐、宽相等”的辅助线，

(3)利用“直线”、“修剪”等命令绘制正视图和左视图。

结果如图 6.38 所示。

指导 2　将主视图改画成全剖视图，并作 1—1 半剖视图（见图 6.39，材料：钢筋混凝土）

(1)首先抄绘俯视图。

(2)用“XLINE”命令作“长对正”的辅助线，并绘制全剖视图的轮廓线。

(3)用“BHATCH”命令填充实体部分。

(4)用“XLINE”命令作“高平齐、宽相等”的辅助线，并绘制 1—1 半剖视图的轮廓线。

(5)用“BHATCH”命令填充 1—1 半剖视图的实体部分。

结果如图 6.40 所示。

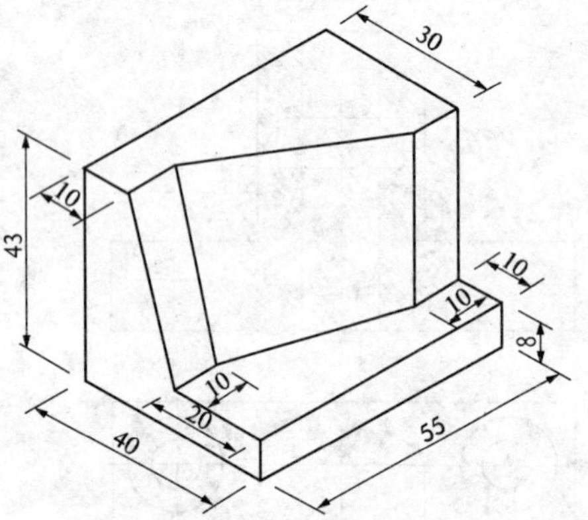

图 6.37　立体图

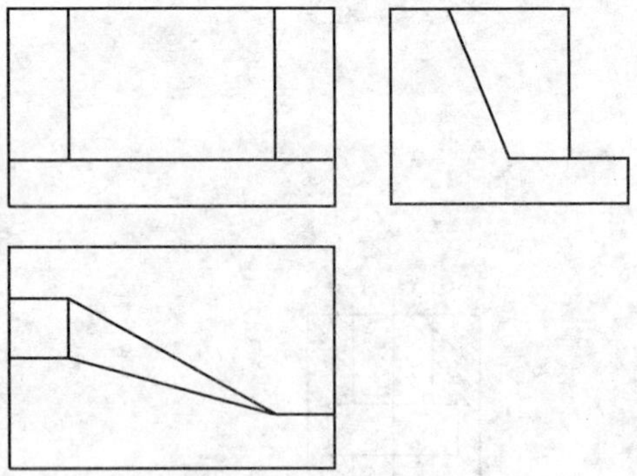

图 6.38　三视图

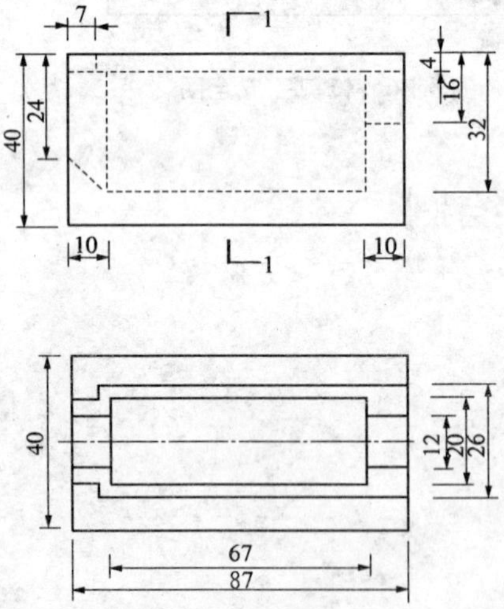

图 6.39　两视图

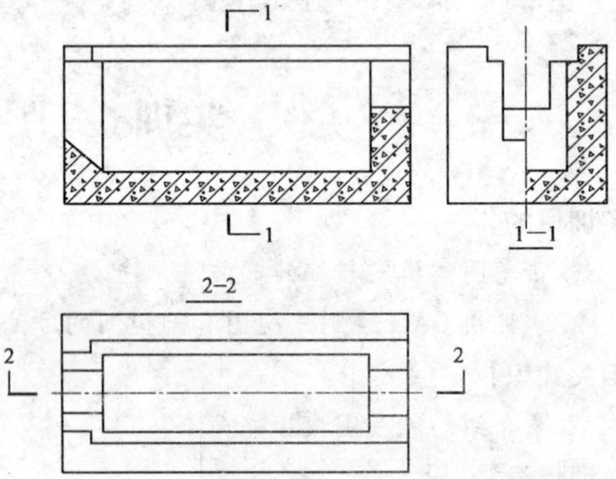

图 6.40　修剪完成全图

【实训内容】

(1)根据图 6.41 立体图绘制三视图。

(2)将主视图改画成半剖视图，并作 1—1 全剖视图（见图 6.42）。（材料：金属）

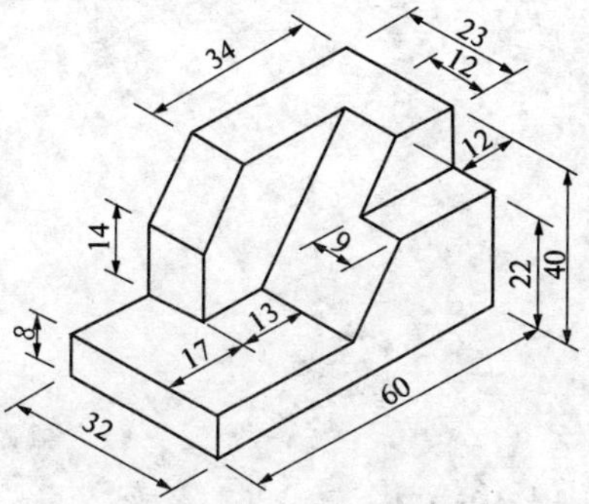

图 6.41　立体图

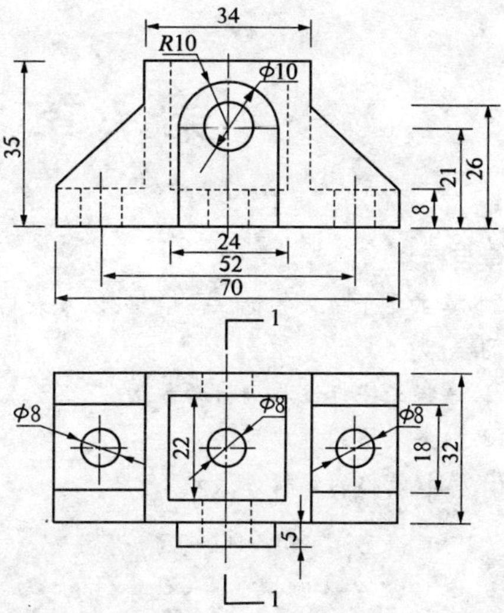

图 6.42　两视图

第 7 章　文字与表格

【教学目标】

本章主要介绍文字标注与编辑，以及表格的有关知识。

【学习要点】

1. 掌握文字标注与编辑的方法。
2. 熟悉表格的创建方法。
3. 掌握表格的编辑方法。

7.1　文字的标注与编辑

为了将设计者的设计意图表达清楚，在一张设计图纸中，应该有必要的文字说明和表格。因此，掌握文字注写与表格创建的方法在工程制图中是非常重要的。AutoCAD 为我们提供了方便的文字注写与创建表格的功能，在本章中我们将为大家作详细的介绍。

7.1.1　创建文字样式

在注写文字时，首先应该设置文字样式，根据制图标准，文字有字体样式和大小之分，本节中我们就如何设置文字样式介绍如下。

1. 启动命令的方法

(1)在命令行中用键盘输入：STYLE。

(2)在菜单栏中点击：格式→文字样式。

(3)在“文字”工具栏上单击“文字样式”按钮：。

2. 执行命令的过程

通过执行“STYLE”命令后，系统会弹出如图 7.1 所示的“文字样式”对话框。

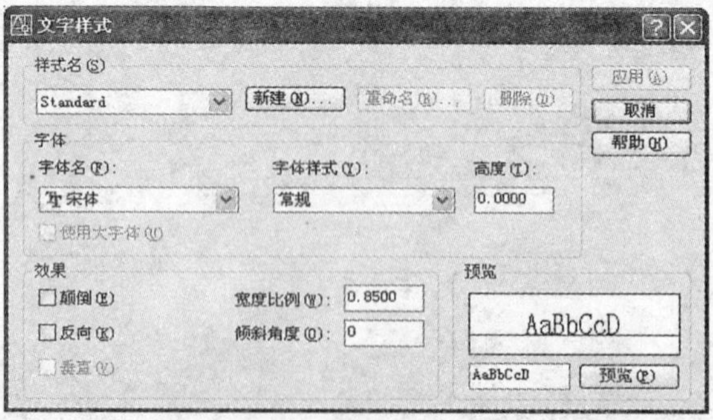

图 7.1　文字样式

3. 参数说明

在图 7.1“文字样式”对话框中。

1)"样式名"区

(1)"样式名"列表:鼠标左键点击后,会列出已经建立的文字样式名。

(2)"新建"按钮:该按钮的作用是新建一种文字样式。左键点击后会弹出如图 7.2 所示的"新建文字样式"对话框,在该对话框中,用户可直接输入新建文字样式的名称。如输入"水工"。

(3)"重命名"按钮:重新命名已使用的文字样式。鼠标左键点击后,会弹出一个和图 7.2 相同的对话框。

(4)"删除"按钮:删除某一种已经命名的文字样式。

图 7.2 新建文字样式

2)"字体"区

(1)"字体名"列表:鼠标左键点击后,会有一个系统所有字体的列表,用户可以选择一种字体使用。

(2)字体样式:当用户使用大字体后,来选择字体的样式。

(3)高度:为文字设置高度大小。

(4)"使用大字体"复选框:根据具体情况,有时侯需要用大字体时,可以选择该复选框。

3)"效果"区

(1)颠倒:选择该复选框后,字体会倒置过来。

(2)反向:选择该复选框后,字体的前后顺序会反过来。

(3)垂直:当字体名支持双向时"垂直"才可用。选择该复选框后,字体会垂直排列。

(4)宽度比例:用来设置文字的宽度比例。

(5)倾斜角度:输入负值时,字体向左边倾斜,反之,字体向右边倾斜。

4)预览

字体的一种效果显示。

5)应用

将设置好的字体参数应用到当前的绘图中。

6)关闭

关闭该对话框。

7)帮助

点击后会弹出一系列关于设置文字样式的说明。

4. 注意事项

在绘图过程中,应根据制图国家标准规定来合理地设置字体的样式。另外,在设置字体样式的过程中,最好不要在"字体样式"对话框中设置字体的高度,而在注写字体时再单个设置。

5. 例子

下面我们根据水利工程的制图标准来设置字体的样式,步骤如下:

(1)输入"STYLE"命令打回车。系统会弹出图 7.1 所示的对话框。

(2)单击“新建”按钮,新建一种文字样式,样式名为:水工制图。

(3)在“字体名”的列表框中,选择“T 仿宋 GB2312”。

(4)宽度比例:输入 0.85。其他的参数采用系统缺省值。

(5)点击“应用”按钮。

(6)点击“关闭”按钮,完成设置。

设置过程如图 7.3 所示。

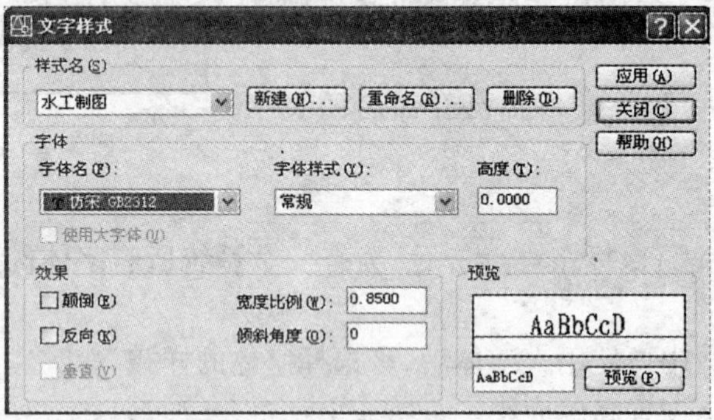

图 7.3　设置水工制图文字样式

7.1.2　单行文字与多行文字的标注

1. 单行文字的标注

1)启动命令的方法

(1)在命令行中用键盘输入:TEXT。

(2)在菜单栏中点击:绘图→文字→单行文字。

(3)在“文字”工具栏上单击“文字样式”按钮:A。

2)执行命令的过程

命令:text↙

当前文字样式:水工制图 当前文字高度:10.0000

指定文字的起点或[对正(J)/样式(S)]:

指定高度 <10.0000>:

指定文字的旋转角度 <0>:

3)参数说明

(1)指定文字的起点:指定文字输入的起点,系统缺省状态下,文字的起点是文字的左下角。可在屏幕上选择一点,作为输入文字的起点。

(2)[对正(J)/样式(S)]:

输入“J”后,回车后,命令提示如下:

[对齐(A)/调整(F)/中心(C)/中间(M)/右(R)/左上(TL)/中上(TC)/右上(TR)/左中(ML)/正中(MC)/右中(MR)/左下(BL)/中下(BC)/右下(BR)]:

①对齐(A):系统提示输入字符的起点和终点,输入文字后,系统会保持文字的宽度和高度不变。

②调整(F):系统提示输入字符的起点和终点,输入文字后,系统会保持文字的高度

不变,宽度根据起点和终点的距离确定。即相同的字符,距离越大,字符的宽度越小;反之,字符的宽度越大。

③中心(C):系统提示输入字符的中点,文字的高度和宽度由用户自己确定。

④中间(M):系统提示输入字符块的中间点,文字的高度和宽度由用户自己确定。

⑤右(R):系统提示输入字符的右下角点,文字的高度和宽度由用户自己确定。

⑥左上(TL):系统提示输入字符的左上角点,文字的高度和宽度由用户自己确定。

⑦中上(TC):系统提示输入字符的上面中间点,文字的高度和宽度由用户自己确定。

⑧右上(TR):系统提示输入字符的右上角点,文字的高度和宽度由用户自己确定。

⑨左中(ML):系统提示输入字符的左边中间点,文字的高度和宽度由用户自己确定。

⑩正中(MC):系统提示输入字符块中心,文字的高度和宽度由用户自己确定。

⑪右中(MR):系统提示输入字符的右边中间点,文字的高度和宽度由用户自己确定。

⑫左下(BL):系统提示输入字符的左下角点,文字的高度和宽度由用户自己确定。

⑬中下(BC):系统提示输入字符的下面中间点,文字的高度和宽度由用户自己确定。

⑭右下(BR):系统提示输入字符的右下角点,文字的高度和宽度由用户自己确定。

输入“S”后,回车后,命令提示如下:

输入样式名或[?] <Standard>:

“输入样式名”:输入将要使用的样式名。

“?”:输入?后,系统会弹出一个关于文字样式的窗口。

“<Standard>”:系统缺省的一种文字样式。

(3)指定高度 <2.5000>:指定输入文字的高度。

(4)指定文字的旋转角度 <0>:指定输入的文字与水平线的倾斜角度,正值向左边旋转,负值向右边旋转。

4)注意事项

用单行文字输入文字时,有些分支的命令只可以输入水平文字,如:“调整(F)”、“左上(TL)”、“中上(TC)”、“右上(TR)”等。

5)例子

(1)用单行文字命令注写“工程制图”,要求水平注写。

我们采用7.1.1中图7.3的文字样式设置。

命令:text↙

当前文字样式:水工制图 当前文字高度:10.0000

指定文字的起点或[对正(J)/样式(S)]: (在屏幕上指定文字的左下角点)

指定高度 <10.0000>:↙

指定文字的旋转角度 <0>:

在屏幕上直接输入,结果如图7.4所示。

工程制图

图7.4 水平注写

(2)用单行文字命令注写“钢筋混凝土”,要求垂直注写。

文字样式设置与上面例子相同。

命令:text↙

当前文字样式：水工制图　当前文字高度：10.0000
指定文字的起点或［对正(J)/样式(S)］:
指定高度 <10.0000>:↙
指定文字的旋转角度 <0>:90↙
在屏幕上直接输入。结果如图 7.5 所示。

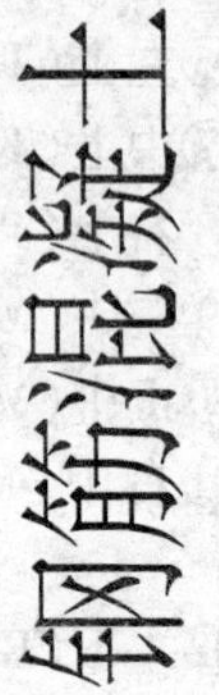

图 7.5　垂直注写

2. 多行文字的标注

1)启动命令的方法

(1)在命令行中用键盘输入:MTEXT。

(2)在菜单栏中点击:绘图→文字→多行文字。

(3)在“绘图”或“文字”工具栏点击按钮: A 。

2)执行命令的过程

命令：mtext↙
当前文字样式："水工制图" 当前文字高度:10
指定第一角点：　　　　(在屏幕上指定矩形框的第一个角点)
指定对角点或［高度(H)/对正(J)/行距(L)/旋转(R)/样式(S)/宽度(W)］:

3)参数说明

(1)指定对角点:在指定两个角点后,系统会弹出如图 7.6 所示的对话框。

在该对话框中,有两个部分内容:

①“文字格式”工具栏。

样式 水工制图 :选择使用文字的样式。

字体 宋体 :通过下拉列表可以选择所需要的字体。

文字高度 10 :通过下拉列表可以选择字体的高度。

B:表示粗体。

I:表示斜体。

U:将文字加下画线。

放弃、重做 :放弃或重做操作。

“a/b”按钮:分式按钮,用于不同分式形式的转换,转换时要先选择对象,然后再点击“分式”按钮

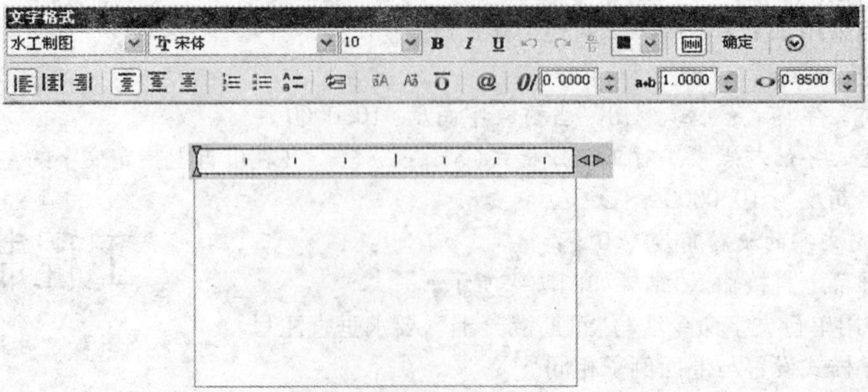

图 7.6　多行文字编辑器

颜色 ：选择文字的颜色。

标尺 ：控制在输入文字区上部标尺的显示。

“确定”按钮：完成文字输入后，点击“确定”按钮退出命令。

“选项”按钮 ：点击后显示“选项”快捷菜单。如图 7.7 所示。

左对齐、居中对齐、右对齐 ：设置段落文字的水平位置。

顶部、中间、底部 ：设置段落文字的垂直位置。

编号、项目符号、大写字母 ：分别使用编号、项目符号、大写字母为段或行创建序列。

插入字段 ：字段是对当前图形说明的文字，字段值可进行更新。点击该按钮后，系统弹出“字段”对话框，如图 7.8 所示。

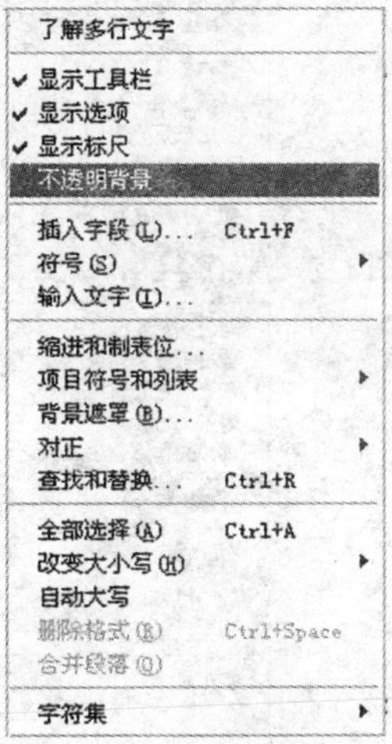

图 7.7 “选项”快捷菜单

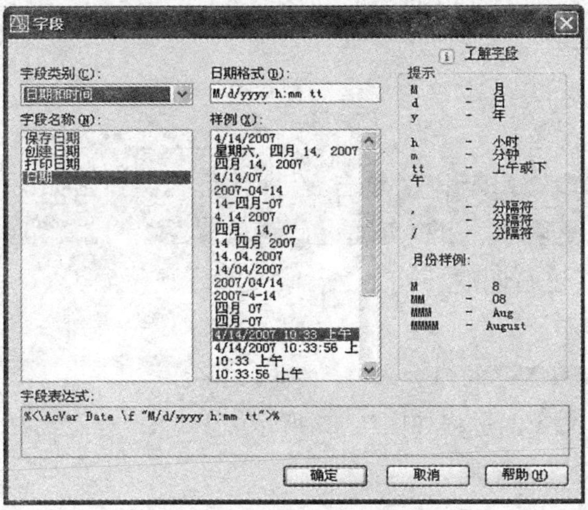

图 7.8 “字段”对话框

全部大写、小写 ：将选定的文字改为大写或小写。

上画线 ：将输入的文字加上上画线。

符号 ：在段落文字行中插入符号，左键点击后，系统会弹出插入符号的快捷菜单，如图 7.9 所示。

倾斜角度 ：当输入倾斜角度的值为正值时文字向右倾斜，倾斜角度的值为负值时文字向左倾斜。

追踪 ：设定字间距。

宽度比例 ：设定字符的宽度比例。

②“文字编辑”区。

各部分功能如图 7.10 所示。

(2)[高度(H)/对正(J)/行距(L)/旋转(R)/样式(S)/宽度(W)]。

①高度：用于设置字体的高度。

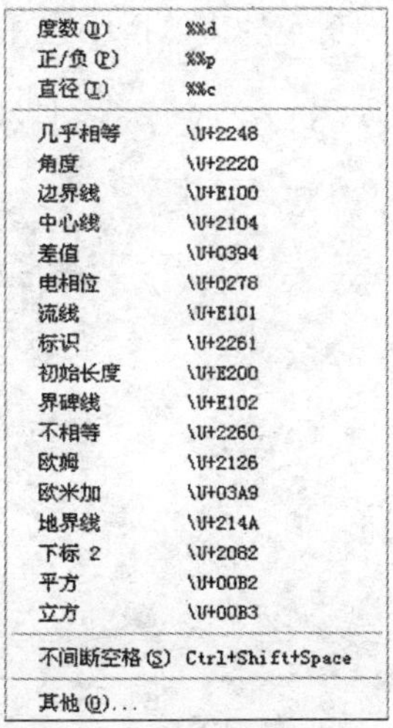

图 7.9 “符号”快捷菜单

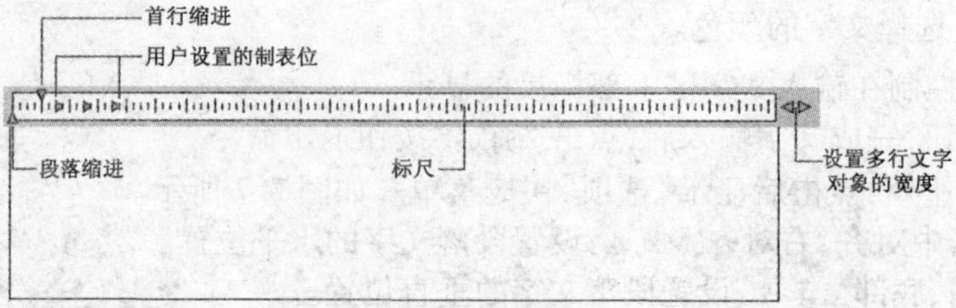

图 7.10　文字编辑

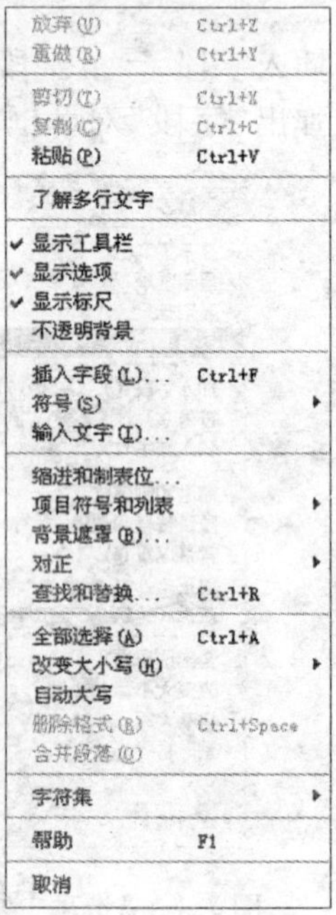

图 7.11　“文字编辑”快捷菜单

②对正:输入文字的对正方式。

③行距:设置输入的文字每行的距离。

④旋转:指定文字的旋转角度。

⑤样式:指定文字的样式。

⑥宽度:用于设置矩形框的宽度。

4)注意事项

当在“文字编辑”区单击右键时,系统会弹出如图 7.11 所示的快捷菜单。用户可通过此菜单对“文字编辑”区的内容、属性等进行调整。

5)例子

用“MTEXT”的命令来输入一段文字。

执行命令的过程如图 7.12 所示。

7.1.3　文字的编辑

1. 启动命令的方法

(1)在命令行中用键盘输入:DDEDIT。

(2)在菜单栏中点击:修改→对象→文字→编辑。

(3)在“文字”工具栏点击按钮:。

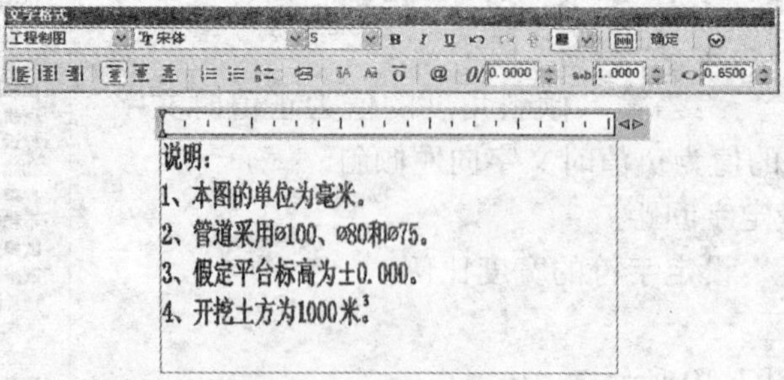

图 7.12　注写多行文字

2. 执行命令的过程

命令: _ddedit

选择注释对象或 [放弃(U)]:

3. 参数说明

"选择注释对象":

(1)如果选择的文字是用单文字输入的,则系统就将文字激活直接进行文字内容的修改(见图 7.13),修改完成后打回车确认。

图 7.13 单行文字编辑

(2)如果选择的文字是用多行文字输入的,则系统就会弹出如图 7.14 所示的对话框,在该对话框中也可以直接进行文字内容的修改。修改完成后点击确定按钮。

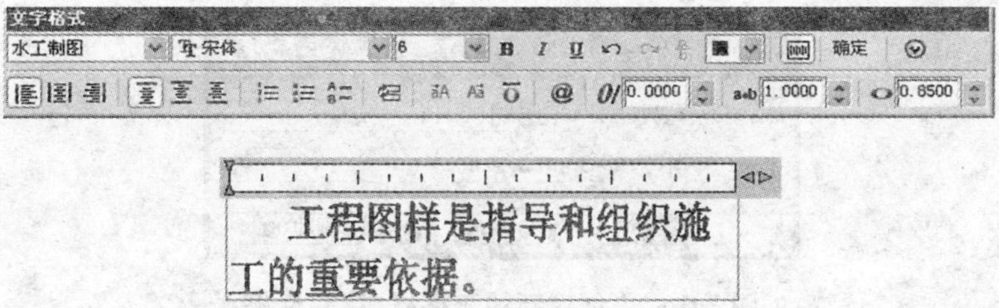

图 7.14 多行文字编辑

4. 注意事项

在对单行或多行文字进行编辑时,也可以用鼠标左键连续双击修改对象的方法来启动命令,这种快捷方式在以后的绘图过程中要多加采用。

7.2 表格的创建与编辑

AutoCAD 2006 为用户提供了表格的创建与编辑功能,在本节中我们将就表格样式的设置、插入表格和表格的编辑为大家作详细的介绍。

7.2.1 设置表格样式

1. 启动命令的方法

(1)在命令行中用键盘输入:TABLESTYLE。

(2)在菜单栏中点击:格式→表格样式。

(3)在"样式"工具条上单击"表格样式"按钮: 。

2. 执行命令的过程

通过执行"TABLESTYLE"命令后,系统会弹出如图 7.15 所示的"表格样式"对话框。

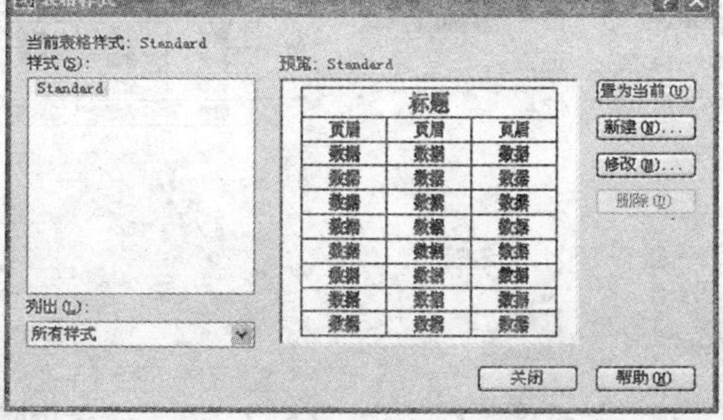

图 7.15 "表格样式"对话框

3．参数说明

在图 7.15“表格样式”对话框中各项含义如下：

当前表格样式：显示当前表格样式的名称。

样式：已创建的所有的表格样式名称列表。

列出：控制在样式中的内容显示。包括了两个选项：所有样式和正在使用的样式。

预览：对所选定表格样式的预览。

置为当前：将选定的表格样式设置为当前样式。

新建：创建新的表格样式，点击后系统会弹出一个“创建新的表格样式”对话框如图 7.16所示。在该对话框中可以输入新的表样式名，也可选择哪种样式作为基础样式。

图 7.16 “创建新的表格样式”对话框

在“创建新的表格样式”对话框中，点击“继续”按钮后，系统会弹出如图 7.17 所示的“新建表格样式”的对话框，在该对话框中，有 3 个选项卡。各选项卡面板上的内容含义如下：

(1)“数据”选项卡：用来设置“数据”单元格的外观。

①“单元特性”区。

文字样式：选择或新建在表格中采用的文字样式。

文字高度：确定表格中文字的高度。

文字颜色：选择表格中文字的颜色。

填充颜色：选择单元格的背景色。

对齐：设置文字在单元格中的对齐方式。

②“边框特性”区。

“所有边框”按钮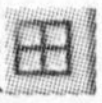：设置数据单元格、标题单元格的所有边界。

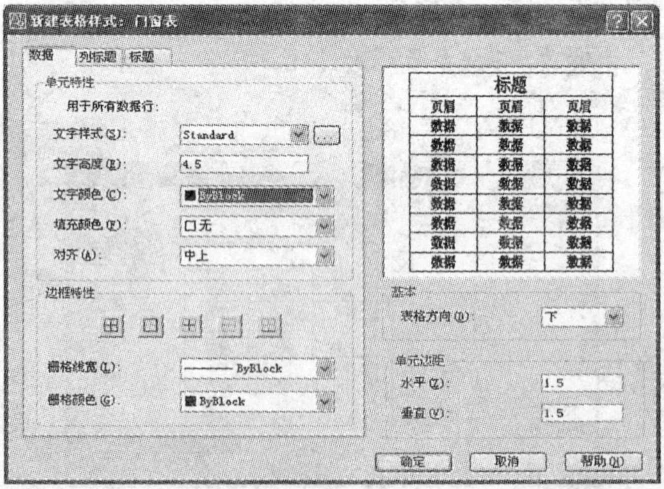

图 7.17 新建表格样式——数据

“外边框”按钮：设置数据单元格、标题单元格的外部边界。

“内边框”按钮：设置数据单元格、标题单元格的内部边界。

“无边框”按钮：隐藏数据单元格、标题单元格的内外边界。

“底部边框”按钮：设置数据单元格、标题单元格的底部边界。

栅格线宽：设置边界的线宽。

栅格颜色：设置边界的颜色。

③“预览”区。

设置新建表格样式效果的样例。

④“基本”区。

表格方向：选择表格的方向，一种是标题在上；一种是标题在下。

⑤“单元边距”区。

水平：设置单元格中文字与左右单元边界之间的水平距离。

垂直：设置单元格中文字与左右单元边界之间的垂直距离。

(2)“列标题”选项卡(如图 7.17 所示)：用来设置“列标题”的外观，选项板上的其他内容的含义与“数据”选项卡相似。

(3)“标题”选项卡(如图 7.17 所示)：用来设置“标题”的外观，选项板上的其他内容的含义与“数据”选项卡相似。

4. 注意事项

在图 7.17 表格样例中，第一行是标题行，由文字居中的合并单元行组成；第二行是列标题行；其他行都是数据行。

5. 例子

下面我们创建一个门窗统计表的表样式，步骤如下：

(1)执行“TABLESTYLE”命令，系统弹出如图 7.15 所示的表格样式对话框，在该对话框中点击“新建”按钮，在图 7.16“创建新的表格样式”对话框中，输入新样式名为“门窗统计表”。

(2)点击“继续”按钮，在图 7.16“新建表格样式”对话框中，设置“数据”行的文字样式为“宋体”；文字高度为 4；选择“所有边框”。

(3)在“列标题”行，选择文字样式为“宋体”；文字高度为 4；选择“所有边框”。

(4)在“标题”行，选择文字样式为“宋体”；文字高度为 6；选择“底部边框”。

7.2.2 创建表格

1. 启动命令的方法

(1)在命令行中用键盘输入：TABLE。

(2)在菜单栏中点击：绘图→表格。

(3)在“绘图”工具栏上单击“表格”按钮：。

2. 执行命令的过程

执行“TABLESTYLE”命令后，系统会弹出如图 7.18 所示的“插入表格”对话框。

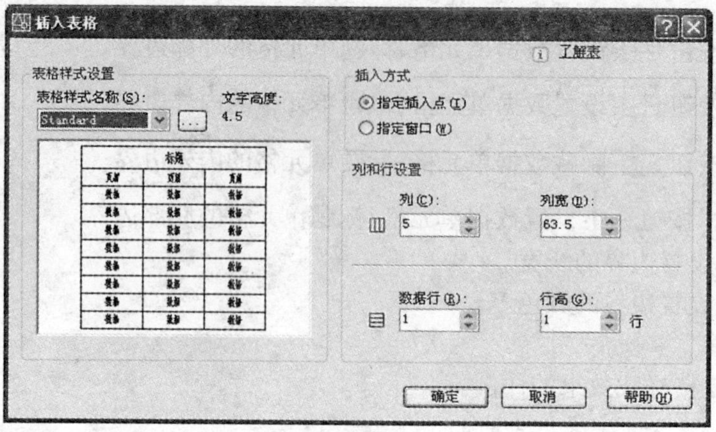

图 7.18　插入表格

3. 参数说明

在图 7.18“插入表格”对话框中各项含义如下：

1)“表格样式设置”区

(1)表格样式名称：选择创建好的表格样式。

(2)预览：显示表格样式的样例。

2)“插入方式”区

(1)指定插入点：在屏幕上指定或用键盘输入坐标来确定表格左上角的位置。

(2)指定窗口：在屏幕上指定两个角点的方式(或用键盘输入坐标)来确定表格的大小，选择此项后，列宽和行高取决于表格的大小。

3)“列和行设置”区

列、列宽、数据行、行高：分别设置列数、列宽度、行数和行高。

4. 注意事项

“插入表格”对话框设置好后，插入的表格是一个空表格，我们可以在表格的单元中添加内容。另外，设置的行高是以文字的行高为基准而进行设置的。

5. 例子

下面我们将上节中创建的门窗统计表插入到图中，步骤如下：

(1)执行“TABLE”命令，系统弹出图 7.18 的插入表格对话框，在该对话框中选择表格样式名为“门窗统计表”。

(2)选择“指定插入点”作为插入方式。

(3)在“列和行设置”区设置 5 列 9 行，列宽和行高分别为 10 和 1。

(4)点击“确定”按钮，在屏幕上指定插入点插入表格。

注意：在输入文字前，还要对表格进行编辑，输入文字时，采用 Tab 键或方向键进行换行。

过程如图 7.19 所示。

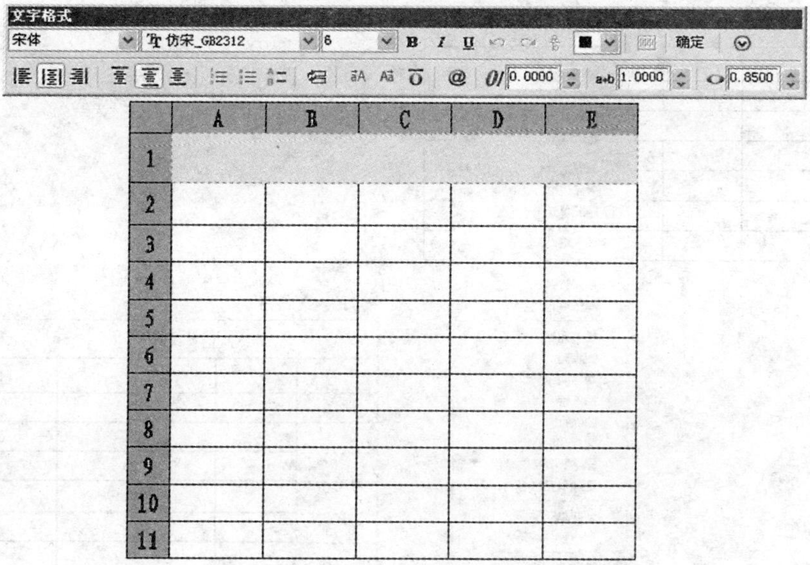

图 7.19　插入表格

7.2.3　表格编辑

1. 用“TABLEDIT”编辑表格

1)启动命令的方法

(1)在命令行中用键盘输入:TABLEDIT。

(2)在表格单元格中双击左键。

2)执行命令的过程

命令：tabledit↙

拾取表格单元：　　　　　　　　　　　　　　　(在要编辑的单元格中单击左键)

3)参数说明

选择单元格后,系统会弹出如图 7.19 所示的“表格编辑器”。在该编辑器中用户可根据需要对表格进行修改。

2. 用快捷菜单进行编辑

当选择一个单元格后,单击鼠标右键,系统弹出“编辑表格”的快捷菜单(如图 7.20 所示),用户可通过此快捷菜单对表格进行编辑和修改。

下面我们介绍如何合并单元格:对于两个或两个以上的未填内容的单元格,用户可以先选择(选择的方法是选择过第一个单元格后,按住 Shift 键再增加选择),再点击如图 7.20 所示的快捷菜单中的“合并单元”即可。比如要合并图 7.20 中左边的第一列单元格时,首先选择(如图 7.21 所示),然后点击“合并单元”中的“按列”(如图 7.22 所示),结果如图 7.23 所示。

注意:在选择有内容的单元格合并时,系统会提示保留哪个单元格的内容,这在应用时应注意。

图7.20　编辑表格快捷菜单

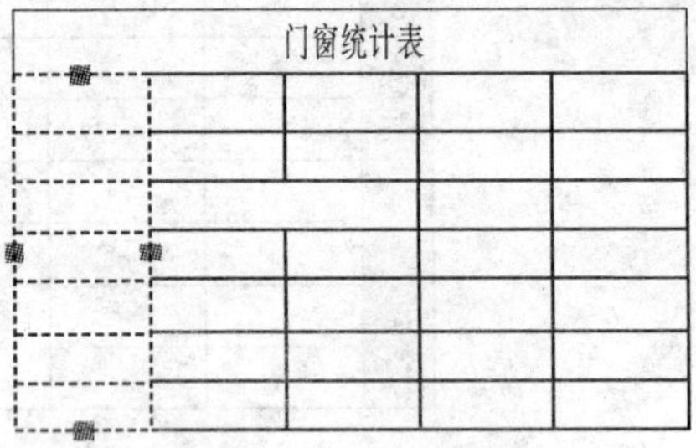

图7.21　选择单元格

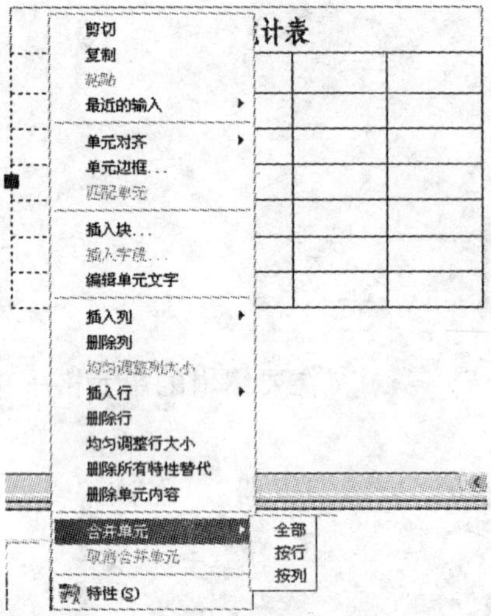

图7.22　按列合并单元格

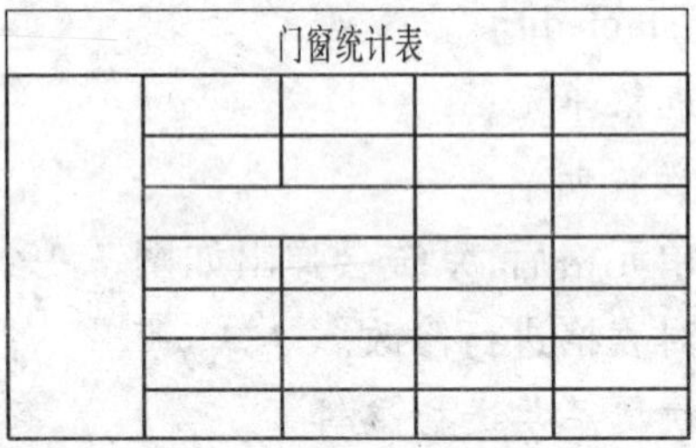

图7.23　合并后的表格

实训7　文字与表格

【实训目的】

1. 掌握文字的标注与编辑方法。

2. 熟悉表格的创建和编辑方法。

【相关知识】

本章介绍的相关文字与表格命令。

【实训指导】

指导1　用“MTEXT”的命令来输入图 7.24 的一段设计说明

设计说明

(1) 本工程为某学校学生宿舍，层数为3层，建筑面积为1 530m²。

(2) 本工程设计室内地坪标高为± 0.000，相当于绝对标高386.00。

(3) 本工程结构为一般砖混结构，内墙240，外墙370；横墙承重，预应力空心楼板。

… …

图 7.24　设计说明

(1)首先用“STYLE”命令设置文字样式如图 7.25 所示。

(2)执行“MTEXT”命令在多行文字编辑器中输入设计说明，如图 7.26 所示。

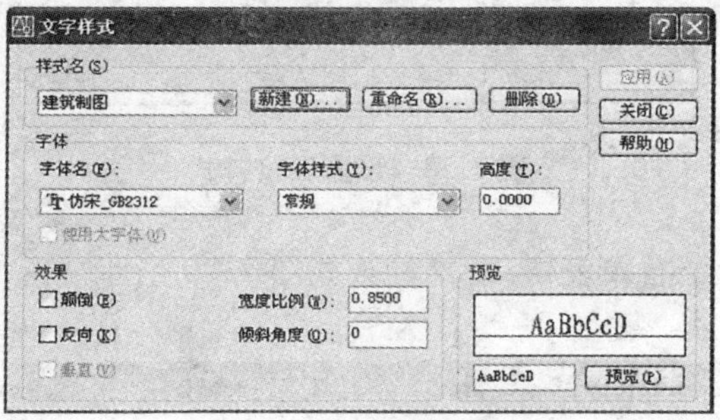

图 7.25　设置文字样式

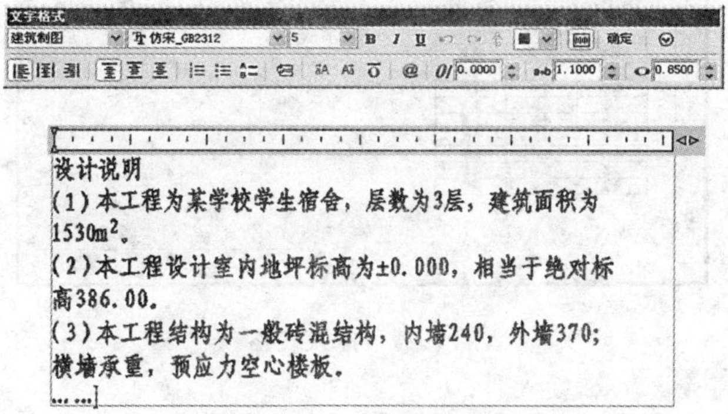

图 7.26　输入文字

(3)最后点击“确定”按钮完成输入。

指导2　绘制图 7.27 所示的构件统计表

构件统计表					
序号	构件名称	构件代号	所有图纸	数量	备注
1	空心板	YKB4252	结施4	351	
2	空心板	YKB3652	结施4	263	
3	空心板	YKB1852	结施4	16	
4	檐口板	YB	结施5	16	
5	梁	YL	结施4	2	
6	梯梁	ZIL	结施6	12	

图 7.27　构件统计表

(1)首先用“TABLESTYLE”命令设置“表格样式”,在“数据”区设置参数如图 7.28 所示;在“列标题”区只设置文字高度为 7,边框采用外边框,其余采用默认;在“标题”区将文字高度设为 10,边框采用底部边框,其余采用默认。

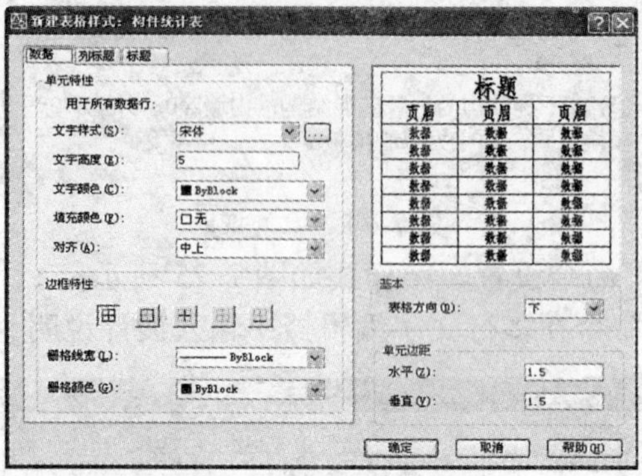

图 7.28　设置表格样式

(2)用“TABLE”命令插入表格,设置参数如图 7.29 所示。

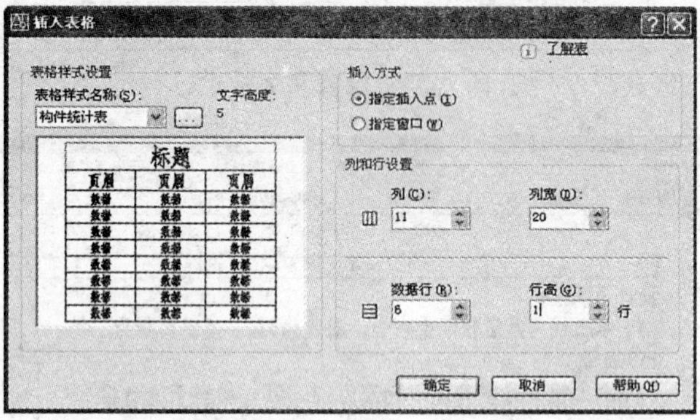

图 7.29　插入表格

(3)用快捷菜单对表格进行编辑,结果如图 7.30 所示。

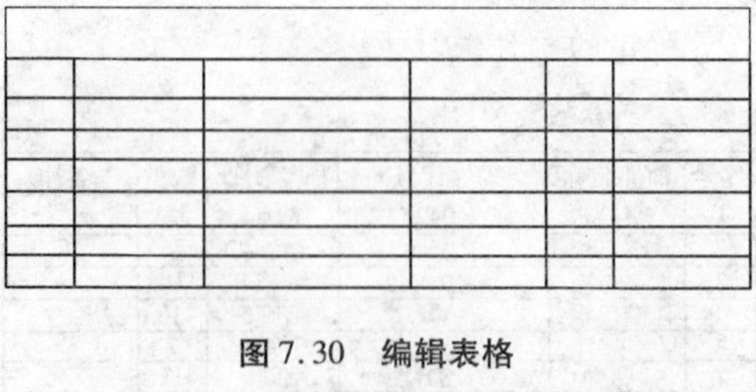

图 7.30　编辑表格

(4)在表格中输入文字。输入过程如图 7.31 所示。最后点击确定按钮。

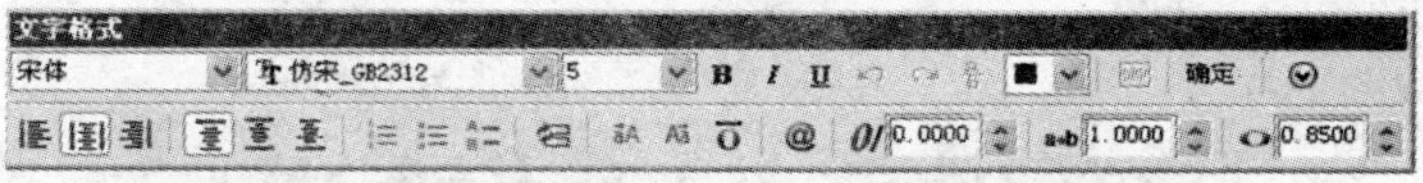

	A	B	C	D	E	F	G	H	I	J	K
1	构件统计表										
2	序号	构件名称		构件代号			所有图纸		数量	备注	
3	1	空心板		YKB4252			结施 4		351		
4	2	空心板		YKB3652			结施 4		263		
5	3	空心板		YKB1852			结施 4		16		
6	4	檐口板		YB			结施 5		16		
7	5	梁		YL			结施 4		2		
8	6	梯梁		ZTL			结施 6		112		

图 7.31　输入文字

【实训内容】

(1)用多行文字的命令来输入图 7.32 的设计说明。

说明：(1)本图尺寸除高程以m为单位外，其余均以cm为单位。
(2)混凝土的标号为150号。
(3)主筋保护层皆为30mm。
(4)基础防潮层为1∶2水泥砂浆厚30。

图 7.32　说明

(2)绘制图 7.33 所示的门窗明细表。

门窗明细表					
类别	代号	洞口尺寸		数量	备注
		宽	高		
窗	C–1	1 800	2 100	86	
	C–2	1 200	1 800	13	
	C–3	900	1 200	15	
门	M–1	900	2 700	38	
	M–2	3 200	2 700	1	
	M–3	1 200	2 700	1	

图 7.33　门窗明细表

第 8 章　尺寸标注

【教学目标】

本章主要介绍尺寸的标注与编辑方法，以及标注样式的设置。

【学习要点】

1. 掌握尺寸标注的方法。
2. 熟悉尺寸标注样式的设置。
3. 掌握尺寸标注的编辑方法。

8.1　设置尺寸标注样式

尺寸标注在工程图样中是非常重要的，施工的主要依据就是图样中的尺寸。因此，在 AutoCAD 中，首先应该会设置尺寸的标注样式，本节就尺寸标注样式的设置方法介绍如下。

8.1.1　启动命令的方法

（1）在命令行中用键盘输入：DIMSTYLE。

（2）在菜单栏中点击：格式→标注样式或标注→标注样式。

（3）在“标注”工具栏点击按钮：。

8.1.2　执行命令的过程

执行“DIMSTYLE”的命令后，系统会弹出如图 8.1 所示的“标注样式管理器”对话框，用户可在该对话框中进行新的标注样式的设置。

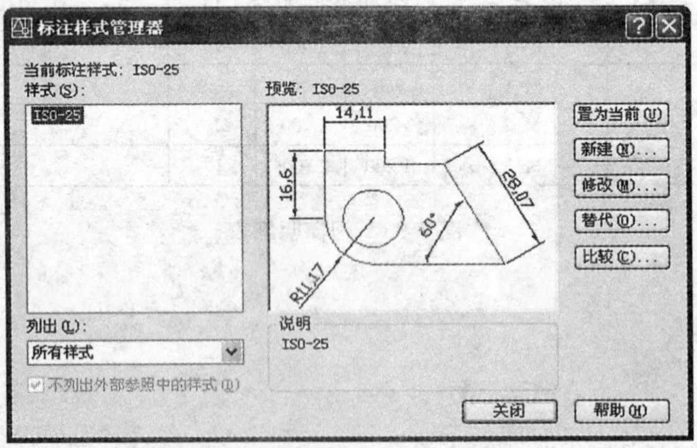

图 8.1　“标注样式管理器”对话框

8.1.3　参数说明

在图 8.1 所示对话框中，各项的含义如下：

(1)“样式”列表框:列出已经定义好的标注样式。

(2)预览:设置完成后的结果显示。

(3)列出:有两种可以选择,一种是“所有样式”;一种是“正在使用的样式”。

(4)说明:使用的是哪一种标注样式。

(5)置为当前:将设置好的标注样式应用到当前的图形中。

(6)新建:新建一种标注样式,点击后系统会弹出如图 8.2 所示的“创建新标注样式”对话框,在该对话框中可以输入新建立的标注样式名称;选择采用哪一种样式作为基础标注样式;选择新的标注样式用到哪种标注范围中。然后点击“继续”按钮开始设置新的标注样式的内容。

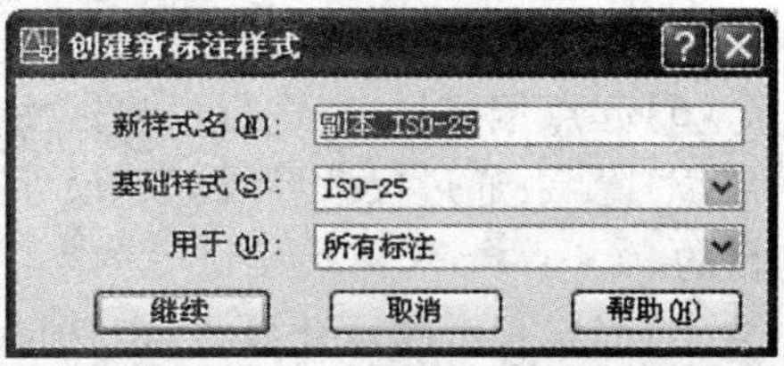

图 8.2　创建新标注样式

在“创建新标注样式”对话框中,点击“继续”按钮后,系统会弹出如图 8.3 所示的“新建标注样式”对话框,在该对话框中,有 7 个选项卡。各选项卡面板上的内容含义如下:

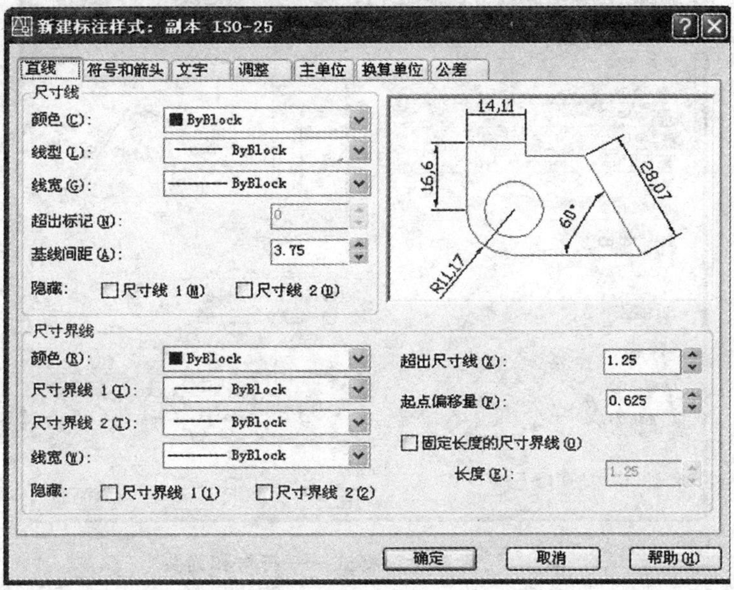

图 8.3　新建标注样式——直线

1.“直线”选项卡

1)“尺寸线”区

(1)颜色:选择尺寸线的颜色。

(2)线型:选择尺寸线的线型。

(3)线宽:选择尺寸线的宽度。

(4)超出标记:当尺寸线终端选用斜线时,尺寸线超出尺寸界线的数值。

(5)基线间距:当采用基线标注时,两条尺寸线之间的距离。

(6)隐藏:通过选择尺寸线 1 和尺寸线 2 的两个复选框来有选择的隐藏尺寸线。

2)"尺寸界线"区

(1)颜色:选择尺寸界线的颜色。

(2)尺寸界线1:选择尺寸界线1的线型。

(3)尺寸界线2:选择尺寸界线2的线型。

(4)线宽:选择尺寸界线的线宽度。

(5)超出尺寸线:尺寸界线超出尺寸线的长度。

(6)起点偏移量:在进行尺寸标注时,标注的目标点与尺寸界线的距离。

(7)隐藏:通过尺寸界线1和尺寸界线2这两个复选框的选择,来达到隐藏尺寸界线的目的。

(8)固定长度的尺寸界线:定义尺寸界线从尺寸线开始到标注原点的总长度。选择此复选框后,可在其后的"长度"框后输入长度数值。

2."符号和箭头"选项卡

如图8.4所示在"符号和箭头"选项卡上有四个选项区。

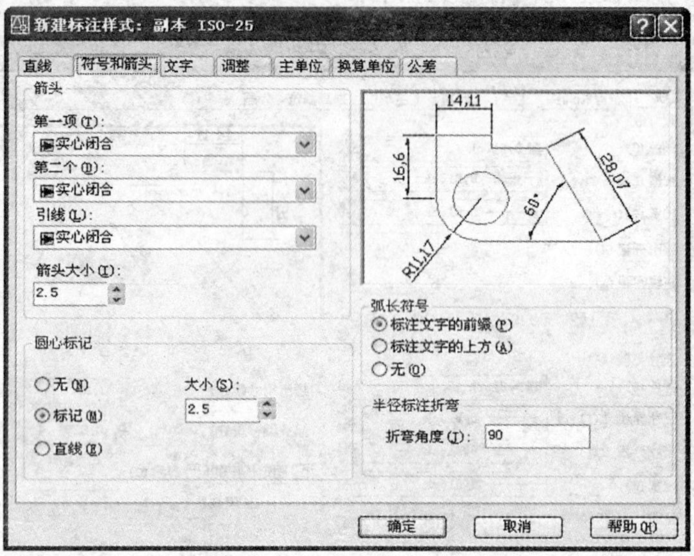

图8.4 新建标注样式——符号和箭头

1)"箭头"区

(1)第一项、第二个:根据制图标准不同来选择尺寸线终端的形式。

(2)引线:在用引线标注时引线的终端形式。

(3)箭头大小:尺寸线或引线终端的大小。

2)"圆心标记"区

(1)无:选择此项后,系统将不创建对圆或圆弧的圆心标记或中心线。

(2)标记:选择此项后,系统将创建对圆或圆弧的圆心标记或中心线。

(3)直线:选择此项后,系统将创建圆或圆弧的中心线。

(4)大小:设置圆心标记或中心线的大小。

3)“弧长符号”区

(1)标注文字的前缀:选择此项后,系统将标注的弧长符号放在文字的前面。

(2)标注文字的上方:选择此项后,系统将标注的弧长符号放在文字的上方。

(3)无:选择此项后,系统在标注时不显示弧长符号。

4)“半径标注折弯”区

折弯角度:在标注折弯半径时,尺寸界线与横向直线的夹角,如图8.5所示。

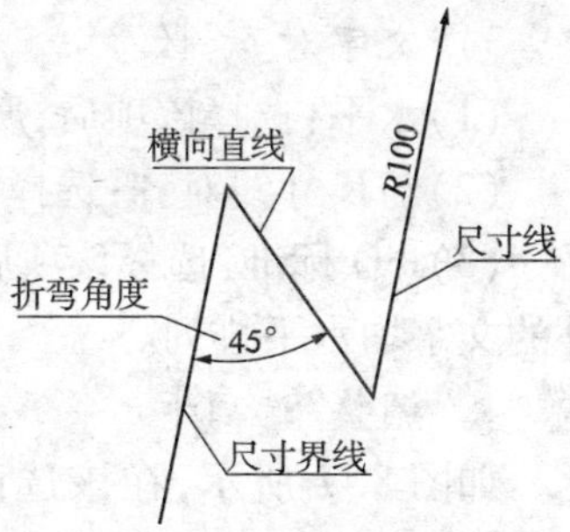

图8.5 折弯角度

3.“文字”选项卡

如图8.6所示在“文字”选项卡上有三个选项区。

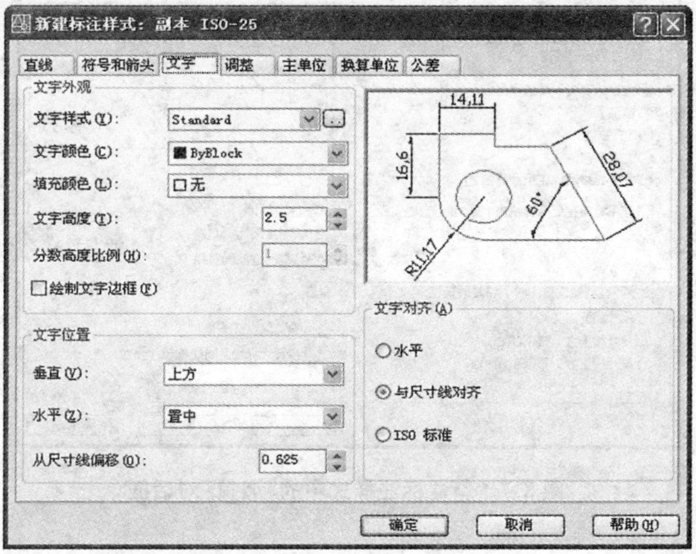

图8.6 新建标注样式——文字

1)“文字外观”区

(1)文字样式:选择注写数字的样式。

(2)文字颜色:选择注写数字的颜色。

(3)填充颜色:在标注时选择数字背景的颜色。

(4)文字高度:根据制图标准来确定数字的高度。

(5)分数高度比例:当“单位格式”为“分数”时,此项亮显。可以来设置数字的高度。该数值为一系数。

(6)绘制文字边框:选择此项时,标注的数字带边框。

2)“文字位置”区

(1)垂直:设置垂直于尺寸线的数字的位置。

(2)水平:用来设置沿尺寸线方向上的数字的位置。

(3)从尺寸线偏移:设置尺寸数字的底部到尺寸线的距离。

3)"文字对齐"区

(1)水平:选择该项后,所有的尺寸数字与水平线都垂直。

(2)与尺寸线对齐:选择该项后,所有的尺寸数字与尺寸线都垂直。

(3)ISO 标准:选择该项后,凡是在尺寸界线内的文字均与尺寸线垂直;而在尺寸界线外的文字均水平排列。

4."调整"选项卡

如图 8.7 所示,在该选区中包括四个选区即调整选项、文字位置、标注特征比例、优化。

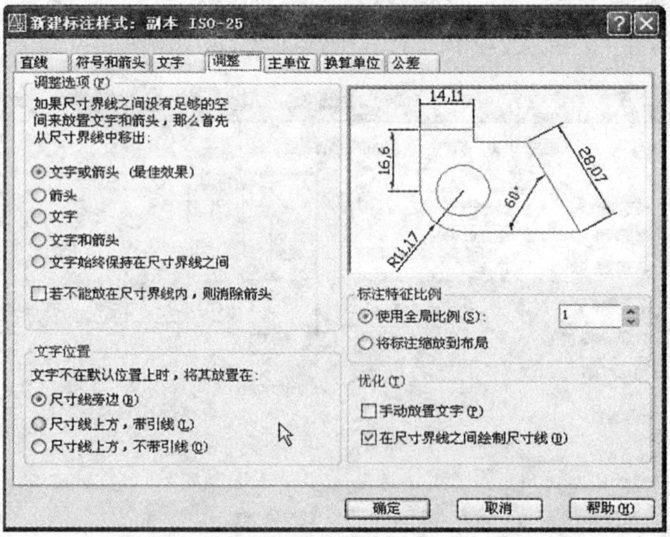

图 8.7　新建标注样式中的"调整"对话框

1)"调整选项"区

(1)文字或箭头(最佳效果):选择该项时,尺寸数字或箭头按最佳的效果放置。

(2)箭头:选择该项时,当尺寸界线的范围内只能放下箭头时,则箭头放在尺寸界线内,尺寸数字放在尺寸界线外的引线上。

(3)文字:选择该项时,当尺寸界线的范围内只能放下尺寸数字时,则尺寸数字放在尺寸界线内,箭头放在尺寸界线外。

(4)文字和箭头:选择该项时,当尺寸界线的范围内既不能放下尺寸数字也不能放下箭头时,则尺寸数字和箭头均放在尺寸界线外。

(5)文字始终保持在尺寸界线之间:选择该项时,不管尺寸界线的范围内能不能放下尺寸数字,尺寸数字都始终保持在尺寸界线范围内。

(6)若不能放在尺寸界线内,则消除箭头:选择该项时,若尺寸界线范围内放不下尺寸数字和箭头时,则将箭头消除掉。

2)"文字位置"选项区

(1)尺寸线旁边:当尺寸数字不在默认位置时,将其放置在尺寸线的旁边。

（2）尺寸线上方，带引线：当尺寸数字不在默认位置时，将其置于尺寸线的上方，加引线。

（3）尺寸线上方，不带引线：当尺寸数字不在默认位置时，将其置于尺寸线的上方，不加引线。

3）“标注特征比例”区

（1）使用全局比例：控制尺寸标注变量的大小，但不更改标注的测量值。

（2）将标注缩放到布局：按模型空间或图纸空间的缩放比例关系，来标注尺寸。

4）“优化”选项区

（1）手动放置文字：选择该项时，根据系统的提示来放置尺寸数字。

（2）在尺寸界线之间绘制尺寸线：选择该项时，不管尺寸界线之间的空间是否够，系统都会在尺寸界线之间绘制尺寸线。

5.“主单位”选项卡

如图 8.8 所示，在该对话框中有 5 个选区即线性标注、测量单位比例、角度标注、消零等。

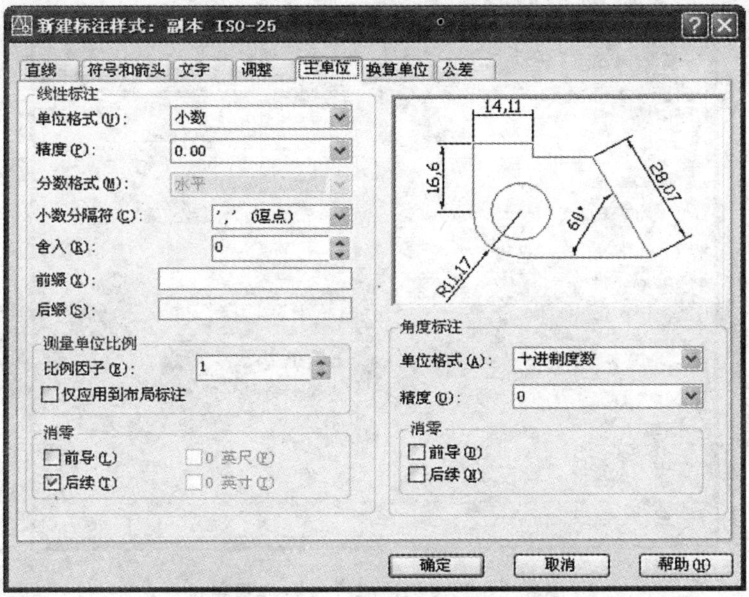

图 8.8　新建标注样式——主单位

1）“线性标注”选项区

单位格式：根据绘图的需要来选择线性标注的单位格式。单位格式主要有小数、科学、建筑等。

精度：设置尺寸数字小数点的位数。

分数格式：当单位格式为分数时，来设置尺寸分数的放置格式。

小数分隔符：设置整数和小数之间的分隔符的形式，有句号、逗点等。

舍入：设置线性标注中尺寸数字小数点后面的位数进行四舍五入。

前缀、后缀：在尺寸数字的前面或后面加上特殊符号。

2)“测量单位比例”选区

比例因子：根据绘图比例的变化来选择合适的比例因子。比如绘图比例为 1∶100，则在比例因子选项中输入 100，就可标注出实际的大小。

仅应用到布局标注：控制是否把比例因子仅应用到布局标注中。

消零：通过选择前导或后续来达到在尺寸数字的前面或后面是否显示零。

3)“角度标注”区

单位格式：根据绘图需要来设置角度的单位格式。角度的单位格式有十进制度数、弧度等。

精度：设置角度数值小数点的位数。

消零：通过选择前导或后缀来达到在角度数字的前面或后面是否显示零。

6.“换算单位”选项卡

如图 8.9 所示，在该对话框中，通过对换算单位、位置、消零等项的设置，来达到两种单位换算的目的，我们在今后的实际绘图中用到的比较少，这里就不一一叙述了。

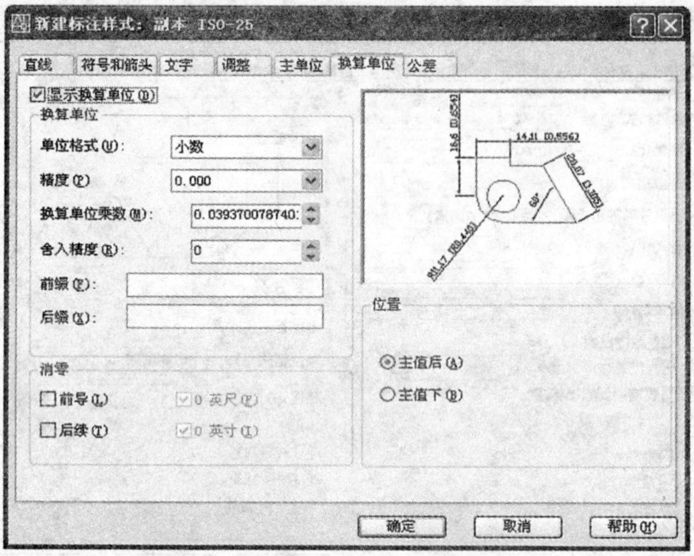

图 8.9　新建标注样式——换算单位

7.“公差”选项卡

如图 8.10 所示，在该对话框中，包括了公差格式、换算单位公差和消零等选区。

1)“公差格式”区

(1)方式：通过下拉列表来选择公差标注的方式。

(2)精度：设置公差数值的小数点后面的位数。

(3)上偏差、下偏差：设置公差的上、下的偏差值。

(4)高度比例：设置公差标注时公差数字的高度。

(5)垂直位置：用来设置公差数字和尺寸数字的对齐方式。

2)“消零”区

消零:通过选择前导或后续来控制显示公差数字前或后的零的显示。

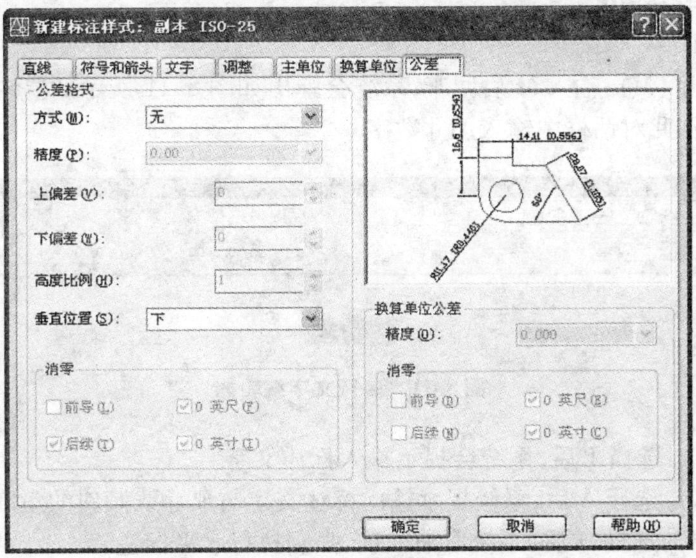

图 8.10　新建标注样式——公差

3)“换算单位公差”区

该区有精度和消零两个选项,通过设置来达到不同单位的公差互相换算的目的。

8.1.4　注意事项

在进行标注样式设置时,应根据不同的制图标准规定来操作。

8.2　基本标注命令

设置好标注样式后,接下来就可以进行尺寸标注了。AutoCAD 2006 为我们提供了多种尺寸标注的方式,在本节中我们将把这些标注方式介绍给大家。

8.2.1　线性标注

1. 启动命令的方法

(1)在命令行中用键盘输入:DIMLINEAR。

(2)在菜单栏中点击:标注→线性。

(3)在“标注”工具栏点击按钮: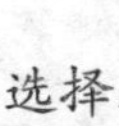。

2. 执行命令的过程

命令: _dimlinear

指定第一条尺寸界线原点或 <选择对象>:

(指定要标注对象的起点或直接回车来选择要标注的对象)

指定第二条尺寸界线原点:　　(指定要标注对象的终点)

指定尺寸线位置或

[多行文字(M)/文字(T)/角度(A)/水平(H)/垂直(V)/旋转(R)]:
（确定尺寸线的放置位置）

标注文字 = 18.76

3. 参数说明

(1)多行文字(M):输入 M 后回车,系统会弹出如图 8.11 所示的“多行文字编辑器”对话框,用户可在此对话框中输入尺寸数字。

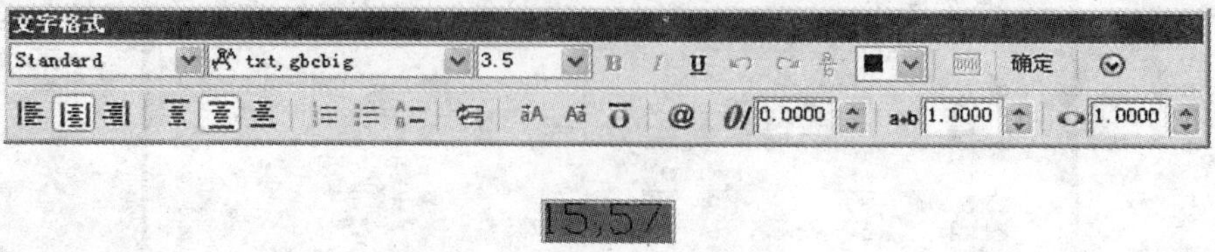

图 8.11　多行文字编辑器

(2)文字(T):选择 T 后,系统会提示输入标注文字。

(3)角度(A):选择 A 后,系统提示输入标注文字与尺寸线倾斜的角度。

(4)水平(H):选择 H 后,系统取消默认,强制执行水平标注。

(5)垂直(V):系统强制执行垂直标注。

(6)旋转(R):选择 R 后,系统提示输入尺寸线的旋转角度。

4. 注意事项

线性标注只是测量两个点之间的距离,常用作标注水平方向和竖直方向的尺寸。

5. 例子

标注三角形(见图 8.12)的底边和高的尺寸。

做题过程如下:

(1)首先标注底边的尺寸。

命令: _dimlinear

指定第一条尺寸界线原点或 <选择对象>:　（选择 *A* 点）

指定第二条尺寸界线原点:　（选择 *B* 点）

指定尺寸线位置或

[多行文字(M)/文字(T)/角度(A)/水平(H)/垂直(V)/旋转(R)]:

标注文字 = 38

(2)标注三角形的高。

命令: _dimlinear

指定第一条尺寸界线原点或 <选择对象>:　（选择 *B* 点）

指定第二条尺寸界线原点:　（选择 *C* 点）

指定尺寸线位置或

[多行文字(M)/文字(T)/角度(A)/水平(H)/垂直(V)/旋转(R)]:

标注文字 = 29

结果如图 8.13 所示。

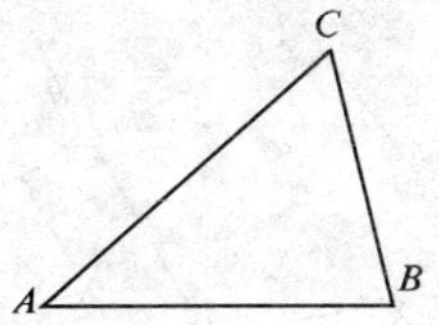

图 8.12　三角形

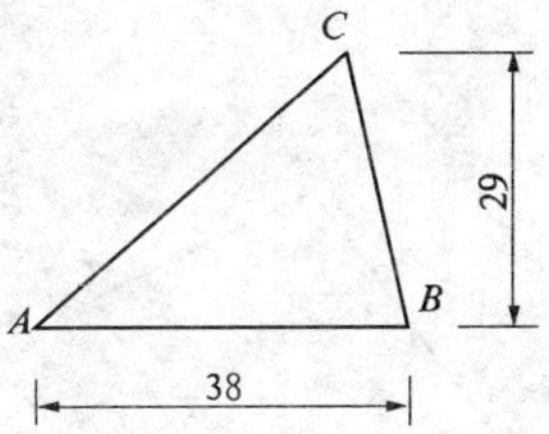

图 8.13　完成标注

8.2.2　对齐标注

1. 启动命令的方法

(1)在命令行中用键盘输入:DIMALIGNED。

(2)在菜单栏中点击:标注→对齐。

(3)在"标注"工具栏点击按钮: 。

2. 执行命令的过程

命令: _dimaligned

指定第一条尺寸界线原点或 <选择对象>:

(指定标注对象的起点,直接回车后,要求选择标注的对象)

指定第二条尺寸界线原点:　(指定标注对象的终点)

指定尺寸线位置或

[多行文字(M)/文字(T)/角度(A)]:

标注文字 = 43

3. 参数说明

[多行文字(M)/文字(T)/角度(A)]:它的含义与线性标注里的含义相同。

4. 注意事项

对齐标注主要是在标注斜线时用到。

5. 例子

对多边形(见图 8.14)的边长标注尺寸。

做题过程如下:

首先标注 *AB*,接着再标注 *BC*、*CD* 和 *DA*,命令过程类似。

命令: _dimaligned

指定第一条尺寸界线原点或 <选择对象>:

指定第二条尺寸界线原点:

指定尺寸线位置或

[多行文字(M)/文字(T)/角度(A)]:

标注文字 = 36

……

结果如图 8.15 所示。

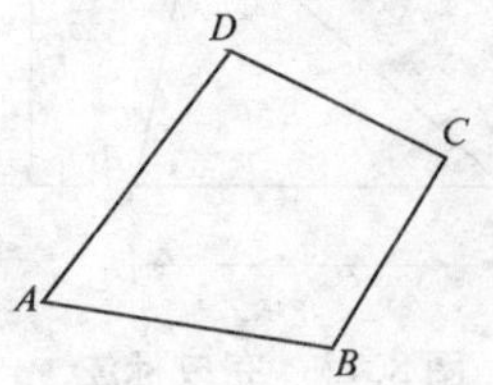

图 8.14　多边形

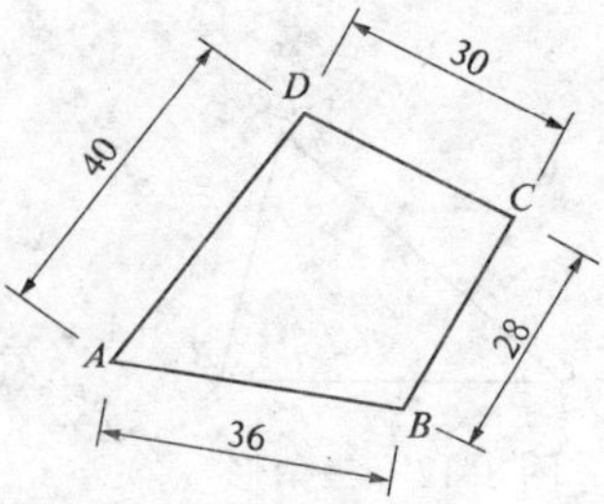

图 8.15　完成标注

8.2.3　弧长标注

1. 启动命令的方法

(1)在命令行中用键盘输入:DIMARC。

(2)在菜单栏中点击:标注→弧长。

(3)在“标注”工具栏点击按钮:。

2. 执行命令的过程

命令: _dimarc

选择弧线段或多段线弧线段:　　　　(选择圆弧)

指定弧长标注位置或[多行文字(M)/文字(T)/角度(A)/部分(P)/引线(L)]:

标注文字 = 30

3. 参数说明

(1)指定弧长标注位置:确定弧长标注的位置。

(2)多行文字(M):输入 M 后回车,系统会弹出图 8.11“多行文字编辑器”对话框,用户可在此对话框中输入尺寸数字。

(3)文字(T):输入 T 打回车后,系统会提示输入标注文字。

(4)角度(A):输入 A 打回车后,系统会提示输入标注文字旋转的角度。

(5)部分(P):只标注某段圆弧的一部分弧长。输入 P 打回车后,命令行有如下的提示:

指定弧长标注位置或[多行文字(M)/文字(T)/角度(A)/部分(P)/引线(L)]:p↙

指定圆弧长度标注的第一个点:　　　　(指定从圆弧上的哪个点开始标注)

指定圆弧长度标注的第二个点:　　　　(指定从圆弧上的哪个点结束标注)

(6)引线(L):当标注大于 90°的圆弧(或弧线段)时确定是否加引线,所加的引线是指向所标注圆弧的圆心的。

4. 注意事项

在标注弧长时,弧长符号位置的确定是通过图 8.4“新建标注样式——符号和箭头”选项卡来进行控制的。

5. 例子

对图 8.16 中的两段圆弧标注尺寸。

首先标注 a 段圆弧。

命令: _dimarc

选择弧线段或多段线弧线段：　　（选择 a 段圆弧）

指定弧长标注位置或［多行文字(M)/文字(T)/角度(A)/部分(P)/引线(L)］:l↙　　（加引线）

指定弧长标注位置或［多行文字(M)/文字(T)/角度(A)/部分(P)/无引线(N)］:

标注文字 ＝ 81

接着标注 b 段圆弧。

命令：_dimarc

选择弧线段或多段线弧线段：　　（选择 b 段圆弧）

指定弧长标注位置或［多行文字(M)/文字(T)/角度(A)/部分(P)/引线(L)］:　　（没加引线）

标注文字 ＝ 41

结果如图8.17所示。

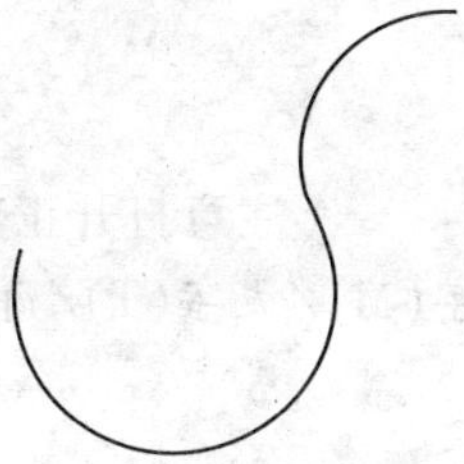

图8.16　相切圆弧

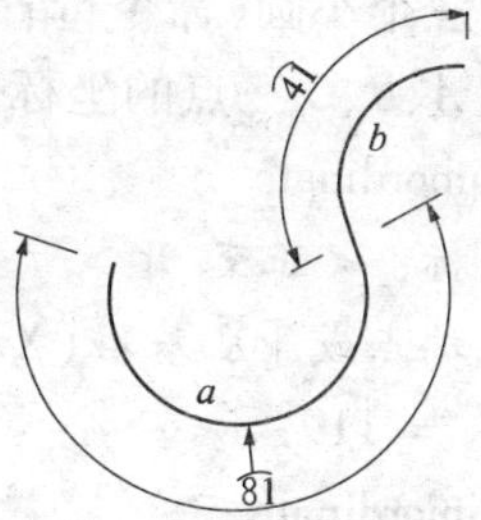

图8.17　加引线与不加引线区别

8.2.4　坐标标注

1. 启动命令的方法

(1)在命令行中用键盘输入:DIMORDINATE。

(2)在菜单栏中点击:标注→坐标。

(3)在"标注"工具栏点击按钮:。

2. 执行命令的过程

命令：_dimordinate

指定点坐标：　　（选择要标注的点）

指定引线端点或［X 基准(X)/Y 基准(Y)/多行文字(M)/文字(T)/角度(A)］:　　（指定引线的端点或执行后面的命令）

标注文字 ＝ 906

3. 参数说明

(1)X 基准(X):输入 X 后回车,系统只标注点的 X 坐标。

(2)Y 基准(Y):输入 Y 后回车,系统只标注点的 Y 坐标。

(3)多行文字(M):输入 M 后回车,系统通过多行文字编辑器来标注内容。

(4)文字(T):通过单行文字来修改标注的内容。

(5)角度(A):确定标注文字的倾斜角度。

4. 注意事项

坐标标注是以世界坐标体系或用户坐标体系的原点为基点来进行标注的。

5. 例子

绘制图 8.18,并标注圆心为 *A*、*B*、*C* 三点的坐标。

首先绘制矩形。

命令: _rectang

指定第一个角点或［倒角(C)/标高(E)/圆角(F)/厚度(T)/宽度(W)］:100,80 ↙

(矩形的左下交点坐标)

指定另一个角点或［面积(A)/尺寸(D)/旋转(R)］:d ↙

指定矩形的长度 <100.0000 >:100 ↙

指定矩形的宽度 <80.0000 >:80 ↙

指定另一个角点或［面积(A)/尺寸(D)/旋转(R)］:

接着绘制三个小圆(命令行省略)。

最后标注 *A*、*B*、*C* 三点的坐标。

命令: _dimordinate

指定点坐标: <正交 开> (注意打开正交,并选择 *A*)

指定引线端点或［X 基准(X)/Y 基准(Y)/多行文字(M)/文字(T)/角度(A)］:

标注文字 = 119

命令: _dimordinate

指定点坐标: (选择 *A*)

指定引线端点或［X 基准(X)/Y 基准(Y)/多行文字(M)/文字(T)/角度(A)］:

标注文字 = 100

……

结果如图 8.19 所示。

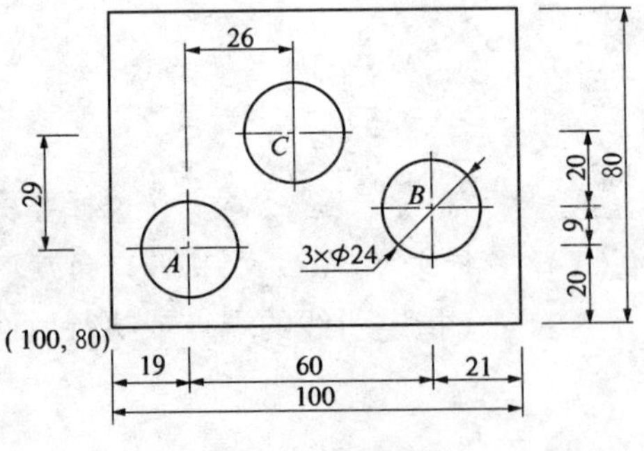

图 8.18 平面图形

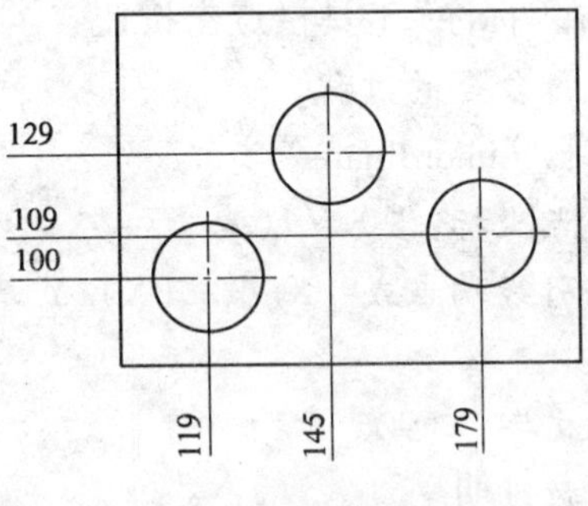

图 8.19 标注坐标

8.2.5 半径标注

1. 启动命令的方法

(1)在命令行中用键盘输入:DIMRADIUS。

(2)在菜单栏中点击:标注→半径。

(3)在“标注”工具栏点击按钮:。

2. 执行命令的过程

命令:_dimradius

选择圆弧或圆: (选择要标注的圆弧或圆)

标注文字 = 12

指定尺寸线位置或[多行文字(M)/文字(T)/角度(A)]:

(指定尺寸线的位置或执行后面的命令)

3. 参数说明

多行文字(M)/文字(T)/角度(A):各项的含义同前。

4. 注意事项

根据制图国标规定,圆弧的长度小于或等于半圆时标注半径,如图 8.20 所示。

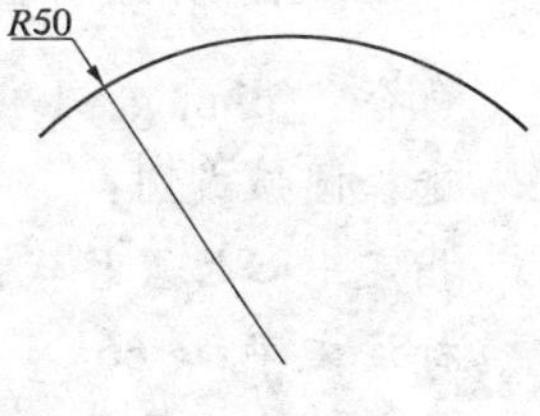

图 8.20 标注圆弧半径

8.2.6 折弯半径标注

1. 启动命令的方法

(1)在命令行中用键盘输入:DIMJOGGED。

(2)在菜单栏中点击:标注→折弯。

(3)在“标注”工具栏点击按钮:。

2. 执行命令的过程

命令:_dimjogged

选择圆弧或圆: (选择要标注的圆弧或圆)

指定中心位置替代: (指定圆心的代替位置)

标注文字 = 146.42

指定尺寸线位置或[多行文字(M)/文字(T)/角度(A)]:

指定折弯位置: (指定尺寸线位置或执行后面的命令)

3. 参数说明

(1)指定尺寸线位置:指定尺寸线的位置。

(2)多行文字(M)/文字(T)/角度(A):各项含义同前。

4. 注意事项

折弯角度可以在“新建标注样式”对话框“符号和箭头”选项卡中进行修改。

5. 例子

绘制图 8.21,并标注圆弧 a、b 的半径。

做题过程如下:

(1)绘制半径是 33 的圆弧。

(2)然后以 $R33$ 的圆弧水平直径右边的端点为圆心,以 66 为半径绘制左边的圆。

(3)“复制”$R66$ 的圆,作出图形中右边的圆,如图 8.22 所示。

(4)修剪完成图形。

(5)标注圆弧 a、b 的半径。过程如下:

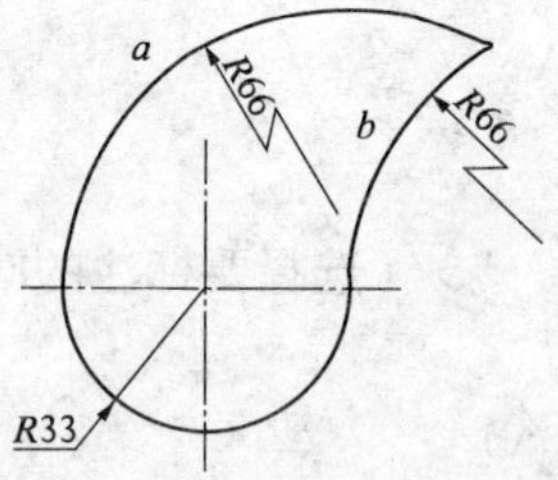

图 8.21　平面图形

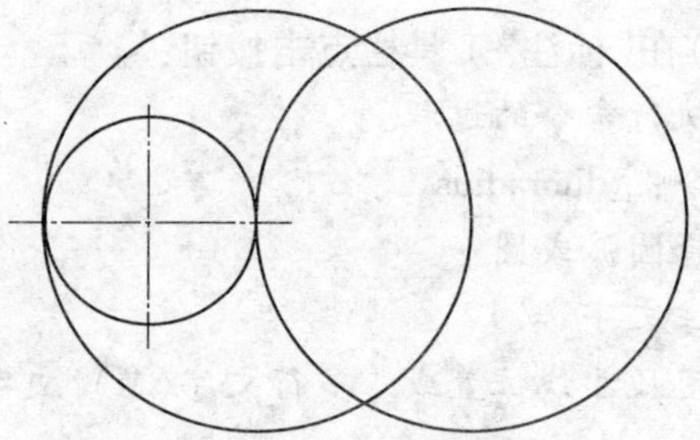

图 8.22　作图过程

命令：_dimjogged

选择圆弧或圆：　　　　（选择圆弧 a）

指定中心位置替代：

标注文字 = 66

指定尺寸线位置或［多行文字(M)/文字(T)/角度(A)］：

指定折弯位置：

……

8.2.7　直径标注

1. 启动命令的方法

(1)在命令行中用键盘输入:DIMDIAMETER。

(2)在菜单栏中点击:标注→直径。

(3)在“标注”工具栏点击按钮:。

2. 执行命令的过程

命令：_dimdiameter

选择圆弧或圆：　　　　（选择要标注的圆弧或圆）

标注文字 =69

指定尺寸线位置或［多行文字(M)/文字(T)/角度(A)］：

（指定尺寸线的位置或执行后面的命令）

3. 参数说明

［多行文字(M)/文字(T)/角度(A)］:各项含义同前。

4. 注意事项

根据制图的国标规定,圆或大于半圆的圆弧标注直径,如图 8.23 所示。

8.2.8　角度标注

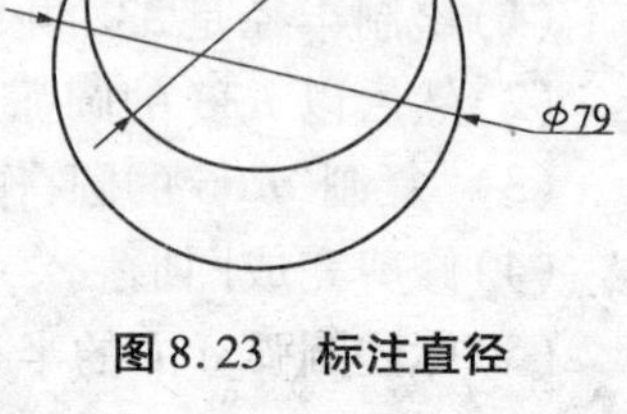

图 8.23　标注直径

1. 启动命令的方法

(1)在命令行中用键盘输入:DIMANGULAR。

(2)在菜单栏中点击:标注→角度。

(3)在“标注”工具栏点击按钮:。

2. 执行命令的过程

命令：_dimangular

选择圆弧、圆、直线或 <指定顶点>：

（选择要标注的圆弧、圆、直线或直接回车后执行“指定顶点”的命令）

选择第二条直线：　　　　　　　　　　　　　　　（选择要标注角的第二边）

指定标注弧线位置或［多行文字(M)/文字(T)/角度(A)］：

（指定圆弧线的位置或执行后面的命令）

标注文字 ＝57

3. 参数说明

(1)当我们选择“圆弧”时如图 8.24(a)，系统会执行以下的命令过程：

命令：_dimangular

选择圆弧、圆、直线或 <指定顶点>：　　　　　　　　　　（选择圆弧）

指定标注弧线位置或［多行文字(M)/文字(T)/角度(A)］：

标注文字 ＝116

(2)当我们选择“圆”时，如图 8.24(b)所示，系统会执行以下的命令过程：

命令：_dimangular

选择圆弧、圆、直线或 <指定顶点>：　　　　　　（选择圆上的第一个点）

指定角的第二个端点：　　　　　　　　　　　　　（选择圆上的第二个点）

指定标注弧线位置或［多行文字(M)/文字(T)/角度(A)］：

标注文字 ＝90

(3)当我们选择“直线”时，如图 8.24(c)所示，所要标注的是两直线夹角。命令过程如下：

命令：_dimangular

选择圆弧、圆、直线或 <指定顶点>：　　　（选择直线夹角的第一条边）

选择第二条直线：　　　　　　　　　　　　　（选择直线夹角的第二条边）

指定标注弧线位置或［多行文字(M)/文字(T)/角度(A)］：

标注文字 ＝61

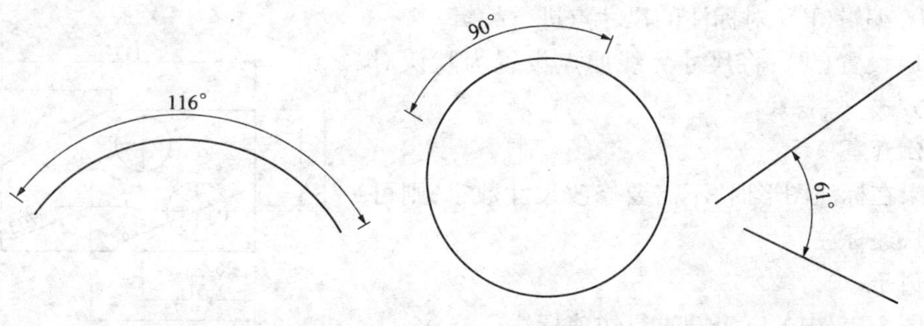

(a)圆弧　　(b)圆　　(c)直线

图 8.24　角度标注

4. 注意事项

在标注圆弧和圆的角度时实际上是标注它们两点之间的圆心角。

8.2.9 快速标注

1. 启动命令的方法

(1)在命令行中用键盘输入:QDIM。

(2)在菜单栏中点击:标注→快速标注。

(3)在“标注”工具栏点击按钮:。

2. 执行命令的过程

命令: _qdim

关联标注优先级 = 端点

选择要标注的几何图形: 指定对角点: 找到 10 个

选择要标注的几何图形:

指定尺寸线位置或

[连续(C)/并列(S)/基线(B)/坐标(O)/半径(R)/直径(D)/基准点(P)/编辑(E)/设置(T)]

<连续>:

3. 参数说明

下面将常用的参数说明如下:

(1)选择要标注的几何图形:把要标注的图形部分或全部选择。

(2)指定尺寸线位置:把尺寸线放置在合适的位置上。

(3)连续(C):连续性的标注尺寸即一个尺寸接着一个尺寸,自动对齐。

(4)并列(S):将所标注的尺寸有层次的排列,小的尺寸在里边,大的尺寸在外边。

(5)基线(B):所有的尺寸共用一条尺寸界线。

(6)坐标(O):对所选图形中的点标注坐标。

(7)半径(R):对所选图形中的圆弧标注半径。

(8)直径(D):对所选图形中的圆弧标注直径。

(9)基准点(P):指定标注的基准点。

(10)编辑(E):对标注的尺寸点进行编辑。

(11)设置(T):将尺寸界线原点设置为默认对象捕捉方式。

4. 注意事项

如果在标注图形时,不需要修改尺寸数字,则可以采用快速标注。

5. 例子

将图 8.25 中的三个圆进行快速标注。

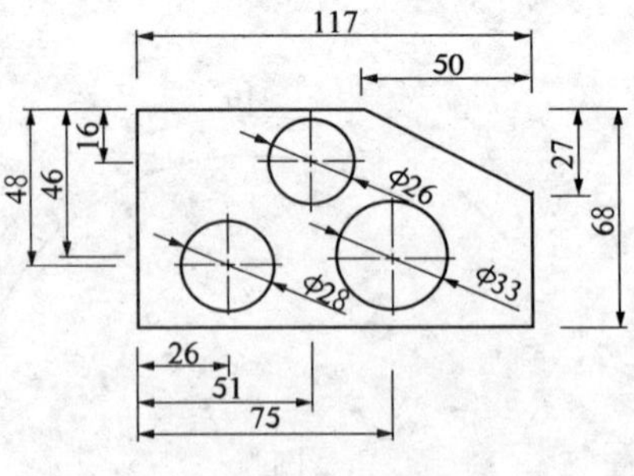

图 8.25 平面图形

过程如下:

命令: _qdim

关联标注优先级 = 端点

选择要标注的几何图形: 指定对角点: 找到 3 个,总计 3 个

选择要标注的几何图形:

指定尺寸线位置或

[连续(C)/并列(S)/基线(B)/坐标(O)/半径(R)/直径(D)/基准点(P)/编辑(E)/设置(T)]

<连续>:d↙

指定尺寸线位置或

[连续(C)/并列(S)/基线(B)/坐标(O)/半径(R)/直径(D)/基准点(P)/编辑(E)/设置(T)]

<直径>:

8.2.10 基线标注

1. 启动命令的方法

(1)在命令行中用键盘输入:DIMBASELINE。

(2)在菜单栏中点击:标注→基线。

(3)在"标注"工具栏点击按钮:。

2. 执行命令的过程

命令: _dimbaseline

选择基准标注:

（在进行基线标注时,如果先标注了基准尺寸,则就不会出现此命令行）

指定第二条尺寸界线原点或[放弃(U)/选择(S)] <选择>:

标注文字 = 40

3. 参数说明

下面以一个例子来说明标注过程中的参数如图 8.26 所示。

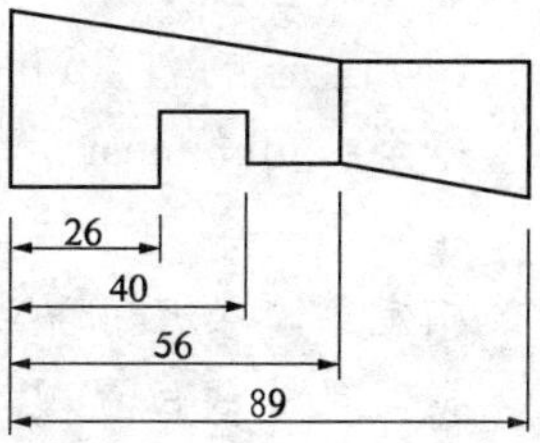

图 8.26 快速标注

命令过程如下:

(1)首先,标注 26 的线性尺寸。

命令: _dimlinear

指定第一条尺寸界线原点或 <选择对象>:

指定第二条尺寸界线原点:

指定尺寸线位置或

[多行文字(M)/文字(T)/角度(A)/水平(H)/垂直(V)/旋转(R)]:

标注文字 = 26

(2)再用基线标注标注其他尺寸。

命令: _dimbaseline

指定第二条尺寸界线原点或[放弃(U)/选择(S)] <选择>:

标注文字 = 40

指定第二条尺寸界线原点或[放弃(U)/选择(S)] <选择>:

标注文字 = 56

指定第二条尺寸界线原点或［放弃(U)/选择(S)］<选择>：
标注文字 = 89
指定第二条尺寸界线原点或［放弃(U)/选择(S)］<选择>：
选择基准标注：

8.2.11 连续标注

1.启动命令的方法

(1)在命令行中用键盘输入:DIMCONTINUE。

(2)在菜单栏中点击:标注→连续。

(3)在“标注”工具栏点击按钮: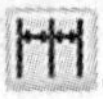。

2.执行命令的过程

命令：_dimcontinue
选择连续标注：
指定第二条尺寸界线原点或［放弃(U)/选择(S)］<选择>：
标注文字 = 14

3.参数说明

(1)选择连续标注:选择一个已经标注好的线性尺寸为基准尺寸。

(2)指定第二条尺寸界线原点:选择第二个尺寸界线的起点。

(3)放弃(U):输入U然后回车,退出连续标注。

(4)选择(S):缺省情况下,系统继续选择下一条尺寸线的起点。

4.例子

我们将图8.26的水平尺寸进行连续标注。

命令过程如下:

(1)首先,标注26的线性尺寸。

命令：_dimlinear
指定第一条尺寸界线原点或 <选择对象>：
指定第二条尺寸界线原点：
指定尺寸线位置或
［多行文字(M)/文字(T)/角度(A)/水平(H)/垂直(V)/旋转(R)］：
标注文字 = 26

(2)再用连续标注标注其他尺寸。

命令：_dimcontinue
指定第二条尺寸界线原点或［放弃(U)/选择(S)］<选择>：
标注文字 = 14
指定第二条尺寸界线原点或［放弃(U)/选择(S)］<选择>：
标注文字 = 16
指定第二条尺寸界线原点或［放弃(U)/选择(S)］<选择>：
标注文字 = 33
指定第二条尺寸界线原点或［放弃(U)/选择(S)］<选择>：

选择连续标注：

结果如图 8.27 所示。

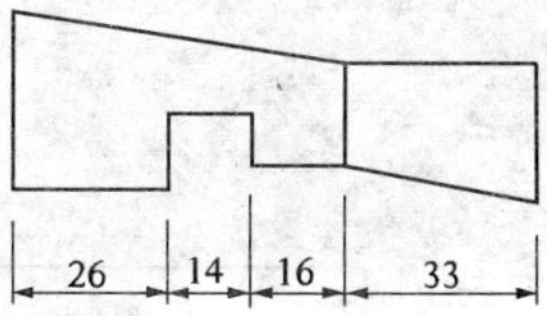

图 8.27　连续标注

8.2.12　快速引线标注

1. 启动命令的方法

(1)在命令行中用键盘输入：QLEADER。

(2)在菜单栏中点击：标注→引线。

(3)在“标注”工具栏点击按钮：。

2. 执行命令的过程

命令：_qleader

指定第一个引线点或［设置(S)］＜设置＞：

指定下一点：

指定下一点：

指定文字宽度＜0＞：

输入注释文字的第一行＜多行文字(M)＞：

输入注释文字的下一行：

3. 参数说明

(1)指定第一条引线点：选择图形中要说明部分中的一点。

(2)设置(S)：直接回车时，系统会弹出如图 8.28 所示的“引线设置”对话框，通过该对话框用户可以对引线进行设置。

(3)指定文字宽度：输入说明文字的宽度。

(4)输入注释文字的第一行、输入注释文字的下一行：文字可以分行进行输入。

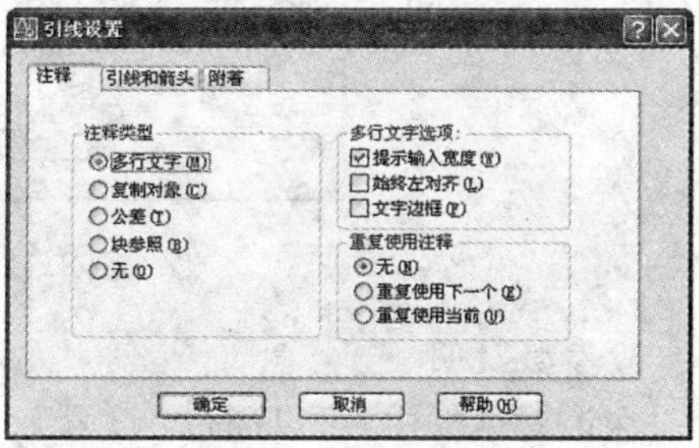

图 8.28　“引线设置”对话框

4. 注意事项

快速引线标注在我们设计过程中会经常用到，大家应该熟练掌握。

5. 例子

用引线标注标注图 8.29 中的排水孔。

过程如下：

命令：_qleader

指定第一个引线点或［设置(S)］＜设置＞：s↙

在弹出的“引线设置”对话框中设置如下：

“注释”和“引线和箭头”选项卡采用默认模式；而在“附着”选项卡上选择“最后一行加下划线”。如图 8.30 所示。

指定下一点：

指定下一点：＜正交 开＞

输入注释文字的第一行＜多行文字(M)＞：排水孔 φ6@80

输入注释文字的下一行：↙

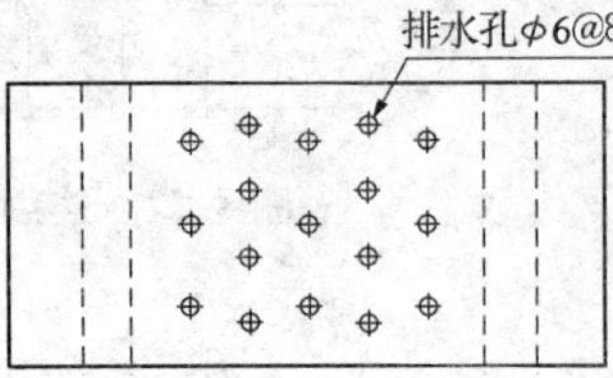

图 8.29　绘制排水孔

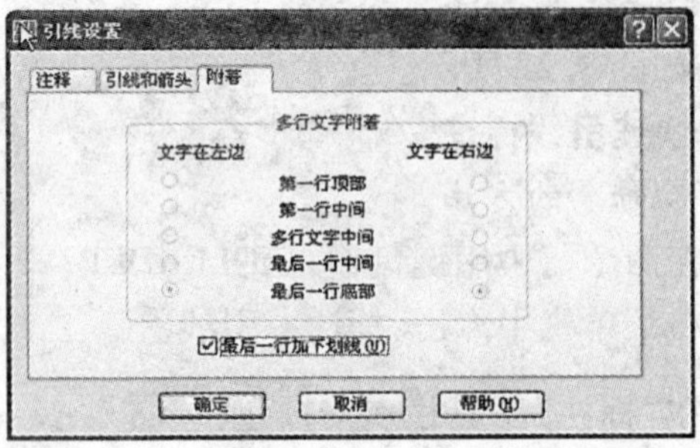

图 8.30　设置引线样式

8.2.13　公差标注

1. 启动命令的方法

(1)在命令行中用键盘输入:TOLERANCE。

(2)在菜单栏中点击:标注→公差。

(3)在“标注”工具栏点击按钮:。

2. 执行命令的过程

输入“TOLERANCE”回车后,系统会弹出如图 8.31 所示的“形位公差”对话框。

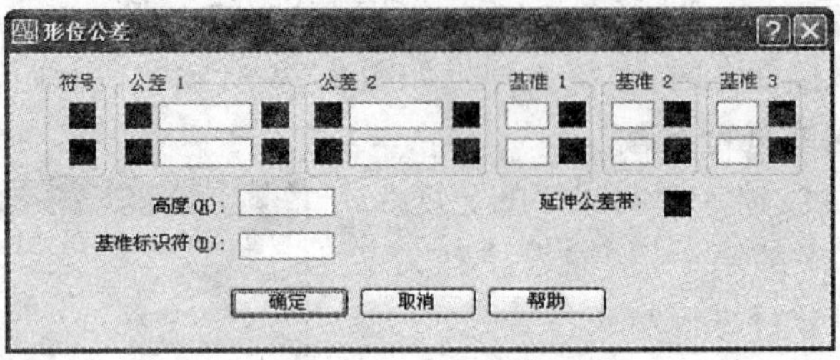

图 8.31　“形位公差”对话框

3. 参数说明

在该对话框中,可以通过“符号”、“公差”、“基准”等下面的黑框或文本框来设置形位公差。

8.2.14　圆心标记标注

1. 启动命令的方法

(1)在命令行中用键盘输入:DIMCENTER。

(2)在菜单栏中点击:标注→圆心标记。

(3)在“标注”工具栏点击按钮:。

2. 执行命令的过程

命令:_dimcenter

选择圆弧或圆:　　　　　　　　　　　　　　　(选择要标注的圆弧或圆)

3. 注意事项

在讲标注样式设置时,我们讲了圆心标记类型有三种,它们分别是:无、标记、直线。

另外，还可以设置圆心标记的大小。实际应用时，要根据具体情况。

8.3　尺寸标注编辑

一张设计图纸标注完成后，常常需要局部的修改某些尺寸标注。AutoCAD 2006 为我们提供了几种编辑尺寸标注的方法，下面就一一介绍给大家。

8.3.1　编辑标注

1. 启动命令的方法

(1)在命令行中用键盘输入：DIMEDIT。

(2)在“标注”工具栏点击按钮：。

2. 执行命令的过程

命令：_dimedit

输入标注编辑类型［默认(H)/新建(N)/旋转(R)/倾斜(O)］<默认>：↙

选择对象：找到 1 个

选择对象：↙

3. 参数说明

(1)默认(H)：执行该项命令时，系统将所选择的标注回撤到未编辑前的状态。

(2)新建(N)：输入 N 回车后，系统弹出多行文字编辑器对话框来修改所选择标注的文字。

(3)旋转(R)：将所选择标注的文字旋转指定的角度。

(4)倾斜(O)：将所选择标注的尺寸界线倾斜一定的角度。

8.3.2　编辑标注文字

1. 启动命令的方法

(1)在命令行中用键盘输入：DIMTEDIT。

(2)在菜单栏中点击：标注→对齐文字。

(3)在“标注”工具栏点击按钮：。

2. 执行命令的过程

命令：_dimtedit

选择标注：　　　　(选择要修改的标注)

指定标注文字的新位置或［左(L)/右(R)/中心(C)/默认(H)/角度(A)］：

3. 参数说明

(1)指定标注文字的新位置：指定标注文字的新位置。

(2)左(L)：将标注文字向尺寸线的左边移动。

(3)右(R)：将标注文字向尺寸线的右边移动。

(4)中心(C)：将标注文字向尺寸线的中间移动。

(5)默认(H)：将所选择的标注文字回撤到未编辑前的状态。

(6)角度(A)：将标注文字旋转指定的角度。

8.3.3 标注更新

1. 启动命令的方法

(1)在命令行中用键盘输入:DIMSTYLE。

(2)在菜单栏中点击:标注→更新。

(3)在"标注"工具栏点击按钮:。

2. 执行命令的过程

命令: _dimstyle

当前标注样式:2

输入标注样式选项[保存(S)/恢复(R)/状态(ST)/变量(V)/应用(A)/?] <恢复>: _apply

选择对象: 找到 1 个

选择对象:

3. 参数说明

(1)保存(S):将新的标注样式的当前设置进行保存。

(2)恢复(R):将选定的标注恢复为当前设置的标注样式。

(3)状态(ST):显示标注样式设置参数的当前值。

(4)变量(V):列出标注样式的参数变量值,但不能修改此变量值。

(5)应用(A):将新的标注样式应用到选定的标注对象中。

(6)?:列出标注样式。

实训8 尺寸标注

【实训目的】

1. 掌握尺寸标注样式的设置。

2. 熟悉尺寸标注的方法和编辑尺寸标注。

【相关知识】

本章介绍的相关尺寸标注命令。

【实训指导】

指导1 将图8.32的平面图形进行标注

(1)首先用"半径"和"直径"命令标注圆和圆弧尺寸。

(2)用"线性"命令标注水平和竖直方向尺寸。

(3)用"角度"命令标注角度。

(4)用"圆心标记"命令标注圆和圆弧。

指导2 将图8.33的立体图进行标注

(1)首先设置第一种标注样式,样式名为"第一"。

(2)在"直线"选项卡中,将"基线间距"设为10;"超出尺寸线"设为2;"起点偏移量"设为3。

(3)在"符号和箭头"选项卡中,将"箭头大小"设为3。

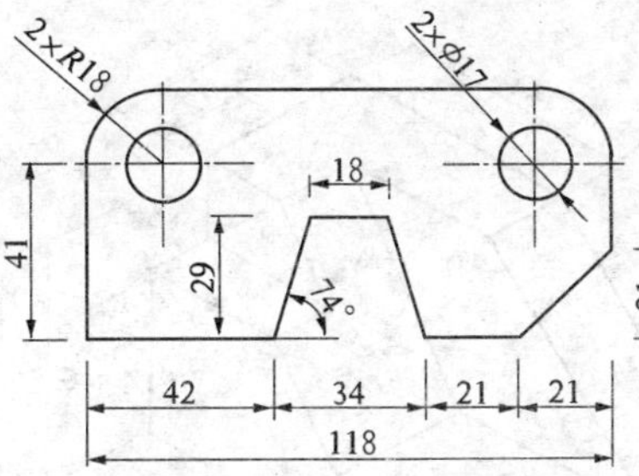

图 8.32　平面图形

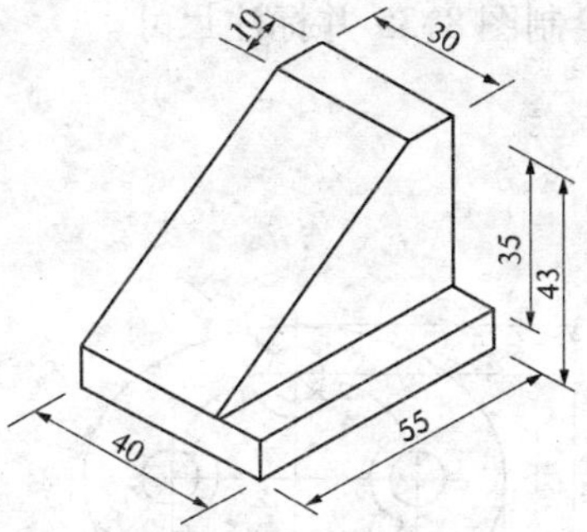

图 8.33　立体图

(4)在“文字”选项卡中，设置文字样式的倾斜角度为 -30°(可以点击“文字样式”后边的按钮，在“文字样式”对话框中设置)；“从尺寸线偏移”设为 0.8。

(5)在“主单位”选项卡中，设“单位格式”为“小数”；“精度”为 0。

(6)其他采用默认。

(7)用“对齐”命令分别标注 55 和 10 的尺寸。

(8)用“编辑标注”命令对 55 和 10 的尺寸进行修改。

命令: _dimedit

输入标注编辑类型 [默认(H)/新建(N)/旋转(R)/倾斜(O)] <默认>:o↙

选择对象: 找到 2 个　　(选择 55 和 10 的尺寸)

选择对象:↙

输入倾斜角度 (按 Enter 表示无): -30↙

(9)用同样的方法再设置一种标注样式。注意将文字样式的倾斜角度设为 30°。

(10)用“对齐”命令分别标注 30 和 40 的尺寸。

(11)用“编辑标注”命令对 30 和 40 的尺寸进行修改。

命令: _dimedit

输入标注编辑类型 [默认(H)/新建(N)/旋转(R)/倾斜(O)] <默认>:o↙

选择对象: 找到 2 个　　(选择 40 和 30 的尺寸)

选择对象:↙

输入倾斜角度 (按 Enter 表示无):30↙

(12)用“线性”命令分别标注 35 和 43 的尺寸。

(13)用“编辑标注”命令对 35 和 43 的尺寸进行修改。

命令: _dimedit

输入标注编辑类型 [默认(H)/新建(N)/旋转(R)/倾斜(O)] <默认>:o↙

选择对象: 找到 2 个　　(选择 35 和 43 的尺寸)

选择对象:↙

输入倾斜角度 (按 Enter 表示无): -30↙

【实训内容】

(1)绘制图 8.34 并标注尺寸。

(2)绘制图 8.35 并标注尺寸。

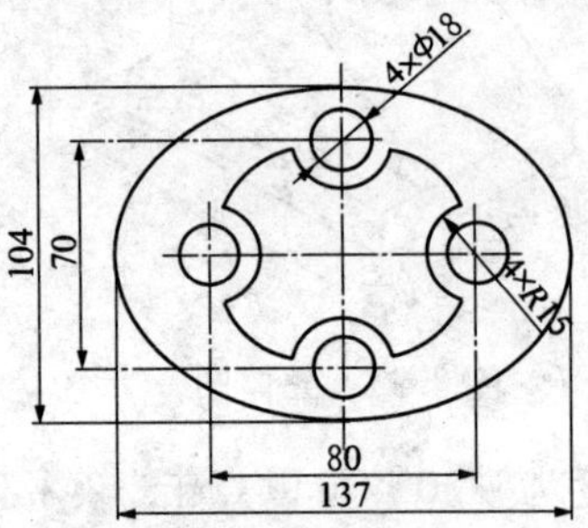

图 8.34　平面图形

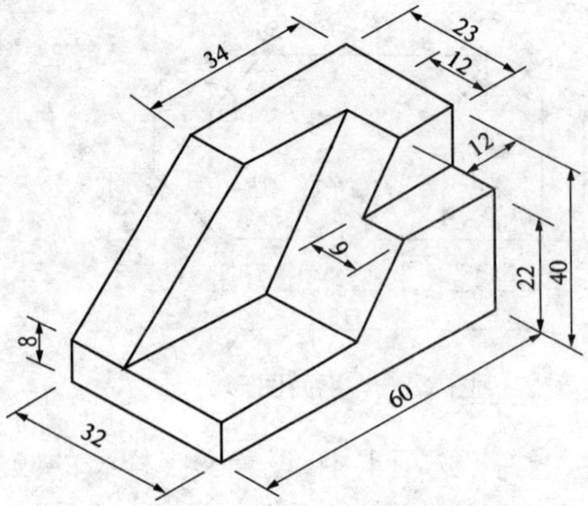

图 8.35　立体图

第 9 章　三维建模基础与三维曲面

【教学目标】

1. 介绍三维坐标。
2. 介绍三维观察的相关知识。
3. 讲解三维曲面的绘制与编辑。

【学习要点】

1. 掌握用户坐标的设置。
2. 熟悉三维视图与在多视口中设置视图。
3. 了解三维动态观察器。
4. 掌握三维曲面的绘制与编辑。

9.1　三维坐标系

AutoCAD 提供了两种坐标系:一种是世界坐标系(WCS)的固定坐标系;一种是用户坐标系(UCS)的可移动坐标系。无论是在世界坐标系还是在用户坐标系中都可以使用笛卡儿直角坐标、柱坐标和球坐标来定位空间点。

9.1.1　笛卡儿直角坐标

AutoCAD 2006 中,3D 坐标是利用 X、Y 和 Z 在空间上两两相互垂直构成的笛卡儿直角坐标系,其默认原点为(0,0,0),如图 9.1 所示。其坐标值的表示方法有:绝对坐标和相对坐标。

(1)绝对坐标。点的绝对坐标就是相对屏幕坐标体系中坐标原点的坐标,用“X,Y,Z”表示。

(2)相对坐标。点的相对坐标就是相对于上一个已知点的坐标,用“@ X,Y,Z”表示。

9.1.2　柱坐标

柱坐标的输入相当于在三维空间中的二维极坐标输入,它表示为“$\rho<\theta,z$”。ρ 表示空间点距当前 UCS 的原点距离,θ 表示空间点在 xy 平面中的投影与当前 UCS 的原点的连线同 x 轴的夹角,z 表示 z 轴坐标。如图 9.2 所示,$A(25<45,15)$ 表示 $\rho=25,\theta=45°,z=15$。柱坐标的相对坐标表示为“@$\rho<\theta,z$”,意义同直角坐标的相对坐标。

9.1.3　球坐标

球坐标的输入也相当于在三维空间中的二维极坐标输入,它表示为“$\rho<\alpha<\beta$”。ρ 表示空间点距当前 UCS 的原点距离,α 表示空间点在 xy 平面中的投影与当前 UCS 的原点的连线同 x 轴的夹角,β 表示空间点与当前 UCS 的原点的连线同 xy 平面的夹角。如图 9.3所示,$A(25<45<30)$ 表示 $\rho=25,\alpha=45°,\beta=30°$。球坐标的相对坐标表示为“@$\rho<\alpha<\beta$”,意义同直角坐标的相对坐标。

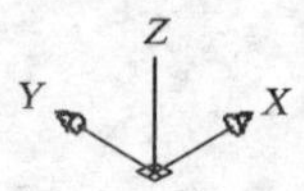

图 9.1　笛卡儿直角坐标

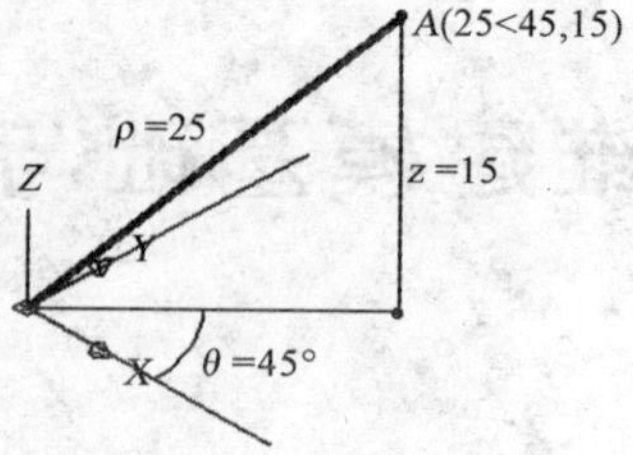

图 9.2　柱坐标

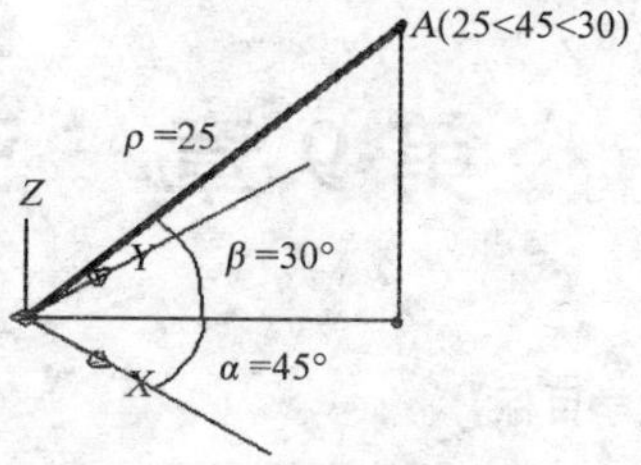

图 9.3　球坐标

9.1.4　用户坐标系

AutoCAD 绘制三维图形或进行三维图形标注时，经常会用到坐标体系。世界坐标系是系统默认的坐标系。有时在世界坐标系中绘图不能满足绘图的需要，这时需要我们设置用户坐标系。

用户坐标系有三种设置方法：

1. 通过“UCS”命令进行设置

在命令行中输入“UCS”命令，有如下命令过程：

命令：ucs↙

当前 UCS 名称：*世界*

输入选项［新建(N)/移动(M)/正交(G)/上一个(P)/恢复(R)/保存(S)/删除(D)/应用(A)/？/世界(W)］<世界>：

各参数含义如下：

(1)新建(N)：用户新建一种坐标系统，输入“N ”回车后系统有如下命令提示：

命令：ucs↙

当前 UCS 名称：*世界*

输入选项［新建(N)/移动(M)/正交(G)/上一个(P)/恢复(R)/保存(S)/删除(D)/应用(A)/？/世界(W)］<世界>：n↙

指定新 UCS 的原点或［Z 轴(ZA)/三点(3)/对象(OB)/面(F)/视图(V)/X/Y/Z］<0,0,0>：

①指定新 UCS 的原点：只改变坐标系中原点的位置，其他选项保持不变。

②Z 轴(ZA)：改变 Z 轴正半轴的方向，来重新设置一个新的坐标系。

③三点(3)：在三维体系中指定三个点来设置坐标系。

④对象(OB)：根据三维图形来重新设置坐标系。

⑤面(F)：根据三维图形中的平面来重新设置坐标系。

⑥视图(V)：根据视图的方向来设置坐标系。

⑦X/Y/Z：把 X、Y、Z 中的某一个轴作为坐标轴，来旋转坐标系。

(2)移动(M)：坐标体系不变，只改变坐标原点的位置。

(3)正交(G)：指定采用系统提供的 6 个坐标系中的哪一个作为当前坐标系。

(4)上一个(P)：系统采用上一个设置的坐标系。

(5)恢复(R)：恢复以前系统中设置的坐标系。

(6)保存(S):把用户设置好的坐标系以某一个名称保存起来。

(7)删除(D):删除系统中已经设置好的某一个坐标系。

(8)应用(A):把某一个已经设置好的坐标系应用到当前系统中。

(9)?:把已经设置好的坐标系列表。

(10)世界(W)]:采用系统默认设置。

2. 通过菜单栏进行设置

在菜单栏用鼠标点击:工具→新建,如图 9.4 所示。

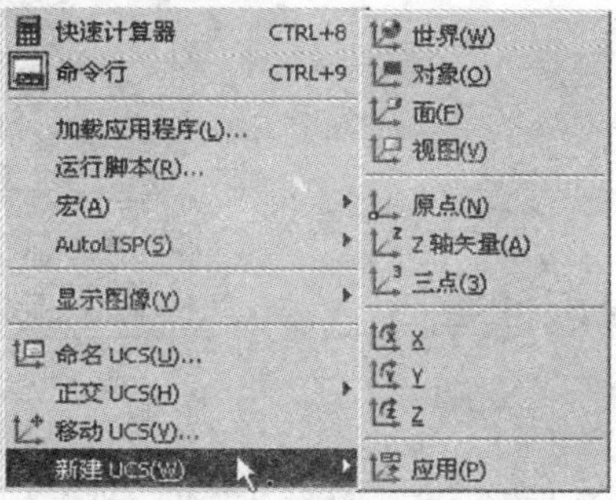

图 9.4　新建坐标系

其中各项的含义在第一种方法里已经介绍。

3. 通过“UCS”工具栏进行设置

“UCS”工具栏如图 9.5 所示。

图 9.5　“UCS”工具栏

9.1.5　坐标系图标

1. 坐标系的样式

在不同的绘图环境中,选择不同的图标样式,在不同的着色模式下,坐标系的外观也不一样,如图 9.6 所示。

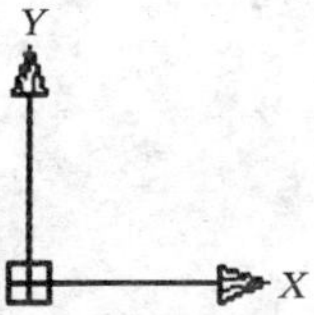

(a)三维样式:二维工作环境二维线框

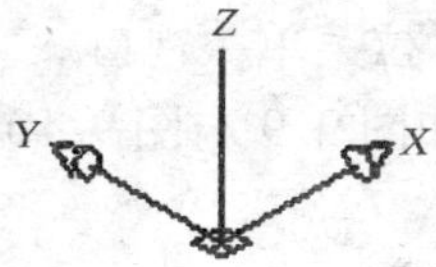

(b)三维样式:三维工作环境二维线框

(c)三维样式:三维工作环境三维线框

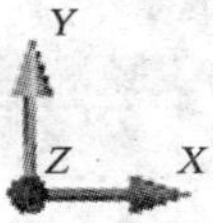

(d)三维样式:二维工作环境三维线框

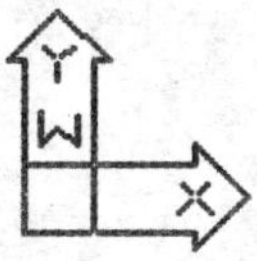

(e)二维样式:二维工作环境

(f)二维样式:三维工作环境

图 9.6　坐标系样式

2. 设置坐标系样式的方法:

(1)在命令行用键盘输入:Ucsicon。

(2)在菜单栏中点击:视图→显示→UCS 图标→特性,如图 9.7 所示。

图 9.7　设置坐标系样式

通过上面操作会出现如图 9.8 所示对话框。

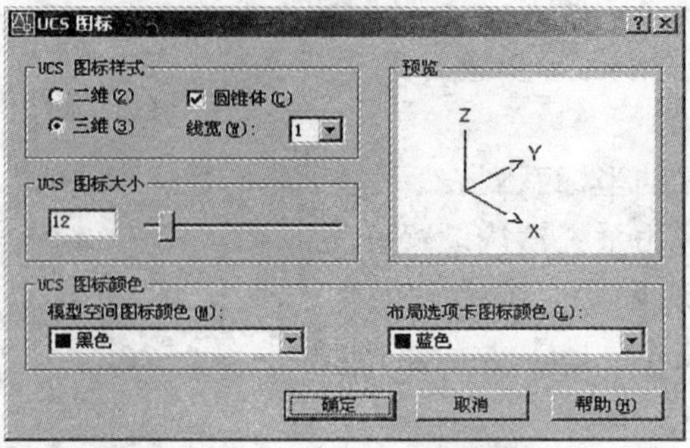

图 9.8 “UCS”图标对话框

9.2 三维视图与三维建模基础

9.2.1 三维视图

1. 视口

在绘图时,常常要用到局部放大,以显示其细节。但在观察局部的时候,却无法在同一绘图区观察图形的整体效果,也就是说,在同一视口内,不能对图形多方位地观察。这就需要在绘图区设置多视口。

1) 设置视口的方法

(1) 在命令行用键盘输入:Vports。

(2) 在菜单栏中点击:视图→视口。

(3) 右键单击工具栏:工具栏下拉菜单→视口。

“视口”菜单与“视口”工具栏如图 9.9 与图 9.10 所示。

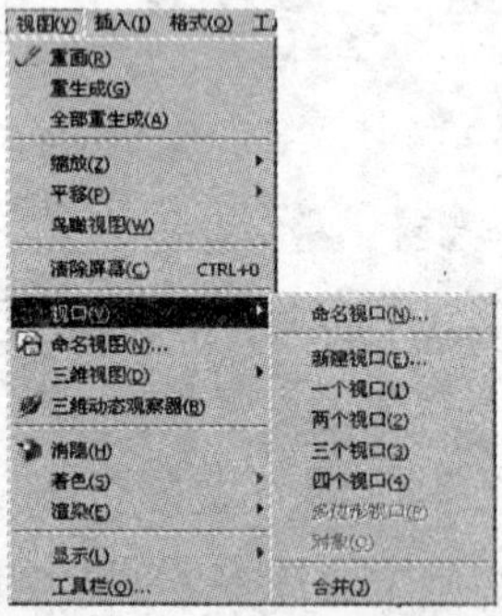

图 9.9 “视口”菜单

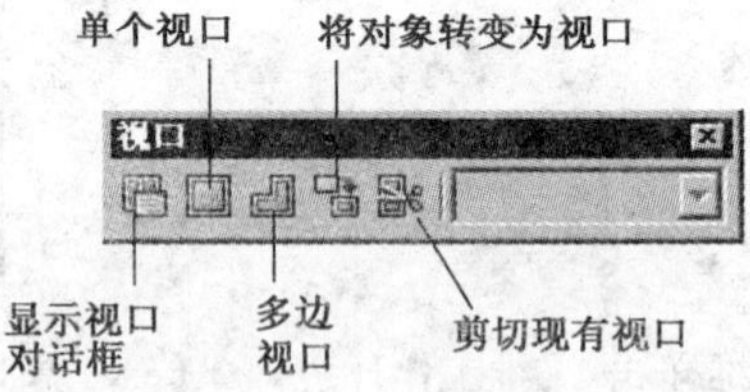

图 9.10 “视口”工具栏

2) 创建平铺视口

选择视图→视口→新建视口,或在“视口”工具栏内点击“ ”,打开“视口”对话框,如图 9.11 所示,可以根据需要选择“标准视口”。

如图 9.12 所示,我们创建一个“相等四视口”,来从前视图、俯视图、左视图和轴测图四个方位观察形体。“视图”的操作如下所叙述。

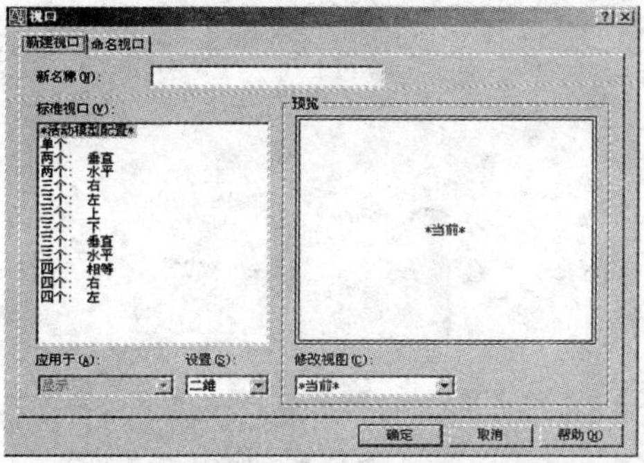

图 9.11 “视口”对话框

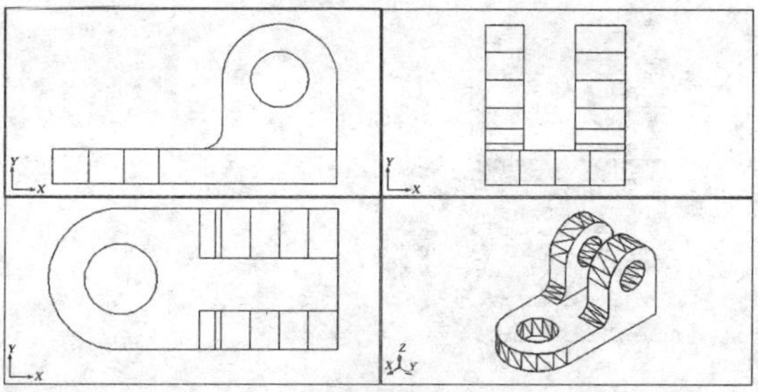

图 9.12 多“视口”观察

通过多视口操作，我们不但能够多方位观察同一个形体，而且还可以在不同视口内对图形进行修改，修改的结果在其他视口内同步完成。

3) 分割视口和合并视口

分割视口：选择视图→视口→一个视口，可以将当前视口充满屏幕；选择视图→视口→两个视口、三个视口、四个视口，可以将当前视口分割成两个、三个、四个视口。

合并视口：选择视图→视口→合并，在命令行中提示选择主视口。若不选择，直接按回车，则默认当前视口为主视口。接下来，命令行提示选择要合并的视口，系统自动使之与主视口合并。

2. 三维视图

观察一个形体，单从某一方向是不能够全面了解的，要从多方位观察。根据基本视图的原则，AutoCAD 从前、后、上、下、左、右六个平面方位及西南、东南、西北、东北四个立体方位对图形进行视图，可以全方位地了解图形形状。

对形体视图观察，常常要与“视口”命令结合操作。

1) 设置视图的方法

(1) 在命令行用键盘输入：View。

(2) 在菜单栏中点击：视图→三维视图。

(3) 右键单击工具栏：工具栏下拉菜单→视图。

“视图”菜单与“视图”工具栏如图 9.13 与图 9.14 所示。

2) 三维视图观察

对形体进行三维视图观察，操作很简单。首先选择当前视口，在当前视口内，点击“视图”工具栏内相应视图按钮，视图自动转换为对应“视图”形式。

如图 9.12 所示，我们设置左上视口内的视图为“主视图”、左下视口内的视图为“俯视图”、右上视口内的视图为“左视图”、右下视口内的视图为“西南等轴测图”。

3. 三维动态观察器

观察三维形体时，单独通过视图观察是达不到观察效果的。三维动态观察器命令可以动态调整当前视口内的三维图形。我们只要通过鼠标来控制和改变视图，就可以得到不同的观察效果。

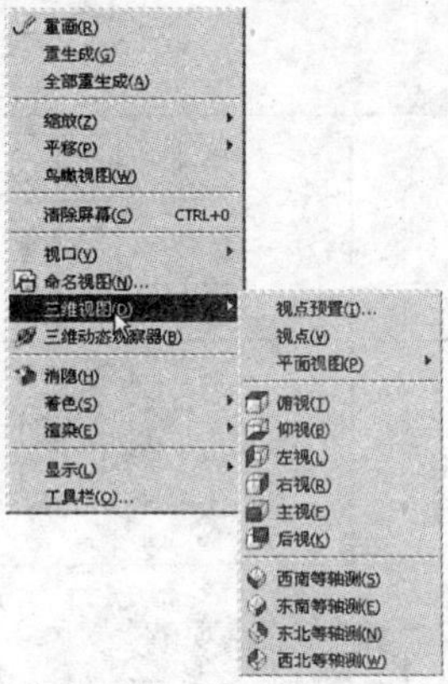

图 9.13 “视图”菜单

图 9.14 “视图”工具栏

1)设置“三维动态观察器”的方法

(1)在命令行用键盘输入:3D Orbit。

(2)在菜单栏中点击:视图→三维动态观察器。

(3)右键单击工具栏:工具栏下拉菜单→三维动态观察器。

“三维动态观察器”工具栏如图 9.15 所示。

图 9.15 “三维动态观察器”工具栏

2)“三维动态观察器”的操作

点击工具栏中的“”,启动“三维动态观察器”,在当前视口显示弧线球(屏幕上显示一个大圆,同时在大圆的四个象限点上分布四个小圆,称为弧线球),如图 9.16 所示。

当 3D Orbit 处于活动状态时,查看的目标保持不动,而相机的位置(或查看点)围绕目标移动。目标点是转盘的中心,而不是被查看对象的中心。在转盘的不同部分之间移动光标时,光标的形状会改变,以指示查看旋转的方向。

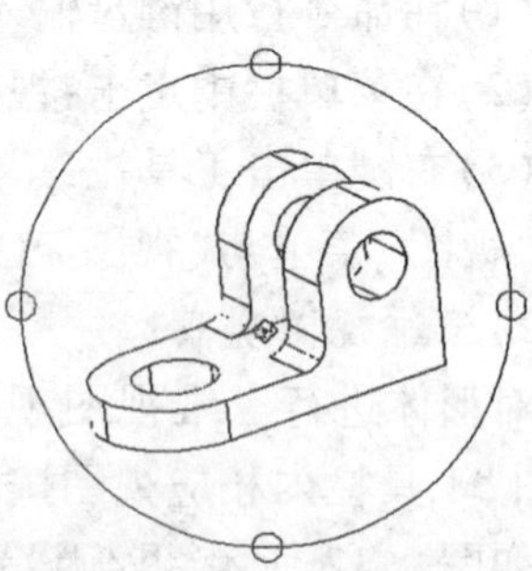

图 9.16 三维弧线球

(1)当光标的形状为两条直线环绕的球状。

在转盘中移动光标时,光标的形状变为外面环绕两条直线的小球状。如果在绘图区域中单击并拖动光标,则可围绕对象自由移动。就像光标抓住环绕对象的球体,围绕目标点进行拖动一样。用此方法可以在水平、垂直或对角方向上拖动。

(2)当光标的形状为圆形箭头。

在转盘外部移动光标时,光标的形状变为圆形箭头。在转盘外部单击并围绕转盘拖动光标,将使视图围绕延长线通过转盘的中心并垂直于屏幕的轴旋转,这称为“卷动”。如果将光标拖到转盘内部,它将变为外面环绕两条线的球状,并且视图可以自由移动。如果将光标向后移动到转盘之外,则可以恢复滚动。

(3)当光标的形状为水平椭圆。

当光标在转盘左右两边的小圆向上移动时,光标的形状变为水平椭圆。从这些点开始单击并拖动光标将使视图围绕通过转盘中心的垂直轴或 Y 轴旋转。

(4)当光标的形状为垂直椭圆。

当光标在转盘上下两边的小圆上移动时,光标的形状变为垂直椭圆。从这些点开始单击并拖动光标将使视图围绕通过转盘中心的水平轴或 X 轴旋转。

3)“三维动态观察器”的快捷菜单

当启动“三维动态观察器”后,单击鼠标右键可以打开其快捷菜单,如图 9.17 所示。各项功能说明如下。

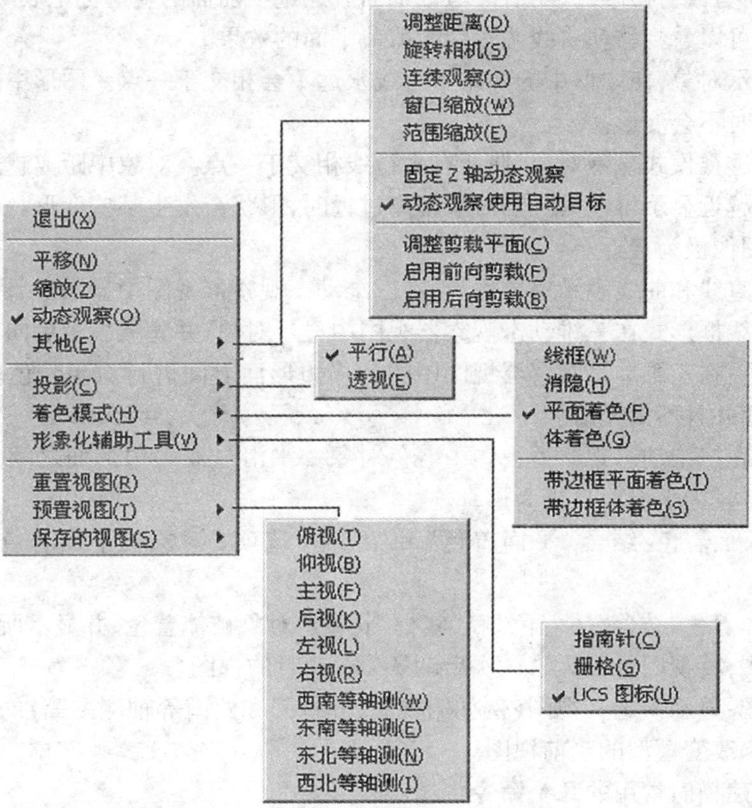

图 9.17 “三维动态观察器”快捷菜单

平移:在视图中水平或垂直移动对象。

缩放:模拟相机变焦镜头的效果。

动态观察:在使用其他菜单命令(例如“缩放”、“平移”或“连续观察”)之后使视图返回“动态观察”模式。

调整距离:模拟相机推近对象或远离对象的效果。

旋转相机:光标变为圆弧形箭头,并模拟旋转相机的效果。

连续观察:光标变为两条实线环绕的球状,使用户可以将对象设置为连续运动。

窗口缩放:光标变为窗口图标,使用户可以选择特定的区域进行缩放查看。当光标形状改变时,可单击并拖动光标在要选择的区域周围绘制一个窗口。释放拾取键时,图形被放大并聚焦在选定区域上。

范围缩放:居中显示视图,并调整其大小,使之能显示所有对象。

固定 Z 轴动态观察:在转盘圆圈中水平拖动或从转盘左边或右边的小圆上拖动时,保持 Z 轴当前的方向。使用三维动态观察器时,此选项可以防止对象翻转。

调整剪裁平面:打开“调整剪裁平面”窗口。

启用前向剪裁:打开或关闭前向剪裁平面。此选项前面的复选标记表明:启用前向剪裁平面,用户可以看到移动直线调整前向剪裁平面的效果。

启用后向剪裁:打开或关闭后向剪裁平面。此选项前面的复选标记表明:启用后向剪裁平面,用户可以看到移动直线调整后向剪裁平面的效果。

平行:显示对象,使图形中的两条平行线永远不会相交于一点。图形中的形状始终保持相同,靠近时不会变形。

透视:按透视模式显示对象,使所有平行线相交于一点。对象中距离越远的部分显示得越小,距离越近显示得越大。当对象距离过近时,形状会发生某些变形。此视图与人眼睛观察到的图像极为接近。

线框:用直线和曲线表示对象边界,在三维动态观察器视图中显示对象。

消隐:以线框形式在三维动态观察器视图中显示对象,并隐藏表示后向面的线条。

平面着色:在三维动态观察器视图中的各多边形面之间进行对象着色。这使对象的外观为镶嵌面并且不太光滑。

体着色:在三维动态观察器视图中着色对象并平滑过渡多边形面之间的边。这使对象的外观显得较为平滑而且更为逼真。

带边框平面着色:结合“平面着色”和“线框”选项。对象被平面着色,并显示所有线框。

带边框体着色:结合“体着色”和“线框”选项。对象被体着色,并显示所有线框。

重置视图:将视图重置为第一次启动 3D orbit 时的视图。

预置视图:显示预定义视图(例如俯视图、仰视图和西南等轴测图等)的列表。从列表中选择视图来改变模型的当前视图。

9.2.2 三维建模时常用的几个命令

1. 标高

命令形式:Elev。

用来设置当前对象的标高。标高的数值可以任意设置。

2. 厚度

命令形式:Thickness。

用来设置当前对象的厚度。

3. 消隐

命令形式:Hide。

将实体上的不可见线进行隐藏。

4. 实体网格显示控制

命令形式:Dispsilh。

控制实体上网格的显示。它的值有两个:“0”为关;“1”为开。

5. 线框密度的设置

为了使三维表面更接近实际,常需要设置立体表面线框密度,如图 9.18 所示,二者是用 Isolines 设置线框密度为 4 和 30 的球面。

对三维曲面来说,线框密度的设置则是对“SURFTAB1”和“SURFTAB2”的值进行设置,如图 9.19 所示是用“SURFTAB1”和“SURFTAB2”设置线框密度为 6 和 12 的边界曲面。

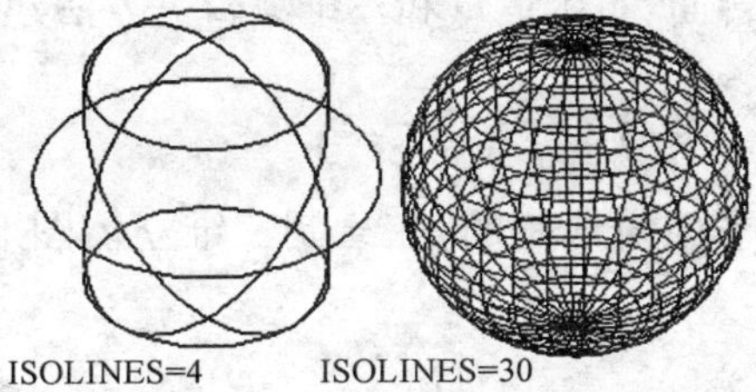

图 9.18　球面的线框密度

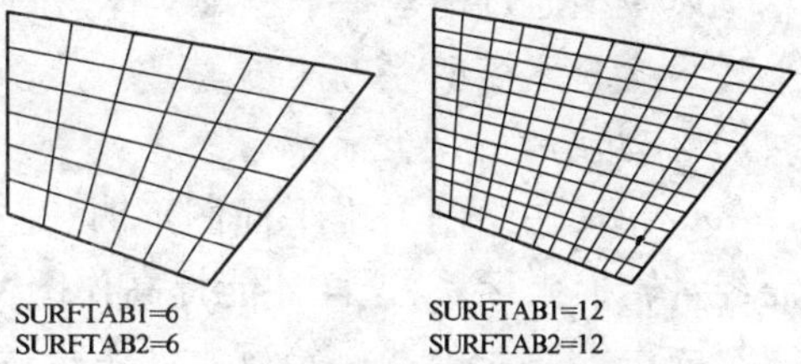

图 9.19　边界曲面的线框密度

9.2.3　三维模型与三维建模的技巧

1. 三维模型的分类

AutoCAD 支持 3 种类型的三维模型:线框模型、曲面模型和实体模型。

1) 线框模型

线框模型是在三维空间内绘制的二维立体图形,也就是我们所用的轴测图。线框模型中没有平面,只有描绘边界的点、直线和曲线。它只是用来描绘三维对象的骨架,不能消隐。因此,它没有实体的物理特性(如质量、重量和重心)。

在绘制三维线框模型时,绘制圆的轴测图有一定的技巧。首先,要在“草图设置”中对“捕捉类型和样式”选择“等轴测捕捉”,然后在绘制“椭圆”命令中选择参数“I”,使其转变为“等轴测圆”,再利用“F5”在“等轴测平面 右”、“等轴测平面 左”、“等轴测平面 上”之间转换,绘制圆的轴测图。

如图 9.20 所示,为一线框模型图。

2) 曲面模型

曲面模型比线框模型更进一步,它可以定义三维对象的边与面。三维曲面模型的曲面是由许多多边形网格组成的,因此它只能近似于曲面。

如果需要对三维对象着色和渲染,而不需要实体的物理特性,曲面模型比线框模型更具有优越性。我们在构建三维模型时,对那些不追求厚度的复杂曲面,常采用曲面模型。

如凉亭的顶，山脉的三维地形模型。

如图 9.21 为曲面模型图。

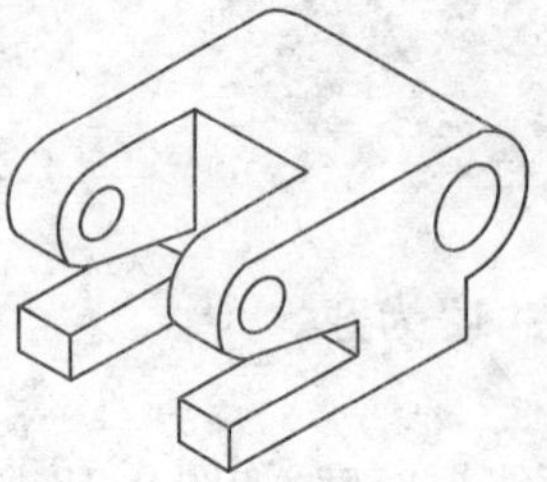

图 9.20　线框模型图

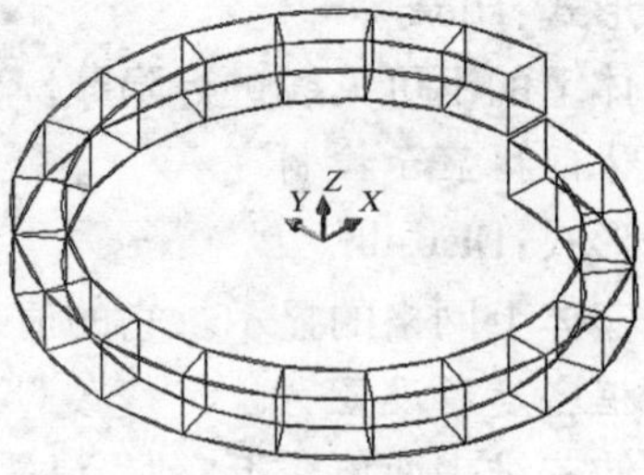

图 9.21　曲面模型图

3) 实体模型

实体模型是三维建模中运用最多的一种。它具有实体的物理性能，在三维视图中立体感强，三维观察不会产生歧义，它既能着色，又能渲染。

实体模型通过构建基本三维实体、拉伸与旋转面、布尔运算和三维编辑等方法建模。

2. 构建三维模型常用技巧

1) 合理使用用户坐标系

AutoCAD 在绘制二维平面图形时，是在 *XY* 平面内绘制的，在绘制三维立体图形时，必需经常转换坐标系，这样才能提高作图速度。

2) 充分利用拉伸与旋转面的方法构建实体

很多实体的建立都是依据某一平面的，我们要分析构成实体的平面特征，找到绘制平面图形的技巧，然后通过拉伸与旋转面的方法构建实体。

3) 巧妙利用三维编辑

有些实体外表复杂，但其实质却有一定规律可循。比如它是按行、列排列或按圆周排列或左右、前后对称，这样"三维编辑"无疑是一种行之有效的方法。

4) 视口与视图的配合使用

灵活运用视口，可以减少绘图时的来回转换；经常性转变视图方向，可以灵活捕捉对象，大大提高作图速度。

9.3　绘制三维曲面

打开绘制三维曲面的菜单与工具栏的方法：

(1) 在菜单栏中点击绘图→曲面。出现如图 9.22 所示"曲面"菜单。

(2) 右键单击工具栏：工具栏下拉菜单→曲面。出现如图 9.23 所示"曲面"工具栏。

9.3.1　基本三维曲面的绘制

在菜单栏中点击：绘图→曲面→三维曲面，出现如图 9.24 所示的对话框。

从"三维对象"对话框中可以看出，基本曲面包括：长方体表面，楔体表面，棱锥面，圆锥面，球面，上、下半球面，圆环面，网格。

1.“长方体表面”的绘制

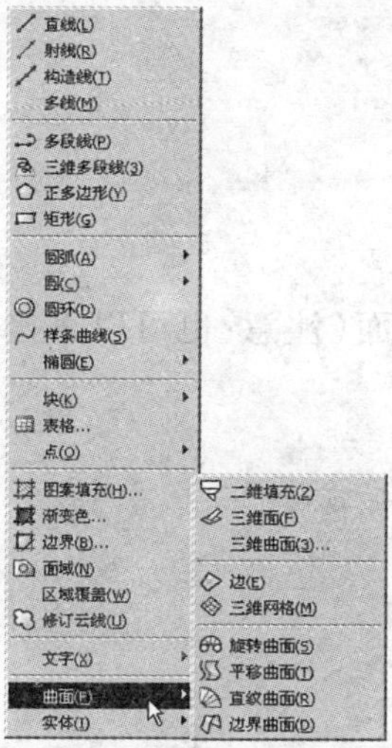

图 9.22 “曲面”菜单

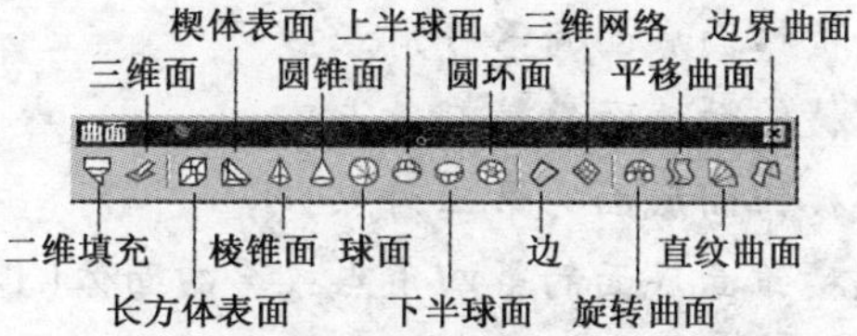

图 9.23 “曲面”工具栏

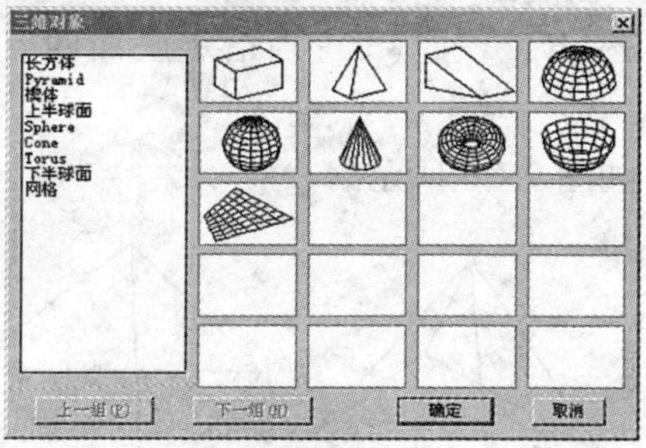

图 9.24 “三维对象”对话框

通过给定长方体的长、宽、高三个数值来绘制长方体的表面。命令过程如下：

命令：_ai_box

正在初始化... 已加载三维对象。

指定角点给长方体表面：

（指定角点位置）

指定长度给长方体表面:30↙

指定长方体表面的宽度或［立方体(C)］:20↙

指定高度给长方体表面:10↙

指定长方体表面绕 Z 轴旋转的角度或［参照(R)］:0↙

立方体(C)：输入 c，将按照给定的长度绘制立方体。

参照(R)：输入 r，按要求输入参照角与指定新角度。

所绘图形如图 9.25 所示。

图 9.25 “长方体表面”命令的应用

2.“楔体表面”的绘制

通过给定楔体的角点、长、宽、高等数值来绘制楔体的表面。命令过程如下：

命令：_ai_wedge

指定角点给楔体表面:

指定长度给楔体表面: 30↙

指定楔体表面的宽度: 20↙

指定高度给楔体表面: 10↙

指定楔体表面绕 Z 轴旋转的角度: 0↙

3.“棱锥面”的绘制

通过输入或指定四个角点和顶点的位置来确定棱锥面(注意:也可以直接指定棱锥的高度)。命令过程如下:

命令: _ai_pyramid

指定棱锥面底面的第一角点:

指定棱锥面底面的第二角点:

指定棱锥面底面的第三角点:

指定棱锥面底面的第四角点或 [四面体(T)]:

指定棱锥面的顶点或 [棱(R)/顶面(T)]: 50↙

四面体(T):当指定第三角点后,输入 t,绘制的是四面体。

棱(R)/顶面(T):当指定底面四点后,输入 r,绘制的是楔形锥面;输入 t,绘制的是棱台。

如图 9.26 所示。

图 9.26 “棱锥面”命令的应用

4.“圆锥面”的绘制

通过指定底面和顶面的半径或直径来确定锥面的形状。命令过程如下:

命令: _ai_cone

正在初始化... 已加载三维对象。

指定圆锥面底面的中心点:

指定圆锥面底面的半径或 [直径(D)]:20↙

指定圆锥面顶面的半径或 [直径(D)] <0>:10↙

指定圆锥面的高度:20↙

输入圆锥面曲面的线段数目 <16>: 32↙

注意:输入圆锥面顶面的半径或 [直径(D)]为 0,绘制的是圆锥,输入大于零的值,则为圆台。

5.“球面”的绘制

指定球面的中心点和输入球面的半径或直径来绘制球面(注意:还要输入球面的经线数和纬线数)。命令过程如下:

命令: _ai_sphere

指定中心点给球面:

指定球面的半径或[直径(D)]:15↙

输入曲面的经线数目给球面 <16>:↙

输入曲面的纬线数目给球面 <16>:↙

6.“上、下半球面”或的绘制

指定上、下半球面的中心点和输入上、下半球面的半径或直径来绘制球面。

1)上半球面命令过程

命令: _ai_dome

指定中心点给上半球面:

指定上半球面的半径或[直径(D)]:15↙

输入曲面的经线数目给上半球面 <16>:↙

输入曲面的纬线数目给上半球面 <8>:↙

2)下半球面命令过程

命令: _ai_dish

指定中心点给下半球面:

指定下半球面的半径或[直径(D)]:15↙

输入曲面的经线数目给下半球面 <16>:↙

输入曲面的纬线数目给下半球面 <8>:↙

7.“圆环面”的绘制

输入圆环面的半径(直径)和圆管的半径(直径)来绘制圆环面。命令过程如下:

命令: _ai_torus

指定圆环面的中心点:

指定圆环面的半径或[直径(D)]:20↙

指定圆管的半径或[直径(D)]: 10↙

输入环绕圆管圆周的线段数目 <16>:↙

输入环绕圆环面圆周的线段数目 <16>:↙

注意:如果输入的圆环面半径小于圆管半径,绘图不能进行。

9.3.2 由二维曲线绘制三维曲面

由二维曲线绘制三维曲面,必须先绘制好要定义的二维曲线,然后才能生成三维曲面。

1.“旋转曲面”的绘制

让旋转对象绕着定义的旋转轴旋转指定的角度形成的曲面。命令过程如下:

命令: _revsurf

当前线框密度: SURFTAB1 = 12 SURFTAB2 = 12

选择要旋转的对象：

选择定义旋转轴的对象：

指定起点角度 <0>：↙

指定包含角（+ = 逆时针，- = 顺时针）<360>：↙

注意：为了增强三维曲面的可观性，绘图前需设置 SURFTAB1、SURFTAB2 的参数值。

旋转曲面如图 9.27 所示。

2.“平移曲面”的绘制

把轮廓线沿着某个矢量方向进行拉伸。注意轮廓曲线必须是直线、曲线或多段线。命令过程如下：

命令：_tabsurf

选择用作轮廓曲线的对象：

选择用作方向矢量的对象：

平移过程如图 9.28 所示。

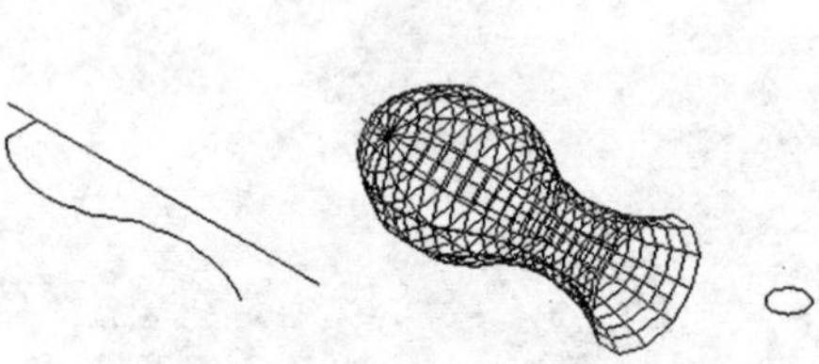

图 9.27 “旋转曲面”命令的应用

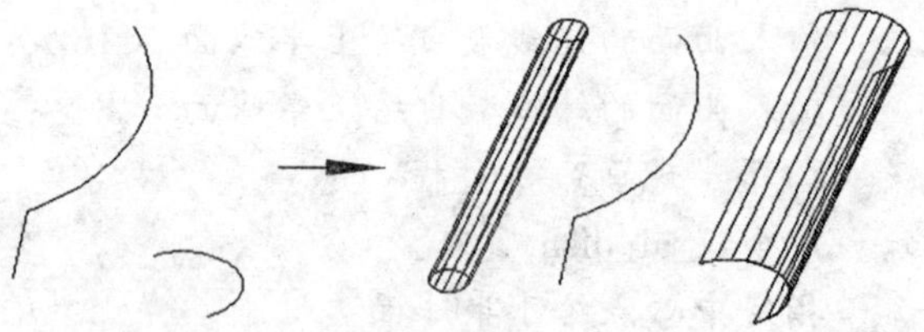

图 9.28 “平移曲面”命令的应用

3.“直纹曲面”的绘制

在两个定义的对象之间绘制直纹曲面。注意定义的对象包括直线、圆、样条曲线和多段线。命令过程如下：

命令：_rulesurf

当前线框密度：SURFTAB1 = 12

选择第一条定义曲线：

选择第二条定义曲线：

作图过程如图 9.29 所示。

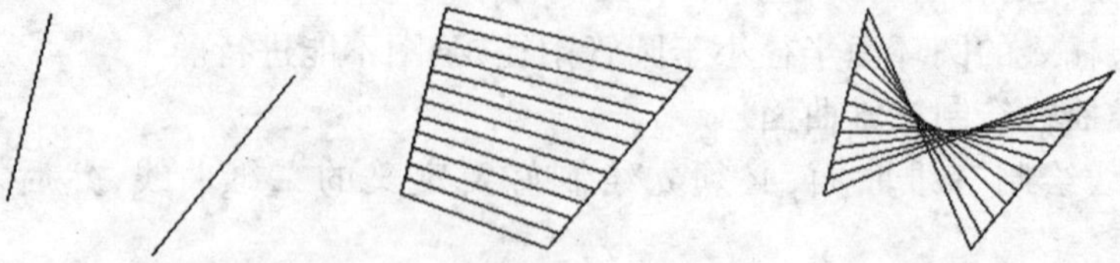

图 9.29 “直纹曲面”命令的应用

4.“边界曲面”的绘制

通过选择四个边界边来绘制边界曲面。注意作为边界的只能是四条边，并且选择的顺序不同所形成的曲面也不同。命令过程如下：

命令：_edgesurf

当前线框密度：SURFTAB1 = 12 SURFTAB2 = 12

选择用作曲面边界的对象 1：

选择用作曲面边界的对象 2：

选择用作曲面边界的对象 3：

选择用作曲面边界的对象 4：

图形如图 9.30 所示。

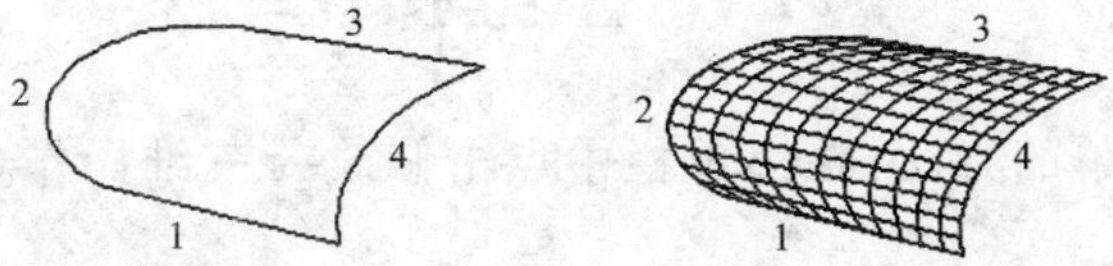

图 9.30 “边界曲面”命令的应用

9.3.3 一般三维曲面的绘制

1.“三维面”的绘制

通过在屏幕上指定点或输入点来绘制三维面。命令过程如下：

命令：_3dface 指定第一点或 [不可见(I)]：

指定第二点或 [不可见(I)]：

指定第三点或 [不可见(I)] <退出>：

指定第四点或 [不可见(I)] <创建三侧面>：

不可见(I)：用来控制是否显示面上的边。

注意：三维面是三维空间的表面，它没有厚度，也没有物理属性。由“三维面”命令创建的每个面的各顶点可以有不同的 *Z* 坐标，但构成各个面的顶点最多不能超过 4 个。如果构成面的 4 个顶点共面，消隐认为该面是透明的，可以消隐。如果构成面的 4 个顶点不共面，消隐认为该面是不透明的，消隐无效。

2.“三维网格”的绘制

通过定义 *M* 方向和 *N* 方向上的网格数量来绘制三维网格（注意：网格数量与点的数量是一致的）。命令过程如下：

命令：_3dmesh

输入 M 方向上的网格数量：8↙

输入 N 方向上的网格数量：6↙

指定顶点 (0, 0) 的位置：

指定顶点 (0, 1) 的位置：

…

指定顶点 (1, 0) 的位置：

指定顶点 (1, 1) 的位置：

…

注意:顶点的行、列序号均从零开始,在两个方向上所允许的最大网格面顶点数为256。

3.“边”的绘制

修改三维面边的可见性。注意应先创建一个三维面。命令过程如下:

命令:_edge

指定要切换可见性的三维表面的边或[显示(D)]:

指定要切换可见性的三维表面的边或[显示(D)]:

9.4 三维操作

打开三维操作菜单的方法:在菜单栏中点击修改→三维操作。如图9.31所示,为“三维操作”菜单。

9.4.1 “三维阵列”操作

三维阵列是在立体上的阵列,分矩形或环形(圆形)阵列。对于矩形阵列,可以控制行和列的数目以及它们之间的距离。对于环形阵列,可以控制对象副本的数目并决定是否旋转副本。

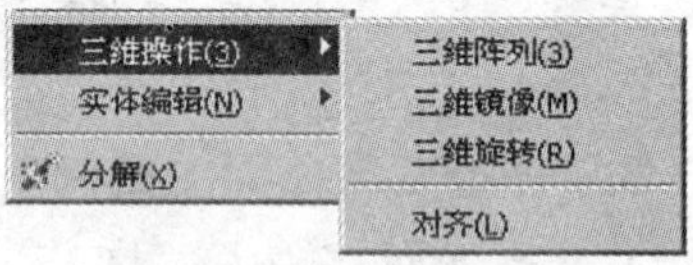

图9.31 “三维操作”菜单

(1)创建矩形阵列:将沿当前捕捉旋转角度定义的基线创建矩形阵列。该角度的默认设置为0,因此矩形阵列的行和列与图形的X轴和Y轴正交。默认角度为0的方向设置可以在UNITS命令中修改。

(2)创建环形阵列:创建环形阵列时,阵列按逆时针或顺时针方向绘制,这取决于设置填充角度时输入的是正值还是负值。阵列的半径由指定中心点与参照点或与最后一个选定对象上的基点之间的距离决定。可以使用默认参照点(通常是与捕捉点重合的任意点),或指定一个要用作参照点的新基点。

(3)三维空间中的阵列:使用3DARRAY命令,可以在三维空间中创建对象的矩形阵列或环形阵列。除了指定列数(X方向)和行数(Y方向)以外,还要指定层数(Z方向)。

1.“三维矩形阵列”操作

“三维矩形阵列”可通过依次单击修改→三维操作→三维阵列或在命令行用键盘输入:3darray进行操作,命令过程如下。

命令:_3darray↙

选择对象: (指定要阵列的对象)

选择对象:

输入阵列类型[矩形(R)/环形(P)]<矩形>:r↙ (指定“矩形”)

输入行数(---)<1>:↙ (指定要阵列的行数)

输入列数(|||)<1>:↙ (指定要阵列的列数)

输入层数(...)<1>:↙ (指定要阵列的层数)

指定行间距(---):↙ (指定要阵列的行间距)

指定列间距(|||):↙ (指定要阵列的列间距)

指定层间距（...）：↙　　（指定要阵列的层间距）

注意：如果要三维阵列必须具有至少两个行、列或层，否则是在一个层面上的阵列，相当于二维阵列。

“三维矩形阵列”应用结果如图 9.32 所示。

2.“三维环形阵列”操作

“三维环形阵列”可通过依次单击修改→ 三维操作→三维阵列或在命令行用键盘输入：3darray 进行操作。命令过程如下。

命令：_3darray ↙

选择对象：找到 1 个　　（选择要创建阵列的对象 ）

选择对象：

输入阵列类型［矩形(R)/环形(P)］<矩形>：p ↙　　（指定“环形”）

输入阵列中的项目数目：10 ↙　　（输入要创建阵列的项目数）

指定要填充的角度（+=逆时针，-=顺时针）<360>：↙

（指定要填充的阵列对象的角度）

旋转阵列对象？［是(Y)/否(N)］<Y>：↙

（按 Enter 键沿阵列方向旋转对象，或者输入 n 保留它们的方向。）

指定阵列的中心点：　　（指定对象旋转轴的起点）

指定旋转轴上的第二点：　　（指定对象旋转轴的端点）

“三维环形阵列”应用结果如图 9.33 所示。

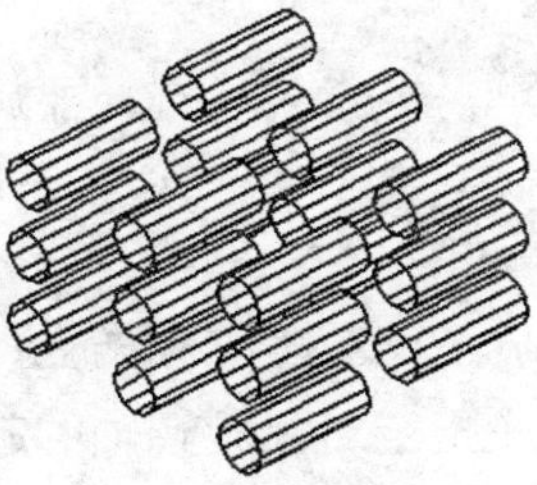

图 9.32　“三维矩形阵列”命令的应用

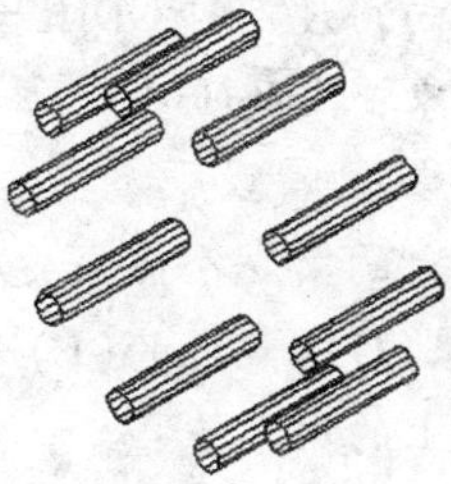

图 9.33　“三维环形阵列”命令的应用

9.4.2　“三维镜像”操作

三维镜像必须选择镜像平面才能进行镜像操作，它有别于二维平面镜像的镜像轴。

“三维镜像”可通过依次单击修改→ 三维操作→三维镜像或在命令行用键盘输入：Mirror3d 进行操作，命令过程如下。

命令：_mirror3d ↙

选择对象：找到 1 个　　（选择要镜像的对象）

选择对象：

指定镜像平面（三点）的第一个点或

［对象(O)/最近的(L)/Z 轴(Z)/视图(V)/XY 平面(XY)/YZ 平面(YZ)/ZX 平面(ZX)/三点(3)］<三点>：yz ↙　　（定义镜像平面）

指定 YZ 平面上的点 <0,0,0>：

是否删除源对象？[是(Y)/否(N)] <否>：

（按 Enter 键保留原始对象，或者按 y 将其删除）

注意：镜像平面可以是以下平面：

(1)平面对象所在的平面。

(2)通过指定点且与当前 UCS 的 XY、YZ 或 XZ 平面平行的平面。

(3)由三个指定点定义的平面。

"三维镜像"应用结果如图 9.34 所示。

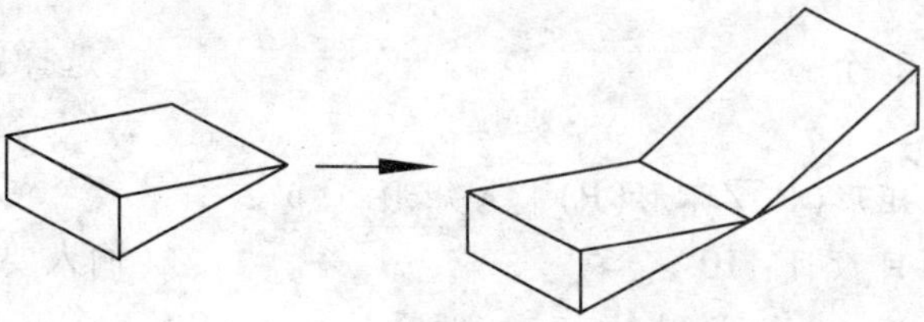

图 9.34 "三维镜像"命令的应用

9.4.3 "三维旋转"操作

三维旋转必须选择旋转轴才能进行旋转操作，它有别于二维平面旋转的旋转点。

"三维旋转"可通过依次单击修改→三维操作→三维旋转或在命令行输入 rotate3d 进行操作，其命令过程如下。

命令：_rotate3d ↙

当前正向角度：ANGDIR = 逆时针 ANGBASE = 0

选择对象：找到 1 个 （选择要旋转的对象）

选择对象：

指定轴上的第一个点或定义轴依据

[对象(O)/最近的(L)/视图(V)/X 轴(X)/Y 轴(Y)/Z 轴(Z)/两点(2)]：

指定轴上的第二点： （指定对象旋转轴的起点和端点）

指定旋转角度或[参照(R)]： （指定旋转角度）

"三维旋转"应用结果如图 9.35 所示。

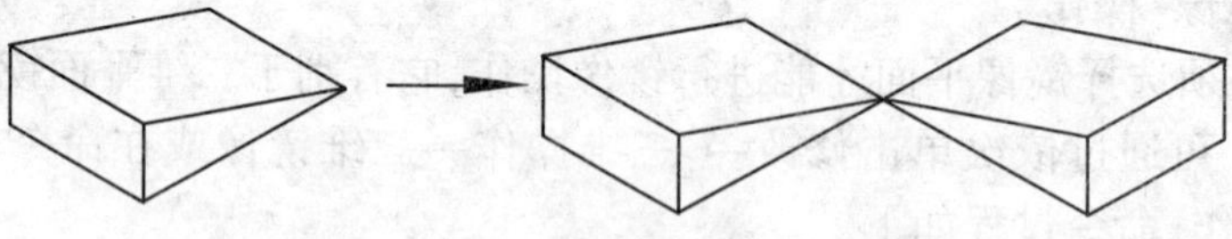

图 9.35 "三维旋转"命令的应用

9.4.4 "对齐对象"操作

通过移动、旋转或倾斜对象来使该对象与另一个对象对齐。

"对齐对象"可通过依次单击修改→ 三维操作→对齐或在命令行用键盘输入：align 进行操作，其命令过程如下。

命令：_align ↙

选择对象：找到 1 个 （选择要对齐的对象）

选择对象：

指定第一个源点：　　(指定第一个源点)

指定第一个目标点：

(指定第一个目标点，如果在此按 Enter 键，对象将从源点移到目标点)

指定第二个源点：　　(指定第二个源点)

指定第二个目标点：　　(指定第二个目标)

指定第三个源点或 <继续>：

(指定第三个源点，或按 Enter 键继续指定是否缩放对象到对齐点。对象先对齐(移动和旋转到位)，后缩放。第一个目标点是缩放的基点，第一个和第二个源点之间的距离是参照长度，第一个和第二个目标点之间的距离是新的参照长度。)

指定第三个目标点：

"对齐对象"应用结果如图 9.36 所示。

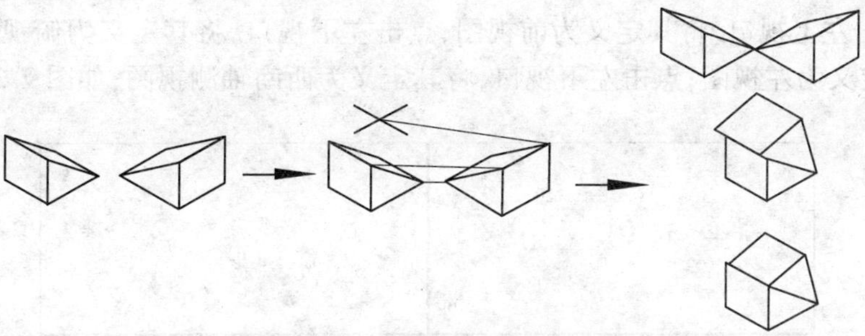

图 9.36　"对齐对象"命令的应用

实训 9　三维网格曲面的绘制与编辑

【实训目的】

1. 了解柱坐标和球坐标，掌握用户坐标系的转换。
2. 掌握观察三维对象的方法与绘制三维图形的技巧。
3. 掌握各种三维曲面的绘制方法。
4. 熟悉三维对象操作。

【相关知识】

1. 坐标系及其设置。
2. 三维对象的观察方法。
3. 三维曲面的绘制及三维操作。

【实训指导】

指导　通过绘制如图 9.37 六角亭顶，掌握三维坐标系的变换、三维对象的观察及三维曲面的构建与编辑

1) 建立四个视口并确定每一视口的视图模式

(1) 建立过程：视图→视口→四视口。

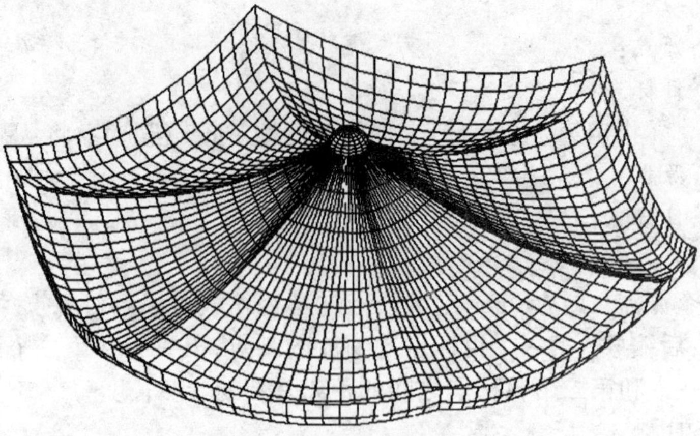

图 9.37　六角亭顶

(2)点击左上视口,将其定义为前视图;点击左下视口,将其定义为俯视图;点击右上视口,将其定义为左视图;点击左下视口,将其定义为西南轴测视图,如图 9.38 所示。

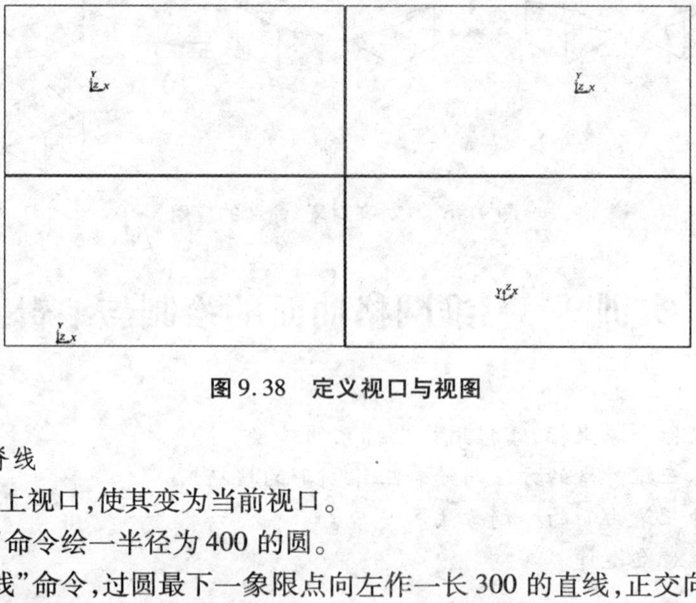

图 9.38　定义视口与视图

2)建立斜脊线

(1)点击左上视口,使其变为当前视口。

(2)用“圆”命令绘一半径为 400 的圆。

(3)用“直线”命令,过圆最下一象限点向左作一长 300 的直线,正交向上作长 130 直线,正交向右交圆周。

(4)过长为 300 的直线的右端点正交向上作长 50 的直线。

(5)以长为 50 的直线上端点为圆心,作半径 50 的圆。

(6)用“修剪”命令修剪多余线,并用“删除”命令删去多余。

操作结果如图 9.39 所示。

3)创建一块亭顶面

(1)在“前视图”内,通过“修改→对象→多段线”等一系列操作,将上面绘制的两段圆弧合并为一条多段线。

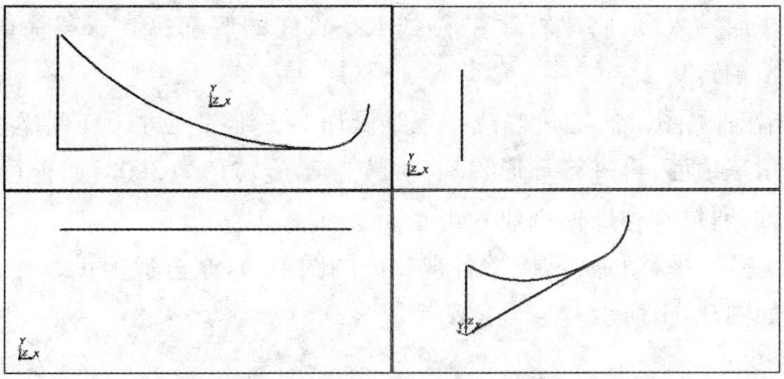

图 9.39　作一条斜脊线

(2)在“西南轴测图”内,通过“修改→三维操作→三维阵列”进行阵列操作,点击上步绘制的多段线,进行环形阵列,份数为 2,旋转角为 -60°,捕捉长 130 的直线的两端点为旋转轴,通过阵列操作创建另一条斜脊线 。

(3) 用“ucs”命令,回车后输入 m,将坐标平移到一条斜脊线的外端点上;用“ucs”命令,回车后输入 n,将坐标绕 z 轴转 -30°;用“ucs”命令,回车后输入 n,再将坐标绕 y 轴转 90°。

(4)用“起点、端点、半径”命令,过两斜脊线的外端点绘一半径为 350 的圆弧。

(5)用“缩放”命令将斜脊线的两上端点放大;用“直线”命令将斜脊线的两上端点连接起来。

(6) 设置 SURFTAB1 = 20、SURFTAB2 = 20。

(7)用“边界曲面”,分别点击 350 的圆弧、一条斜脊线、上部直线和另一条斜脊线,生成一块亭子顶面。

创建结果如图 9.40 所示。

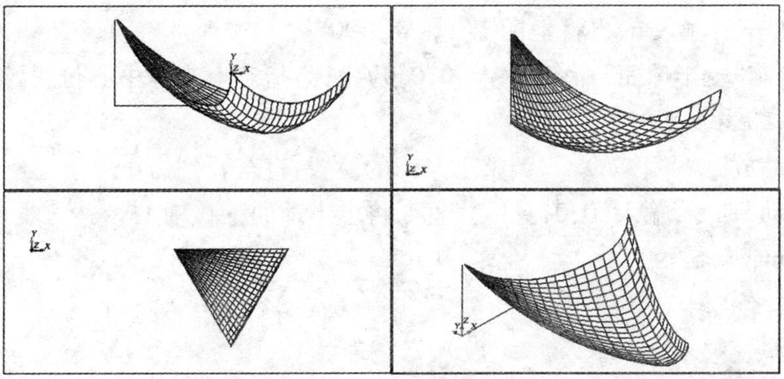

图 9.40　作一块六角亭顶

4)创建六角亭面

(1)在“西南轴测图”内,用“ucs”命令,回车后输入 w,将坐标系回到世界坐标系;用

“ucs”命令,回车后输入 m,将坐标系平移到 130 直线的底部;用“ucs”命令,回车后输入 n,再将坐标绕 x 轴转 90°。

(2)在“西南轴测图”内,通过修改→三维操作→三维阵列进行阵列操作,先选择上步绘制的一块六角亭顶面,再进行环形阵列,份数为 2,旋转角为 360°,捕捉长 130 的直线的两端点为旋转轴,通过阵列操作创建六角亭面 。

(3)用“缩放”、“平移”命令,调整各视口内的图形,直至合适为止。

操作结果如图 9.41 所示。

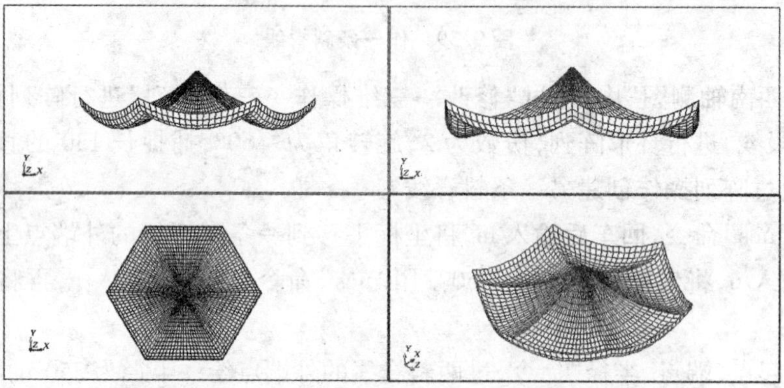

图 9.41 “阵列”组成六角亭顶

5)创建亭子顶部半球面

(1)在“西南轴测图”内,用“缩放”命令将亭子顶放大,直到清楚看到六边形为止。

(2)用“ucs”命令,回车后输入 m,将坐标系平移到六边形的一个角点处。

(3)用“直线”命令,过六边形的对角点作一条直线。

(4)用“ucs”命令,回车后输入 m,将坐标系平移到上步所画的直线的中点处;用“ucs”命令,回车后输入 n,再将坐标绕 x 轴转 -90°。

(5)用绘制“上半球面”命令,输入(0,0,0)坐标,指定上半球中心位置,半径输入 20,经线数目 16,纬线数目 8。

(6)用“缩放”、“平移”命令,调整上半球的位置,直至看到为止。

(7)“移动”命令,输入(0,0, -15)坐标,将上半球向下移动 15。

命令: _move

选择对象: 找到 1 个

选择对象:

指定基点或 [位移(D)] <位移>: 0,0,0 ↙

指定第二个点或 <使用第一个点作为位移>: @0,0, -15 ↙

(8)用“缩放”、“平移”命令,调整各视口内的图形,直至合适为止。

绘制结果如图 9.42 所示。

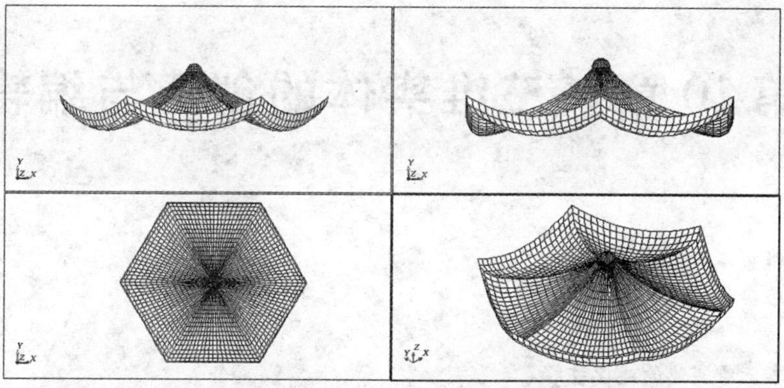

图 9.42　创建六角亭顶半球面

【实训内容】

绘制如图 9.43 雨伞，掌握三维坐标系的变换、三维对象的观察及三维曲面的构建与编辑。参考图 9.44，尺寸自定。

图 9.43　雨伞

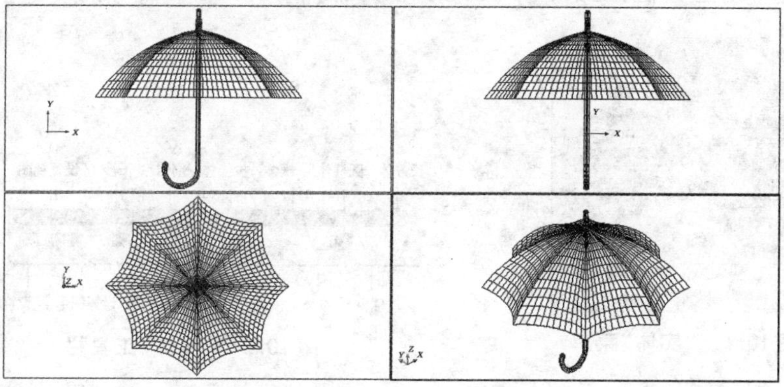

图 9.44　雨伞的四视图

第 10 章　三维实体的创建与编辑

【教学目标】

1. 讲解三维实体的建模方法。
2. 讲解三维实体的编辑处理。

【学习要点】

1. 掌握基本三维实体的建模过程。
2. 熟悉旋转、拉伸实体的建模方法。
3. 掌握布尔运算。
4. 掌握三维实体的面、边、体的编辑。

10.1　创建三维实体

无论多么复杂的组合形体,它都有基本体构成。用 AutoCAD 创建三维实体时,可用长方体、球体、圆柱体、圆锥体、楔体及圆环体作为基本体来构建组合体。对于复杂的形体来说,运用旋转、拉伸、布尔运算、剖切、干涉的方式及对基本体的“三维操作”可以满足要求。

10.1.1　创建基本三维实体

打开创建三维实体菜单与工具栏的方法:

(1)在菜单栏中点击:绘图→实体。出现如图 10.1“实体”菜单。

(2)右键单击工具栏:工具栏下拉菜单→实体。出现如图 10.2“实体”工具栏。

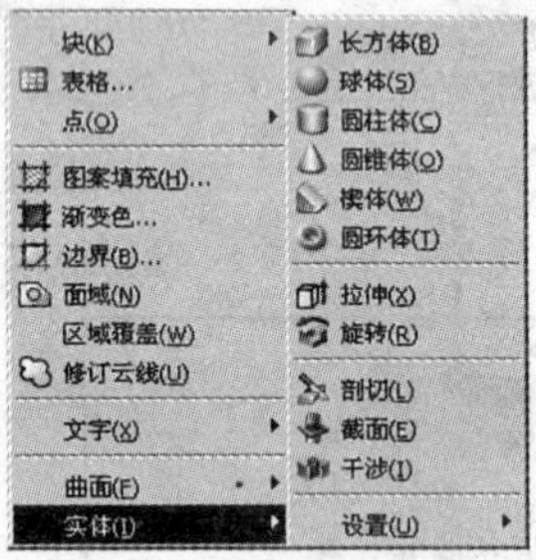

图 10.1　“实体”菜单

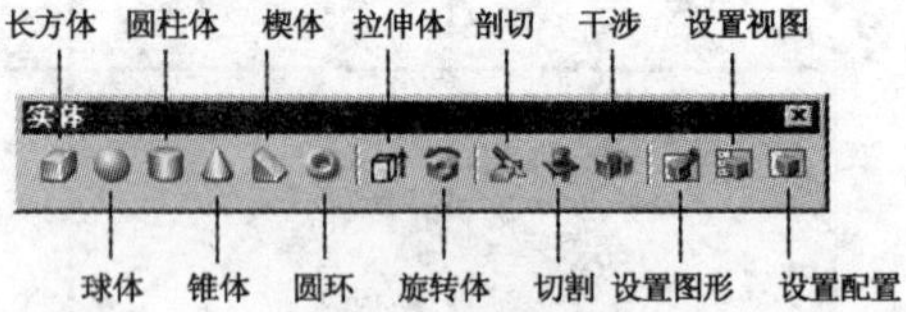

图 10.2　“实体”工具栏

1.“长方体”的绘制

根据角点定位和底面中心定位的方法绘制长方体。无论是角点定位还是底面中心定位都可以根据长方体的两个角点和高度绘制长方体,也可以根据长方体的长、宽和高来绘制长方体,同时还可以绘制立方体。命令过程如下:

命令:_box↙

指定长方体的角点或[中心点(CE)] <0,0,0>:

指定角点或［立方体(C)/长度(L)］:

指定高度: 20↙

此为角点定位绘制长方体。如果输入[(CE)]则为中心定位。

或

命令: _box

指定长方体的角点或［中心点(CE)］<0,0,0>:

指定角点或［立方体(C)/长度(L)］: c↙

指定长度: 20↙

或

命令: _box

指定长方体的角点或［中心点(CE)］<0,0,0>:

指定角点或［立方体(C)/长度(L)］: l↙

指定长度: 100↙

指定宽度: 150↙

指定高度: 50↙

2.“球体”的绘制

根据给定的球心和半径(直径)来绘制球体。命令过程如下:

命令: _sphere

当前线框密度: ISOLINES = 4

指定球体球心 <0,0,0>:

指定球体半径或［直径(D)］:20↙

改变 ISOLINES 的值,可以使圆球更具有直观性。

3.“圆柱体”的绘制

根据给定底面的圆心、半径和圆柱的高度来绘制圆柱体(注意:也可以用来绘制椭圆柱体)。命令过程如下:

命令: _cylinder

当前线框密度: ISOLINES = 4

指定圆柱体底面的中心点或［椭圆(E)］<0,0,0>:

指定圆柱体底面的半径或［直径(D)］:20↙

指定圆柱体高度或［另一个圆心(C)］:

指定第二点:

输入[椭圆(E)]:绘制椭圆柱。

4.“圆锥体”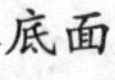的绘制

根据给定底面的圆心、半径和圆锥的高度来绘制圆锥体(注意:也可以用来绘制椭圆锥体)。命令过程如下:

命令: _cone

当前线框密度: ISOLINES = 4

指定圆锥体底面的中心点或［椭圆(E)］ <0,0,0 >：

指定圆锥体底面的半径或［直径(D)］:20 ↙

指定圆锥体高度或［顶点(A)］：

指定第二点：

输入［椭圆(E)］:绘制椭圆锥。

5."楔体"的绘制

根据角点定位和底面中心定位的方法绘制楔体。无论是角点定位还是底面中心定位,都可以根据楔体的两个角点和高度绘制楔体,也可以根据楔体的长、宽和高来绘制楔体,同时还可以绘制立方楔体。命令过程如下：

命令：_wedge

指定楔体的第一个角点或［中心点(CE)］ <0,0,0 >：

指定角点或［立方体(C)/长度(L)］：

指定高度：20 ↙

此为角点定位绘制楔体。如果输入［(CE)］则为中心定位。命令过程如下：

命令：_wedge

指定楔体的第一个角点或［中心点(CE)］ <0,0,0 >：ce ↙

指定楔体的中心点 <0,0,0 >：

指定对角点或［立方体(C)/长度(L)］：c ↙

指定长度：20 ↙

或

命令：_wedge

指定楔体的第一个角点或［中心点(CE)］ <0,0,0 >：ce ↙

指定楔体的中心点 <0,0,0 >：

指定对角点或［立方体(C)/长度(L)］：l ↙

指定长度：20 ↙

指定宽度：10 ↙

指定高度：30 ↙

6."圆环"体的绘制

通过指定圆环的中心、半径和圆管的半径来绘制圆环体。

命令：_torus

当前线框密度：ISOLINES =4

指定圆环体中心 <0,0,0 >：

指定圆环体半径或［直径(D)］：25 ↙

指定圆管半径或［直径(D)］：5 ↙

注意:当圆环半径小于圆管半径时,绘制的就不是圆环体了。

10.1.2 利用二维平面创建三维实体

如果形体是回旋体,我们可以绘制回旋体的基本平面,通过旋转的方式构建形体;如果形体的上下底面一致,我们可以绘制一个底面,再给定高度或沿某一路径拉伸构建形体。

用于旋转或拉伸的曲线对象必须是封闭的,可以是圆、椭圆、封闭的二维多段线、封闭的样条曲线以及面域等对象。

注意:如果是用二维线段绘制的平面,需要将二维对象转变为面域,或者用多段线编辑,使其转变为首尾相连的多段线,这样才能进行旋转和拉伸操作,否则命令不能进行。

1."旋转"创建实体

1)启动命令的方法

(1)在命令行中用键盘输入:Revolve。

(2)在菜单栏中点击:绘图→实体→旋转。

(3)在"实体"工具栏上单击"拉伸"按钮命令:。

2)执行命令的过程

命令:_revolve ↙

当前线框密度:ISOLINES =4

选择对象:找到 1 个

选择对象:

指定旋转轴的起点或定义轴依照[对象(O)/X 轴(X)/Y 轴(Y)]:

指定轴端点:

指定旋转角度 <360 >:↙

3)参数说明

指定旋转轴的起点、指定轴端点:选择或输入二维对象旋转轴的起点或端点。

对象(O):指定二维对象绕着另外一个单个的对象旋转。

X 轴 (X)/Y 轴(Y):将二维对象绕着 X 轴或 Y 轴旋转。

指定旋转角度 <360 >:输入二维对象旋转的角度。

注意:作为旋转轴的对象可以是直线和多段线。如果选择的是多段线,若拾取点位于直线段上,则该直线段作为旋转轴;若拾取点位于圆弧段上,则以该圆弧两端点的连线作为旋转轴。

【例 10.1】 绘制图 10.3 所示的"旋转"实体。

绘图步骤:

(1)用"直线"、"三点圆弧"命令绘制二维平面图形,如图 10.4 所示。

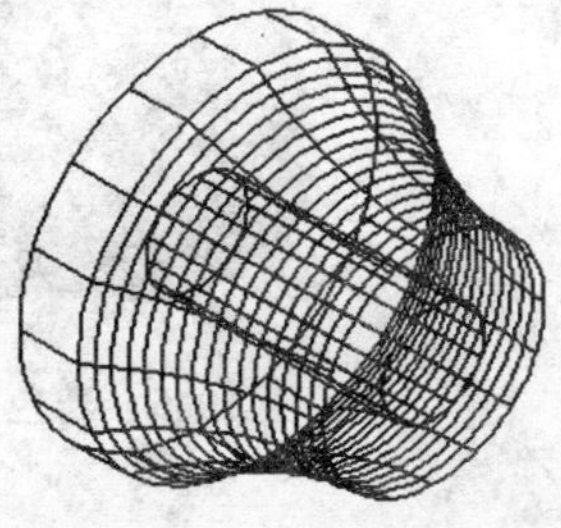

图 10.3 "旋转"实体

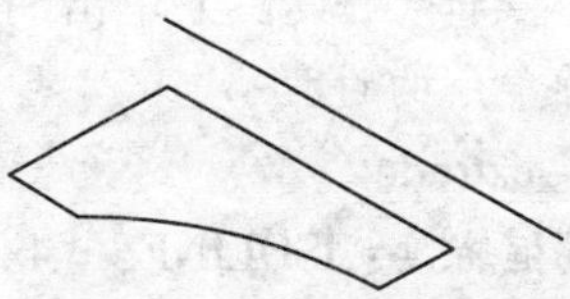

图 10.4 "旋转"平面

(2)用修改→对象→多段线等操作,修改平面图形,并将其转变为二维多段线。

命令:_pedit 选择多段线或[多条(M)]:

选定的对象不是多段线

是否将其转换为多段线?<Y>:↙

输入选项

[闭合(C)/合并(J)/宽度(W)/编辑顶点(E)/拟合(F)/样条曲线(S)/非曲线化(D)/线型生成(L)/放弃(U)]:j↙

选择对象:找到 1 个

选择对象:找到 1 个,总计 2 个

选择对象:找到 1 个,总计 3 个

选择对象:找到 1 个,总计 4 个

选择对象:

4 条线段已添加到多段线

输入选项

[打开(O)/合并(J)/宽度(W)/编辑顶点(E)/拟合(F)/样条曲线(S)/非曲线化(D)/线型生成(L)/放弃(U)]:↙

(3)用"直线"命令绘制一条旋转轴线。

(4)设置 ISOLINES 的值为 16。

(5)用"旋转"命令绘制图形。

命令:_revolve

当前线框密度:ISOLINES = 16

选择对象:找到 1 个

选择对象:

指定旋转轴的起点或

定义轴依照[对象(O)/X 轴(X)/Y 轴(Y)]:o↙

选择对象:

指定旋转角度 <360>:↙

着色后的实体如图 10.5 所示。

2."拉伸"创建实体

1)启动命令的方法

(1)在命令行中用键盘输入:Extrude。

(2)在菜单栏中点击:绘图→实体→拉伸。

(3)在"实体"工具栏上单击"拉伸"按钮:。

2)执行命令的过程

命令:_extrude

当前线框密度:ISOLINES = 4

选择对象:找到 1 个

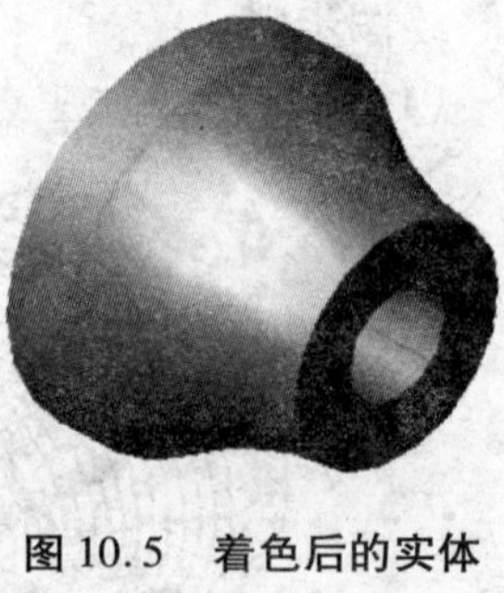

图 10.5 着色后的实体

选择对象：

指定拉伸高度或［路径(P)］：

指定拉伸的倾斜角度 <0>：

3)参数说明

选择对象：选择要拉伸的二维对象。

指定拉伸高度：输入将二维对象拉伸的高度。有正负之分，正值是向上拉伸；负值是向下拉伸。

路径(P)：将二维对象沿某个路径拉伸。这个路径可以是直线或曲线，但必须是单个对象。另外，该路径应和要拉伸对象所在的平面相交。

指定拉伸的倾斜角度 <0>：拉伸的倾斜角度指的是拉伸的侧面与竖直线的夹角。可以是正值也可以是负值，正值是拉伸后的二维对象的面积小于拉伸前的二维对象的面积；负值是拉伸后的二维对象的面积大于拉伸前的二维对象的面积。

注意：作为拉伸路径的对象可以是圆、圆弧、椭圆、椭圆弧、直线、二维多段线、三维多段线、二维样条线等，它们可以是封闭的，也可以是不封闭的。

拉伸命令应用如图 10.6 所示。

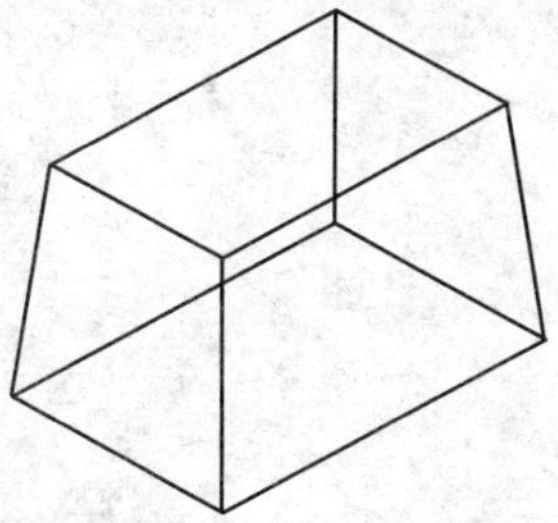

图 10.6 “拉伸”命令应用

10.1.3 由实体创建实体

1.“布尔运算”创建实体

“布尔运算”是“实体编辑”的一部分。

打开“实体编辑”菜单与工具栏的方法：

(1)在菜单栏中点击：修改→实体编辑。出现如图 10.7 所示“实体编辑”菜单。

(2)右键单击工具栏：工具栏下拉菜单→实体编辑。出现如图 10.8 所示“实体编辑”工具栏。

这里只对“布尔运算”的内容作介绍。

1)“并集”

把两个以上的实体合并在一起。命令过程如下：

命令：_union

选择对象：找到 1 个

选择对象：找到 1 个，总计 2 个

选择对象：

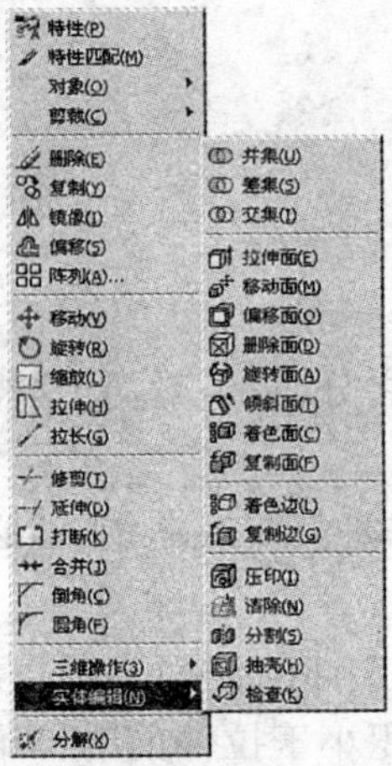

图 10.7 “实体编辑”菜单

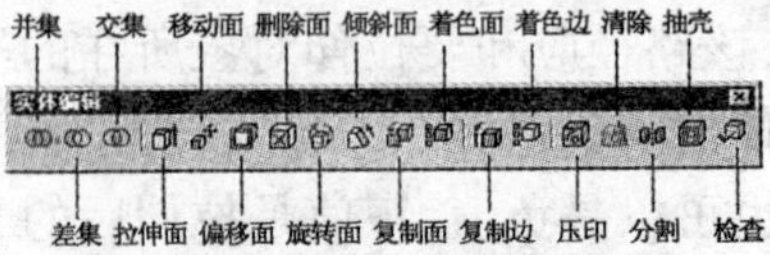

图 10.8 “实体编辑”工具栏

2)“差集”

在一个实体中减去一个或几个实体。命令过程如下：

命令：_subtract 选择要从中减去的实体或面域...

选择对象：找到 1 个

选择对象：

选择要减去的实体或面域 ..

选择对象：找到 1 个

选择对象：

3)“交集”

把几个实体的公共部分保留下来。命令过程如下：

命令：_intersect

选择对象：找到 1 个

选择对象：找到 1 个，总计 2 个

选择对象：

【例 10.2】 绘制如图 10.9 所示的三维实体。

绘图步骤：

(1)用“长方体”命令绘制长 14，宽 16，高 16 的长方体，如图 10.10 所示。

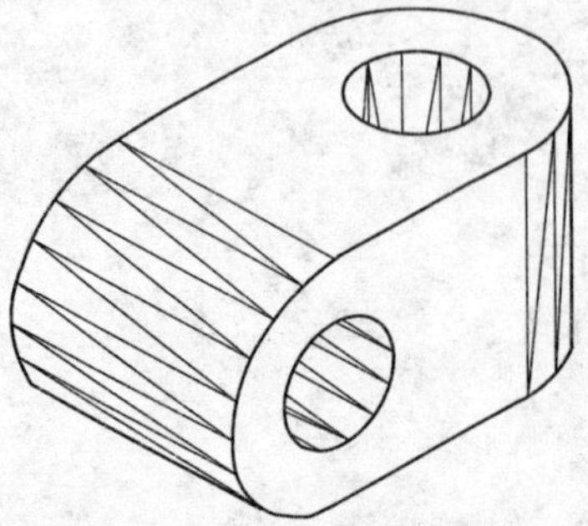

图 10.9 三维实体

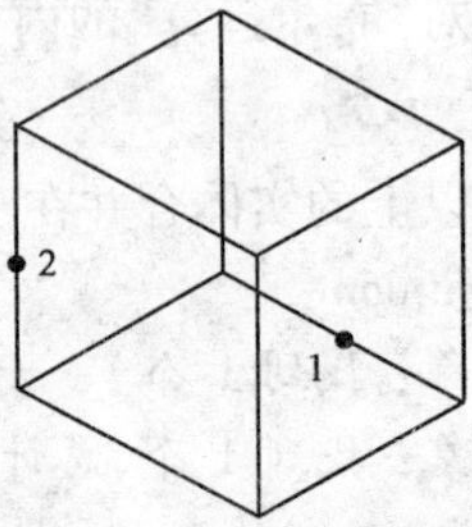

图 10.10 绘制长方体

(2)用“UCS”命令将坐标系移到图10.10中的1处。

(3)用“圆柱体”命令绘制半径为8,高16的圆柱,如图10.11所示。

(4)用“UCS”命令先将坐标系移到图10.10中的2处,用“UCS”命令将坐标系绕X轴旋转90°。

(5)用“圆柱体”命令绘制半径为8,高16的圆柱,如图10.12所示。

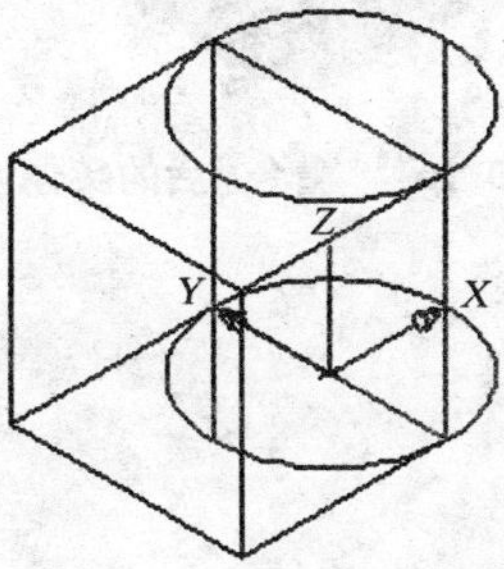

图10.11　绘制“圆柱体”

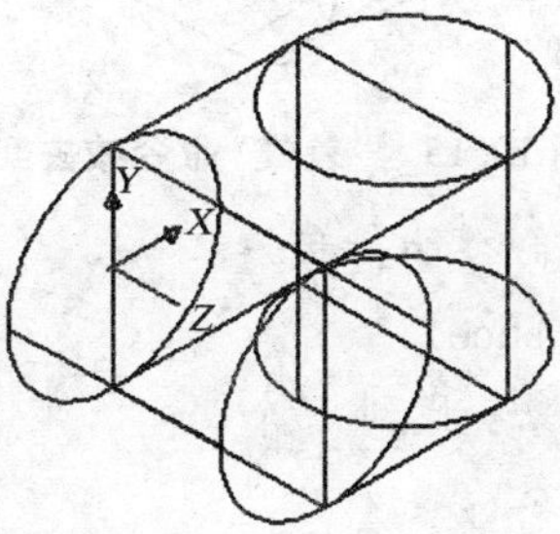

图10.12　绘制另一“圆柱体”

(6)用“并集”命令将上述三形体合并为一个整体,如图10.13所示。

(7)仍以2点为圆心,用“圆柱体”命令绘制半径为4,高16的圆柱。

(8)用“UCS”命令再将坐标系移到图10.10中的1处,用“UCS”命令将坐标系绕X轴旋转-90°。

(9)再以1点为圆心,用“圆柱体”命令绘制半径为4,高16的圆柱,如图10.14所示。

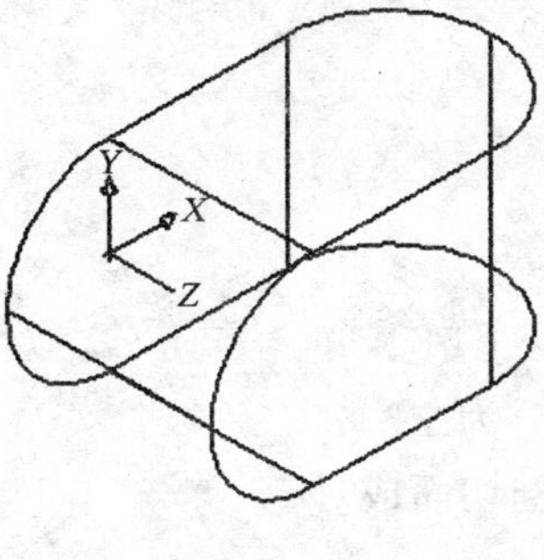

图10.13　“并集”命令合并实体

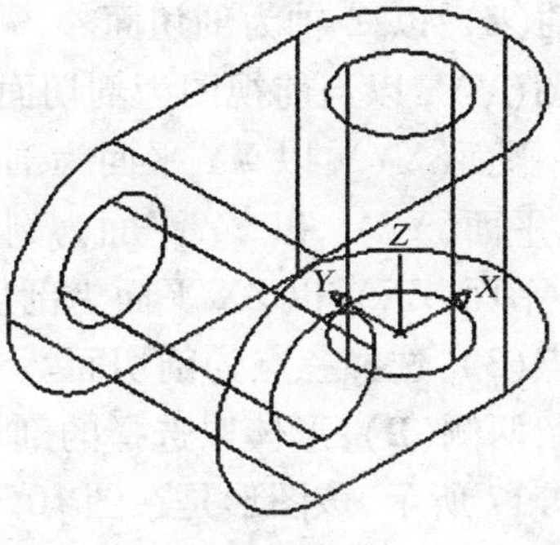

图10.14　绘制两需要“减去”的圆柱

(10)用“差集”命令在图10.13的形体中减去两圆柱。

(11)用“ISOLINES”命令调整其值为16,如图10.15所示。

“消隐”表面线即得图10.9,着色后的效果图如图10.16所示。

2.“剖切”创建实体

1)启动命令的方法

(1)在命令行中用键盘输入:Slice。

(2)在菜单栏中点击:绘图→实体→剖切。

(3)在“实体”工具栏上单击“剖切”按钮命令:。

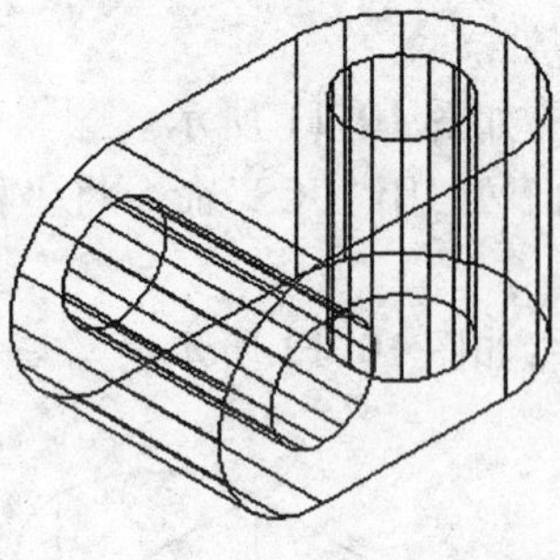

图 10.15 “差集”命令减去实体

图 10.16 “着色”后的实体

2)执行命令的过程

命令：_slice

选择对象：找到 1 个

选择对象：

指定切面上的第一个点,依照［对象(O)/Z 轴(Z)/视图(V)/XY 平面(XY)/YZ 平面(YZ)/ZX 平面(ZX)/三点(3)］＜三点＞：

指定平面上的第二个点：

指定平面上的第三个点：

在要保留的一侧指定点或［保留两侧(B)］：

3)参数说明

(1)对象(O):以对象为剖切面。

(2)Z 轴(Z):以 Z 轴为剖切面。

(3)视图(V) :以当前视图为剖切面。

(4)XY 平面(XY):以 XY 平面为剖切面。

(5)YZ 平面(YZ): 以 YZ 平面为剖切面。

(6)ZX 平面(ZX):以 ZX 平面为剖切面。

(7)三点(3):选择三点为剖切面。

(8)保留两侧(B):形体以选择的剖切面为界一分为二。

如图 10.17 所示,该图形是在图 10.9 的基础上剖切而成。

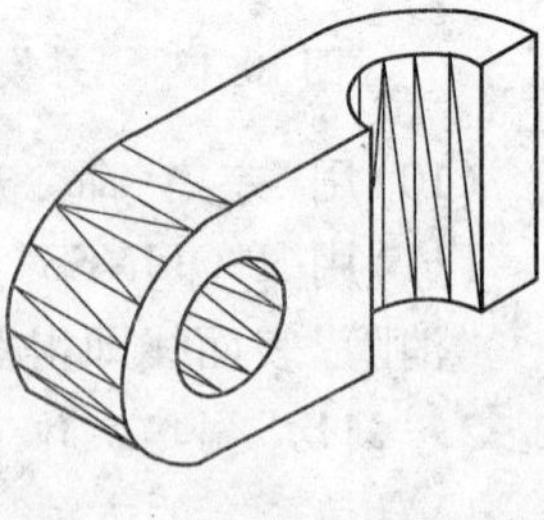

图 10.17 “剖切”实体的应用

3.“干涉”创建实体

1)启动命令的方法

(1)在命令行中用键盘输入:Interfere。

(2)在菜单栏中点击:绘图→实体→干涉。

(3)在“实体”工具栏上单击“干涉”按钮命令:。

2)执行命令的过程

命令：_interfere 选择实体的第一集合：

选择对象：找到 1 个

选择对象：

选择实体的第二集合：

选择对象：找到 1 个

选择对象：

比较 1 个实体与 1 个实体。

干涉实体数（第一组）：1

（第二组）：1

干涉对数：1

是否创建干涉实体？[是(Y)/否(N)] <否>：y↙

3)参数说明

如果有两个以上干涉的三维实体，则当所有干涉的三维实体同时亮显时，可能看不清楚哪对实体是干涉的。

是否将一对干涉的实体亮显？[是(Y)/否(N)] <否>：

（输入 y 或 n，或者按 Enter 键）

如果有多对干涉的实体对，将显示以下提示：

输入选项 [下一对(N)/退出(X)] <下一对>：（输入 x 或 n，或者按 Enter 键）

输入 n 或按 Enter 键在三维实体干涉对之间循环。

输入 x 结束命令。

注意："干涉"与"交集"有相似的地方，也有不同之处。相同的是它们都能求出两形体的公共部分；不同的是"交集"求出共有部分后，原形体消失，"干涉"求出共有部分后，原形体仍然存在。通过"移动"可以将"干涉"部分移出。

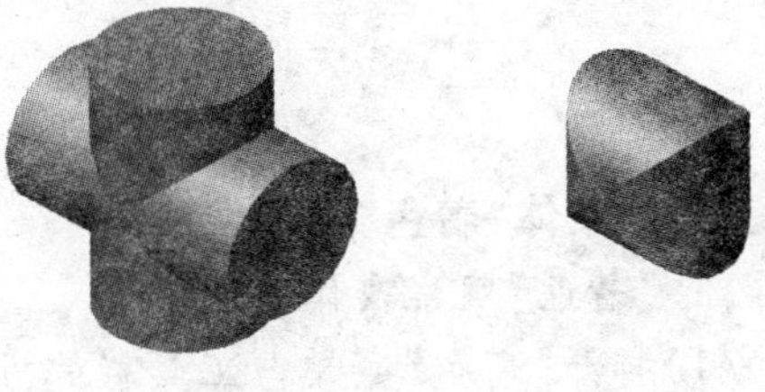

图 10.18 "干涉"实体的应用

如图 10.18 所示是通过"干涉"求出的两圆柱的公有部分。

4."三维操作"创建实体

"三维操作"的内容见第 9 章相关知识。

【例 10.3】 绘制如图 10.19 所示的空间实体。

图 10.19 空间实体

绘图步骤：

(1)用"球体"命令绘制一半径为 2.5 的圆球，如图 10.20 所示。

(2)以"球体"的球心为圆心，用"圆柱体"命令绘制一半径为 0.5，高度为 3.5 的圆柱体，如图 10.21 所示。

(3)用"三维阵列"中的"环形阵列"，分别以 X、Y 轴为阵列中心线，旋转 360° 阵列四份"圆柱体"，如图 10.22 所示。

图 10.20 绘制"球体"

图 10.21 绘制"圆柱体"

图 10.22 环形阵列"圆柱体"

(4)用“三维阵列”中的“矩形阵列”,3 行、3 列、3 层,行间距、列间距、层间距都为 7,阵列图 10.22,结果即为图 10.19。

(5)用“并集”命令将图 10.19 中的所有形体合并为一个整体,并着色,结果如图 10.23所示。

图 10.23 “合并”并“着色”后的实体

10.2 编辑三维实体

10.2.1 实体“着色”

1.“着色”观察实体

1)打开“着色”菜单与工具栏的方法

(1)在菜单栏中点击:视图→着色。出现如图 10.24 所示的“着色”菜单。

(2)右键单击工具栏:工具栏下拉菜单→着色。出现如图 10.25 所示“着色”工具栏。

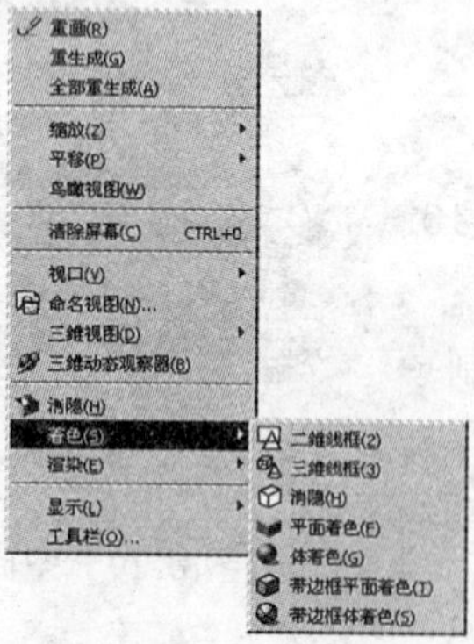

图 10.24 “着色”菜单

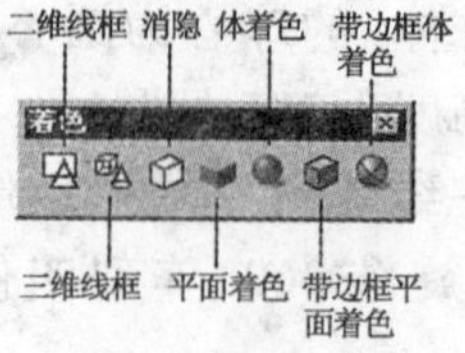

图 10.25 “着色”工具栏

2)启动“着色”的方法

(1)在命令行用键盘输入:Shademode。

(2)在“着色”菜单或工具栏中点击相应命令。

3)操作过程

命令：_shademode 当前模式：二维线框

输入选项

[二维线框(2D)/三维线框(3D)/消隐(H)/平面着色(F)/体着色(G)/带边框平面着色(L)/带边框体着色(O)] <二维线框>：_2

4)选项说明

(1)二维线框:显示用直线和曲线表示边界的对象。光栅和 OLE 对象、线型和线宽都是可见的。

(2)三维线框:显示用直线和曲线表示边界的对象。显示一个着色的三维用户坐标系(UCS) 图标。可以将 COMPASS 系统变量设置为开以查看指南针。将显示应用到对象上的材质颜色。

(3)消隐:使用三维线框表示显示对象,并隐藏表示对象后面各个面的直线。

(4)平面着色:在多边形面之间着色对象。对象显得更平整,不如体着色对象光滑。将显示应用到对象上的材质。

(5)体着色:给对象着色并使多边形面之间的边平滑,使对象具有平滑逼真的外观。将显示应用到对象上的材质。

(6)带边框平面着色:结合“平面着色”和“线框”选项。对象被平面着色,同时显示线框。

(7)带边框体着色：合并“体着色”选项和“线框”选项。对象被体着色,同时显示线框。

如图 10.26 所示,其为对圆球体“着色”的几种效果。

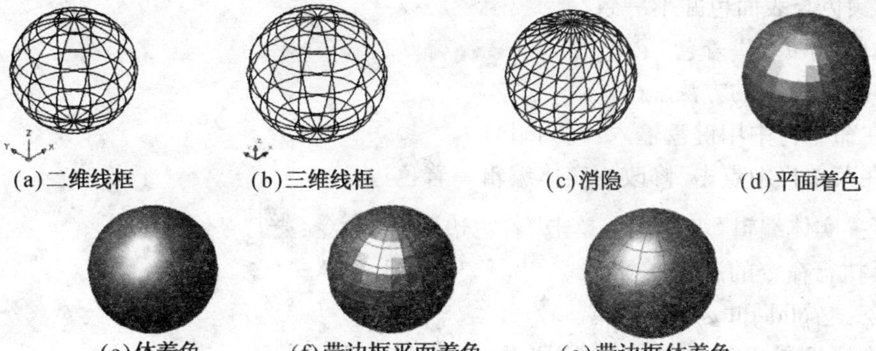

(a)二维线框 (b)三维线框 (c)消隐 (d)平面着色

(e)体着色 (f)带边框平面着色 (g)带边框体着色

图 10.26 “着色”效果

“着色”是为当前视口中显示的对象生成简单的着色图片。虽然隐藏直线可以增强图形的效果并使设计更简洁,但着色可以为模型生成更逼真的图像。“着色”选项使用来自观察者左后方的定量环境光。可以使用自定义光源替换此光源。

重生成图形不会影响着色。可以按照常规方式选择着色对象对它们进行编辑。选择着色对象后,着色面上将显示线框和夹点。着色对象后,可以保存图形并重新打开,对象着色不会发生变化。

2. 对实体的表面和线“着色”

1)对实体的表面“着色”

(1)启动命令的方法。

①在命令行中用键盘输入:Solidedit。

②在菜单栏中点击:修改→实体编辑→着色面。

③在“实体编辑”工具栏上单击“着色面”按钮命令:。

(2)执行命令的过程:

命令:_solidedit↙

实体编辑自动检查:SOLIDCHECK = 1

输入实体编辑选项[面(F)/边(E)/体(B)/放弃(U)/退出(X)]<退出>:F↙

输入面编辑选项

[拉伸(E)/移动(M)/旋转(R)/偏移(O)/倾斜(T)/删除(D)/复制(C)/着色(L)/放弃(U)/退出(X)]<退出>:L↙

选择面或[放弃(U)/删除(R)]:找到一个面。

选择面或[放弃(U)/删除(R)/全部(ALL)]:

输入面编辑选项[拉伸(E)/移动(M)/旋转(R)/偏移(O)/倾斜(T)/删除(D)/复制(C)/着色(L)/放弃(U)/退出(X)]<退出>:↙

实体编辑自动检查:SOLIDCHECK = 1

输入实体编辑选项[面(F)/边(E)/体(B)/放弃(U)/退出(X)]<退出>:↙

注意:实体表面着色,只对实体的表面,不是对实体内部着色。表面着色的实体,剖开后,内部颜色与表面色并不一致。

2)对实体的边“着色”

(1)启动命令的方法。

①在命令行中用键盘输入:Solidedit。

②在菜单栏中点击:修改→实体编辑→着色边。

③在“实体编辑”工具栏上单击“着色边”按钮命令:。

(2)执行命令的过程:

命令:_solidedit↙

实体编辑自动检查:SOLIDCHECK = 1

输入实体编辑选项[面(F)/边(E)/体(B)/放弃(U)/退出(X)]<退出>:e↙

输入边编辑选项[复制(C)/着色(L)/放弃(U)/退出(X)]<退出>:l↙

选择边或[放弃(U)/删除(R)]:

选择边或[放弃(U)/删除(R)]:

输入边编辑选项[复制(C)/着色(L)/放弃(U)/退出(X)]<退出>:↙

实体编辑自动检查:SOLIDCHECK = 1

输入实体编辑选项[面(F)/边(E)/体(B)/放弃(U)/退出(X)]<退出>:↙

注意:“着色边”是“实体编辑”的一种方法,只是对实体的边进行着色。

10.2.2 通过表面编辑实体

1.“拉伸”面

选择实体中的一个面,拉伸到指定的高度(注意:还可以输入倾斜的角度)。命令过程如下:

命令: _solidedit↙

实体编辑自动检查: SOLIDCHECK = 1

输入实体编辑选项[面(F)/边(E)/体(B)/放弃(U)/退出(X)] <退出>: f↙

输入面编辑选项[拉伸(E)/移动(M)/旋转(R)/偏移(O)/倾斜(T)/删除(D)/复制(C)/着色(L)/放弃(U)/退出(X)] <退出>: e↙

选择面或[放弃(U)/删除(R)]: 找到一个面。

选择面或[放弃(U)/删除(R)/全部(ALL)]:

指定拉伸高度或[路径(P)]: 100↙

指定拉伸的倾斜角度 <0>: 15↙

已开始实体校验。

已完成实体校验。

输入面编辑选项[拉伸(E)/移动(M)/旋转(R)/偏移(O)/倾斜(T)/删除(D)/复制(C)/着色(L)/放弃(U)/退出(X)] <退出>:↙

实体编辑自动检查: SOLIDCHECK = 1

输入实体编辑选项[面(F)/边(E)/体(B)/放弃(U)/退出(X)] <退出>:↙

如图 10.27 所示为输入拉伸高度与沿路径拉伸实体。

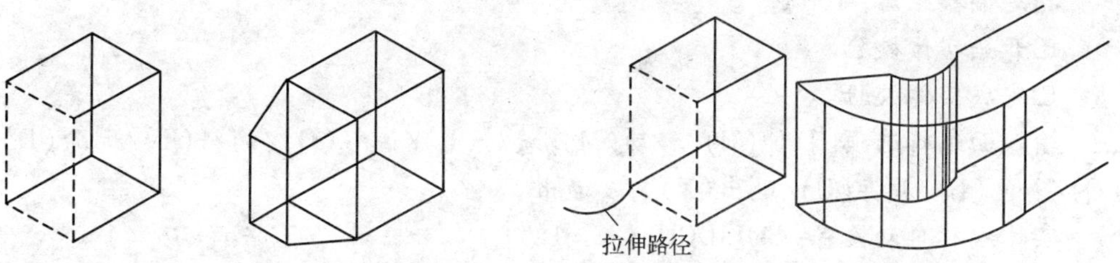

(a) 输入拉伸高度拉伸面　　(b) 沿路径拉伸面

图 10.27 “拉伸”面

2.“移动”面

给定基点或位移将实体上的面进行移动(注意:指定基点通常采用坐标输入的方式进行)。命令过程如下:

命令: _solidedit↙

实体编辑自动检查: SOLIDCHECK = 1

输入实体编辑选项[面(F)/边(E)/体(B)/放弃(U)/退出(X)] <退出>: f↙

输入面编辑选项[拉伸(E)/移动(M)/旋转(R)/偏移(O)/倾斜(T)/删除(D)/复制(C)/着色(L)/放弃(U)/退出(X)] <退出>: m↙

选择面或［放弃(U)/删除(R)］：找到一个面。
选择面或［放弃(U)/删除(R)/全部(ALL)］：
指定基点或位移：@0,0,100↙
指定位移的第二点：
已开始实体校验。
已完成实体校验。
输入面编辑选项［拉伸(E)/移动(M)/旋转(R)/偏移(O)/倾斜(T)/删除(D)/复制(C)/着色(L)/放弃(U)/退出(X)］<退出>:↙
实体编辑自动检查：SOLIDCHECK = 1
输入实体编辑选项［面(F)/边(E)/体(B)/放弃(U)/退出(X)］<退出>:↙
如图10.28所示为“移动”实体的面。

3.“偏移”面

给定偏移的距离将实体上的面进行偏移(注意：输入正值增大实体的体积，负值减小实体的体积)。命令过程如下：

命令：_solidedit↙
实体编辑自动检查：SOLIDCHECK = 1
输入实体编辑选项［面(F)/边(E)/体(B)/放弃(U)/退出(X)］<退出>: f↙
输入面编辑选项［拉伸(E)/移动(M)/旋转(R)/偏移(O)/倾斜(T)/删除(D)/复制(C)/着色(L)/放弃(U)/退出(X)］<退出>: o↙
选择面或［放弃(U)/删除(R)］：找到一个面。
选择面或［放弃(U)/删除(R)/全部(ALL)］：
指定偏移距离：100↙
已开始实体校验。
已完成实体校验。
输入面编辑选项［拉伸(E)/移动(M)/旋转(R)/偏移(O)/倾斜(T)/删除(D)/复制(C)/着色(L)/放弃(U)/退出(X)］<退出>:↙
实体编辑自动检查：SOLIDCHECK = 1
输入实体编辑选项［面(F)/边(E)/体(B)/放弃(U)/退出(X)］<退出>:↙
如图10.29所示为“编移”实体的面。

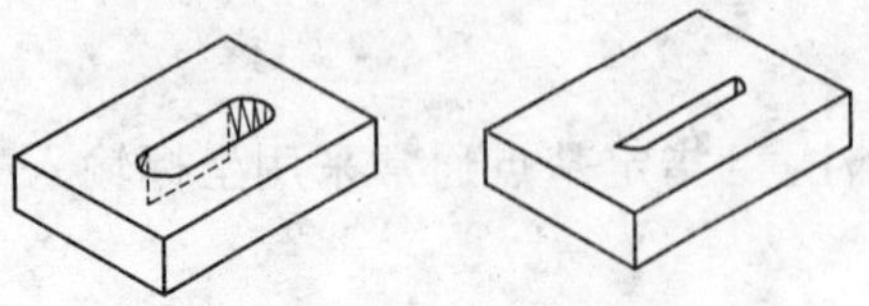

图10.28 “移动”面

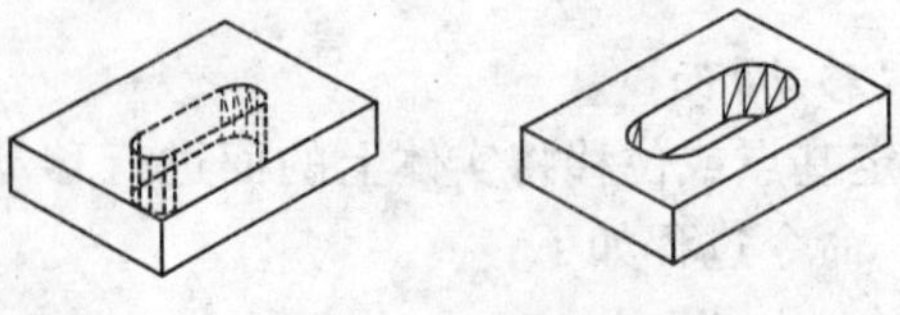

图10.29 “偏移”面

4.“删除”面

删除实体上由圆角或倒角形成的面。命令过程如下：

命令：_solidedit↙

实体编辑自动检查：SOLIDCHECK = 1

输入实体编辑选项［面(F)/边(E)/体(B)/放弃(U)/退出(X)］<退出>：f↙

输入面编辑选项［拉伸(E)/移动(M)/旋转(R)/偏移(O)/倾斜(T)/删除(D)/复制(C)/着色(L)/放弃(U)/退出(X)］<退出>：d↙

选择面或［放弃(U)/删除(R)］：找到一个面。

选择面或［放弃(U)/删除(R)/全部(ALL)］：

已开始实体校验。

已完成实体校验。

输入面编辑选项［拉伸(E)/移动(M)/旋转(R)/偏移(O)/倾斜(T)/删除(D)/复制(C)/着色(L)/放弃(U)/退出(X)］<退出>↙

实体编辑自动检查：SOLIDCHECK = 1

输入实体编辑选项［面(F)/边(E)/体(B)/放弃(U)/退出(X)］<退出>：↙

如图 10.30 所示为“删除”实体的面。

5.“旋转”面

将实体上的一个或几个面绕着某一条轴旋转指定的角度。命令过程如下：

命令：_solidedit↙

实体编辑自动检查：SOLIDCHECK = 1

输入实体编辑选项［面(F)/边(E)/体(B)/放弃(U)/退出(X)］<退出>：f↙

输入面编辑选项［拉伸(E)/移动(M)/旋转(R)/偏移(O)/倾斜(T)/删除(D)/复制(C)/着色(L)/放弃(U)/退出(X)］<退出>：r↙

选择面或［放弃(U)/删除(R)］：找到一个面。

选择面或［放弃(U)/删除(R)/全部(ALL)］：

指定轴点或［经过对象的轴(A)/视图(V)/X 轴(X)/Y 轴(Y)/Z 轴(Z)］<两点>：

在旋转轴上指定第二个点：

指定旋转角度或［参照(R)］：20↙

已开始实体校验。

已完成实体校验。

输入面编辑选项［拉伸(E)/移动(M)/旋转(R)/偏移(O)/倾斜(T)/删除(D)/复制(C)/着色(L)/放弃(U)/退出(X)］<退出>：↙

实体编辑自动检查：SOLIDCHECK = 1

输入实体编辑选项［面(F)/边(E)/体(B)/放弃(U)/退出(X)］<退出>：↙

如图 10.31 所示为“旋转”实体的表面。

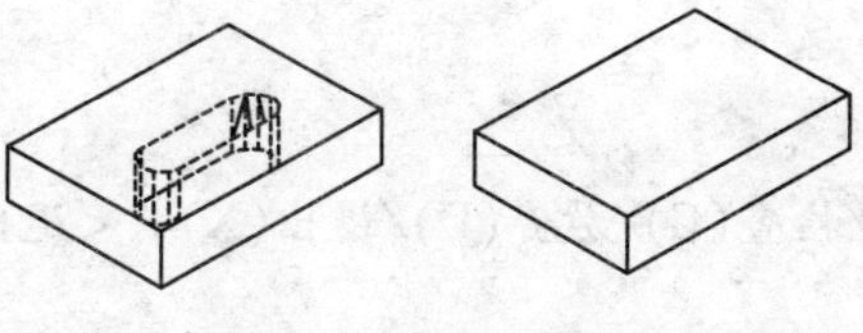

图 10.30 “删除”面

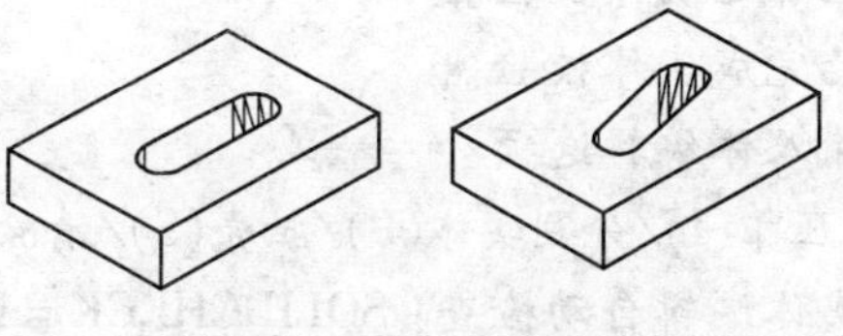

图 10.31 “旋转”面

6. “倾斜”面

通过选择两个基点来将实体上的面进行指定角度的倾斜(注意:输入正角度往里倾斜选定的面,输入负角度往外倾斜选定的面)。命令过程如下:

命令: _solidedit ↙

实体编辑自动检查: SOLIDCHECK = 1

输入实体编辑选项 [面(F)/边(E)/体(B)/放弃(U)/退出(X)] <退出>: f ↙

输入面编辑选项[拉伸(E)/移动(M)/旋转(R)/偏移(O)/倾斜(T)/删除(D)/复制(C)/着色(L)/放弃(U)/退出(X)] <退出>: t ↙

选择面或 [放弃(U)/删除(R)]: 找到一个面。

选择面或 [放弃(U)/删除(R)/全部(ALL)]:

指定基点:

指定沿倾斜轴的另一个点:

指定倾斜角度: 10 ↙

已开始实体校验。

已完成实体校验。

输入面编辑选项[拉伸(E)/移动(M)/旋转(R)/偏移(O)/倾斜(T)/删除(D)/复制(C)/着色(L)/放弃(U)/退出(X)] <退出>:↙

实体编辑自动检查: SOLIDCHECK = 1

输入实体编辑选项 [面(F)/边(E)/体(B)/放弃(U)/退出(X)] <退出>:↙

如图 10.32 所示为“倾斜”实体的表面。

7. “抽壳”

将一个实体改变成有一定壁厚的中空体。如果选择“删除”抽壳实体的某一面,则空腔体的该面为敞开的。命令过程如下:

命令: _solidedit ↙

实体编辑自动检查: SOLIDCHECK = 1

输入实体编辑选项 [面(F)/边(E)/体(B)/放弃(U)/退出(X)] <退出>: b ↙

输入体编辑选项[压印(I)/分割实体(P)/抽壳(S)/清除(L)/检查(C)/放弃(U)/退出(X)] <退出>: s ↙

选择三维实体:

删除面或 [放弃(U)/添加(A)/全部(ALL)]:

输入抽壳偏移距离: 2 ↙

已开始实体校验。

已完成实体校验。

输入体编辑选项

[压印(I)/分割实体(P)/抽壳(S)/清除(L)/检查(C)/放弃(U)/退出(X)] <退出>:↙

实体编辑自动检查: SOLIDCHECK = 1

输入实体编辑选项 [面(F)/边(E)/体(B)/放弃(U)/退出(X)] <退出>:↙

如图 10.33 所示为“抽壳”实体的表面。

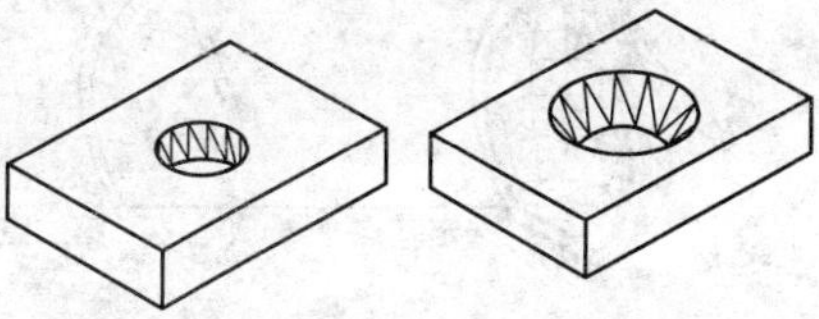

图 10.32 “倾斜”面

图 10.33 “抽壳”实体

10.2.3 由实体创建面与线

1. 由实体创建面

1)“切割”创建平面

在实体中指定的位置生成截面。命令过程如下：

命令：_section

选择对象：找到 1 个

选择对象：

指定截面上的第一个点,依照［对象(O)/Z 轴(Z)/视图(V)/XY 平面(XY)/YZ 平面(YZ)/ZX 平面(ZX)/三点(3)］＜三点＞：

指定平面上的第二个点：

指定平面上的第三个点：

如图 10.34 所示,为“切割”得到的截面。注意:“切割”与“剖切”的区别。

2)“复制面”创建平面

将实体上的某个面再复制一个。命令过程如下：

命令：_solidedit

实体编辑自动检查：SOLIDCHECK = 1

输入实体编辑选项［面(F)/边(E)/体(B)/放弃(U)/退出(X)］＜退出＞：f↙

输入面编辑选项［拉伸(E)/移动(M)/旋转(R)/偏移(O)/倾斜(T)/删除(D)/复制(C)/着色(L)/放弃(U)/退出(X)］＜退出＞：c↙

选择面或［放弃(U)/删除(R)］：找到一个面。

选择面或［放弃(U)/删除(R)/全部(ALL)］：

指定基点或位移：

指定位移的第二点：

输入面编辑选项［拉伸(E)/移动(M)/旋转(R)/偏移(O)/倾斜(T)/删除(D)/复制(C)/着色(L)/放弃(U)/退出(X)］＜退出＞：↙

实体编辑自动检查：SOLIDCHECK = 1

输入实体编辑选项［面(F)/边(E)/体(B)/放弃(U)/退出(X)］＜退出＞：↙

如图 10.35 所示为“复制面”得到的截面。

2. 由实体创建线

“复制边”创建线。

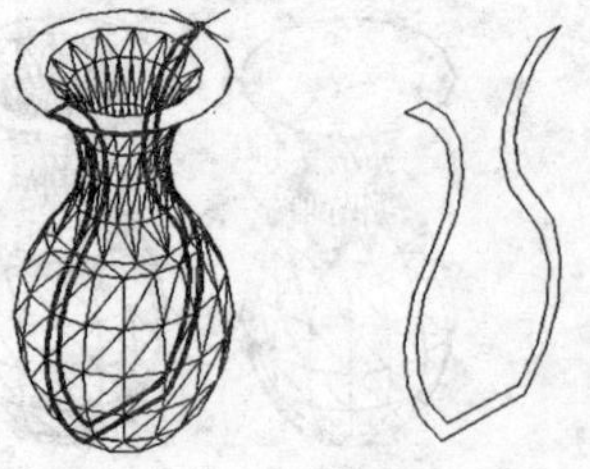

图 10.34 “切割”创建面

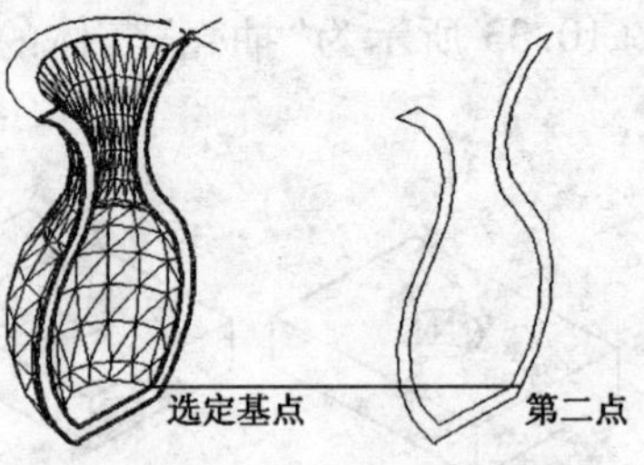

图 10.35 “复制面”创建面

命令：_solidedit

实体编辑自动检查：SOLIDCHECK = 1

输入实体编辑选项［面(F)/边(E)/体(B)/放弃(U)/退出(X)］＜退出＞：_e

输入边编辑选项［复制(C)/着色(L)/放弃(U)/退出(X)］＜退出＞：_c

选择边或［放弃(U)/删除(R)］：

选择边或［放弃(U)/删除(R)］：

指定基点或位移：＜对象捕捉 开＞

指定位移的第二点：

输入边编辑选项［复制(C)/着色(L)/放弃(U)/退出(X)］＜退出＞：↙

实体编辑自动检查：SOLIDCHECK = 1

输入实体编辑选项［面(F)/边(E)/体(B)/放弃(U)/退出(X)］＜退出＞：↙

10.2.4 创建实体倒角

1. 创建倒直角

1) 启动命令的方法

(1) 在命令行用键盘输入：Chamfer。

(2) 在菜单栏中点击：修改→倒角。

(3) 点击“修改”工具栏上的按钮：![倒角按钮]。

2) 命令执行过程

命令：_chamfer↙

(“修剪”模式) 当前倒角距离 1 = 0.0000，距离 2 = 0.0000

选择第一条直线或［放弃(U)/多段线(P)/距离(D)/角度(A)/修剪(T)/方式(E)/多个(M)］：

基面选择...

输入曲面选择选项［下一个(N)/当前(OK)］＜当前＞：n↙

输入曲面选择选项［下一个(N)/当前(OK)］＜当前＞：↙

指定基面的倒角距离：3↙

指定其他曲面的倒角距离 ＜3.0000＞：5↙

选择边或［环(L)］：选择边或［环(L)］：选择边或［环(L)］：选择边或［环(L)］：

选择边或［环(L)］：↙

3）选项说明

（1）选择第一条直线：在此提示下选择实体上要倒角的边，选择后该边所在的其中一个面以虚线显示。该面默认作为倒角基面。

（2）下一个（N）：如果上面选择的基面不是理想中的基面，在命令行中输入 n，回车，系统自动选择下一表面作为倒角基面。

（3）当前（OK）：直接回车或在命令行中输入 ok 后回车，以当前面为倒角基面。

（4）指定基面的倒角距离：指定第一倒角距离。

（5）指定其他曲面的倒角距离：指定第二倒角距离。直接回车，则以第一倒角距离为第二倒角距离。

（6）选择边或［环（L）］：指定要倒角的边或环行曲线。

如图 10.36 所示为创建长方体的“倒角”。

2. 创建倒圆角

1）启动命令的方法：

（1）在命令行用键盘输入：Fillet

（2）在菜单栏中点击：修改→圆角。

（3）点击“修改”工具条上的按钮：。

2）执行命令的过程

命令：_fillet ↙

当前设置：模式 = 修剪，半径 = 0.0000

选择第一个对象或［放弃（U）/多段线（P）/半径（R）/修剪（T）/多个（M）］：r ↙

指定圆角半径 <0.0000>：1 ↙

选择第一个对象或［放弃（U）/多段线（P）/半径（R）/修剪（T）/多个（M）］：

输入圆角半径 <1.0000>：

选择边或［链（C）/半径（R）］：

选择边或［链（C）/半径（R）］：

已选定 2 个边用于圆角。

3）选项说明

选择第一个对象：选择第一条要圆角的边。

其他选项参考前面“圆角”命令。

如图 10.37 所示，对花瓶口创建“圆角”。

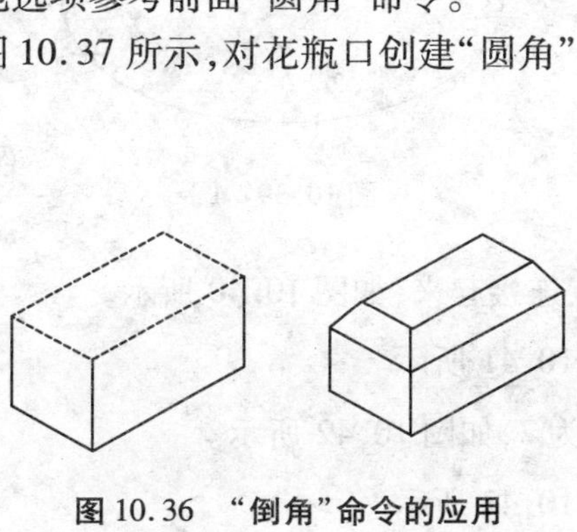

图 10.36 “倒角”命令的应用

图 10.37 “圆角”命令的应用

实训10　三维实体的创建与编辑

【实训目的】

1. 掌握三维实体的建模方法。

2. 掌握三维实体的编辑处理。

3. 掌握三维实体的着色处理。

【相关知识】

1. 三维实体的创建。

(1) 基本体的创建方法。

(2) 拉伸与旋转体的创建方法。

(3) 由二维平面创建三维实体的方法。

(4) 布尔运算创建实体。

(5) 其他创建实体的方法。

2. 三维实体的编辑。

(1) 实体的面编辑。

(2) 由实体创建面与线。

(3) 实体的体表着色。

(4) 倒角实体。

【实训指导】

指导1　绘制如图10.38所示五角星

(1)点击视图→三维视图→西南等轴测。调整视图方式为轴测视图。

(2)用“圆”命令,以(0,0,0)为圆心,半径35,画圆。

(3)点击绘图→点→定数等分,将上述圆五等分。

(4)点击格式→点样式,将点样式变为“×”,如图10.39所示。

图10.38　五角星

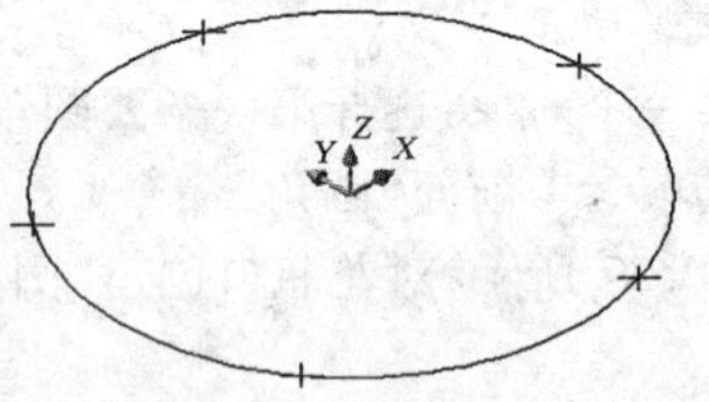

图10.39　圆

(5)用“直线”命令,将圆的五个等分点连接起来,如图10.40所示。

(6)用“多段线”命令,绘三角形,如图10.41所示。

(7)用“拉伸”命令,拉伸三角形,高度为7,如图10.42所示。

(8)用“剖切”命令,剖切三棱体,如图10.43所示。

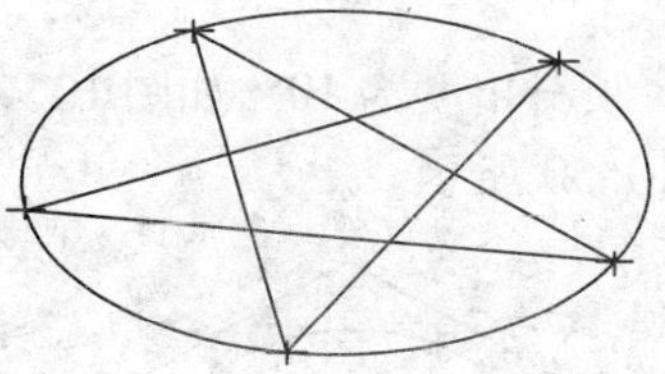

图 10.40　连线

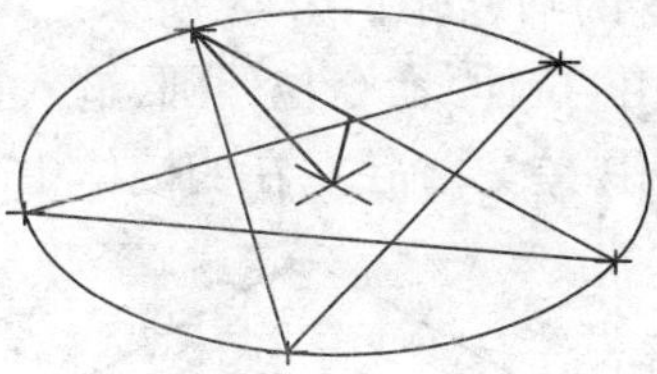

图 10.41　绘三角形

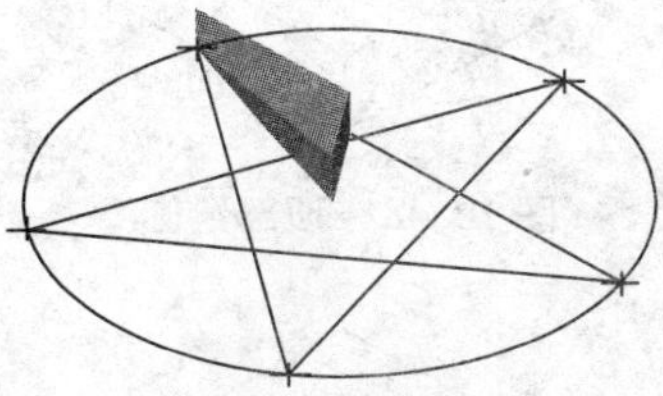

图 10.42　拉伸

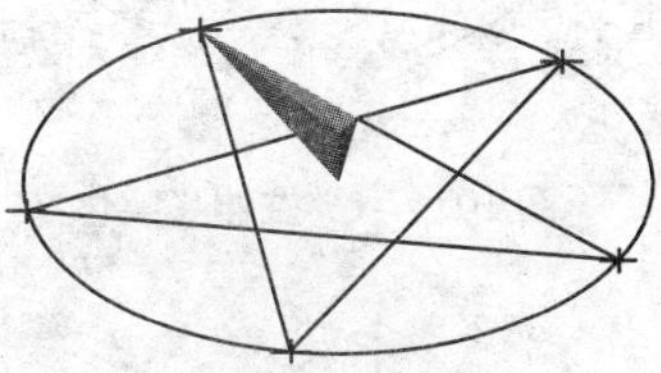

图 10.43　剖切

(9)用“镜像”命令,镜像三棱体,如图 10.44 所示。

(10)用“阵列”命令,阵列图 10.44,如图 10.45 所示。

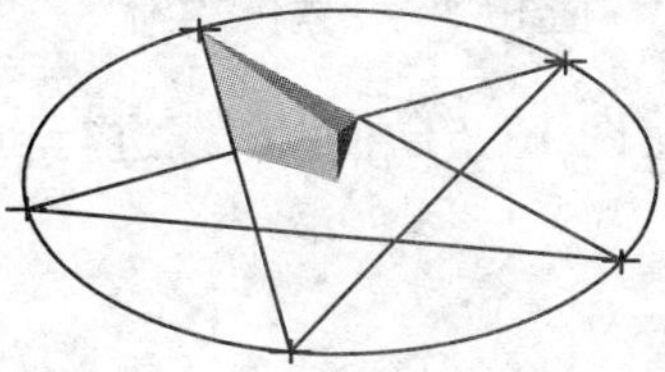

图 10.44　镜像

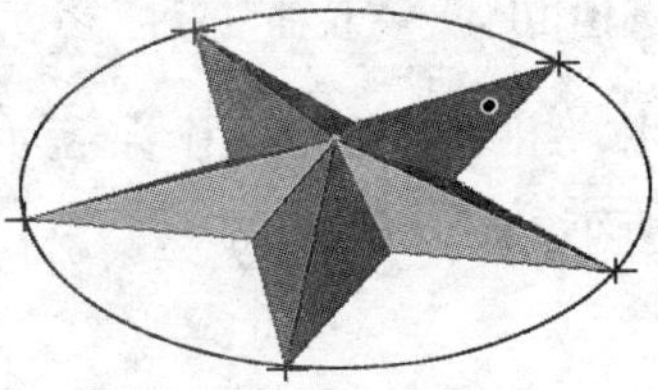

图 10.45　阵列

(11)用“删除”命令删除外部圆及点,“并集”命令将五角星合并。

指导 2　绘制如图 10.46 所示烟灰缸

图 10.46　烟灰缸

(1)点击视图→三维视图→西南等轴测。调整视图方式为轴测视图。

(2)用“矩形”命令,以(0,0,0)为一对角点,(@60,60)为另一对角点绘制边长为 60 的正方形。

(3)用“拉伸”命令拉伸矩形,输入拉伸高度为 -20,倾斜角度为 15°,如图 10.47 所示。

(4)用“直线”命令过图 10.47 的顶面对边的中点作直线,以直线的中点为圆心,绘制直径为 45 的圆,如图 10.48 所示。

(5)用“拉伸”命令拉伸圆,输入拉伸高度为 -15,倾斜角度为 10°,如图 10.49 所示。

(6)用“差集”命令,在四棱体中减去圆柱,如图 10.50 所示。

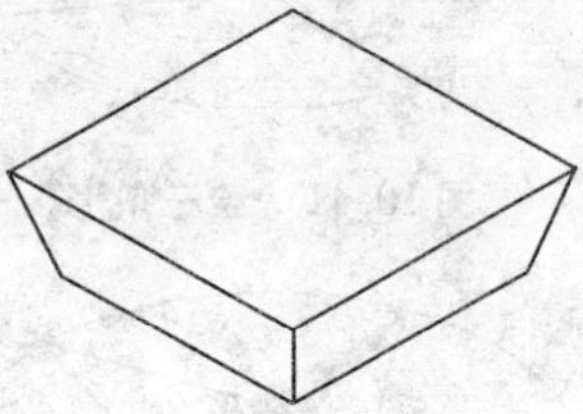

图 10.47 “拉伸”实体

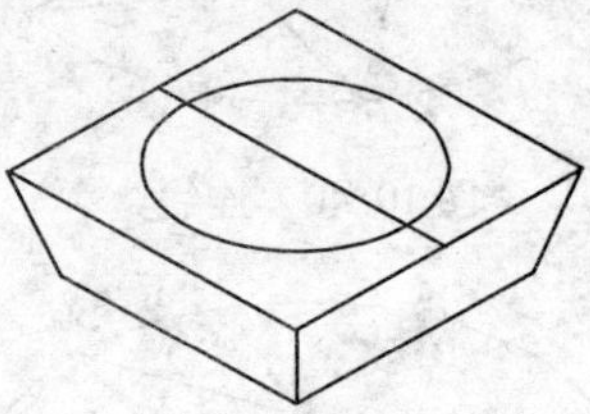

图 10.48 顶部绘圆

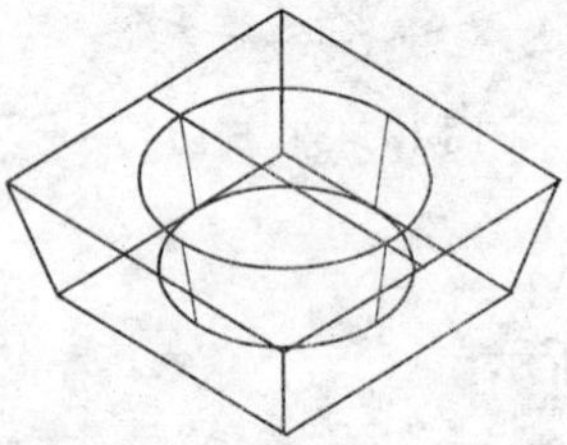

图 10.49 “拉伸”圆柱

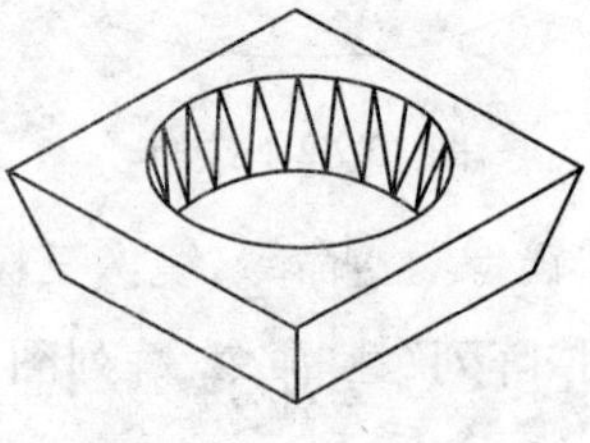

图 10.50 “差集”实体

(7)用“倒圆角”命令,用半径为 2 的倒圆半径对图 10.51 中的棱线进行倒圆角,如图 10.51所示。

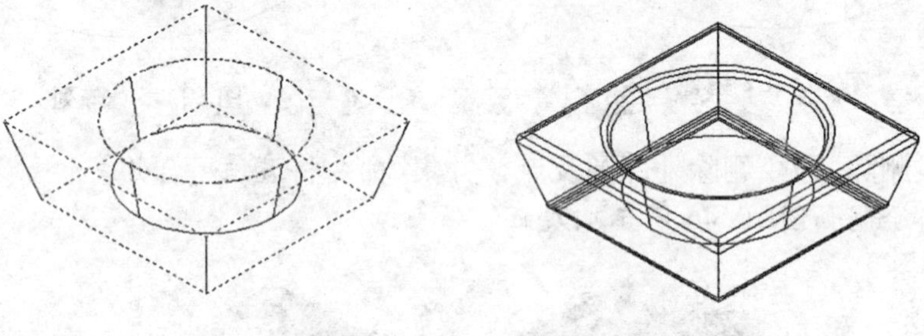

图 10.51 “倒圆角”棱线

(8)用“倒圆角”命令,用半径为 5 的倒圆半径对图 10.52 中的棱线进行倒圆角,如图 10.52所示。

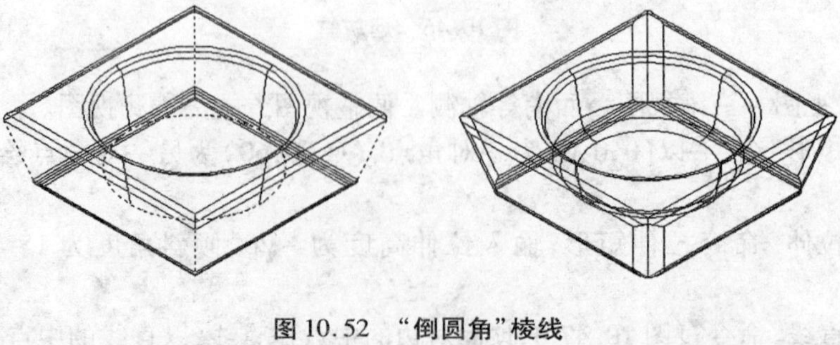

图 10.52 “倒圆角”棱线

(9)用“UCS”命令(此时坐标轴仍在上部中线的中点),输入“N”,绕 X 轴旋转 90°,新建坐标系。

(10)以(0,0,0)为圆心,用“圆”命令绘制一半径为 3 的圆。

(11)用“拉伸”命令,将上述半径为 3 的圆拉伸为圆柱,拉伸长度为 50,如图 10.53 所示。

(12)用“阵列”命令,四份阵列图 10.53 中的圆柱,如图 10.54 所示。

图 10.53 “拉伸”绘制圆柱

图 10.54 “阵列”圆柱

(13)用“旋转”命令,45°旋转图 10.54 中的四个圆柱,如图 10.55 所示。

(14)用“差集”命令,在烟灰缸中减去四个小圆柱,如图 10.56 所示。

图 10.55 “旋转”圆柱

图 10.56 “差集”实体

(15)用“UCS”命令(此时坐标轴仍在上部中线的中点),输入“N”,绕 X 轴旋转 -90°,新建坐标系。

(16)再用“UCS”命令,输入“M”,输入(@0,0,-53),将坐标系移到新位置,新建坐标系。

(17)用“球体”命令,以(0,0,0)为球心,绘半径为 38 的圆球,如图 10.57 所示。

(18)用“差集”命令,在烟灰缸中减去圆球,如图 10.58 所示。

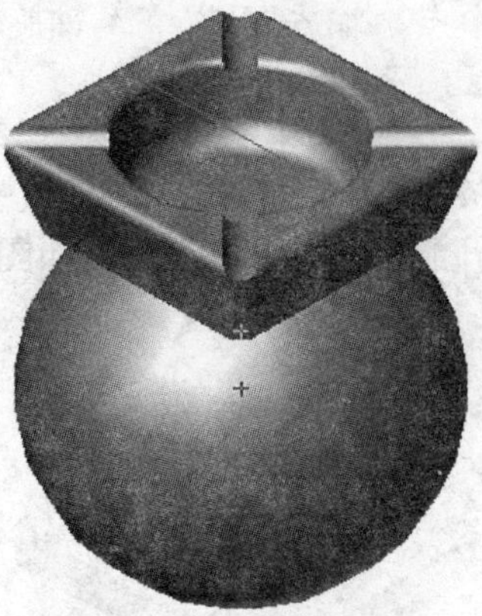

图 10.57　绘制球体

图 10.58　“差集”实体

【实训内容】

绘制如图 10.59 所示实体，尺寸自定。

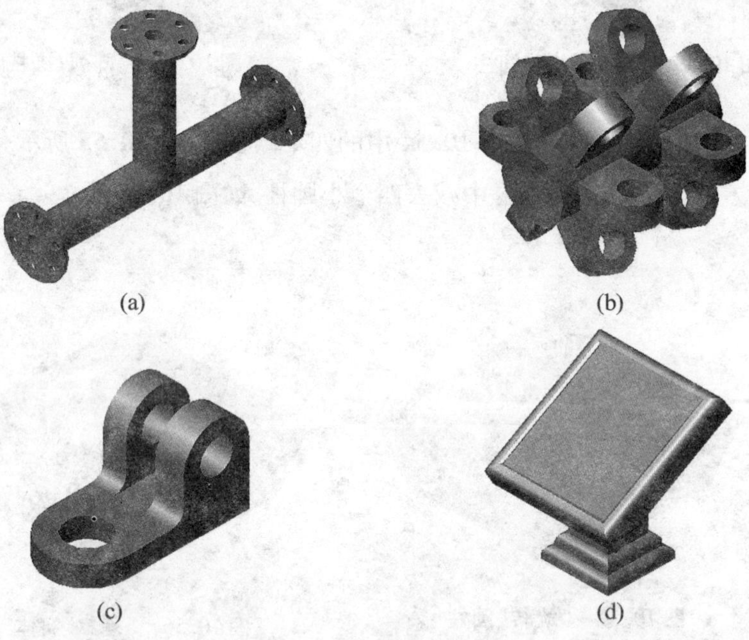

图 10.59　实体

第 11 章　图纸集与图纸打印

【教学目标】

1. 介绍图纸集的概念及创建图纸集。
2. 讲解图纸集的管理与运用。
3. 讲解打印页面设置与图纸打印。

【学习要点】

1. 掌握图纸集的概念及创建图纸集的方法。
2. 熟悉图纸集的管理与运用。
3. 掌握打印页面设置及图纸打印的方法。

11.1　图纸集

11.1.1　图纸集的概述

一个工程、一个项目常常需要绘制很多图纸。过去对图纸的管理是采用手工的方法，然而，手动组织图形将是非常耗时而又辛苦的。AutoCAD 自 2005 版开始，新增了图纸集管理器，图纸管理便有了质的飞跃。图纸集管理器是一个协助您将多个图形文件组织为一个图纸集的新工具。整理图纸集是大多数设计项目的主体部分。

图纸集就是利用图纸集管理器将一系列的图形文件有序地集合在一起的图纸管理文件。输入到图纸集的图形文件是以图纸文件的布局作为图纸编号进行管理的，图纸集与图纸之间保持着一种链接关系，如图 11.1 所示。

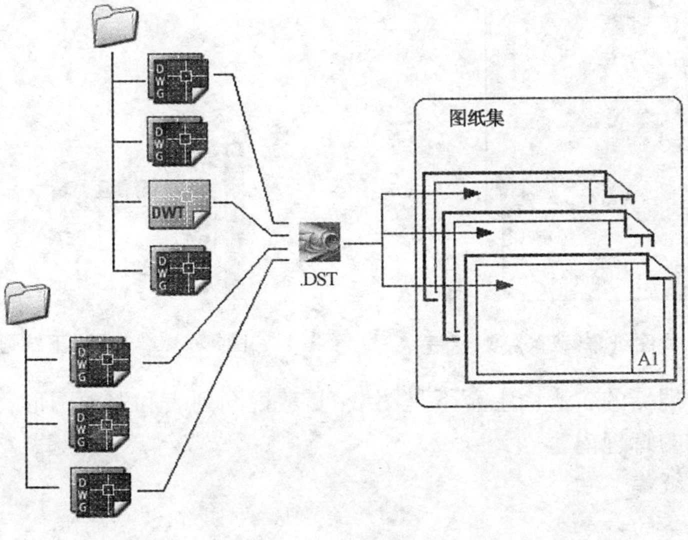

图 11.1　图纸集的概念

在 AutoCAD 中,管理图纸是利用图纸集管理器进行操作的。通过图纸集管理器,可以将已有的图纸布局输入到图纸集中,还可以在图纸集中创建新图纸,同时也可以在图纸集中建立子集,对输入到图纸集的图纸进行分类管理。也可以为收集到图纸集中的图纸建立图纸一览表,图纸一览表与图形文件也存在一种链接。图纸一览表不但可以一目了然地管理图形文件,还能方便地打开图形文件。

利用图纸集管理器,可以将图纸集中的全部图纸压缩归档,更能批量打印图纸或者发布图纸,使图纸管理不再是一种累赘。

11.1.2　图纸集管理器

1. 打开图纸集管理器的方法

(1)单击菜单栏上的工具→图纸集管理器“图纸集管理器”。

(2)单击标准工具栏上的“图纸集管理器”按钮:。

(3)在命令行中用键盘输入:Sheetset。

(4)按下快捷键“Ctrl +4”。

通过上述方法打开“图纸集管理器”后,出现如图 11.2 所示的“图纸集管理器”对话框。

2. 图纸集管理器的内容

在图纸集管理器的左边为标题,点击标题栏内三角可以隐藏与展开图纸集管理器界面。在图纸集管理器上面有一窗口,当第一次打开图纸集管理器时,窗口内默认为“打开...”,如果已打开过图纸集管理器中的图纸集,则默认上次打开的最后一项图纸集名。点击窗口后的三角,出现如图 11.3 所示的下拉列表,点击下拉列表中“最近使...”后的三角则显示你最近打开过的图纸集名称。

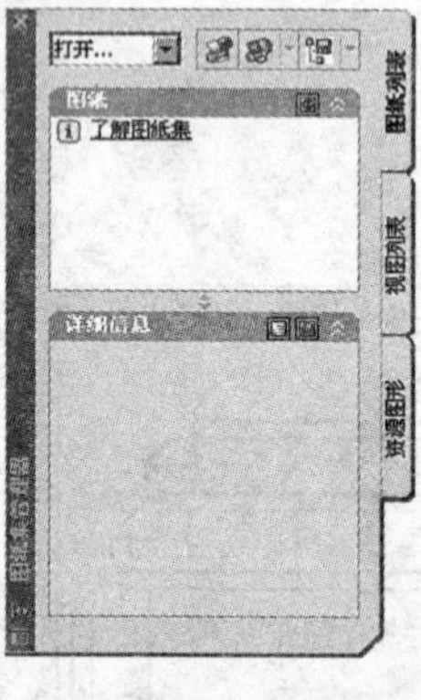

图 11.2　“图纸集管理器”对话框

图 11.3　“打开”下拉列表

在图纸集管理器的右边由上至下是图纸列表、视图列表和资源图形,点击它们则在界面中间出现不同的管理内容。

11.1.3　创建图纸集

1. 创建图纸集的命令

(1)在命令行用键盘输入:Newsheetset。

(2)单击菜单栏上的文件→新建图纸集。

(3)打开图纸集管理器→点击窗口内的黑三角→新建图纸集。

2. 创建图纸集

通过以上创建图纸集命令的方式，打开如图 11.4 所示的对话框。在此对话框中有两处选项：一是“样例图纸集”创建；另一种是通过“现有图形”创建。

1)使用样例创建图纸集

在还没有图纸或图纸很少的情况下创建图纸集。以创建“建筑图”图纸集为例，步骤如下：

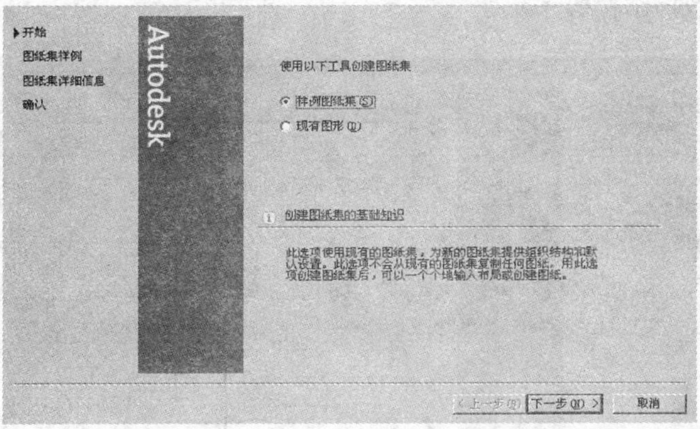

图 11.4 “开始”对话框

(1)在如图 11.4 所示的对话框中选择“样例图纸集”，点击下一步，出现如图 11.5 所示的对话框。

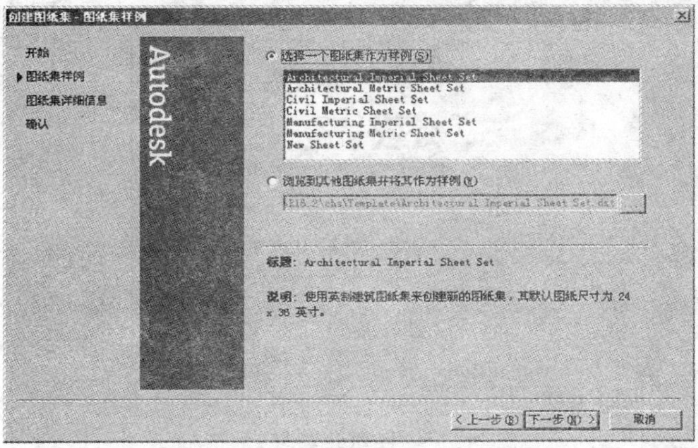

图 11.5 “创建图纸集图纸集栏例”对话框

(2)在“选择一个图纸集作为样例”下的选项中 AutoCAD 提供了英制建筑图纸集(Architectural Imperial Sheet Set)、公制建筑图纸集(Architectural Metric Sheet Set)、英制土木工程图纸集(Civil Imperial Sheet Set)、公制土木工程图纸集(Civil Metric Sheet Set)、英制制造图纸集(Manufacturing Imperial Sheet Set)、公制制造图纸集(Manufacturing Metric Sheet Set)及 New Sheet Set 的图纸样例。我们选择公制建筑图纸集,创建一个名为“建筑图”的图纸集。

(3)点击下一步,进入图 11.6。在“新图纸集的名称”中填写新图纸集名,如“建筑图”,在“说明”栏填写相应说明内容,在“在此保存图纸集数据文件”后点击“...”,进入保存路径。点击“图纸集特性”出现如图 11.7 所示的对话框,该对话框中列出了“建筑图”图纸集的相关信息。

(4)确认“图纸集特性”,返回到图 11.6。

(5)点击“下一步”进入图 11.8。在图 11.8 中已创建了“建筑图”的图纸集内容,其中包含了基本、建筑、结构等子集。

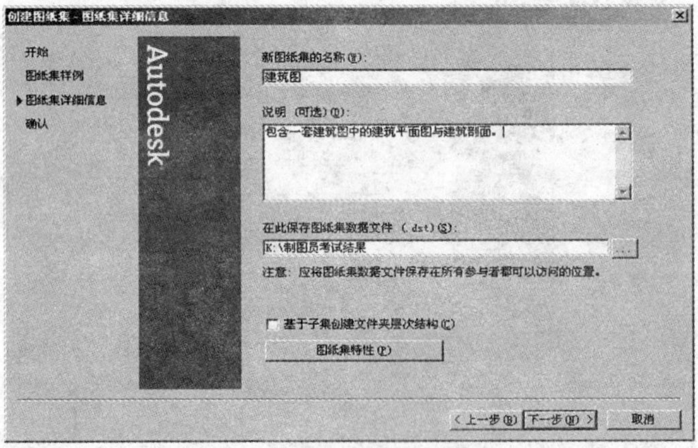

图 11.6 “图纸集详细信息”对话框

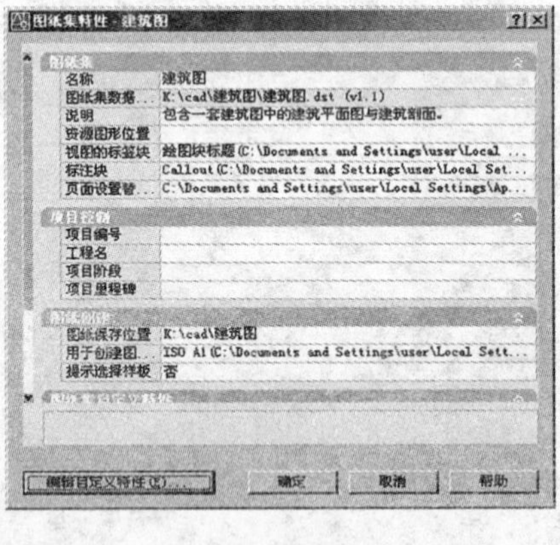

图 11.7 “图纸集特性”对话框

(6)点击完成,则在图纸管理器中出现名为“建筑图”的图纸集,如图 11.9 所示。

注意:此时建立的图纸集是一个空架,里面没有图纸,需要我们新建图纸或导入已有图纸。

2)利用现有图形创建图纸集

利用已画好的图纸创建图纸集。以创建“水利图”图纸集为例,步骤如下:

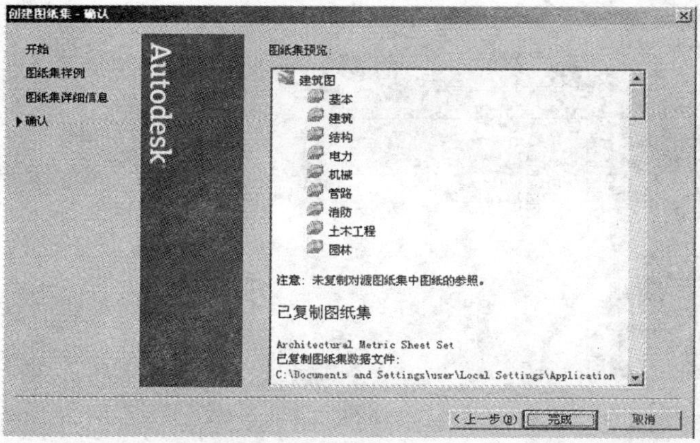

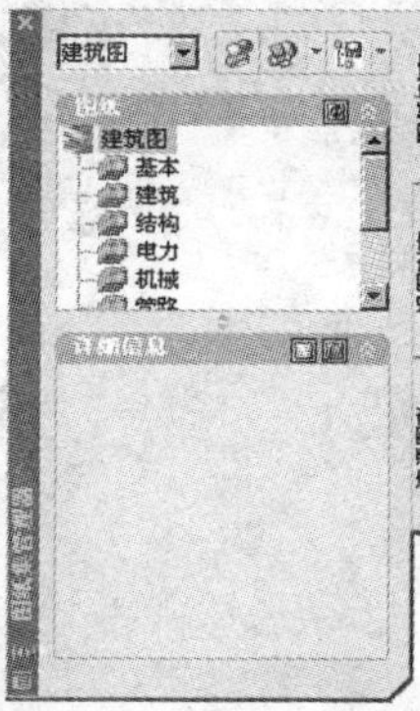

图 11.8　图纸集预览　　　　图 11.9　图纸集——建筑图

(1)在图 11.4 所示的对话框中选择“现有图纸”,点击“下一步”,出现如图 11.10 所示的对话框。

(2)在“新图纸集的名称”中填写新图纸集名,如“水利图”,在“说明”栏填写相应说明内容,在“在此保存图纸集数据文件”后点击“…”,进入保存路径。在这里我们把“建筑图”与“水利图”两个图纸集保存在同一目录下。

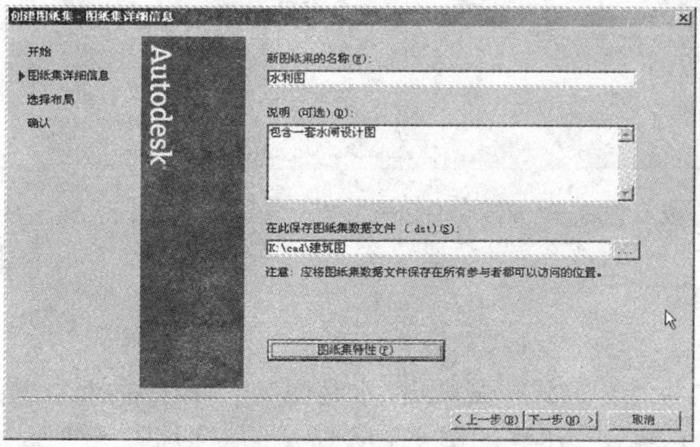

图 11.10　“图纸集详细信息”对话框

(3)点击“下一步”,进入图 11.11。点击“浏览”,找到要添加的图形文件或文件夹,确定后,在图 11.11 的窗口内则显示出添加的图形文件。

注意:图纸集管理的是图形布局,如果是在模型空间创建的图形,没有使用布局则无法将图形导入图纸集。如果一个图纸布局已隶属于某一个图纸集,那么也无法将其导入到新创建的图纸集,也就是说,一个图纸只能属于一个图纸集。

(4)点击“下一步”,进入图 11.12。在图 11.12 中显示出已导入到“水利图”图纸集中的图形布局。点击“完成”,则在图纸管理器中出现名为“水利图”的图纸集,如图 11.13所示。

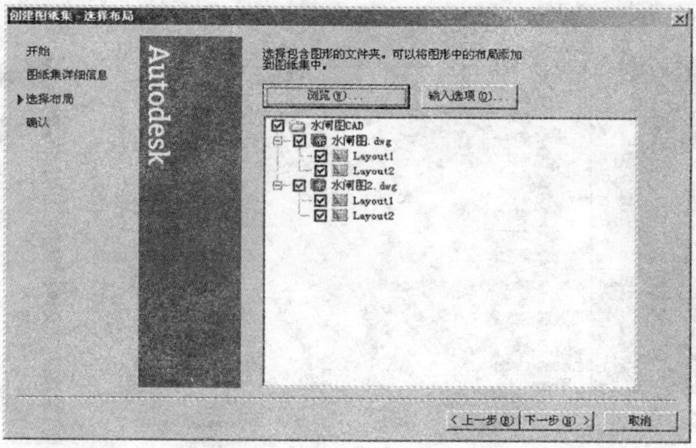

图 11.11 “选择布局”对话框

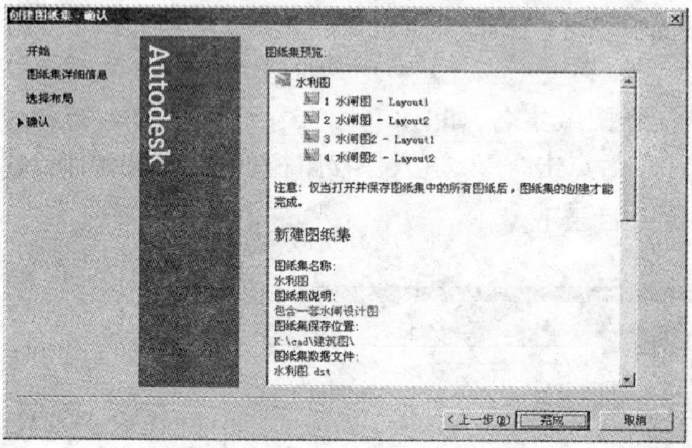

图 11.12 “图纸集预览”对话框

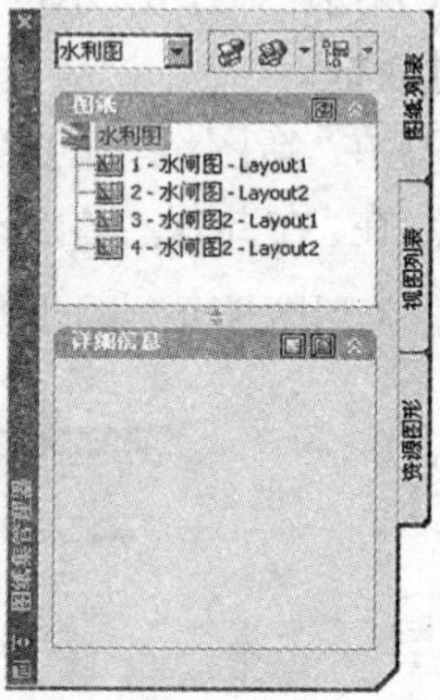

图 11.13 “图纸集——水利图”对话框

11.1.4 管理图纸集

1. 创建新子集

在图 11.13 中,将光标放置在图纸集“水利图”上,单击右键,出现如图 11.14 所示快捷菜单,点击“新建子集...”,出现如图 11.15 所示的对话框。在“子集名称”中填写子集名称,如“水闸平面设计图”,再点击“确定”。则如图 11.16 所示,图纸集“水利图”中增加了一个新子集“水闸平面设计图”。

此时添加的图纸集中没有图纸,是一个空架,需要为其添加图纸才有意义。

2. 为图纸集添加图纸

1) 在图纸集中创建新图纸

(1) 在图 11.14 中,点击 “新建图纸...”,出现如图 11.17 所示的对话框。在“编号”中填写图纸编号,如“SL－1”,在“图纸标题”中填写图纸标题,如“水闸平面布置图”,在“文件名”中自动生成“SL－1 水闸平面布置图”。

(2) 点击确定。如图 11.18 所示,在图纸集“水利图”中增加了一张新图纸“水闸平面布置图”。

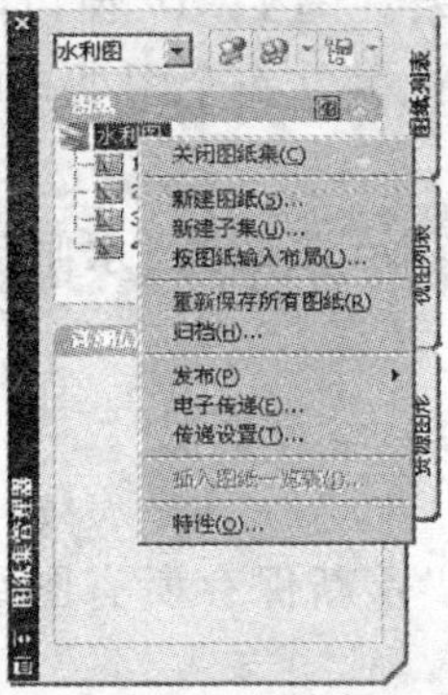

图 11.14　图纸集快捷菜单

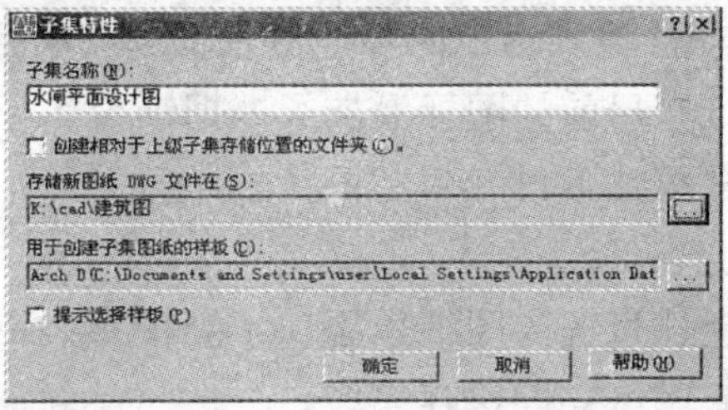

图 11.15　子集特性

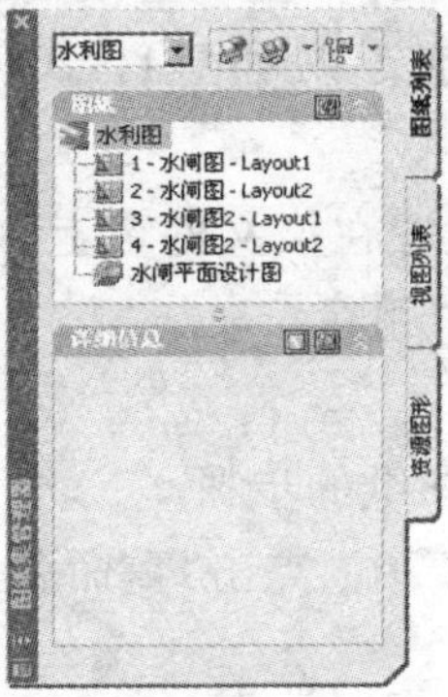

图 11.16　图纸集—增加新子集

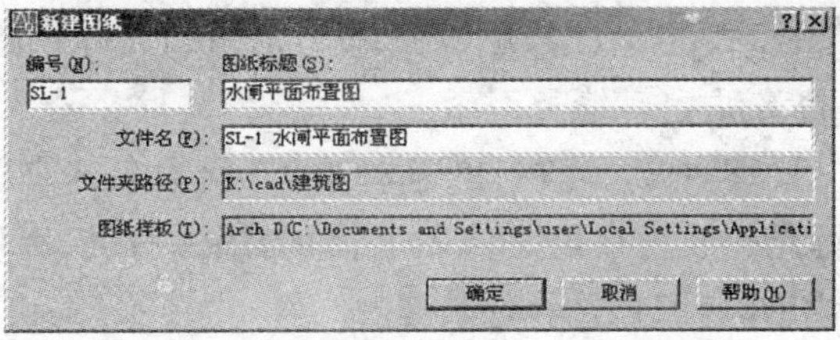

图 11.17　“新建图纸”对话框

2)将现有图纸布局添加到图纸集

(1)在图 11.14 中,点击“按图纸输入布局...”,出现如图 11.19 所示的对话框。点击“浏览图形”,进入“选择图形”,根据需要找到你所要添加的图纸布局(注意:图形必须是已经初始化的布局)。

图 11.18　图纸集—创建新图纸

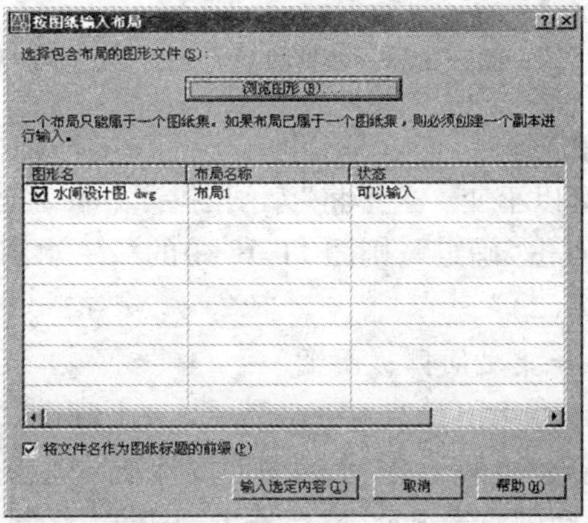

图 11.19　按图纸输入布局

(2)在“选择图形”对话中点击“打开”，则返回到图 11.19，在图 11.19 窗口内增加一个图纸布局。如此，将所有需要添加的图纸布局一一添加到此，并在每个图纸布局方框内打“√”。

(3)点击“输入选定内容”，在图纸集“水利图”中就增加了一张图纸“水闸设计图”，并在该图纸布局前的图标上加了一把锁。

3. 管理图纸集内的已有图纸

1)保存图纸

通过上述过程为图纸集添加了新图纸，在图 11.14 中点“重新保存所有图纸”，则新建立的所有图纸立即保存完毕。

2)打开与删除图纸

要打开图 11.18 中的“水闸图 – Layout1”，可以有两种方法：一是双击该图纸布局名称；二是将光标放置在该文件名上，单击鼠标右键，出现一快捷菜单，如图 11.20 所示。点击“打开”，则该图立即在屏幕绘图区以图纸布局的形式打开 。

比如要删除图 11.18 中的“水闸图 – Layout1”，将光标放置在该文件名上，单击鼠标右键，出现图 11.20，点击“删除图纸”，则该图立即在图纸集中删除。

3)重命名并重新编号图纸

给图 11.18 中的“水闸图 – Layout2” 重命名并重新编号图纸的步骤。

(1)将光标放置在该文件名上，单击鼠标右键，出现图 11.20。点击“重命名并重新编号”，出现如图 11.21 所示对话框。

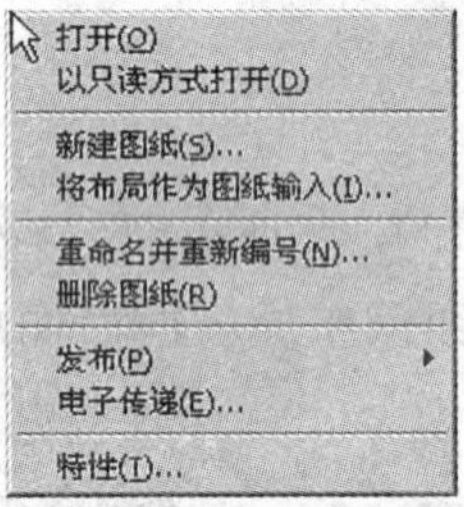

图 11.20　图纸布局—快捷菜单

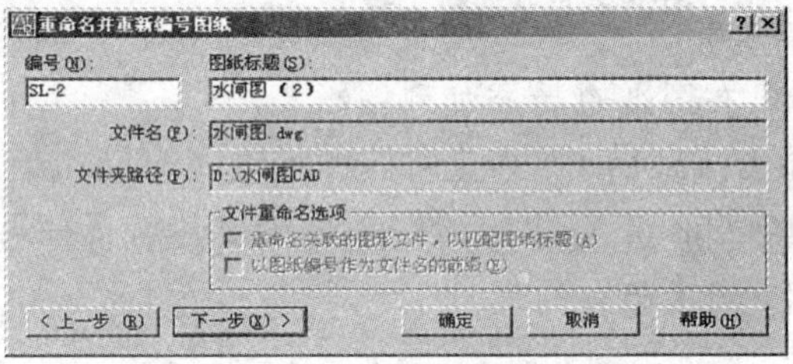

图 11.21　重命名并重新编号图纸

(2)在“编号”内填写“SL – 2”，“图纸标题”栏内默认为“水闸图 – Layout2”，你可以修改，也可以不变。这里将“水闸图 – Layout2”改为“水闸图(2)”。

(3)点击“确定”，则图 11.18 中的“2 – 水闸图 – Layout2”改变为图 11.22 中的“SL – 2 – 水闸图(2)” 。

4)在子集之间挪移图纸

比如要将图 11.22 中的“SL – 2 – 水闸图(2)”和新添加的“SL – 1 – 水闸平面布置图”移至新建立的子集“水闸平面设计图”中，方法很简单，我们只需要用鼠标左键分别单击这两个图纸布局名称，然后拖曳到子集“水闸平面设计图”名下即可，如图 11.23 所示。如果我们要移动很多图纸，可以用鼠标左键加 Shift 键和 Ctrl 键即可解决。

图 11.22　图纸集——重命名并重新编号图纸

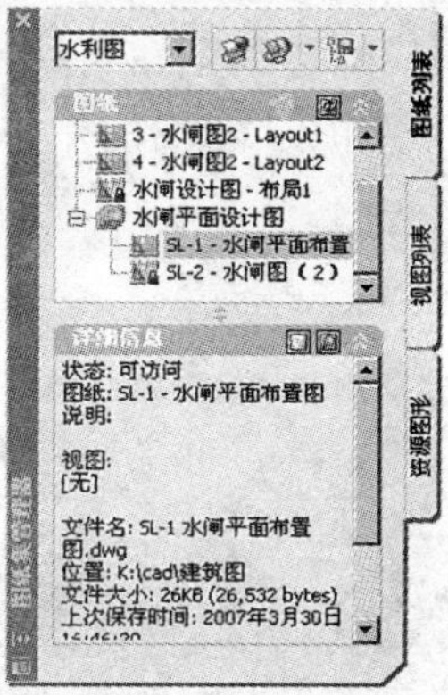

图 11.23　移动图纸布局

11.1.5　图纸一览表

1. 生成图纸一览表

以生成一张“水利图”图纸集的“图纸一览表”为例，说明生成一张图纸一览表的过程。

(1)按照上述图纸集的创建过程，完整地创建一套“水利图”图纸集，内容如图 11.24 所示。在此图纸集中有两个子集：“水闸平面设计图”和“毕业设计图(水利专业)”，每个子集中有若干图纸布局。

(2)打开一个图纸布局，如打开“SL－3－水利图－水闸图”。

(3)在打开的图纸适当空白处选择插入图纸一览表的位置，用“Zoom”动态放大命令局部放大。

(4)在图纸集名称上单击鼠标右键，在快捷菜单下点击“插入图纸一览表…”，出现如图 11.25 所示的对话框。在此对话框内通过“添加”和“删除”，修改“表格数据设置”，直至达到你的要求为止。如图 11.25 即为我们所需要的内容。

图 11.24　图纸集——水利图

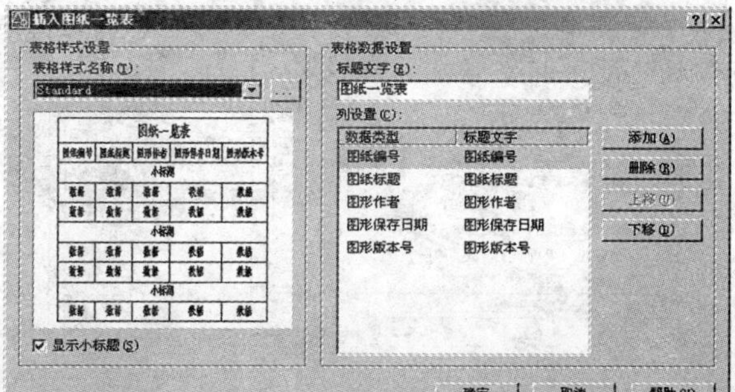

图 11.25　插入图纸一览表

(5)点击“确定”，进入图 11.26 提示框。

(6)点击“确定”，则在布局中进入插入图纸一览表的状态。将光标移到合适位置，单击右键结束。如图 11.27 所示，一张图纸一览表就建成了。

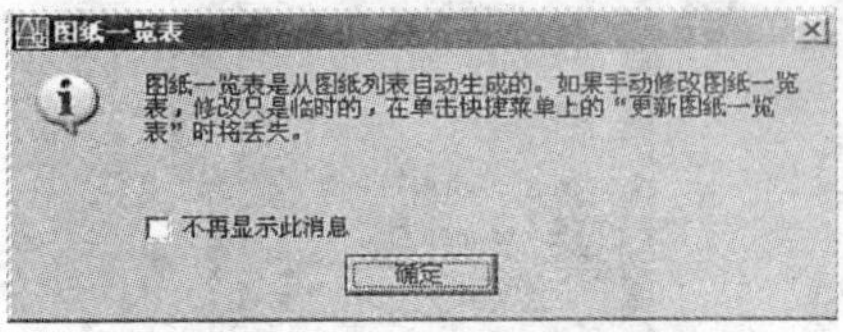

图 11.26 “图纸一览表”提示框

图纸一览表				
图纸编号	图纸标题	图形作者	图形保存日期	图形版本号
水闸平面设计图				
SL-1	水闸平面布置图	--	2007年3月30日 18:34:51	--
SL-2	水闸图 (2)	--	2007年3月30日 18:39:09	--
SL-3	水利图一水闸图	--	2007年3月30日 18:39:09	--
毕业设计图（水利专业）				
1	水闸图 - Layout1	--	2007年3月30日 18:39:09	--
2	水闸设计图 - 布局1	--	2007年3月30日 18:34:51	--
3	水闸图2 - Layout1	--	2007年3月30日 18:34:51	--
4	水闸图2 - Layout2	--	2007年3月30日 18:34:51	--

图 11.27 生成的图纸一览表

2. 更新图纸一览表

由于图纸一览表是 AutoCAD 自动生成的，用户可以添加和修改图纸集的图纸内容，如通过修改图纸编号和标题，来更改图纸一览表。当修改完图纸集后，可以利用“更新图纸一览表”的命令自动更新图纸一览表。方法如下：

(1)修改图纸集。

(2)选择图纸一览表，单击鼠标右键，从快捷菜单中选择“更新图纸一览表”。

在图纸一览表中，有加灰色的部分。当光标移至灰色内容时，自动产生如图 11.28 所示的内容，表明此部分内容通过 Ctrl + 左键单击可以与该图纸布局产生链接。

11.1.6 图纸集归档

当项目完成后，图纸集可以自动将全部图纸进行归档。一般情况下，图纸归档常常是将所有的图纸集中到同一个目录或放到一个压缩包中。归档方法如下：

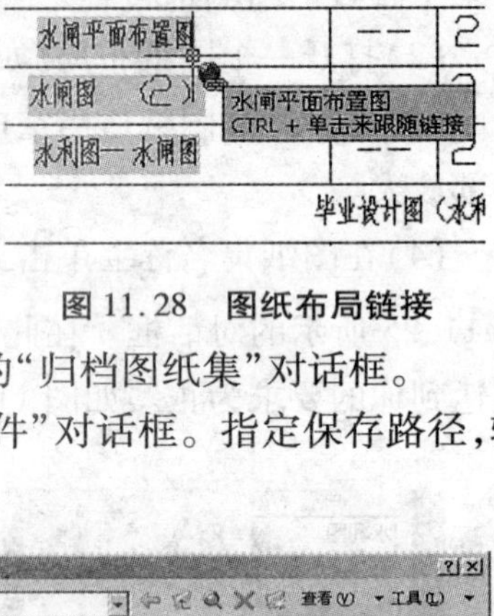

图 11.28 图纸布局链接

(1)在“图纸集管理器”中选中归档的图纸、子集或整个图纸集，单击右键，在快捷菜单中选择“归档”。AutoCAD 自动收集有关归档信息，然后出现如图 11.29 所示的“归档图纸集”对话框。

(2)点击“确定”，出现如图 11.30 所示的“指定 zip 文件”对话框。指定保存路径，输入保存“文件名”，点击“保存”。

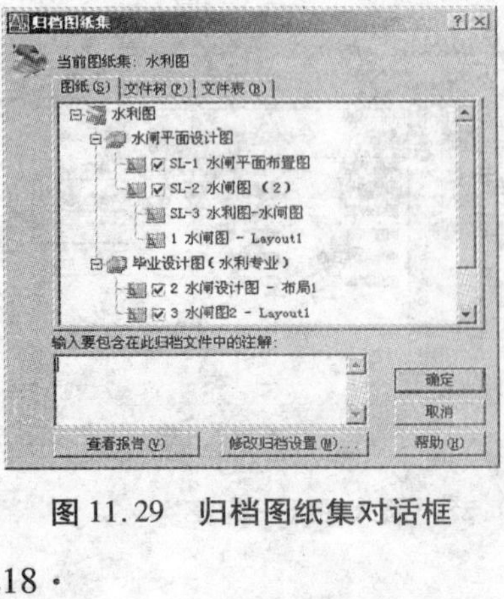

图 11.29 归档图纸集对话框

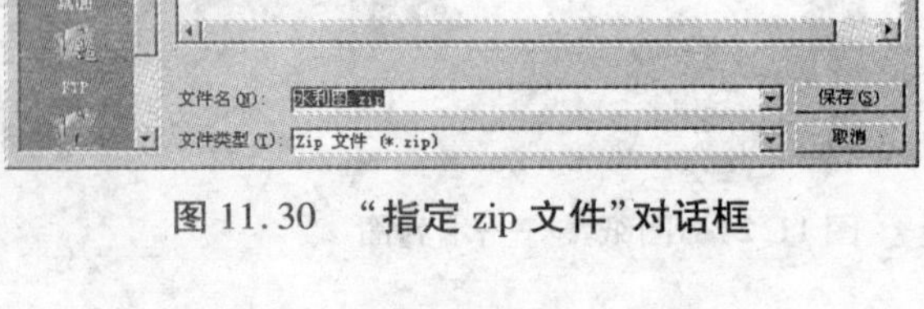

图 11.30 “指定 zip 文件”对话框

归档后的文件就可以通过 Internet 发送文件了。发送的文件为压缩文件,接收方必须先解压缩后才能观看。如果不想采用压缩方式归档,也可以在图 11.29 对话框中选择“修改归档设置”来修改归档文件包类型。

11.2 图纸打印

11.2.1 在模型空间中打印图纸

当一套图纸绘制完成后,作为电子文稿保存起来是很有必要的。但我们画图的最终目的还是要将图打印到图纸上,用纸质图纸来指导工程建设。

用 AotuCAD 进行图纸打印前,首先要对打印所需的条件进行设置。下面我们看要设置哪些内容。

首先启动“打印”命令:

(1)在命令行中用键盘输入:PLOT。

(2)在菜单栏中点击:文件→打印。

(3)在“标准”工具栏中点击:。

通过以上方式打开图 11.31 所示的打印对话框,该打印对话框内的打印是在模型空间中打印图纸。我们看到在该打印对话框内有“页面设置”、“打印机/绘图仪”内的选项都是“无”,这两项需要设置,同时还要对“图纸尺寸”、“打印区域”、“打印份数”、“打印比例”、“打印偏移”的内容进行选择。点击该对话框右下角处的“”,展开了“打印”对话框的另一部分,如图 11.32 所示。在这一部分还要选择“打印样式表”、“着色视口选项”、“打印选项”和“图形方向”。

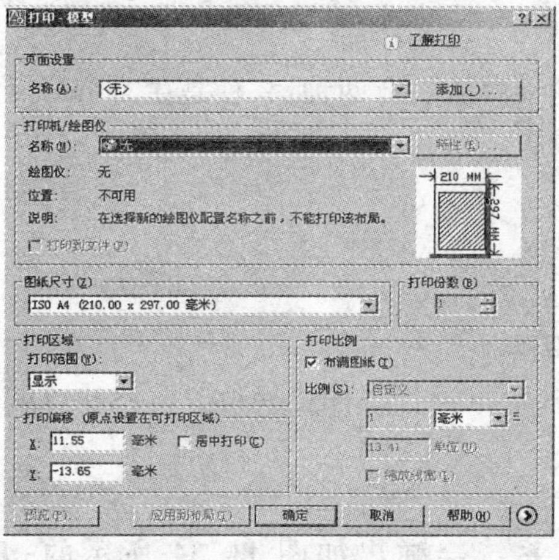

图 11.31 打印 – 模型对话框

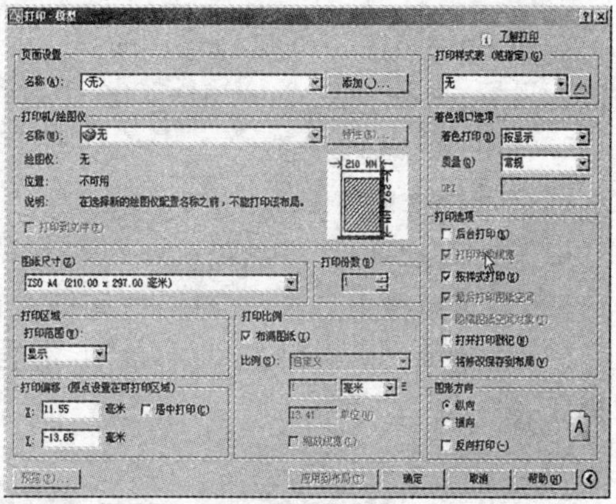

图 11.32 模型打印设置

由此可以看出,我们在打印前要对“打印机/绘图仪”、“打印样式表”、“页面设置”进行设置,其他选项可以在相应栏内选择。

1."打印机/绘图仪"的设置

1)启动命令的方法

(1)在命令行中用键盘输入:PLOTTERMANAGER。

(2)在菜单栏中点击:文件→绘图仪管理器。

(3)在菜单栏中点击:工具→选项→打印和发布→添加或配置绘图仪。

2)执行命令的过程

通过执行"PLOTTERMANAGER "命令后,系统会弹出如图 11.33 所示的"PLOTTER"对话框。

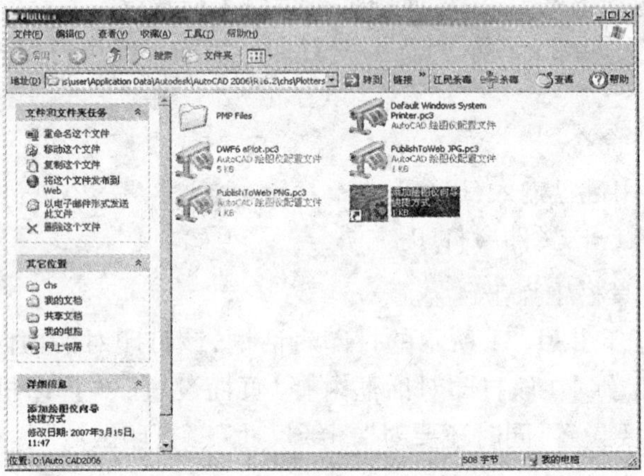

图 11.33 "PLOTTER"对话框

在该对话框中,我们双击"添加绘图仪向导"的图标,就可以根据系统的提示来进行打印机的设置了。

3)注意事项

在用 AutoCAD 2006 进行打印时,打印机的设置方法有两种:一种是在 Windows 系统中进行设置;一种只在 AutoCAD 2006 中进行设置。

2. 打印样式表的设置

1)启动命令的方法

(1)在命令行中用键盘输入:STYLESMANAGER。

(2)在菜单栏中点击:文件→打印样式管理器。

(3)在菜单栏中点击:工具→选项→打印和发布→打印样式表设置→添加或编辑打印样式表。

2)执行命令的过程

通过执行"STYLESMANAGER"命令后,系统会弹出如图 11.34 所示的"PLOT TYLES"对话框。

3)参数说明

在图 11.34 所示的对话框中,有一系列的打印样式表,我们双击其中的一个,系统会弹出如图 11.35 所示的"打印样式表编辑器",在该编辑器中有三个选项:基本、表视图、格式视图。

图 11.34 “PLOT TYLES”对话框

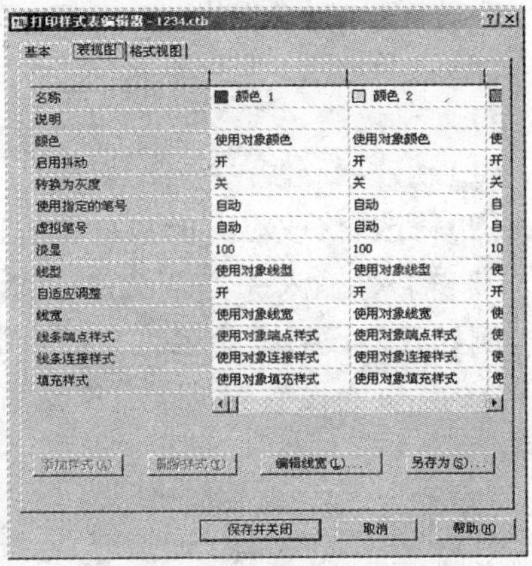

图 11.35 打印样式表编辑器

这三个选项实际的含义是相同的,下面我们以“表视图”为例来说明其中选项的含义。

(1)说明:对对象颜色的说明。

(2)颜色:点击其中的一种时,系统有一个下拉列表框,用户可以根据此列表框对对象的颜色进行修改。

(3)启用抖动:在打印过程中是否启用抖动。

(4)转换为灰度:是否将打印的线条转化为灰度。

(5)使用指定的笔号:指定使用的笔号。通过点击笔号内容来重新选择笔号。

(6)虚拟笔号:系统虚拟的一种笔号。

(7)淡显:系统打印线条颜色的深与浅。

(8)线型:来修改系统所采用的线型。

(9)自适应调整;系统是否采用自动适应调整。

(10)线宽:调整对象所采用线型的宽度。

(11)线条端点样式:选择线条端点的样式。

(12)线条连接样式:指定线条连接的样式。

(13)填充样式:指定线条填充的样式。

用户也可以双击“添加打印样式表向导”来设置自己所需要打印样式表,获得自己的打印参数。

4)注意事项

在设置打印样式表时,表视图和格式视图的两个选项卡设置打印参数时是一样的。但当采用不同的打印设备时,表视图的设置方式与格式视图有所不同。

3. 页面设置

1)启动命令的方法

(1)在命令行中用键盘输入:Pagesetup。

(2)在菜单栏中点击:文件→页面设置管理器。

2)执行命令的过程

通过执行“Pagesetup”命令后,系统会弹出如图 11.36 所示的“页面设置管理器”对话框。

3)选项说明

(1)新建:新建一个页面设置。

(2)修改:修改已有的页面设置。

(3)输入:输入一个已设置好的页面设置。

例如我们设置一个名为“工程图打印页面”的页面,过程如下。

①在“页面设置管理器”中选择“新建”,出现如图 11.37 所示“新建页面设置”对话框。

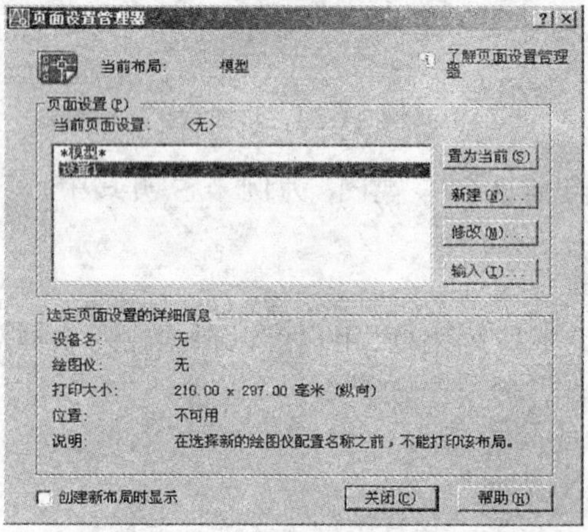

图 11.36 “页面设置管理器”对话框

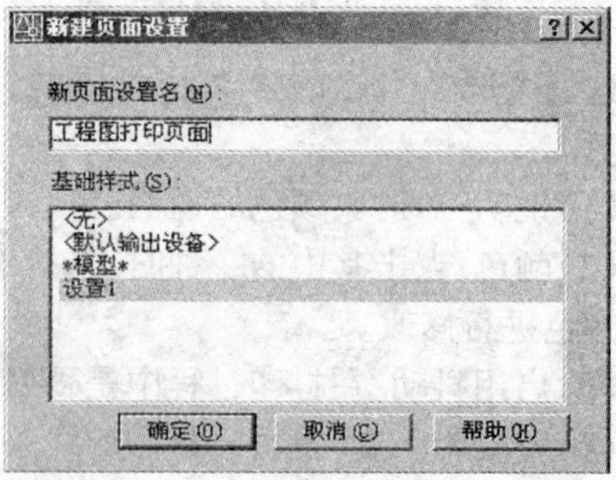

图 11.37 “新建页面设置”对话框

②在“新页面设置名”中填写“工程图打印页面”字样,点击“确定”。自动转换到如图 11.38 所示的“页面设置 - 模型”对话框。在该对话框内,按照自己的要求配置“打印机/绘图仪”、“图纸尺寸”、“打印区域”、“打印比例”、“打印偏移”、“打印样式表”、“着色视口选项”、“打印选项”和“图形方向”。

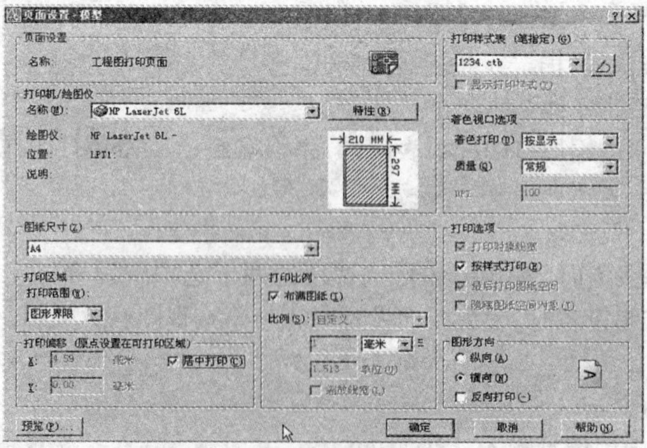

图 11.38 “页面设置 - 模型”对话框

图 11.38 是在“HP LaserJet 6L”打印机下配置“1234.ctb”打印样式、视口着色“按显示”着色、“A4”纸大小、按“图形界限”“布满图纸”“横向”打印的“工程图打印页面”。

③点击“确定”，自动回到图 11.36 的“页面设置管理器”对话框，此时“页面设置管理器”中自动增加一个“工程图打印页面”的页面设置。

④点击“关闭”，退出页面设置。

4. 绘图仪打印过程

(1)通过“PLOTTERMANAGER”命令在 AutoCAD 2006 中配置好绘图仪。

(2)通过“STYLESMANAGER”命令设置一个打印样式表。

(3)执行“PLOT”命令，系统会弹出如图 11.39 所示的“打印”对话框。

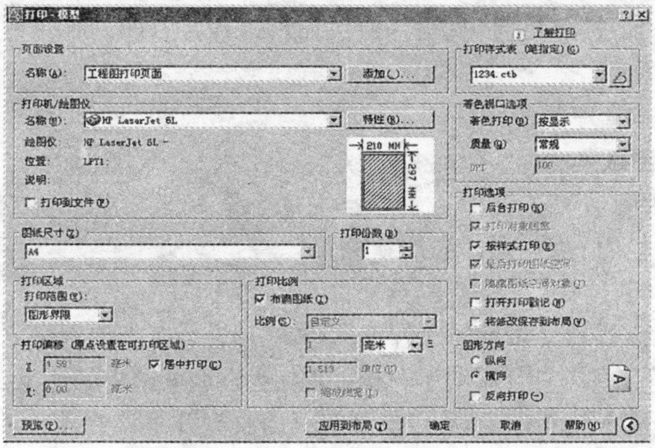

图 11.39 “打印”对话框

我们只需每次在该对话框中，选择设置好的“页面设置”名称，则在“打印”对话框中的其他选项将自动按设置好的内容填充。

(4)点击“预览”，检查设置是否合适。

(5)最后点击“确定”按钮，进行打印。

11.2.2 使用图纸集打印图纸

1. 使用图纸集批量打印图纸

使用图纸集可以不用任何人工干预，整套图纸都会按顺序打印到绘图仪，省却了一张一张打印图纸的烦恼，大大提高了打印效率。其过程如下：

(1)打开图纸集管理器。

(2)“打开”创建的图纸集。

(3)在打开的图纸集名称上击右键：发布→发布到绘图仪，如图 11.40 所示。

(4)点击“发布到绘图仪”，系统自动将整套图纸都会按顺序打印到绘图仪中，并开始打印。同时在屏幕右下角出现“”，并且其中的绘图仪小图标处于动态。打印结束，可以单击绘图仪小图标来检查该打印作业内的详细信息。

注意：上述打印是在图纸布局下的打印。

2. 使用图纸集单张打印图纸

1)在“图纸列表”下单张打印图纸

方法同上述的批量打印,只不过是在图纸集上选择的不是图纸集名称,而是选择的要打印的单张图纸。具体操作过程这里不再重述。

注意:在此列表下也是对图纸布局打印。

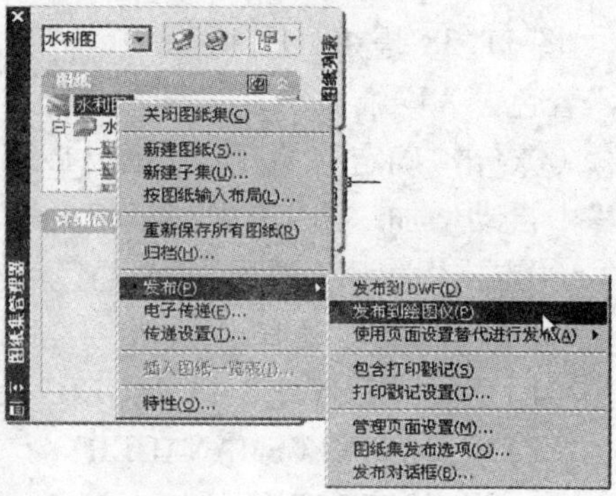

图 11.40　图纸集的发布

2)在“资源图纸”下单张打印图纸

如果在模型空间下绘制的图形,没有进行初始化布局,那么在“图纸列表”中就不能添加,更不用说打印了。而在“资源图纸”中却可以将模型空间下的图纸添加进来,并且可以打开,进而可以单张打印。

具体操作过程如下:

(1)打开图纸集管理器。

(2)打开相应图纸集。

(3)选择“资源图形”。

(4)在“位置”栏内右键单击“添加新位置”。

(5)单击“添加新位置”,进入“浏览文件夹”。

(6)通过“搜索”找到要添加的文件或文件夹。

(7)点击“打开”,则在“资源图形”的位置内就添加了选中的所有文件和文件夹。

(8)双击要打开的图纸文件,则在模型空间内就打开了该文件。

(9)按照“在模型空间中打印图纸”的方法就能将该图纸打印出来。

在“资源图纸”下单张打印图纸的好处是不仅能在图纸集下打印模型空间的图纸,而且省去了每打印一张图纸就要查找一次图纸位置的麻烦。“资源图纸”管理下的图纸一览无余,随时都可以找到你所要查找的图纸并打开。

第 12 章　综合实例

12.1　绘制涵洞式进水闸的立体图

12.1.1　实现目标

绘制涵洞式进水闸立体模型图,如图 12.1 所示。

12.1.2　设计思路

根据图 12.1 所示图形,按照图中尺寸抄绘涵洞式进水闸的立体图。

整个立体图由 5 段组成:

(1)进水口段:由底板(铺盖)与上游翼墙组成。

(2)闸室段:由底板、洞身边墙、洞身盖板、上游胸墙及下游胸墙组成。

(3)下游扭面段:由底板(护坦)与扭面组成。

(4)下游海漫段:由底板(海漫)与护坡组成。

(5)进水口前、海漫段后接土渠。

按照水利工程制图的相关要求,结合 AutoCAD 的绘图技巧绘制立体图。

12.1.3　操作步骤

1. 进水口段

1)绘底板(铺盖)

(1)用“ucs”命令,将坐标绕 X 轴转 90°。

(2)用“多段线”命令,以(0,0)、(@250,0)、(@0,250)、(@1 850,300)、(@0,250)、(@ -2 100, -250)坐标绘制一多段线框。如图 12.2 所示。

(3)用“拉伸”命令,拉抻长度 3 900,绘制底板(铺盖),如图 12.3 所示。

(4)用“ucs”命令,输入 M,将坐标系移到底板的上沿后边线中点,绕 X 轴转 -90°。

(5)用“直线”命令,在底板上面绘直线 14,直线 14 的长为 1 500,如图 12.4 所示。

(6)用“剖切”命令,沿图 12.4 中的 1、2、3 和 4、5、6 点剖切底板,剖切后底板如图 12.5所示。

(7)将图 12.5 保存。

2)绘上游翼墙

(1)用“多段线”命令,以(0,0)、(@2 100, -900)、(@0,750)、(@ -2 100,450)坐标绘制一多段线框,如图 12.6 所示。

(2)用“拉伸”命令,拉伸图 12.6,拉抻高度 2 100,如图 12.7 所示。

(3)用“直线”命令,在图 12.7 中绘制一条沿 Z 轴方向高 300 的直线,如图 12.8 所示。

(4)用“剖切”命令,沿图 12.8 中的 1、2、3 剖切,结果如图 12.9 所示。

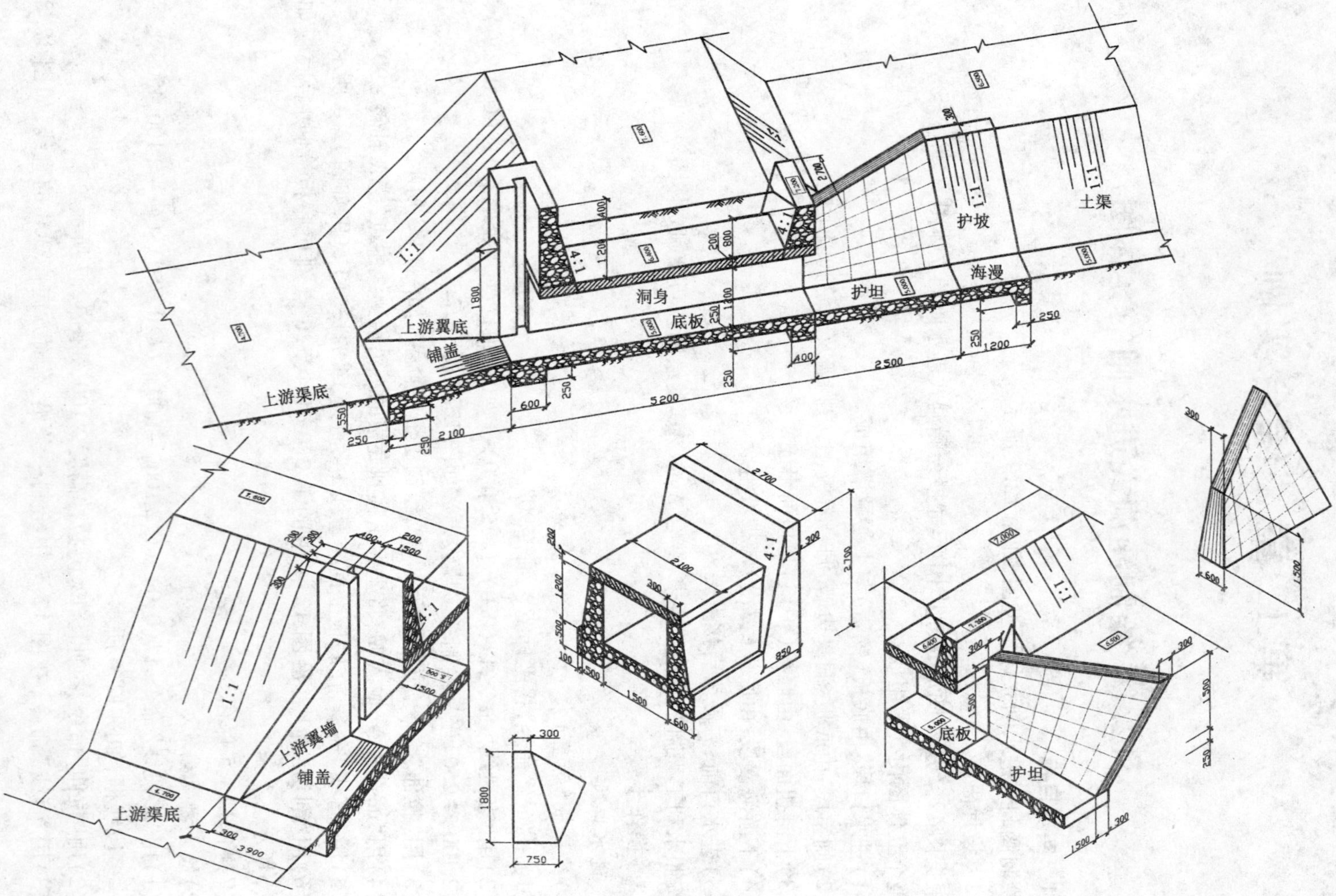

图 12.1　涵洞式进水闸立体模型图

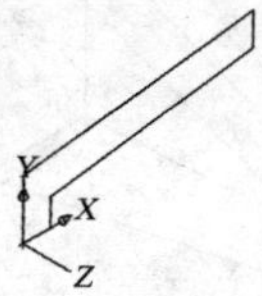

图 12.2　绘制线框

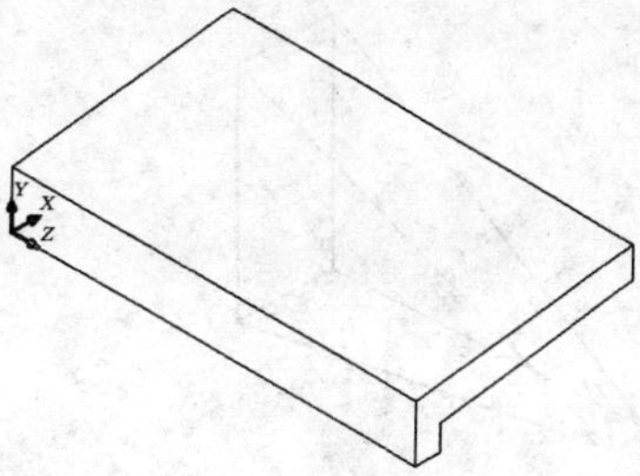

图 12.3　拉伸线框

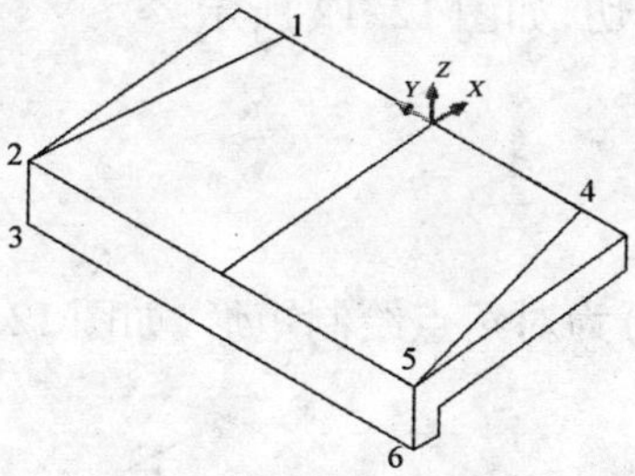

图 12.4　绘制直线

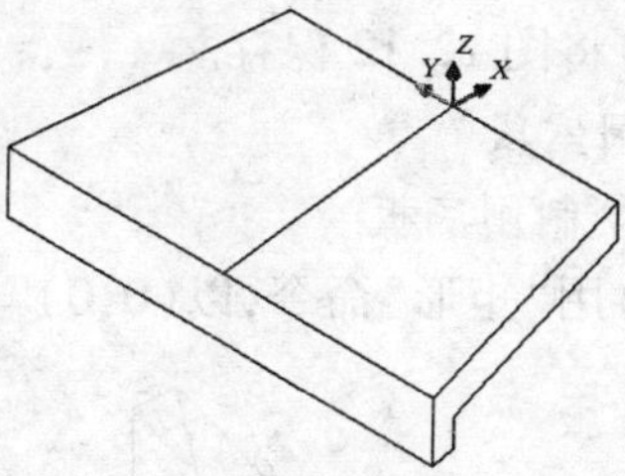

图 12.5　“剖切”底板

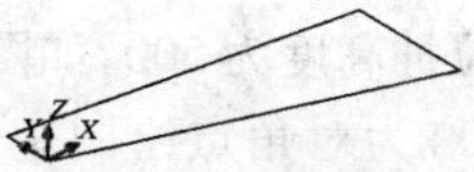

图 12.6　绘制线框

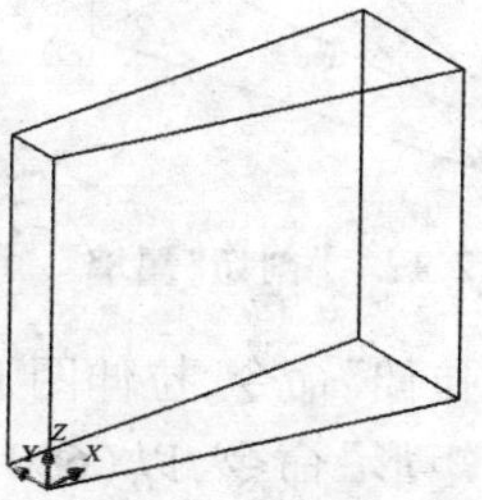

图 12.7　拉伸线框

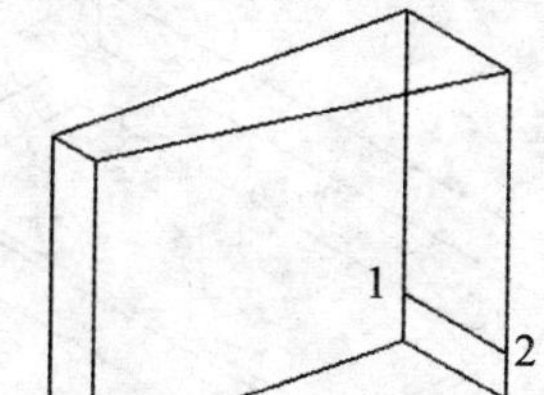

图 12.8　绘制直线

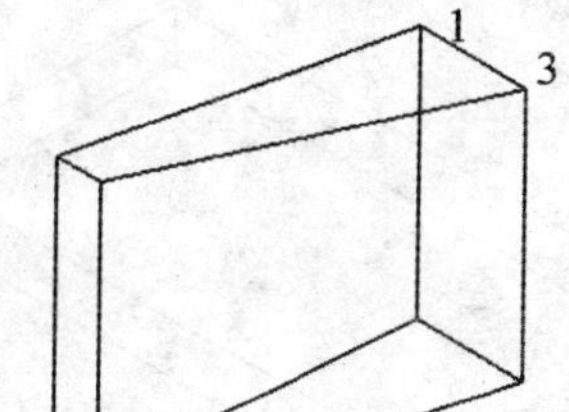

图 12.9　“剖切”翼墙

(5)用“剖切”命令，沿图 12.9 中的 1、2、3 剖切，如图 12.10 所示。

(6)用“直线”命令，在图 12.10 中绘制一条直线，直线 13 与翼墙内边沿间距 300，如图 12.11 所示。

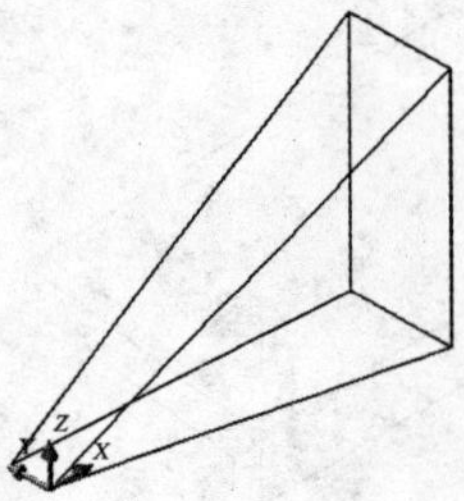

图 12.10 “剖切”翼墙

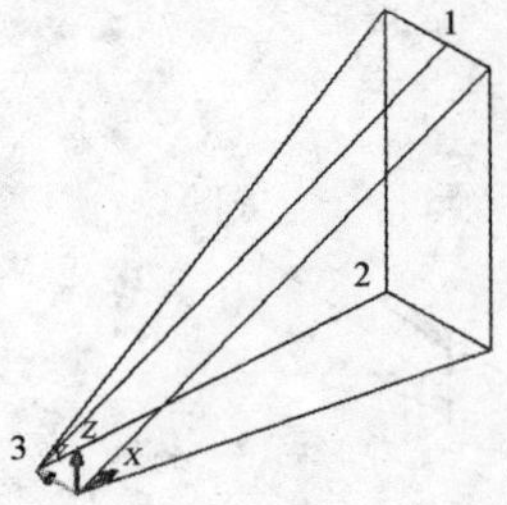

图 12.11 绘制直线

(7)用“剖切”命令，沿图 12.11 中的 1、2、3 剖切，如图 12.12 所示。

(8)将图 12.12 保存。

2. 闸室段

1)绘制闸底板

(1)用“矩形”命令，以(0,0)与(@5200,2700)为对角点绘制矩形，如图 12.13 所示。

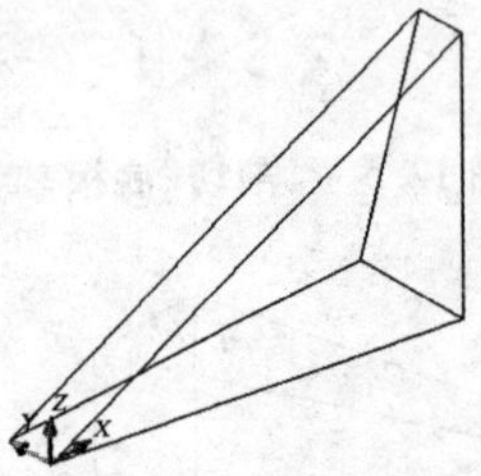

图 12.12 “剖切”翼墙

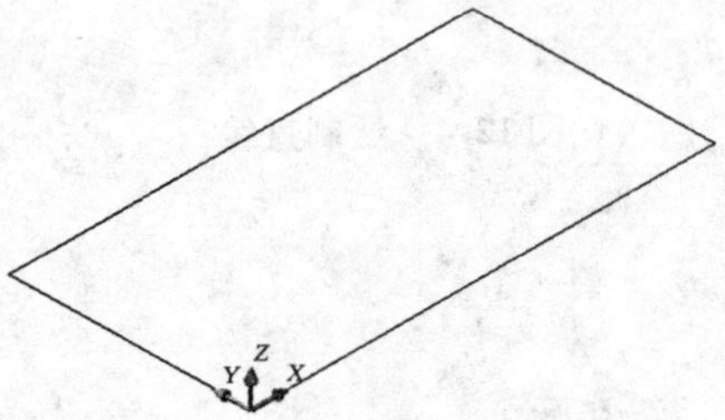

图 12.13 绘制大矩形

(2)用“拉伸”命令，拉伸图 12.13 所示的大矩形，拉伸高度为 500，如图 12.14 所示。

(3)用“矩形”命令，以(600,600)与(@4200,1500)为对角点绘制矩形，如图 12.15 所示。

(4)用“拉伸”命令，拉伸图 12.15 中所示的小矩形，拉伸高度为 250。

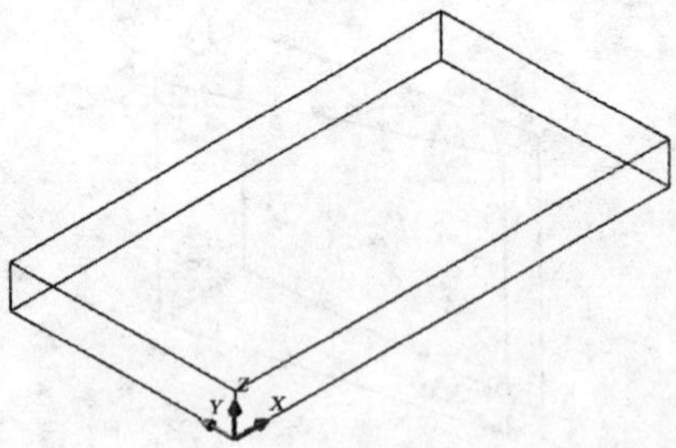

图 12.14 “拉伸”大矩形

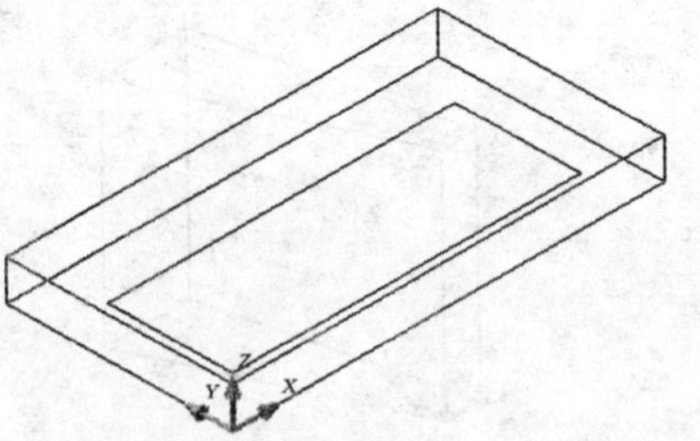

图 12.15 绘制小矩形

(5)用“差集”命令，在图 12.15 中用大柱体减去小柱体，如图 12.16 所示。

(6)将图 12.16 保存。

2)绘制洞身边墙

(1)用“ucs”命令，输入 N，绕 Y 轴转 $-90°$。

(2)用“多段线”命令,以(0,0)、(@0,-500)、(@1200,200)、(@0,300)坐标绘制一多段线框,如图12.17所示。

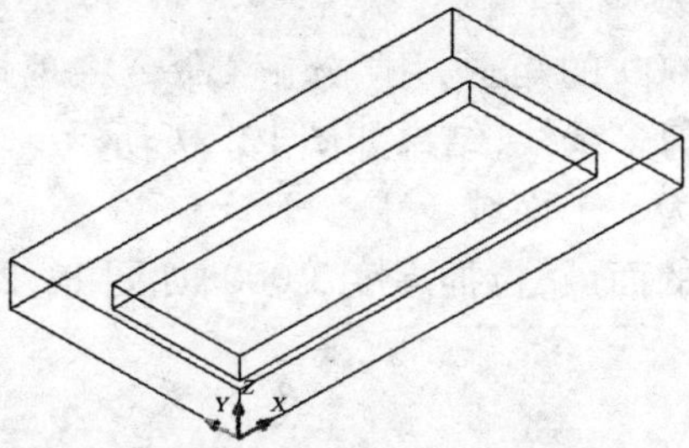

图12.16 “差集”柱体

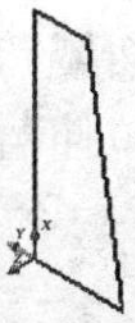

图12.17 绘制边墙轮廓

(3)用“拉伸”命令,拉伸图12.17中的线框,拉抻高度4 700,如图12.18所示。

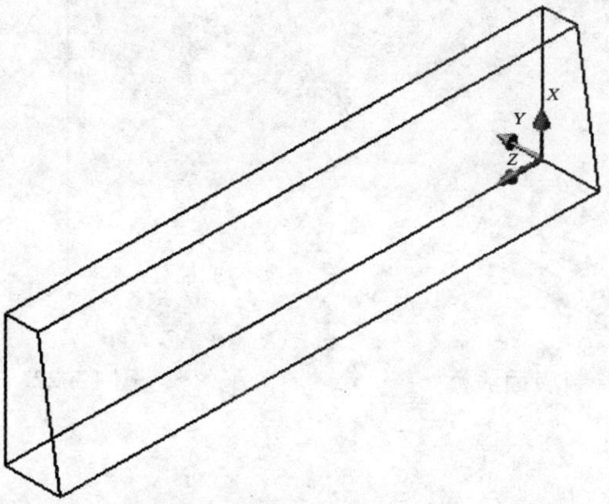

图12.18 “拉伸”边墙

(4)将图12.18保存。

3) 绘制洞身盖板

(1)用“矩形”命令,以(0, 0)与(@200,2100)为对角点绘制矩形,如图12.19所示。

(2)用“拉伸”命令,拉伸图12.19中的线框,拉抻高度4 700,如图12.20所示。

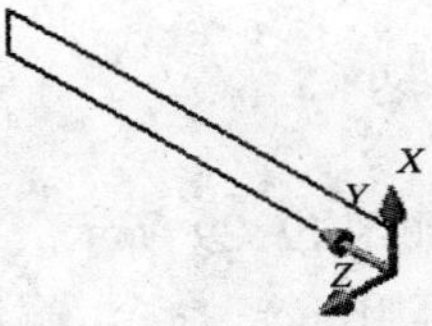

图12.19 绘制矩形线框

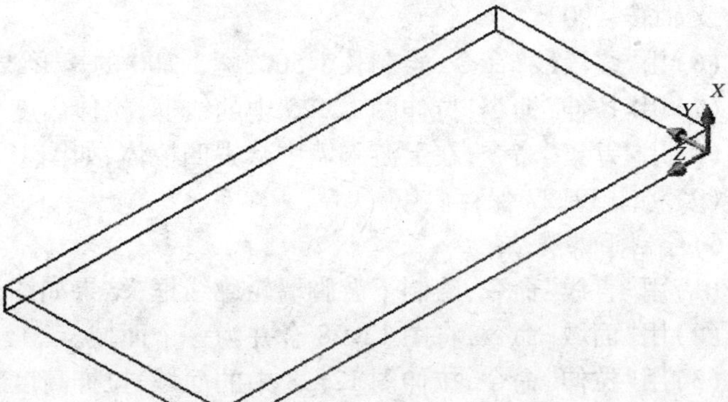

图12. 20 “拉伸”盖板

(3)将图 12.20 保存。

4)绘制闸门槽部分

(1)用“ucs”命令,输入 N,绕 Y 轴转 90°。

(2)用“矩形”命令,绘制长 800、宽 600 的矩形,用“分解”命令将矩形分解,用“偏移”命令偏移直线,然后用“修剪”命令修剪多余线,结果如图 12.21 所示。

(3)用“面域”命令,将图 12.21 合并为一个面域。

(4)用“拉伸”命令,拉伸图 12.21 中的面域,拉押高度 3 000,如图 12.22 所示。

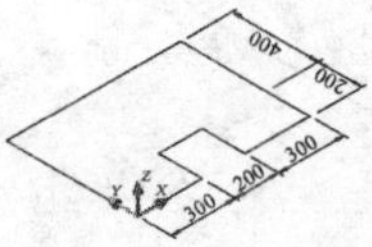

图 12.21　绘制底面线框

图 12.22　“拉伸”闸门槽

(5)将图 12.22 保存。

5)绘制上游胸墙

(1)用“ucs”命令,输入 N,绕 X 轴转 90°。

(2)用“直线”命令,绘制上游胸墙轮廓线框,结果如图 12.23 所示。

(3)用“面域”命令,将图 12.23 合并为一个面域。

(4)用“拉伸”命令,拉伸图 12.23 中的面域,拉押高度 2 100,如图 12.24 所示。

(5)用“ucs”命令,输入 M,将坐标系移到图 12.24 中的 1 点处,再用“ucs”命令,输入 N,绕 Y 轴转 -90°。

(6)用“多段线”命令,绘制长 1 500,宽 1 200 的矩形线框,如图 12.25 所示。

(7)用“拉伸”命令,拉伸图 12.25 中的线框,拉伸高度 950,如图 12.26 所示。

(8)用“差集”命令,在上游胸墙中减去四棱体,如图 12.27 所示。

(9)将图 12.27 保存。

6)绘制下游胸墙

(1)用“直线”命令,绘制下游胸墙轮廓线框,结果如图 12.28 所示。

(2)用“面域”命令,将图 12.28 合并为一个面域。

(3)用“拉伸”命令,拉伸图 12.28 中的面域,拉押高度 2 700,如图 12.29 所示。

(4)用“ucs”命令,输入 M,将坐标系移到图 12.29 的 1 点处,再用“ucs”命令,输入 N,令坐标绕 Y 轴转 -90°。

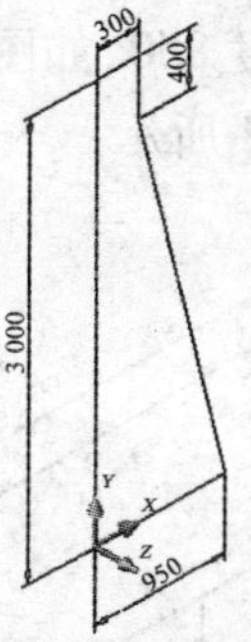

图 12.23　绘制上游胸墙轮廓线框

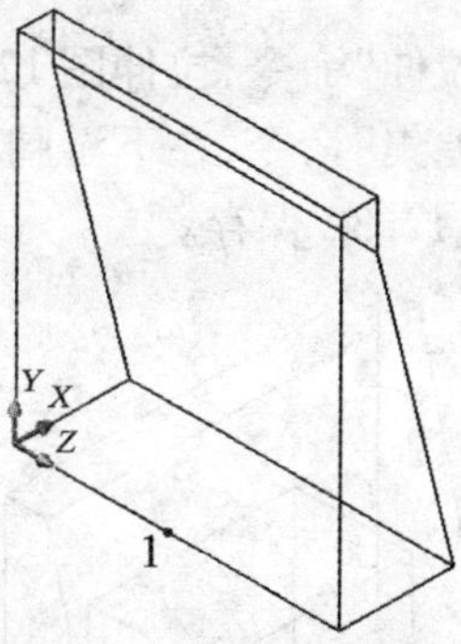

图 12.24　“拉伸”胸墙

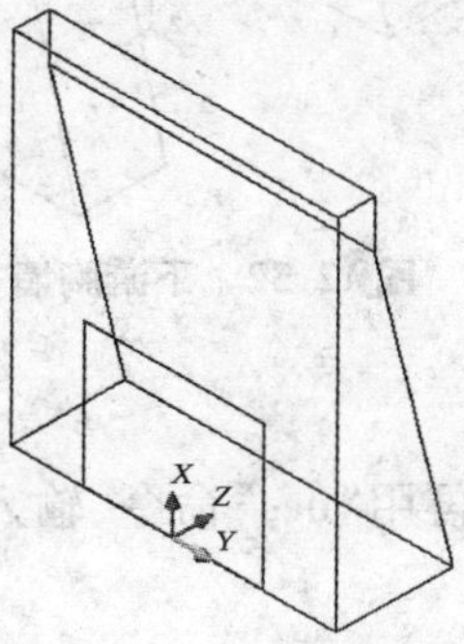

图 12.25　绘制前面线框

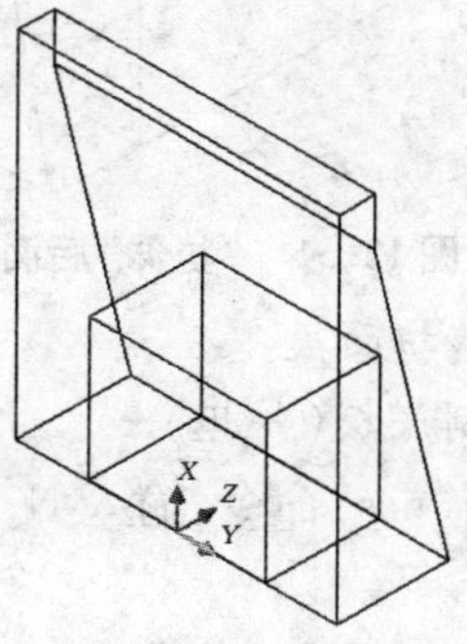

图 12.26　“拉伸”前面线框

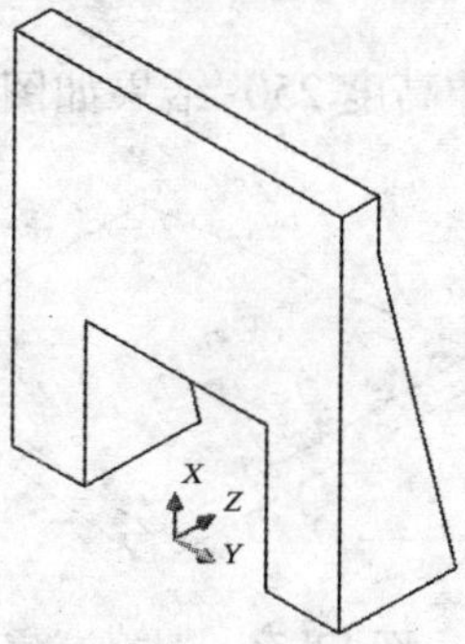

图 12.27　上游胸墙

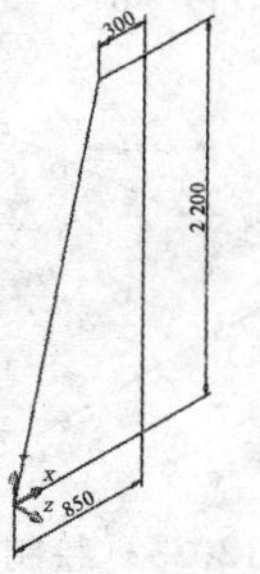

图 12.28　绘制下游胸墙轮廓线框

(5)用“多段线”命令,绘制长 1 500,宽 1 200 的矩形线框,如图 12.30 所示。

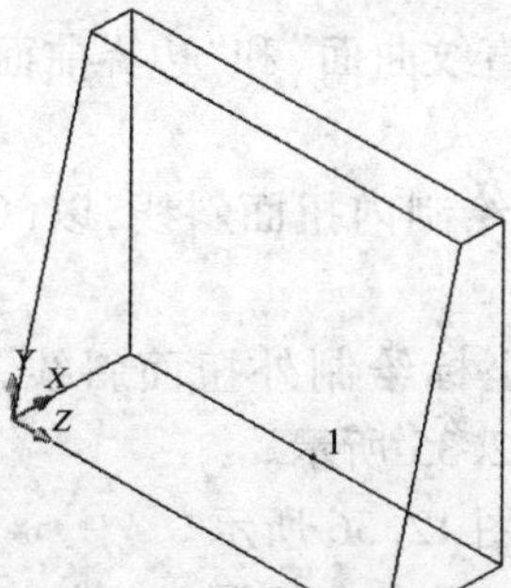

图 12.29　“拉伸”胸墙

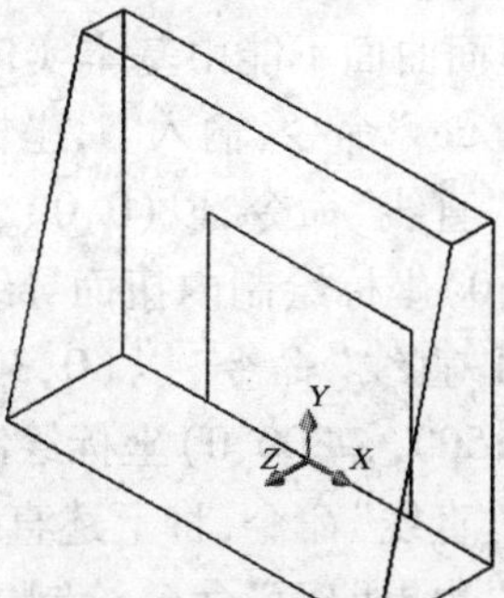

图 12.30　绘制后面线框

(6)用“拉伸”命令，拉伸图 12.30 中所示的线框，拉抻高度 850，如图 12.31 所示。

(7)用“差集”命令，在下游胸墙中减去四棱体，如图 12.32 所示。

(8)将图 12.32 保存。

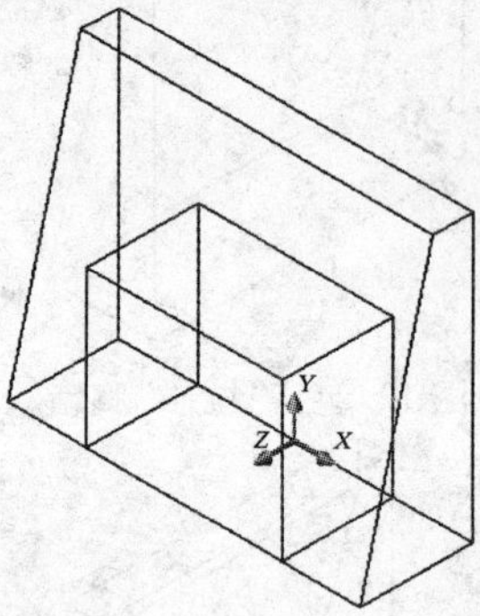

图 12.31 “拉伸”后面线框

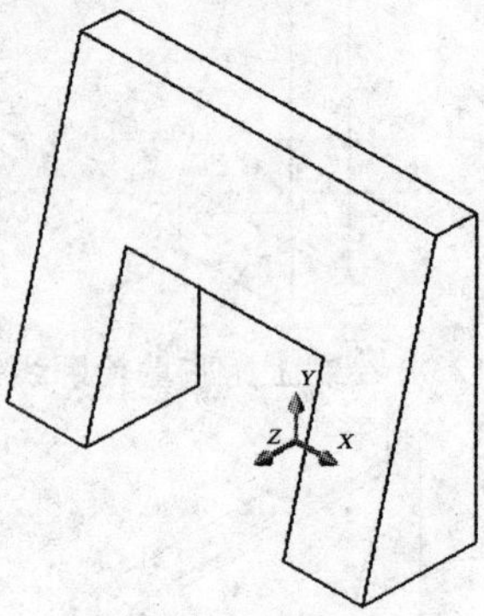

图 12.32 下游胸墙

3. 下游扭面段

1)绘制底板(护坦)

(1)用“ucs”命令，输入 N，使坐标绕 *X* 轴转 −90°；再用“ucs”命令，输入 N，使坐标绕 *Z* 轴转 90°。

(2)用“多段线”命令，以(0,0)、(0,2700)、(@2500，−300)、(@0，−2100)为坐标绘制一多段线框，如图 12.33 所示。

(3)用“拉伸”命令，拉伸图 12.33 中的线框，拉抻高度 250，结果如图 12.34 所示。

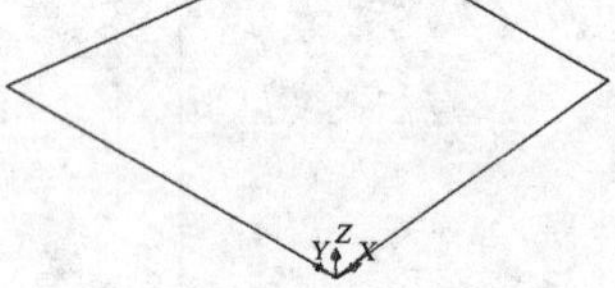

图 12.33 绘制底板轮廓线框

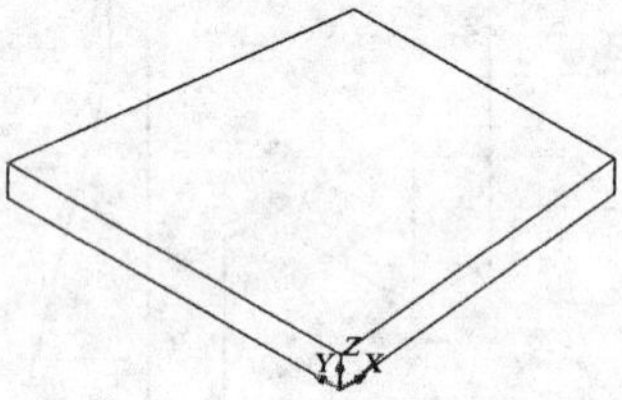

图 12.34 “拉伸”底板

(4)将图 12.34 保存。

2)绘制扭面

由于扭面曲面不能由基本实体构成，所以这里用“直纹曲面”和“边界曲面”绘制。

(1)用“ucs”命令，输入 N，坐标绕 *Y* 轴转 −90°。

(2)用“直线”命令，以(0,0)、(@1500,1500)坐标绘制内扭面斜线，以(0,0,2500)、(@1500,0,0)坐标绘制内扭面导线。

(3) 用“直线”命令，以(0,300)、(@1500,300)坐标绘制外扭面斜线，以(0,600,2500)、(@1500，−300,0)坐标绘制外扭面导线，如图 12.35 所示。

(4)用“直线”命令，将上述直线 端点连接起来，如图 12.36 所示。

(5)用“边界曲面”命令绘制内外扭面，用“直纹曲面”命令绘制前、后端面及上下底面。如图 12.37 所示。

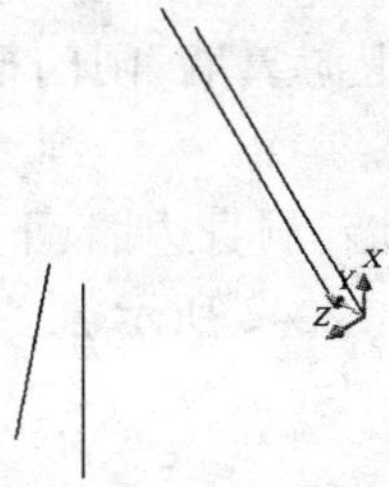

图 12.35　绘制“扭面”导线

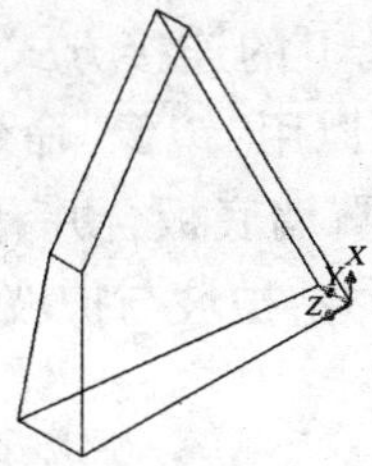

图 12.36　连接“扭面”导线

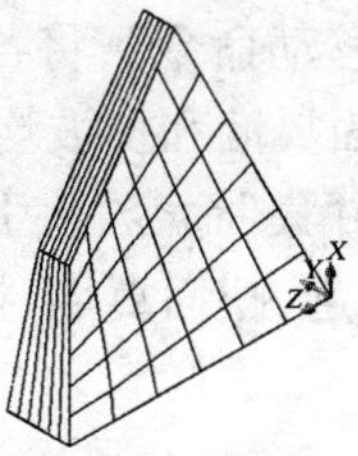

图 12.37　绘制“扭面”

(6)将图 12.37 保存。

4. 下游海漫段

1)绘制底板(海漫)

(1)用“ucs”命令,输入 N,坐标绕 *X* 轴转 90°。

(2)用“多线”命令,以(0,0)、(@0,250)、(@250,0)、(@0,950)、(500,1200)、(500,0)坐标绘制底板轮廓线框,如图 12.38 所示。

(3)用“拉伸”命令,拉伸图 12.37 中所示的轮廓线框,拉伸高度 2 100,如图 12.39 所示。

(4)将图 12.39 保存。

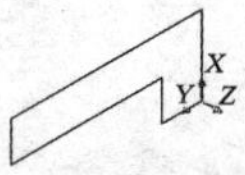

图 12.38　绘制底板轮廓线框

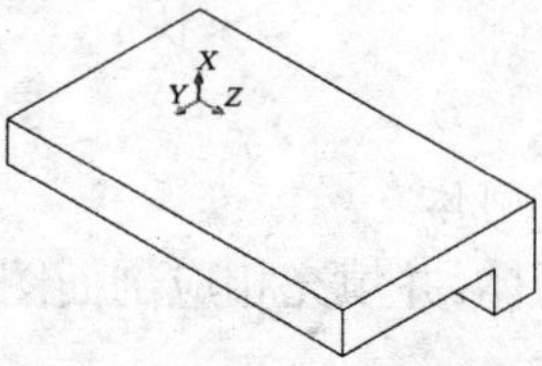

图 12.39　“拉伸”底板

2)绘制护坡

(1)用“ucs”命令,输入 N,坐标绕 *X* 轴转 -90°。

(2)用“多线”命令,以(0,0)、(@1500,1500)、(@0,300)、(@ -1500,-1500)坐标绘制护坡轮廓线框,如图 12.40 所示。

(3)用“拉伸”命令,拉伸图 12.40 中的轮廓线框,拉伸高度 1 200,如图 12.41 所示。

(4)将图 12.41 保存。

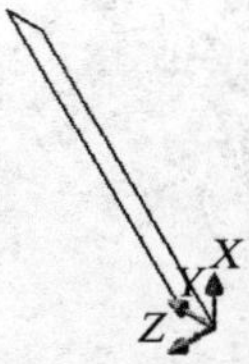

图 12.40　绘制护坡轮廓线框

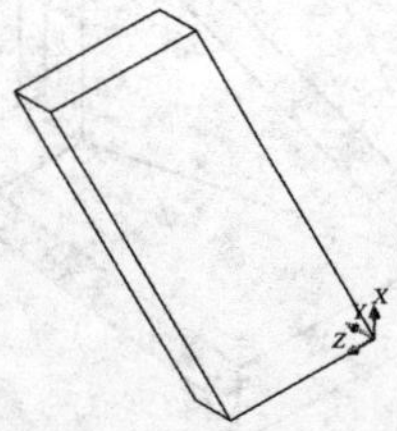

图 12.41　“拉伸”护坡

5. 组合各段

用“移动命令”,将各段按图 12.1 的连接方式组合在一起。上游翼墙、闸门槽、洞身边墙、扭面翼墙和护坡均为对称,可以用“镜像”命令复制。

用“并集”命令,将上游翼墙与翼墙底板合并,闸门槽、上游胸墙、洞身边墙、下游胸墙合并在一起,扭面翼墙、扭面底板合并,护坡与护坡底板合并,如图 12.42 所示。

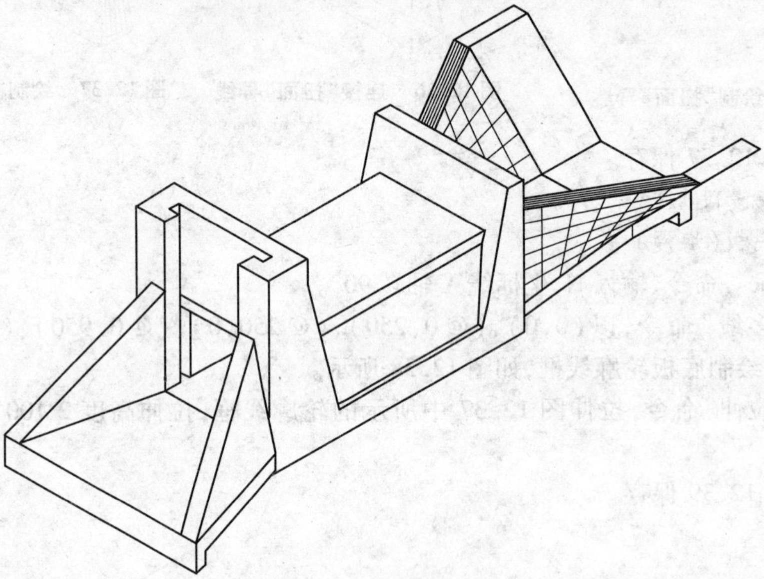

图 12.42 “合并”闸体

6. “剖切”闸体

“剖切”闸体,并填充相应剖面图案,如图 12.43 所示。

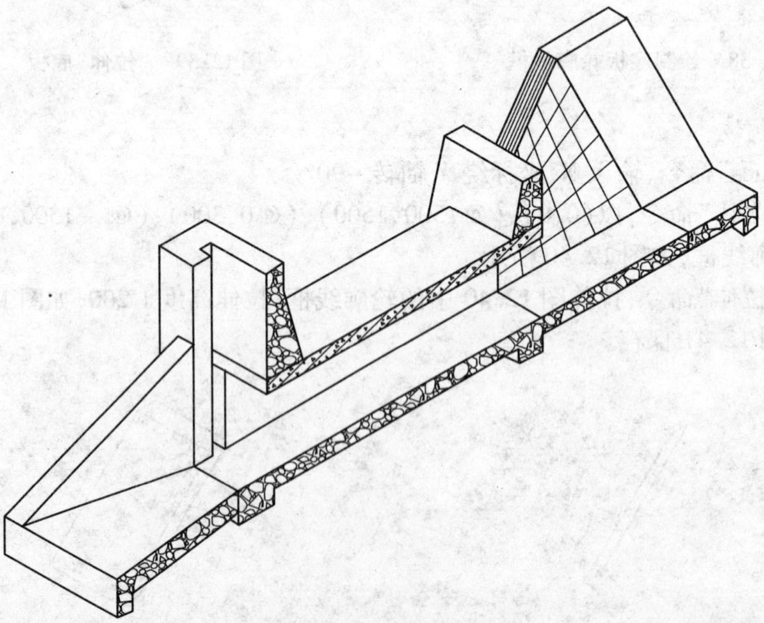

图 12.43 “剖切”闸体

7. 修整完成图形

用“直线”命令，绘制进水口前、海漫段后土渠地面线及涵洞上路基。结果如图 12.1 所示。

12.2 涵洞式进水闸设计图的绘制

12.2.1 实现目标

根据图 12.1 所示涵洞式进水闸的立体图，绘制进水闸设计图。用 1∶50 的比例绘制在 A3 图纸上。

12.2.2 设计思路

1. 工程概况

由图 12.1 涵洞式进水闸的立体图可知，工程整体由 4 段组成：

(1)进水口段：由底板(铺盖)与上游翼墙组成。

(2)闸室段：由底板、洞身边墙、洞身盖板、上游胸墙及下游胸墙组成。

(3)下游扭面段：由底板(护坦)与扭面组成。

(4)下游海漫段：由底板(海漫)与护坡组成。

进水口前、海漫段后接土渠，闸体上部覆盖路基。

2. 设计思路

整个工程图需要用平面图、纵向剖视图和上、下游立面图来表达工程整体概况，还要用剖面图表达部分断面。

由于该工程形体是对称的，所以水闸平面图可采用简化表达方法，但考虑为了表达坝体路基部分，闸体部分仍然全部画出。采用掀土法，将闸体上部对称部分的路基土层去掉，一部分表达闸体外部结构，一部分表达路基及路基下的闸体(用虚线表示)。

由于该工程形体是对称的，纵向剖视图可以沿闸体对称中心线剖切；上、下游立面图可以用合成表达法，将上、下游立面各取一半，绘制在左视图位置。

由于上游翼墙在设计过程中，后端面的截面尺寸无法表达，同时洞身结构、下游扭面前后端面的尺寸也表达不清。因此，在此部位设置剖切截面，用剖面图的形式表达它们的形状。

3. 图纸内容

(1)水闸平面图；

(2)纵向剖视图；

(3)上、下游立面图；

(4)局部剖面图。

4. 绘图要求

参考相应水利工程设计规范，严格按照国家制图标准，充分利用 AutoCAD 的绘图功能，采用现代化的绘图手段，高质量、高标准地完成涵洞式进水闸的平面设计图。

采用校用图框与标题栏，用 1∶1 的比例绘制 A3 图框与标题栏，然后将 A3 图框与标题栏放大 50 倍。采用 1∶1 的比例绘制水闸设计图，再将图框与标题栏放在水闸设计图外。

标注尺寸时,调整尺寸“使用全局比例”为60。

12.2.3 操作步骤

1. 设置绘图环境

(1)设置单位与精度,如图12.44所示。

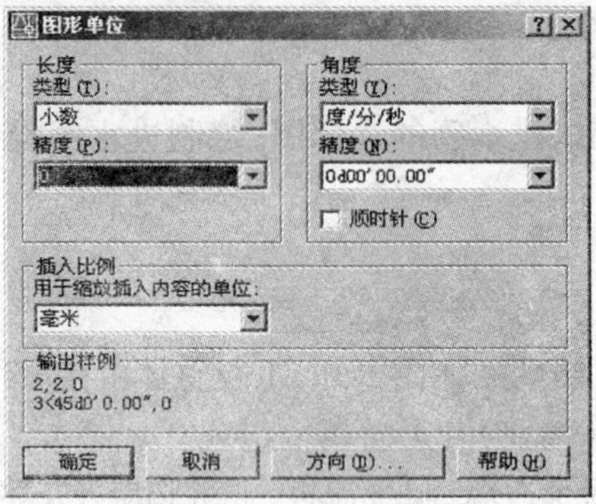

图12.44 设置图形单位与精度

(2)设置绘图界限。

命令:_limits

重新设置模型空间界限:

指定左下角点或[开(ON)/关(OFF)]<0,0>:↙

指定右上角点<420,297>:20000,20000↙

设置完图形界限后,用“全部缩放”命令,满屏显示一下,让绘图区充分显示图形界限。

(3)设置图层,如图12.45所示。

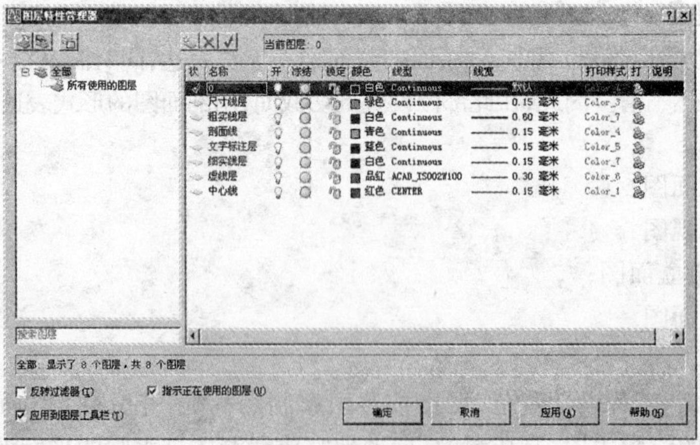

图12.45 设置图层

(4)设置线型比例因子,如图12.46所示设置线型“全局比例因子”为30。

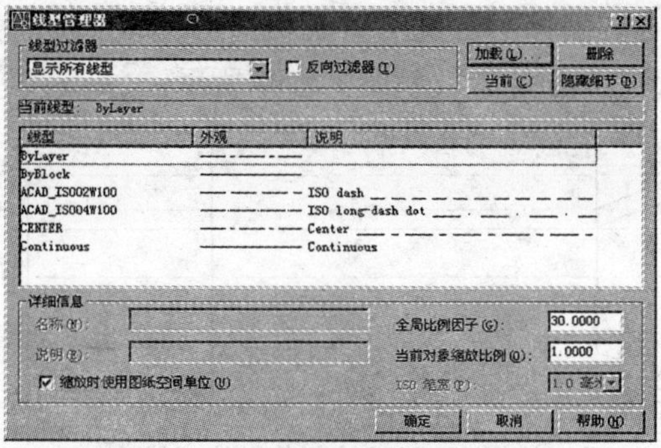

图 12.46　设置线型比例因子

2. 绘制水闸平面图

(1)用“直线”命令,“中心线”图层绘制对称中心线,长 15 000。

(2)用“直线”命令,“粗实线”图层绘制上游进水口底板前沿边线,并用“偏移”命令,分别偏移底板前沿边线 2 100、7 300、9 800、11 000,通过偏移绘制翼墙进水口段、闸室段、下游扭面段、下游海漫段之间的分缝线,如图 12.47 所示。

图 12.47　绘制对称线及分缝线

(3)绘制上游八字翼墙进水口段。

①用“偏移”命令分别向上偏移“对称中心线”750、1 050、1 500、1 650、1 950,如图 12.48所示。

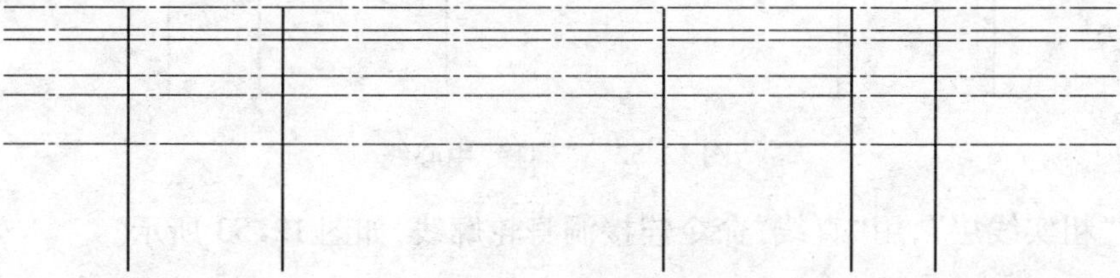

图 12.48　“偏移”中心线

②在“粗实线层”,用“直线”命令连接上游翼墙轮廓线,如图 12.49 所示。

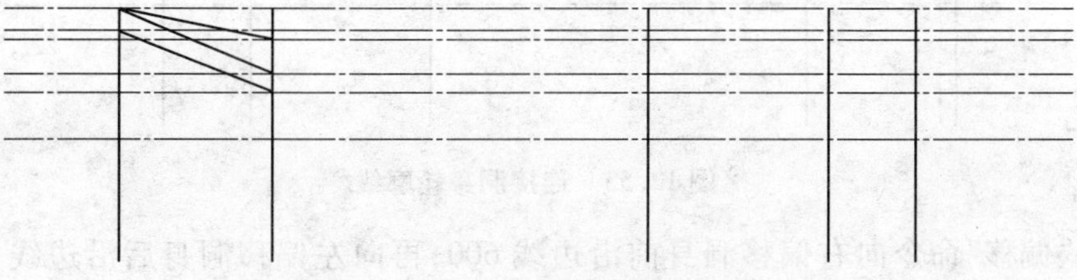

图 12.49　连接上游翼墙轮廓线

③用“偏移”命令,向右偏移上游进水口底板前沿边线250。并用“对象特性”修改命令,将该直线的图层修改为“虚线层”,如图12.50所示。

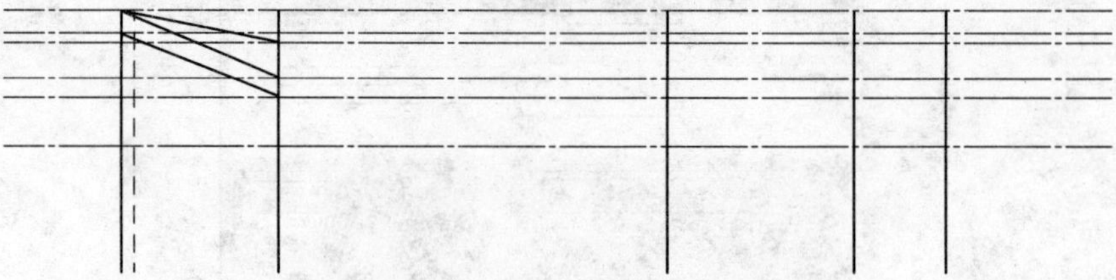

图12.50　绘制前趾坎虚线

④用“删除”命令,将上述“偏移”线删除,并用“修剪”命令修剪多余线,如图12.51所示。

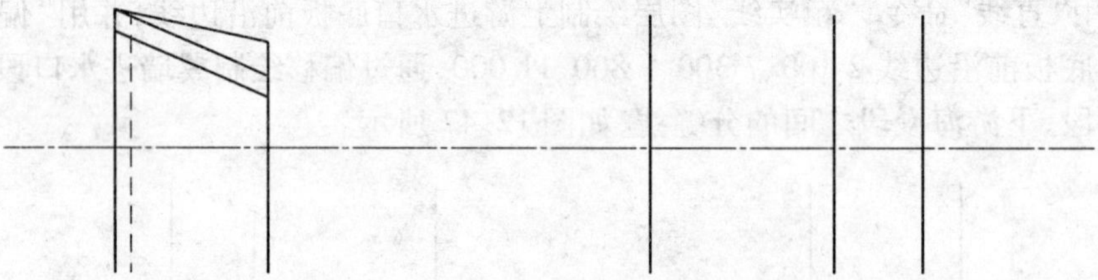

图12.51　“删除”、“修剪”多余线

(4)绘制洞身。

①用“偏移”命令,向上偏移“对称中心线”750、1 050、1 250、1 350,如图12.52所示。

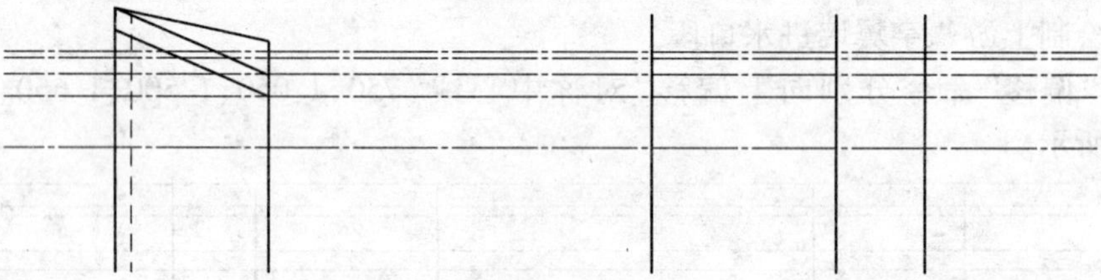

图12.52　“偏移”中心线

②在“粗实线层”,用“直线”命令连接洞身轮廓线,如图12.53所示。

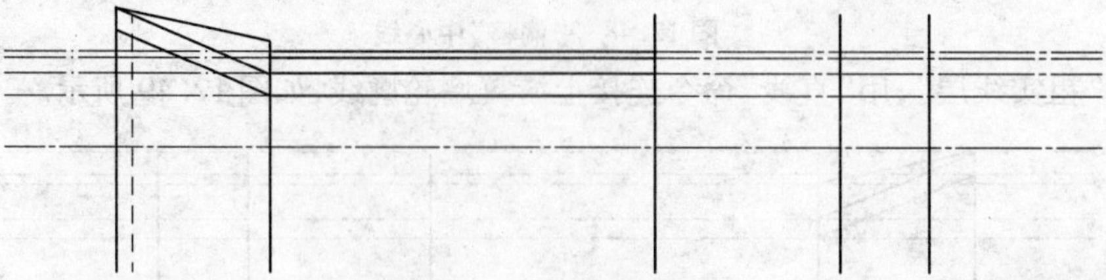

图12.53　连接洞身轮廓线

③用“偏移”命令向右偏移洞身前沿边线600,再向左偏移洞身后沿边线400,并用“对象特性”修改命令,将该两直线的图层修改为“虚线层”,如图12.54所示。

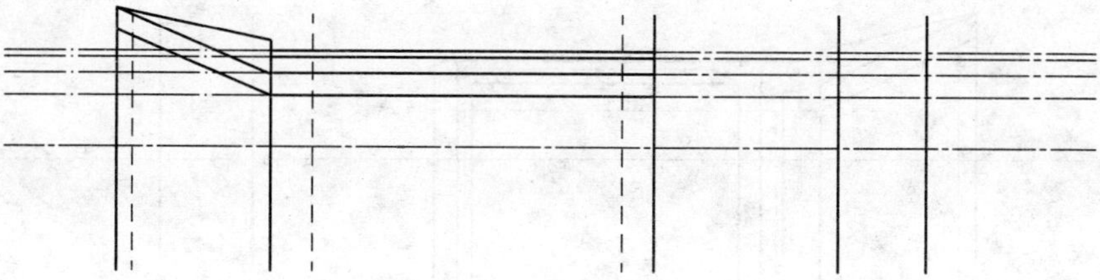

图 12.54　绘制洞身前、后趾坎虚线

④用“删除”命令，将上述“偏移”线删除，并用“修剪”命令修剪多余线，如图 12.55 所示。

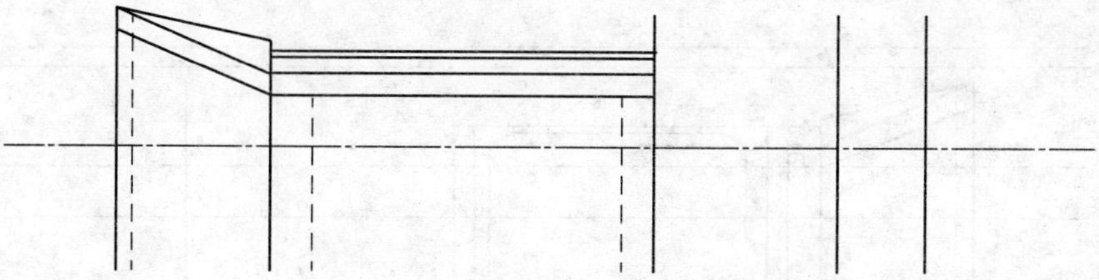

图 12.55　“删除”、“修剪”多余线

(5)绘制洞身上下游胸墙。

①用“偏移”命令，按图 12.1 中的胸墙尺寸，绘制上游胸墙、闸门槽部分、下游胸墙及盖板与胸墙的交线。如图 12.56 所示。

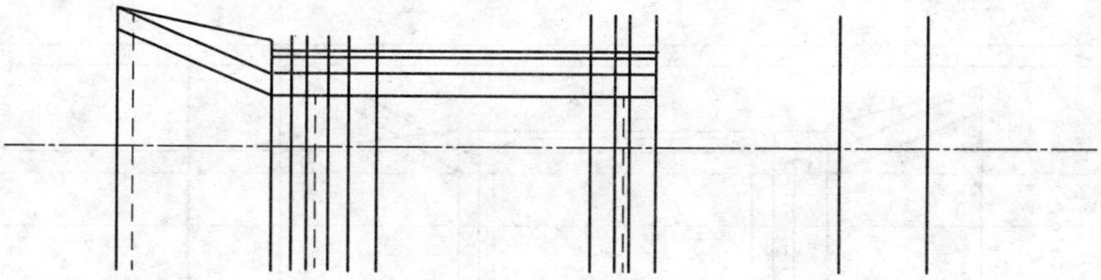

图 12.56　上、下游胸墙轮廓线

②用“修剪”命令，修剪多余线，如图 12.57 所示。

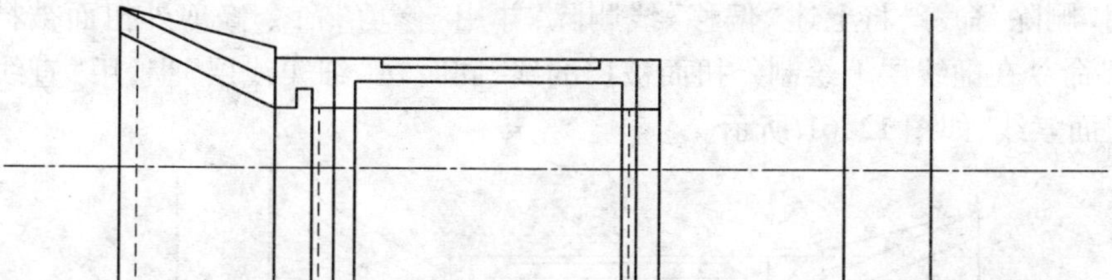

图 12.57　“修剪”多余线

③用“直线”命令，连接上、下游胸墙与边墙的表面交线，并用“特性匹配”命令将洞身内边线转变为虚线，如图 12.58 所示。

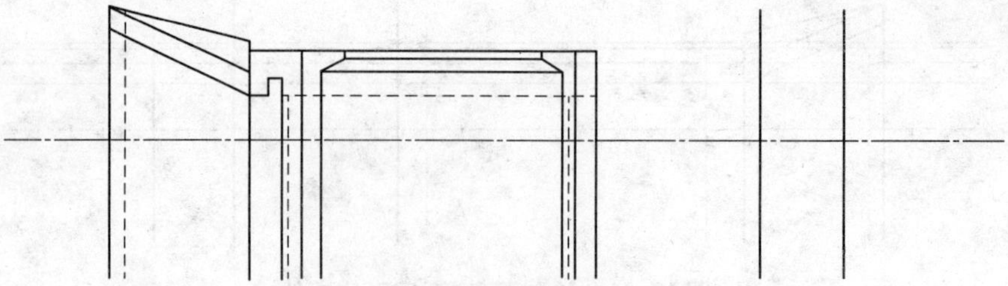

图 12.58　连接洞身表面交线

(6)绘制下游扭面段。

①用“偏移”命令,向上偏移“对称中心线”750、1 050、2 250、2 550,如图 12.59 所示。

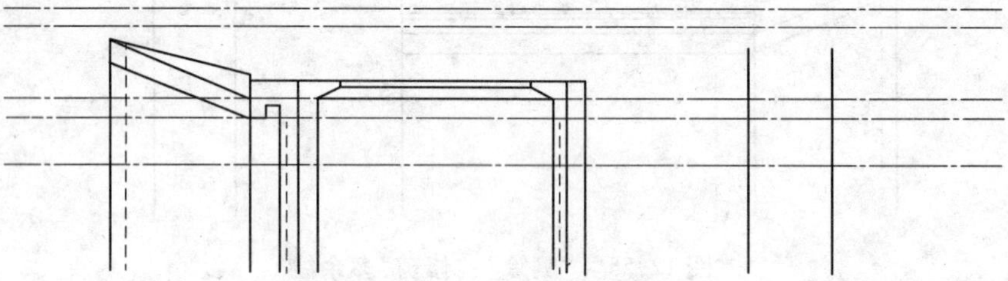

图 12.59　“偏移”中心线

②用“延伸”命令,先将分缝线延伸到扭面外边沿,再在“粗实线层”,用“直线”命令连接扭面轮廓线,如图 12.60 所示。

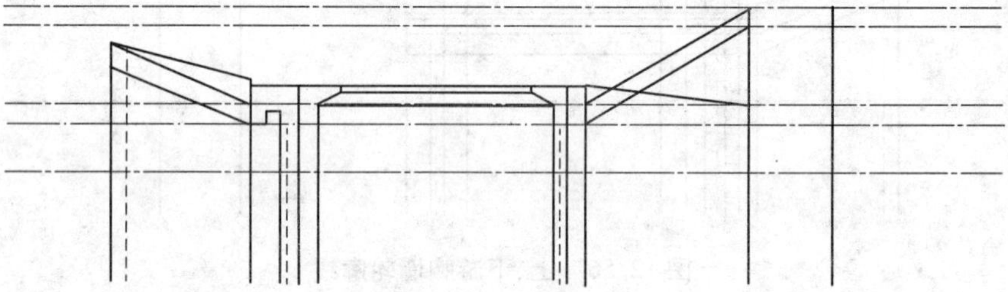

图 12.60　连接扭面轮廓线

③用“删除”命令,将上述“偏移”线删除,并用“修剪”命令修剪外扭面被挡的线,再用“直线”命令在虚线层上绘制外扭面被挡的线,同时在“细实线层”上,用“直线”命令给扭面加扭面素线,如图 12.61 所示。

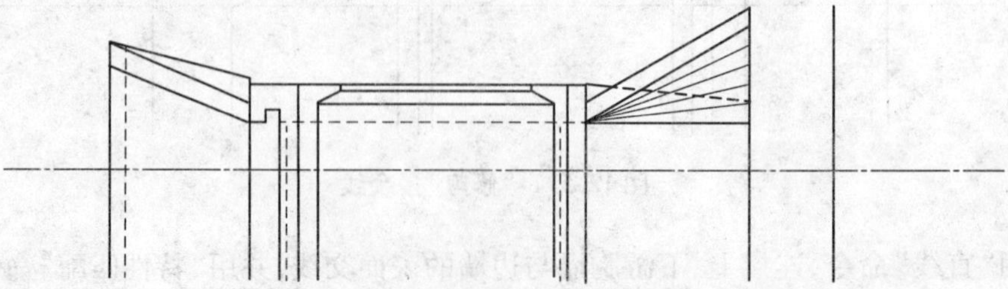

图 12.61　“删除”、“修剪”多余线

(7)绘制海漫段。

①在“粗实线层”,用“直线”命令连接海漫段底边线及护坡顶边线,如图 12.62 所示。

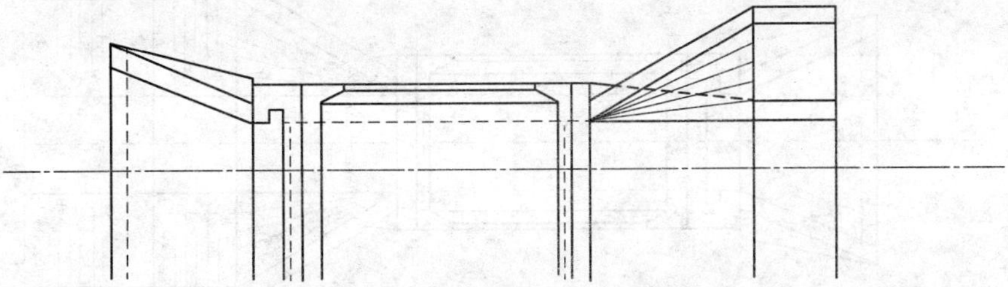

图 12.62　绘制海漫段

②在“细实线层”,用“直线”命令绘制护坡示坡线。

③用“偏移”命令,向左偏移海漫段右分缝线 250;用“修剪”命令修剪该直线作为海漫后趾坎;用“特性匹配”命令将海漫后趾坎被挡线转变为虚线,如图 12.63 所示。

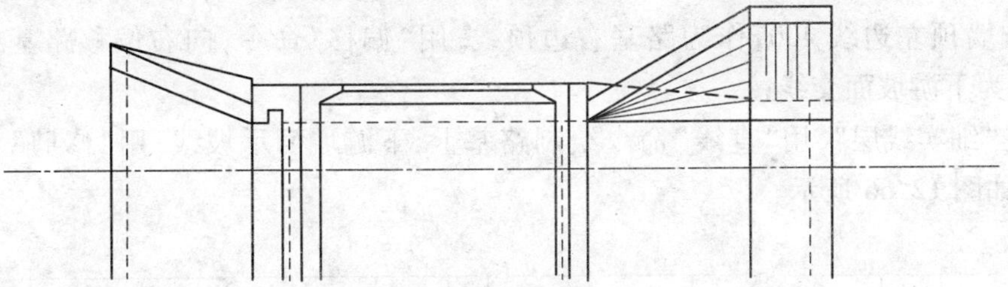

图 12.63　绘制护坡示坡线

(8)绘制上、下游土渠部分。

在“粗实线层”,用“直线”命令绘制下游土渠渠底线与渠上口边线;在“细实线层”,用“直线”命令绘制上、下游土渠折断线;用“复制”命令,复制海漫护坡示坡线到土渠,作为土渠示坡线,如图 12.64 所示。

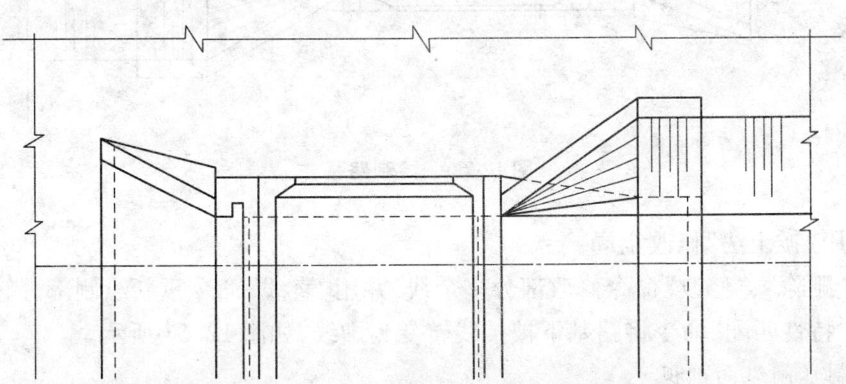

图 12.64　绘制上、下游土渠

(9)用“修剪”命令,修剪中心线以下多余线;用“镜像”命令,把中心线上部的水闸平面图镜像,如图 12.65 所示。

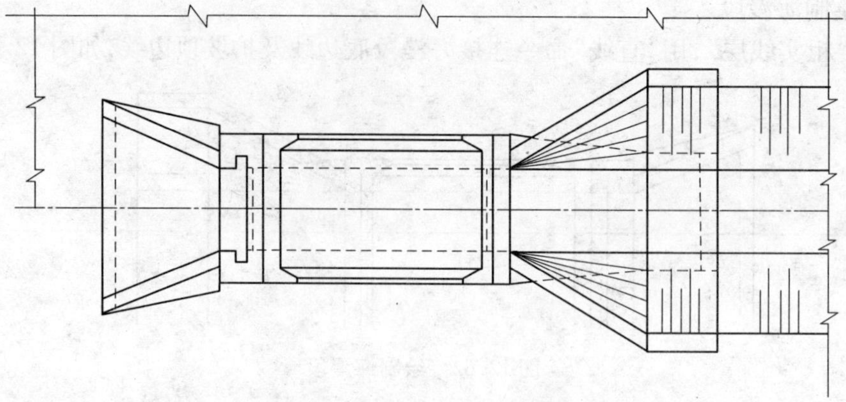

图 12.65 “镜像”水闸平面图

(10)绘制洞顶路基。

①在“粗实线层”,用“直线”命令绘路基左坡脚线、左边顶线;用“偏移”命令,向左偏移下游胸墙顶左边线 400,作为路基右边顶线;用“偏移”命令,向右偏移路基右边顶线 1 100,作为下游坡面交线;

②在“细实线层”,用“直线”命令绘制路基上、下游坡面示坡线;用“修剪”命令修剪多余线,如图 12.66 所示。

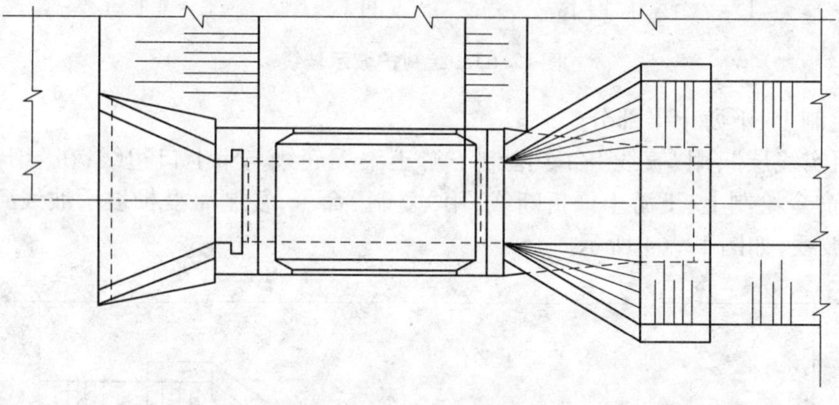

图 12.66 绘制路基

(11)用“掀土法”修改全局。

①用“删除”、“修改”命令修改部分多余线,并用“直线”命令重新绘制部分直线。

②用“特性匹配”命令将路基下被挡线转变为虚线,如图 12.67 所示。

3. 绘制水闸纵向剖视

(1)在“粗实线层”,用“直线”命令绘制闸底板线长 15 000。

(2)在“粗实线层”,用“直线”命令,绘制上游进水口底板前沿边线,并用“偏移”命令,分别偏移底板前沿边线 2 100、7 300、9 800、11 000,绘制进水口段、闸室段、下游扭面段、下游海漫段之间的分缝线,如图 12.68 所示。

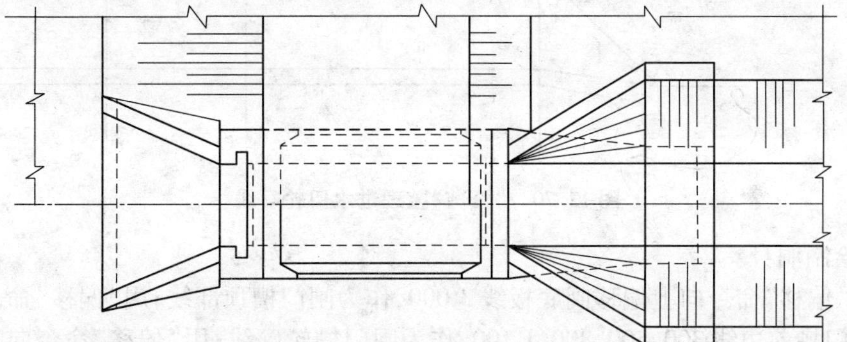

图 12.67　修整全局

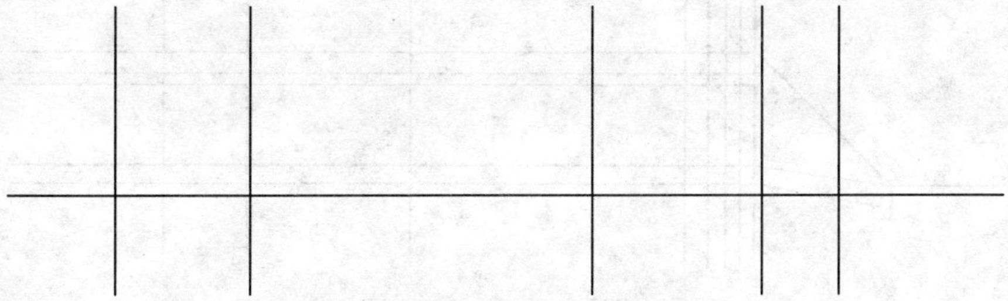

图 12.68　绘制渠底线及分缝线

(3)绘制八字翼墙进水口段。

①用“偏移”命令向下偏移闸底板线 250、300、600、850,作为上游翼墙底板轮廓;用“偏移”命令向上偏移闸底板线 1 800,作为上游翼墙高度线;用“偏移”命令向右偏移上游进水口底板前沿边线 250,作为上游翼墙底板前趾坎,如图 12.69 所示。

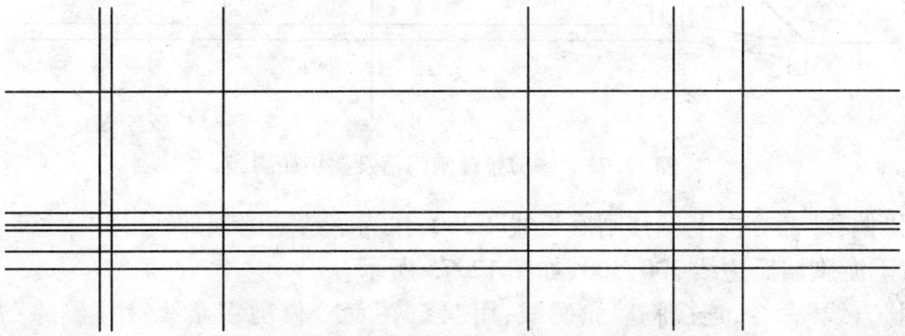

图 12.69　绘制上游进水口轮廓线

②用“直线”命令,连接底板的上、下面及翼墙顶面线;用“修剪”命令修剪多余线;用“删除”命令删除多余线,如图 12.70 所示。

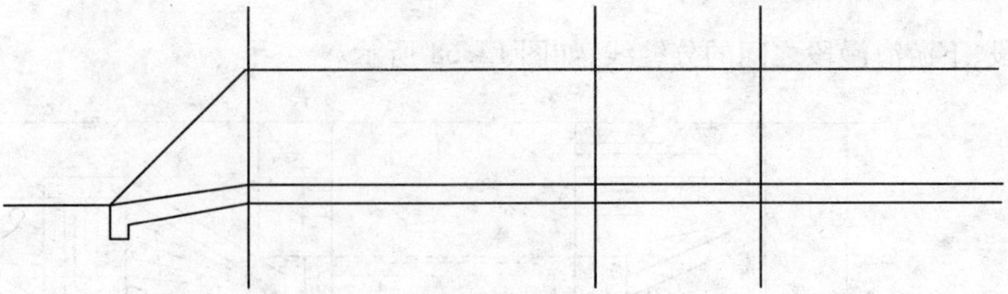

图 12.70　“修剪”整理进水口轮廓线

(4)绘制洞身。

①用“偏移”命令向上偏移闸底板线 3 000,作为闸门槽顶部线;用“偏移”命令向右分别偏移闸门槽前边线 300、500、800、1 100,作为闸门槽轮廓线;用“偏移”命令向上偏移闸底板线 1 200、1 400,作为洞身盖板线;用“偏移”命令向上偏移闸底板线 2 600,作为胸墙转折线,如图 12.71 所示。

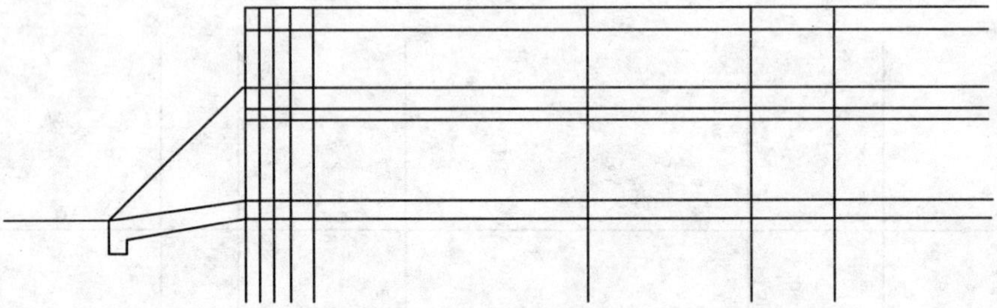

图 12.71　绘制闸门槽、上游胸墙轮廓线

②用“直线”命令,连接胸墙轮廓线;用“修剪”命令修剪多余线;用“删除”命令删除多余线,结果如图 12.72 所示。

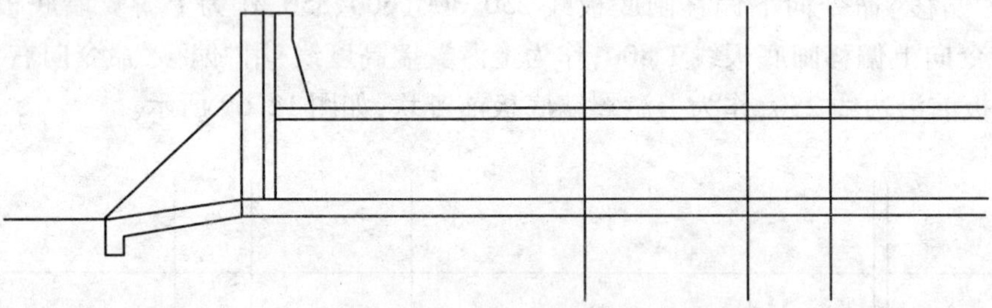

图 12.72　修剪整理闸门槽及盖板轮廓线

③用“偏移”命令向上偏移闸底板线 2 200,作为下游胸墙顶部线;用“偏移”命令分别向左偏移下游胸墙后边线 300、500,如图 12.73 所示。

④用“直线”命令,连接胸墙轮廓线;用“修剪”命令修剪多余线;用“删除”命令删除多余线,如图 12.74 所示。

⑤用“偏移”命令向下偏移闸底板线 500,作为洞身底板前、后趾坎线;用“偏移”命令向右偏移上游胸墙前边线 600,作为前趾坎线;用“偏移”命令向左偏移下游胸墙后边线 400,作为后趾坎线。

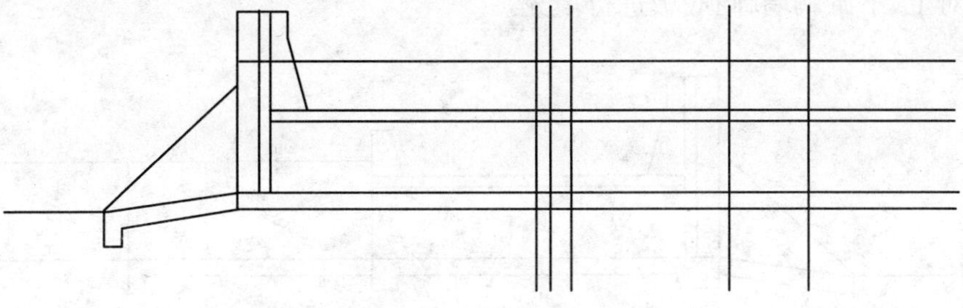

图 12.73　绘制下游胸墙轮廓线

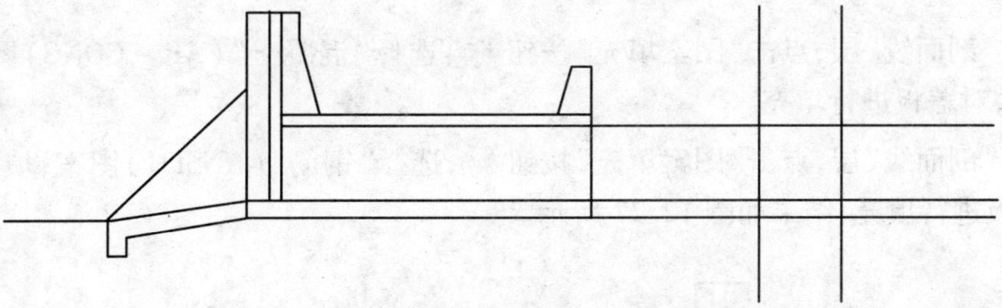

图 12.74　修剪整理下游胸墙轮廓线

⑥用“延伸”命令，延伸上、下游胸墙的前、后轮廓线至前、后趾坎的下边线；用“直线”命令，连接趾坎轮廓线；用“修剪”命令修剪多余线；用“删除”命令删除多余线，如图12.75所示。

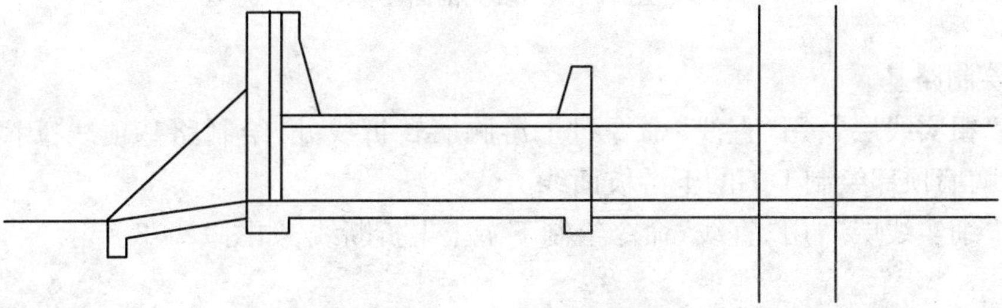

图 12.75　绘制底板轮廓线

(5)绘制扭面。

用“偏移”命令向上偏移闸底板线 1 500，用“修剪”命令修剪多余线即可得扭面纵向剖视图。

(6)绘制护坡。

①用“偏移”命令向下偏移闸底板线 500，用“偏移”命令向左偏移护坡后边线 250，作为护坡后趾坎轮廓线。

②用“修剪”命令修剪多余线；用“删除”命令删除多余线，如图 12.76 所示。

(7)填充剖面图案。

①在“剖面线”层，点击“图案填充”按钮，选择“浆砌石”(GRAVEL)图案，填充比

例为 20,对上、下游胸墙,闸底板进行填充。

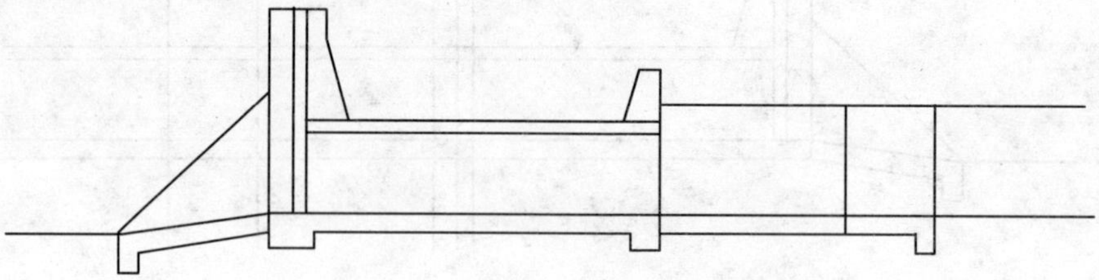

图 12.76　绘制护坡轮廓线

②在“剖面线”层,点击“图案填充”按钮 ,选择“混凝土”(AR - CONC)图案,填充比例为 1,对盖板进行填充。

③在“剖面线”层,点击“图案填充”按钮 ,选择“钢筋”(ANSI31)图案,填充比例为 40,对盖板进行填充,结果如图 12.77 所示。

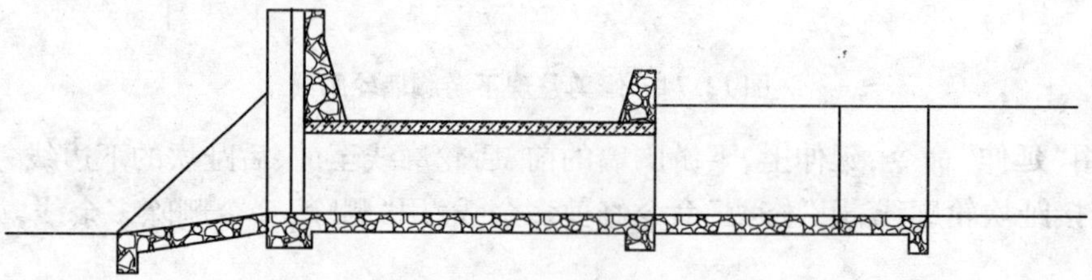

图 12.77　填充剖面图案

(8)绘制路基。

①在“粗实线层”,用“直线”命令过上游胸墙转折线处,绘制路基顶线;用“直线”命令过下游胸墙顶部绘制 1:1 的下游坡面线。

②在“细实线层”,用“直线”命令绘制下游土渠折断线,如图 12.78 所示。

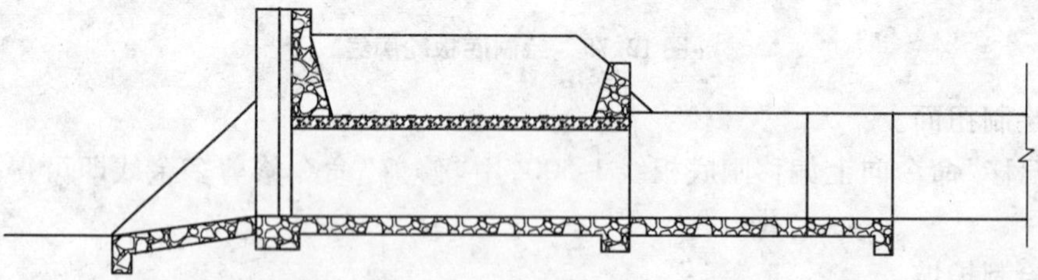

图 12.78　绘制路基

(9)修整全图。

在“细实线层”,用“直线”命令绘制路基夯实土,给扭面加扭面素线,给坡面加示坡线,给底板加自然土符号,如图 12.79 所示。

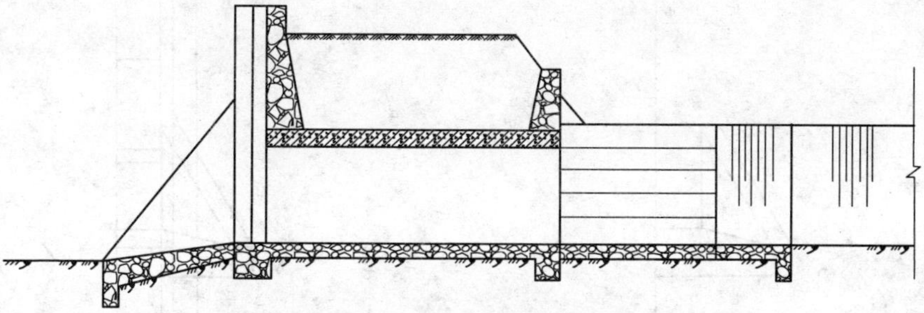

图 12.79　绘制土符号与坡面素线

4.绘制上、下游立面图

采用合成表达法绘制上、下游立面图。

1)绘制上游翼墙

(1)在“中心线”层,用“直线”命令绘制上、下游立面图的对称中心线;在“粗实线”层,用“直线”命令绘制闸底板线。如图 12.80 所示。

(2)用“偏移”命令,向左分别偏移中心线 750、1 050、1 650、1 950;用“偏移”命令,向上偏移底板线 1 800,向下偏移底板线 300、850。如图 12.81 所示。

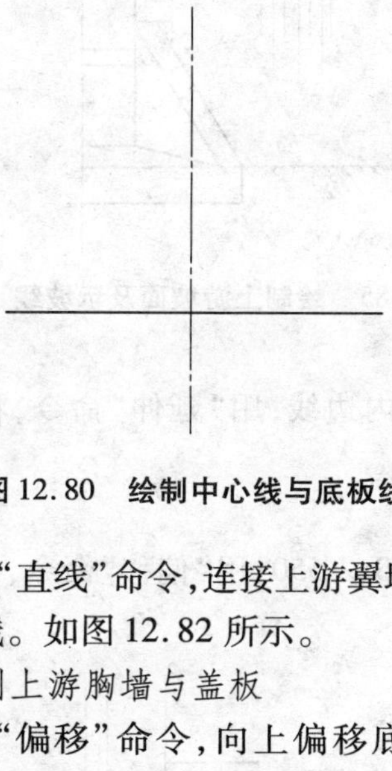

图 12.80　绘制中心线与底板线

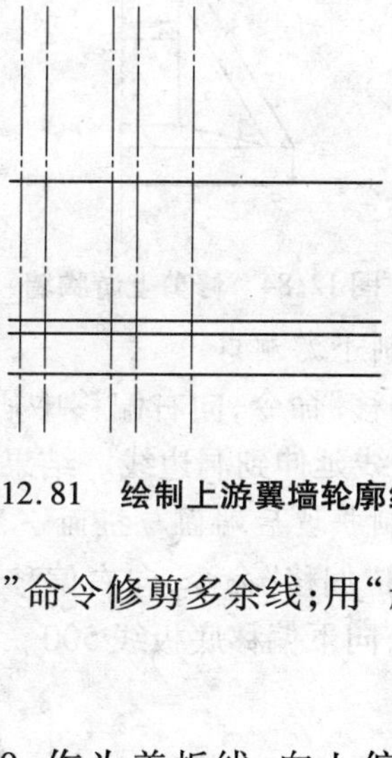

图 12.81　绘制上游翼墙轮廓线

(3)用“直线”命令,连接上游翼墙轮廓线;用“修剪”命令修剪多余线;用“删除”命令删除多余线。如图 12.82 所示。

2)绘制上游胸墙与盖板

(1)用“偏移”命令,向上偏移底板线 1 200、1 400,作为盖板线;向上偏移底板线 3 000,作为上游胸墙顶面线。

(2)用“偏移”命令,向左偏移中心线 750、950、1 350,作为上游胸墙及闸门槽轮廓线。如图 12.83 所示。

(3)在“粗实线”层,用“直线”命令,连接上游胸墙轮廓线;用“修剪”命令修剪多余线;用“删除”命令删除多余线。

(4)用“特性匹配”命令将闸门槽内边线、上游胸墙埋在路基中的边线转变为虚线。如图 12.84 所示。

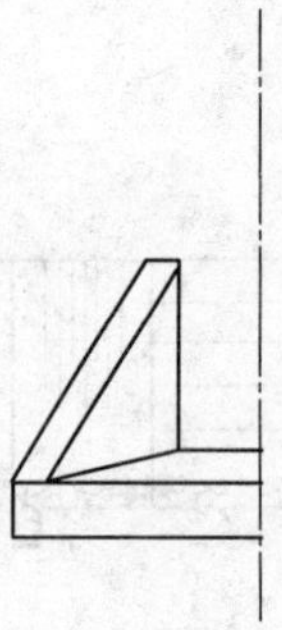

图 12.82　修剪上游翼墙

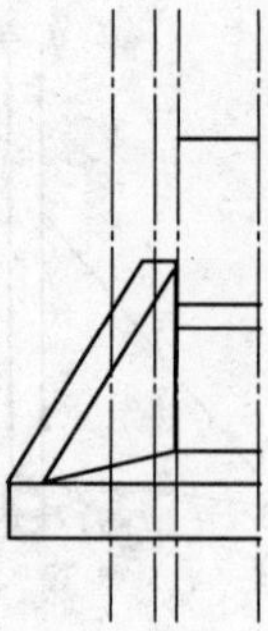

图 12.83　绘制上游胸墙轮廓线

3）绘制路基上游坡面及进水口渠底线

（1）在"粗实线"层，用"直线"命令，绘制上游坡面的渠顶与渠底线。

（2）在"细实线"层，用"直线"命令，绘制路基的折断线；给上游面加示坡线。

（3）给上游渠底加自然土符号，如图 12.85 所示。

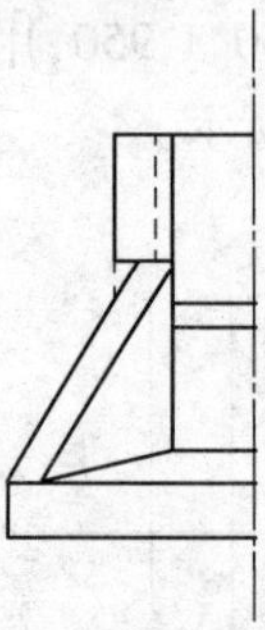

图 12.84　修剪上游胸墙

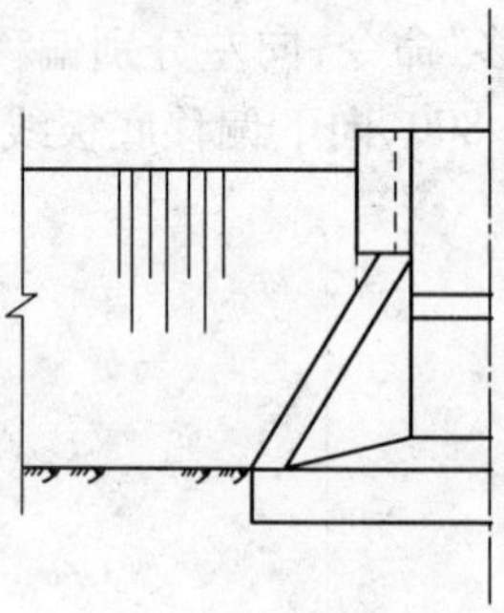

图 12.85　绘制上游坡面及示坡线

4）绘制下游洞口

用"偏移"命令，向右偏移中心线 750 作为洞身内边线；用"延伸"命令，将底板上边线、盖板边线延伸到洞边线。结果如图 12.86 所示。

5）绘制护坡后端面与扭面

（1）用"偏移"命令，向右偏移中心线 1 050、2 250、2 550；用"偏移"命令，向上偏移底板线 1500，向下偏移底板线 500。如图 12.87。

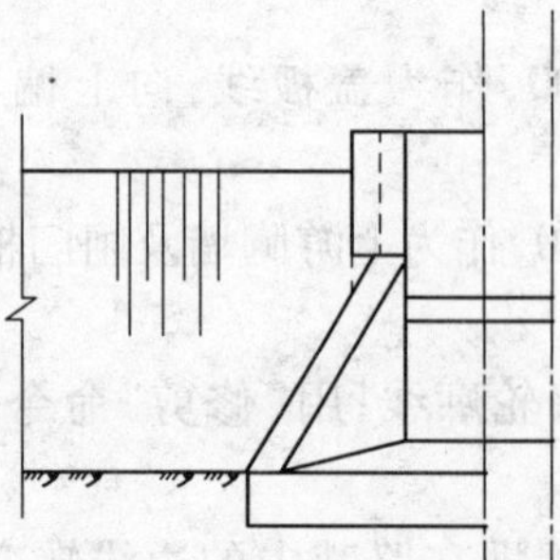

图 12.86　绘制下游洞口

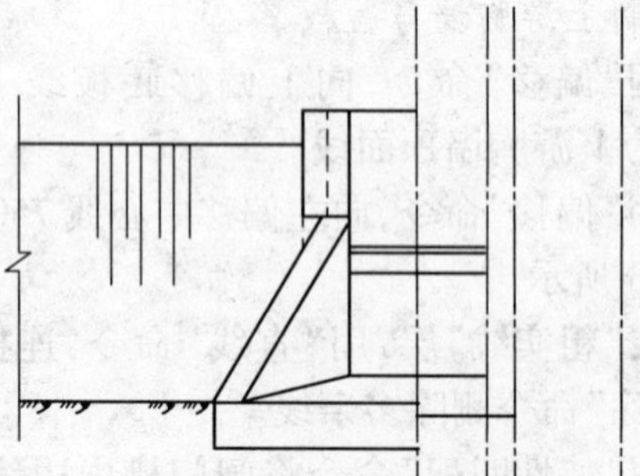

图 12.87　绘制下游护坡轮廓线

(2)在“粗实线”层,用“直线”命令,连接扭面轮廓线、护坡轮廓线;用“修剪”命令修剪多余线;用“删除”命令删除多余线。

(3)在“细实线”层,用“直线”命令,给扭面加扭面素线。如图 12.88 所示。

6)绘制下游胸墙

(1)用“偏移”命令,向右偏移中心线 1 350;用“偏移”命令,向上偏移底板线 2 200,作为下游胸墙轮廓线。

(2)在“粗实线”层,用“直线”命令,连接下游胸墙轮廓线;用“修剪”命令修剪多余线;用“删除”命令删除多余线,如图 12.89 所示。

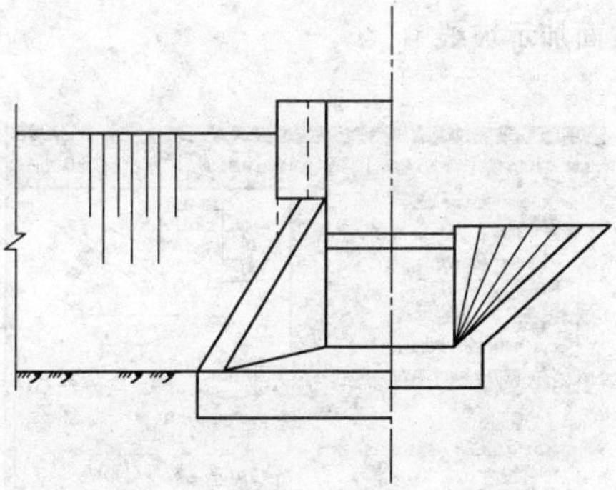

图 12.88　绘制下游护坡与扭面

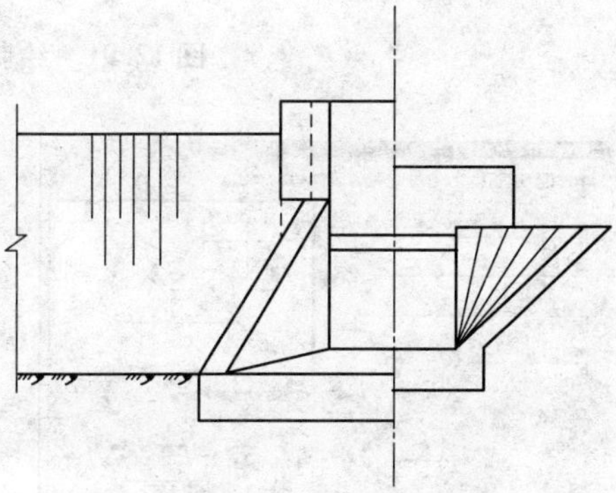

图 12.89　绘制下游胸墙

7)绘制上游胸墙、路基与下游坡面

(1)用“镜像”命令,镜像上游胸墙、上游路基。

(2)用“修剪”命令修剪多余线;用“删除”命令删除多余线,如图 12.90 所示。

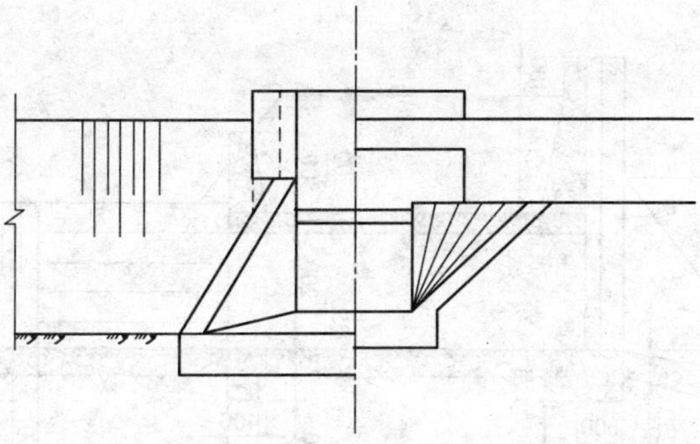

图 12.90　绘制下游坡面及上游胸墙

(3)在“细实线”层,用“直线”命令,给下游坡面加示坡线,给坡面加自然土符号,给下游路基加折断线,如图 12.91 所示。

5. 标注

1)给纵向视图标注

(1)设置标注样式。

设置“箭头大小”为 3,如图 12.92 所示;设置“使用全局比例”为 60,如图 12.93 所示。

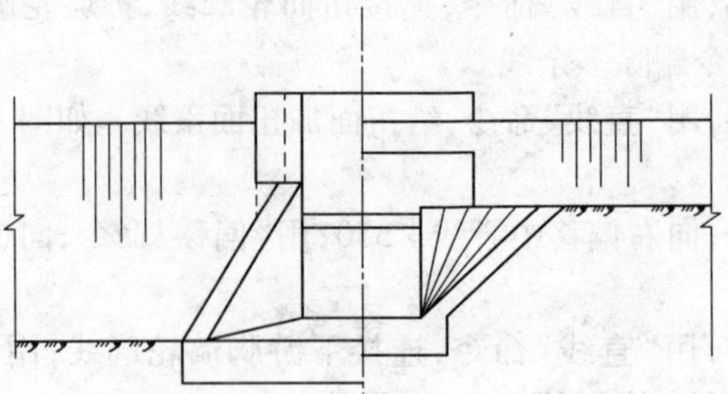

图 12.91　绘制下游坡面加示坡线

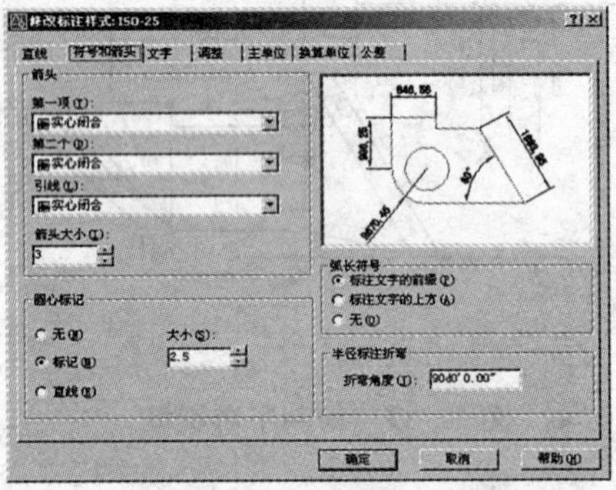

图 12.92　设置箭头

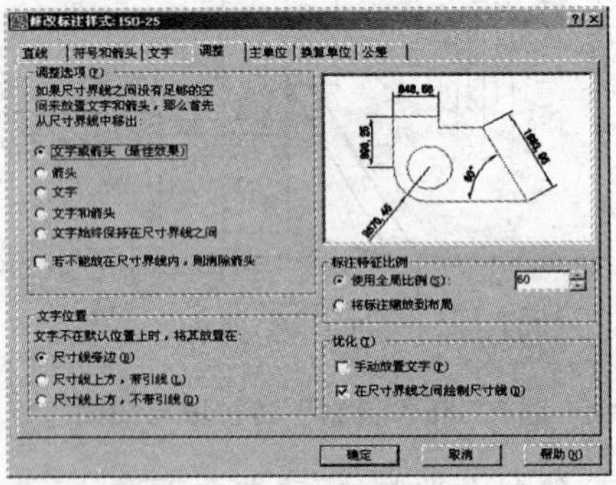

图 12.93　设置全局比例

(2)在“尺寸线层”给纵向剖视图标注尺寸,如图 12.94 所示。

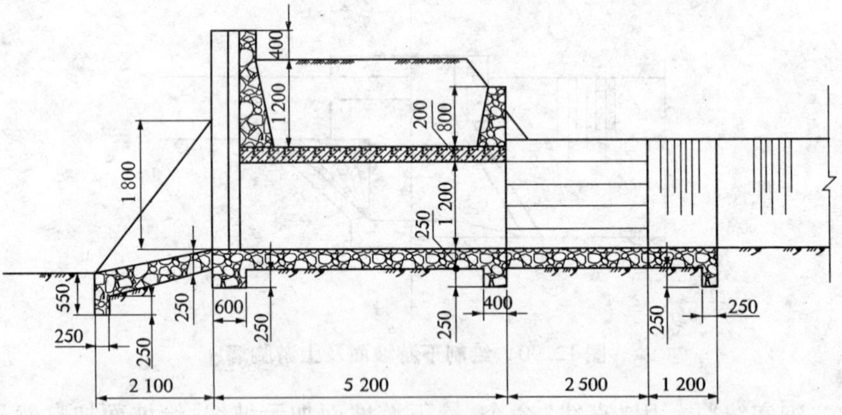

图 12.94　纵向剖视图标注尺寸

(3)在“文字标注层”给纵向剖视图标注文字,如图 12.95 所示。

(4)在“尺寸线层”给纵向剖视图标注标高:

设置标高图块属性,如图 12.96 所示;

创建纵向标高图块,如图 12.97 所示;

给纵向剖视图标注标高,如图 12.98 所示。

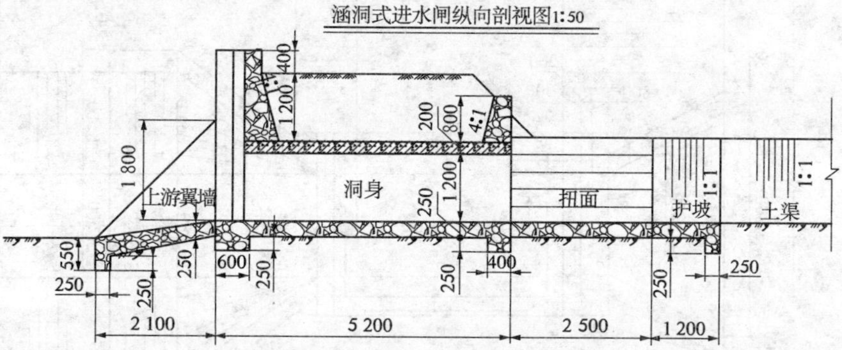

图 12.95　纵向剖视图标注文字

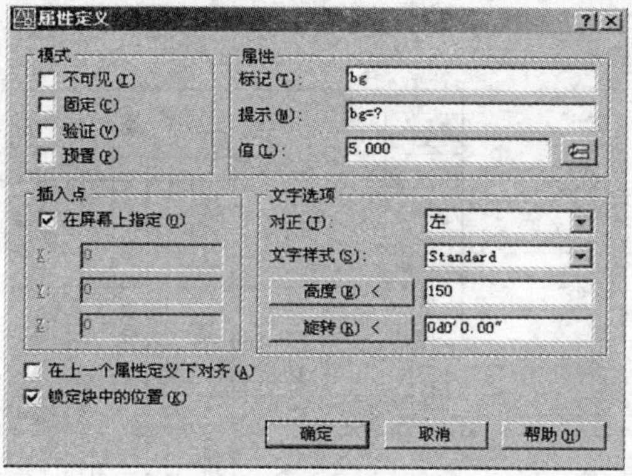

图 12.96　设置标高图块属性

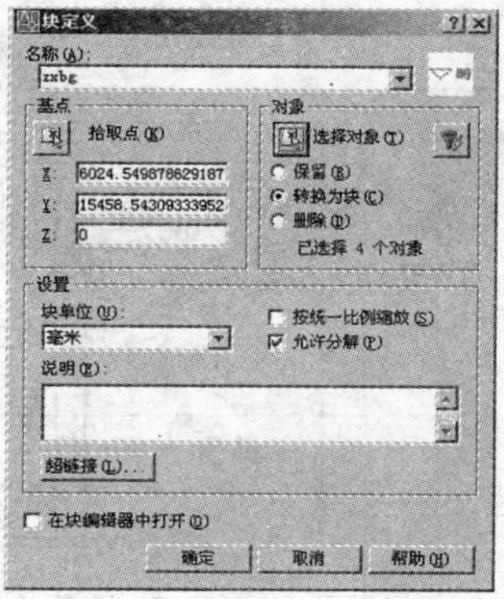

图 12.97　创建纵向标高图块

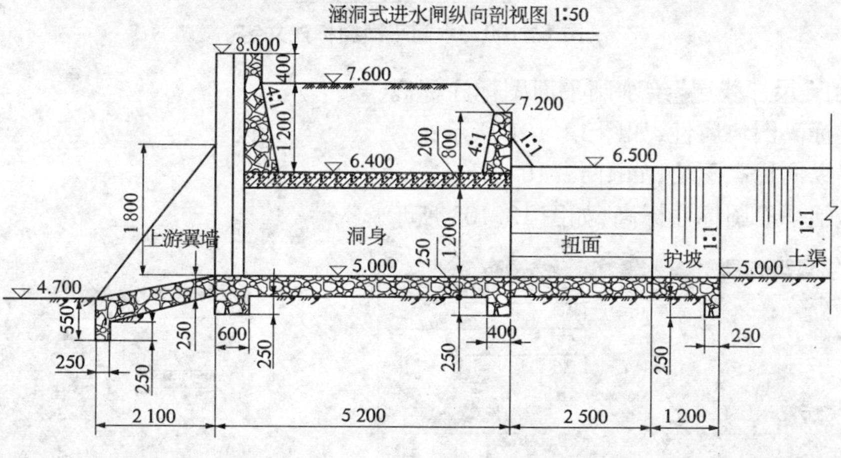

图 12.98　纵向剖视图标注标高

2)进水闸平面图标注

(1)在“尺寸线层”给水闸平面图标注尺寸,如图 12.99 所示。

(2)在“文字标注层”给水闸平面图标注文字,如图 12.100 所示。

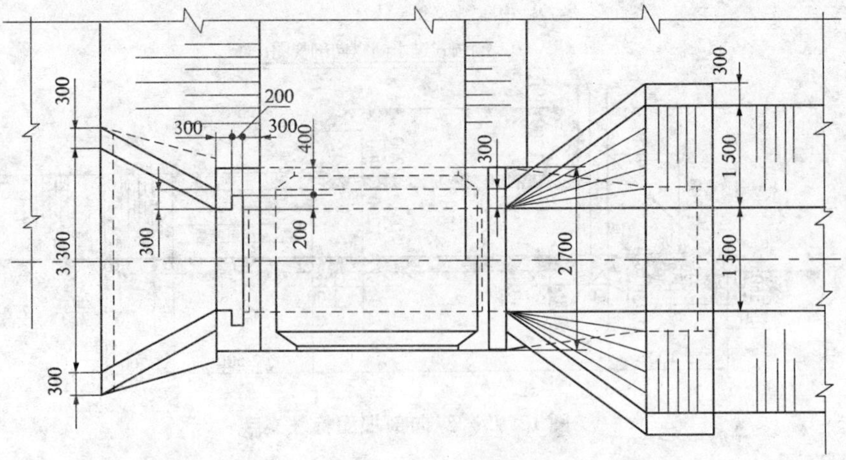

图 12.99　水闸平面图标注尺寸

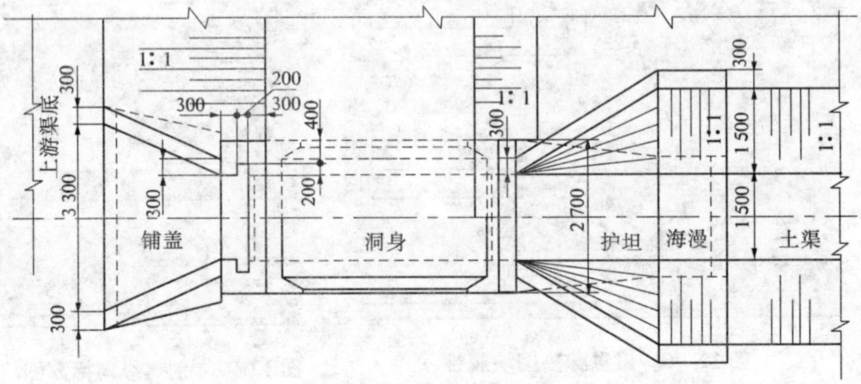

涵洞式进水闸平面图 1:50

图 12.100　水闸平面图标注文字

(3)在"尺寸线层"给水闸平面图标注标高：

设置标高图块属性，如图 12.101 所示；

创建纵向标高图块，如图 12.102 所示；

给水闸平面图标注标高，如图 12.103 所示。

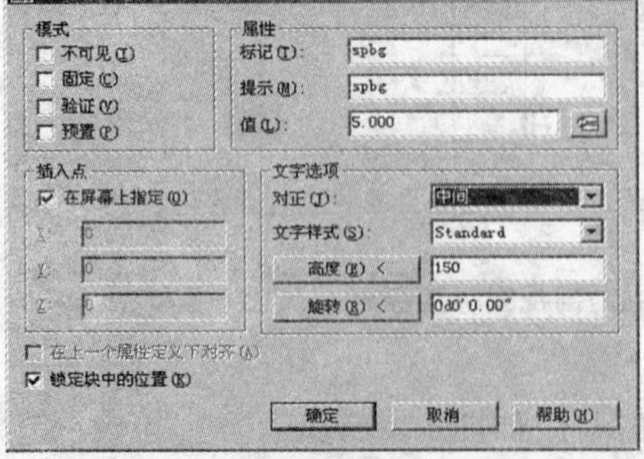

图 12.101　设置标高图块属性

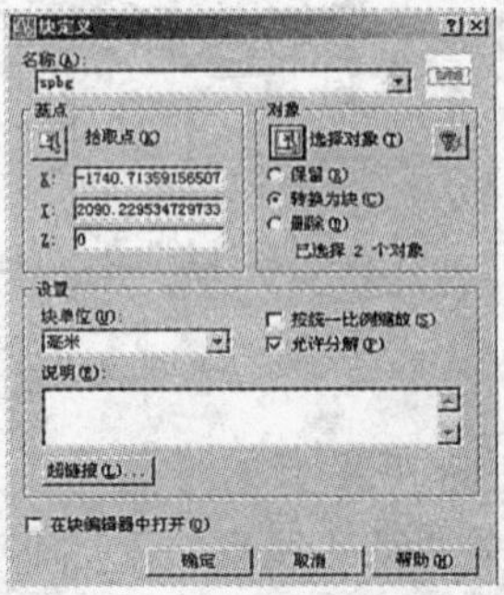

图 12.102　创建纵向标高图块

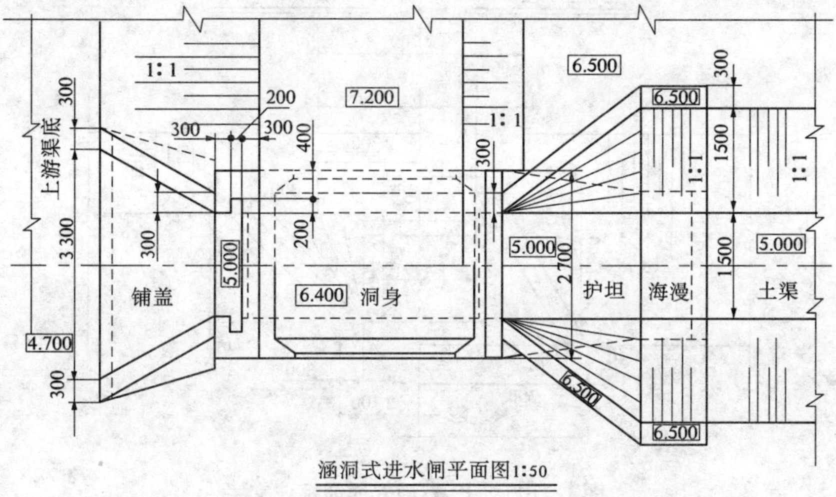

图 12.103　水闸平面图标注标高

3）上、下游立面图标注

（1）在“尺寸线层”给上、下游立面图标注尺寸，如图 12.104 所示。

（2）在“文字标注层”给上、下游立面图标注文字，如图 12.105 所示。

（3）在“尺寸线层”给上、下游立面图标注标高：利用纵向剖视图设置的标高图块。标注结果如图 12.106 所示。

6. 作剖面图

在上述标注中，上游翼墙的后端面、洞身截面、扭面前后端面的尺寸都不清楚，需要对此部位进行剖切，进行剖面标注。

1）标注剖面符号

用“文字标注层”，在水闸平面图上标注剖面符号，如图 12.107 所示。

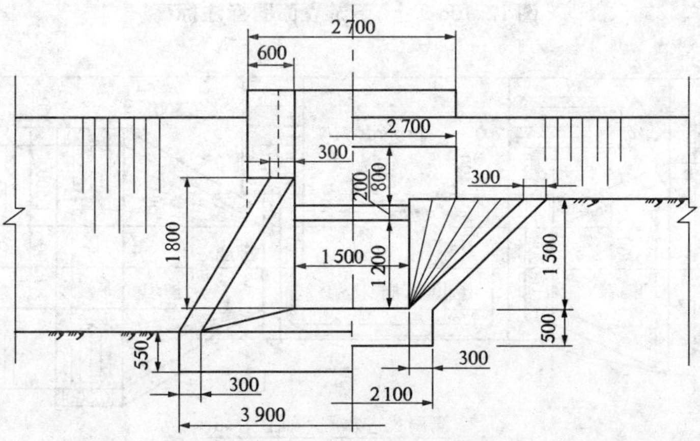

图 12.104　上、下游立面图标注尺寸

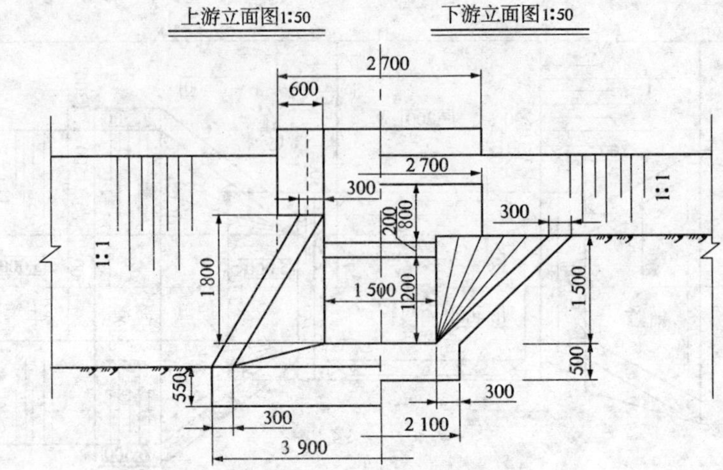

图 12.105　上、下游立面图标注文字

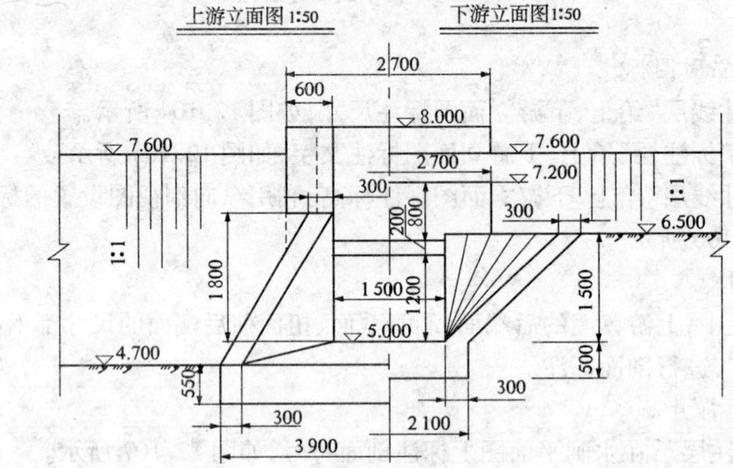

图 12.106　上、下游立面图标注标高

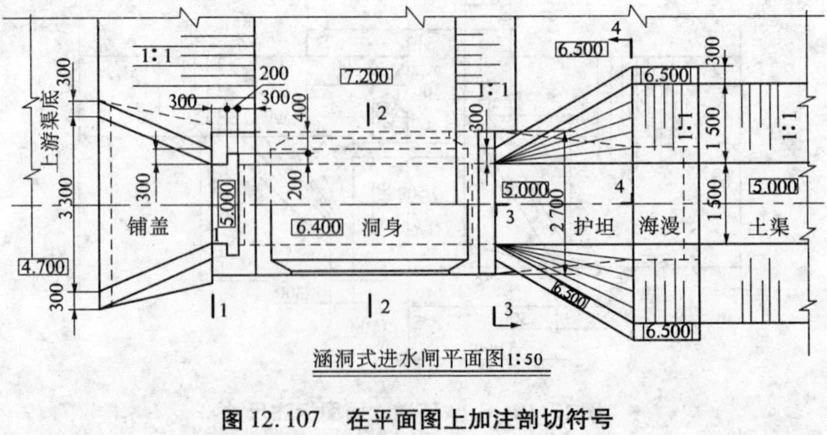

图 12.107　在平面图上加注剖切符号

2)绘制 1—1 剖面图

(1)根据已知条件,在“粗实线层”,用“直线”命令绘制 1—1 剖面图,如图 12.108 所示。

(2)在“尺寸线层”,给 1—1 剖面图加注尺寸,如图 12.109 所示。

(3)在“文字标注层”,给 1—1 剖面图加注文字,如图 12.110 所示。

图 12.108　1—1 剖面图

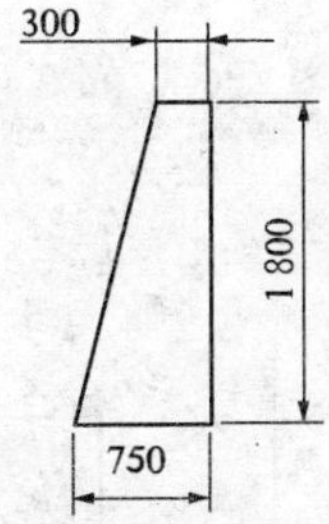

图 12.109　标注尺寸

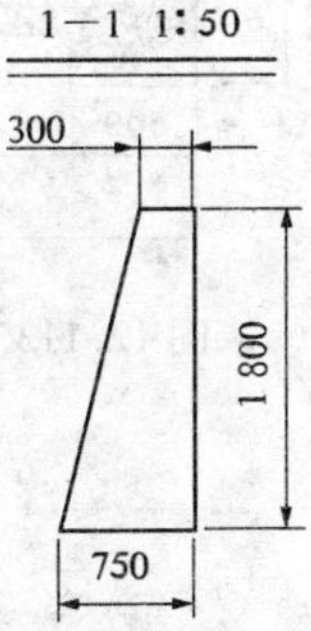

图 12.110　标注文字

3)绘制 2—2 剖面图

(1)根据已知条件,在“粗实线层”,用“直线”命令绘制 2—2 剖面图,如图 12.111 所示。

(2)在“尺寸线层”,给 2—2 剖面图加注尺寸,如图 12.112。

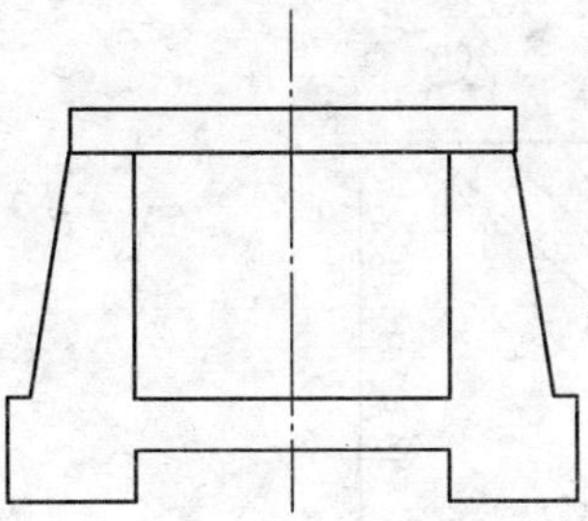

图 12.111　2—2 剖面图

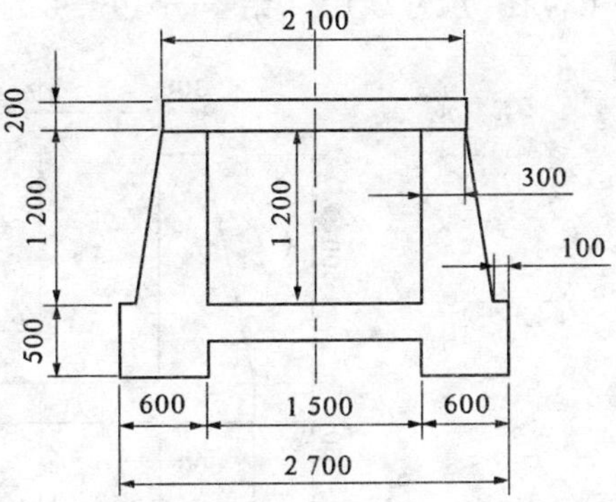

图 12.112　标注尺寸

(3)在“剖面线层”,给 2—2 剖面图加注剖面图案,加注剖面图案的方法同给纵向剖视图加注剖面图案的方法,加注结果如图 12.113 所示。

(4)在“文字标注层”,给 2—2 剖面图加注文字,如图 12.114 所示。

4)绘制 3—3、4—4 剖面图

(1)根据已知条件,在“粗实线层”,用“直线”命令合成表达绘制 3—3、4—4 剖面图;在“细实线层”,用“直线”命令绘制 4—4 扭面线,如图 12. 115 所示。

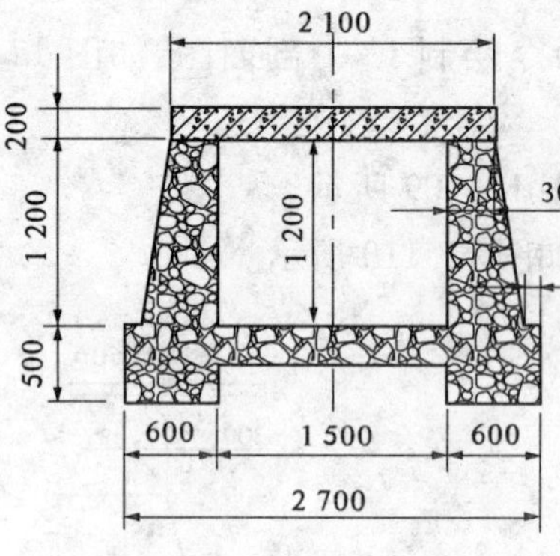

图 12.113　标注剖面图案

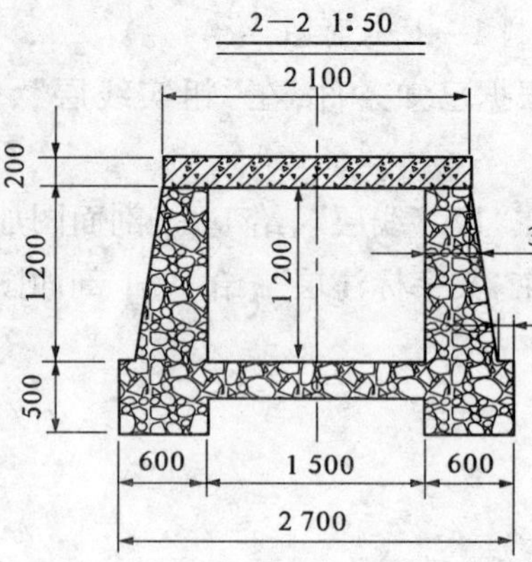

图 12.114　标注文字

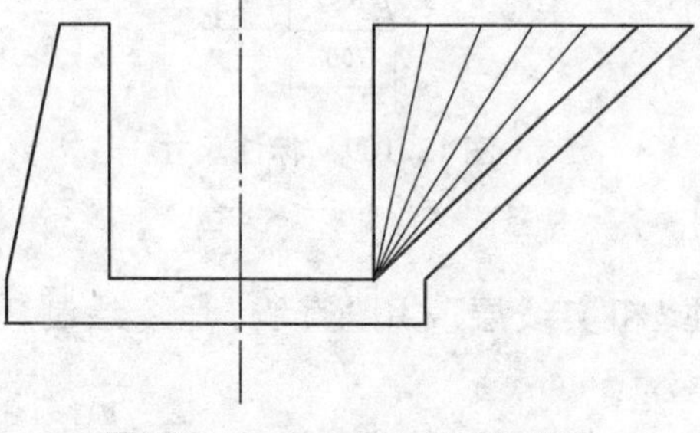

图 12.115　3—3、4—4 剖面图

(2)在“尺寸线层”，给 3—3、4—4 剖面图加注尺寸，如图 12.116 所示。

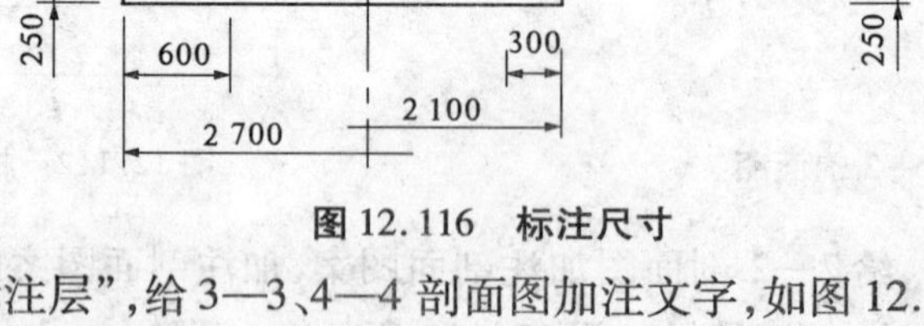

图 12.116　标注尺寸

(3)在“文字标注层”，给 3—3、4—4 剖面图加注文字，如图 12.117 所示。

8. 绘制图框与标题栏

1)绘制图框与标题栏

(1)在“细实线层”，用“直线”命令绘制 420×297 纸边线框；

(2)在“粗实线层”，用“直线”命令绘制图框线，图框线距纸边距离根据制图标准规定；

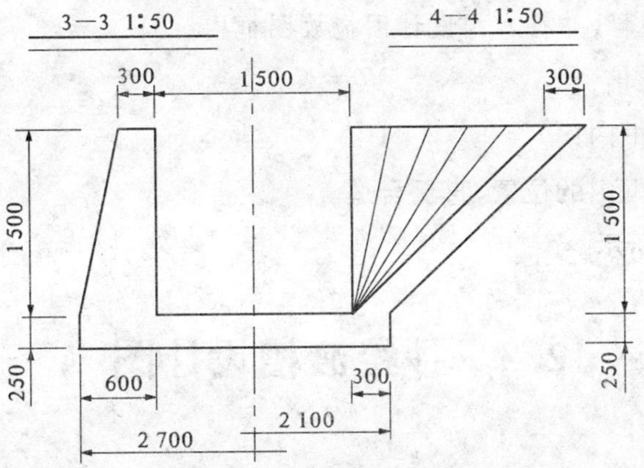

图 12.117　标注文字

(3)在“粗实线层”,用“直线”命令绘制标题栏外框线;在“细实线层”,用“直线”命令绘制标题栏内部分格线,如图 12. 118 所示。

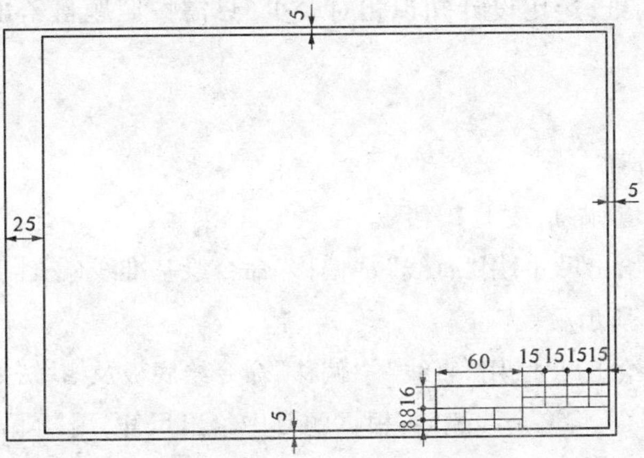

图 12.118　绘制图框与标题栏

2)填写标题栏

(1) 设置文字标注样式,如图 12.119 所示。

(2)在“文字标注层”,用“多行文字”命令对标题栏进行填写。标题栏内,图名用 7 号字,校名用 5 号字,其他汉字用 5 号字,数字用 3.5 号字。结果如图 12.120 所示。

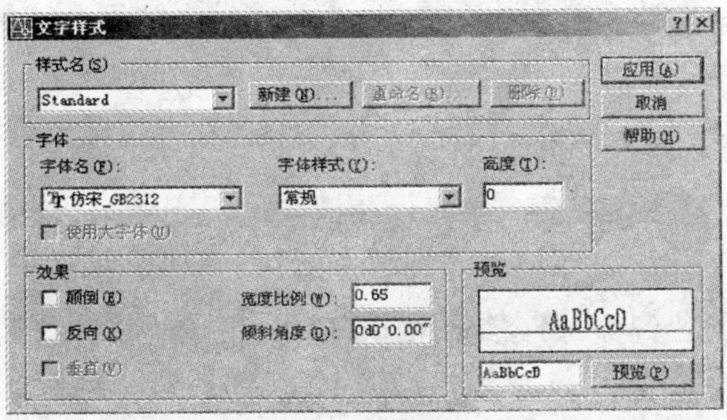

图 12.119　设置文字样式

涵洞式进水闸设计图			图号	05	班级	052021
			比例	1:50	学号	23
制图	制图人	07.05.26	华北水院水利职业技术学院			
审核	审核人	07.06.05				

图 12.120　填写标题栏

3)放大图框与标题栏,并将水闸设计图拖放图框内

(1)将图框放大50倍;

(2)将图形移到图框内;

(3)调整图形在图框内的位置,直至合适。

结果如图12.121所示。

12.3 抄绘渡槽设计图

12.3.1 实现目标

抄绘渡槽设计图,如图12.122所示。

12.3.2 设计思路

本实例为抄绘图纸,运用设计知识相对较少,只需按照题目给出的相关内容抄绘即可。

12.3.3 操作步骤

1.抄绘渡槽立面图

(1)设置绘图环境(略),按1∶1绘图。

(2)根据题目中给出尺寸,用“直线”、“偏移”命令绘基准线(右半部分)、底板及槽墩底宽线,如图12.123所示。

(3)根据题目中给出尺寸,用“直线”、“偏移”命令绘底板及槽墩,如图12.124所示。

(4)用“删除”命令,将多余线删除;根据题目中给出尺寸,用“圆”、“修剪”命令绘槽拱,如图12.125所示。

(5)根据题目中给出尺寸,用“偏移”、“圆”、“修剪”命令绘制肩拱,如图12.126所示。

(6)用“删除”、“修剪”命令,将多余线删除,并修剪相关图线;根据题目中给出尺寸,用“偏移”、“删除”、“修剪”命令绘槽身,如图12.127所示。

(7)用“删除”、“修剪”命令修剪槽身并镜像另一半,并给中间墩加绘柱面素线,如图12.128所示。

2.抄绘渡槽平面图

(1)根据题目中给出尺寸,用“直线”、“偏移”命令绘底板及槽墩;用“删除”、“修剪”命令修剪多余线 ,如图12.129所示。

(2)根据题目中给出尺寸,用“直线”、“偏移”命令绘制槽拱、肩拱;用“删除”、“修剪”命令修剪多余线,如图12.130所示。

(3)根据题目中给出尺寸,用“直线”、“偏移”命令绘槽身,如图12.131所示。

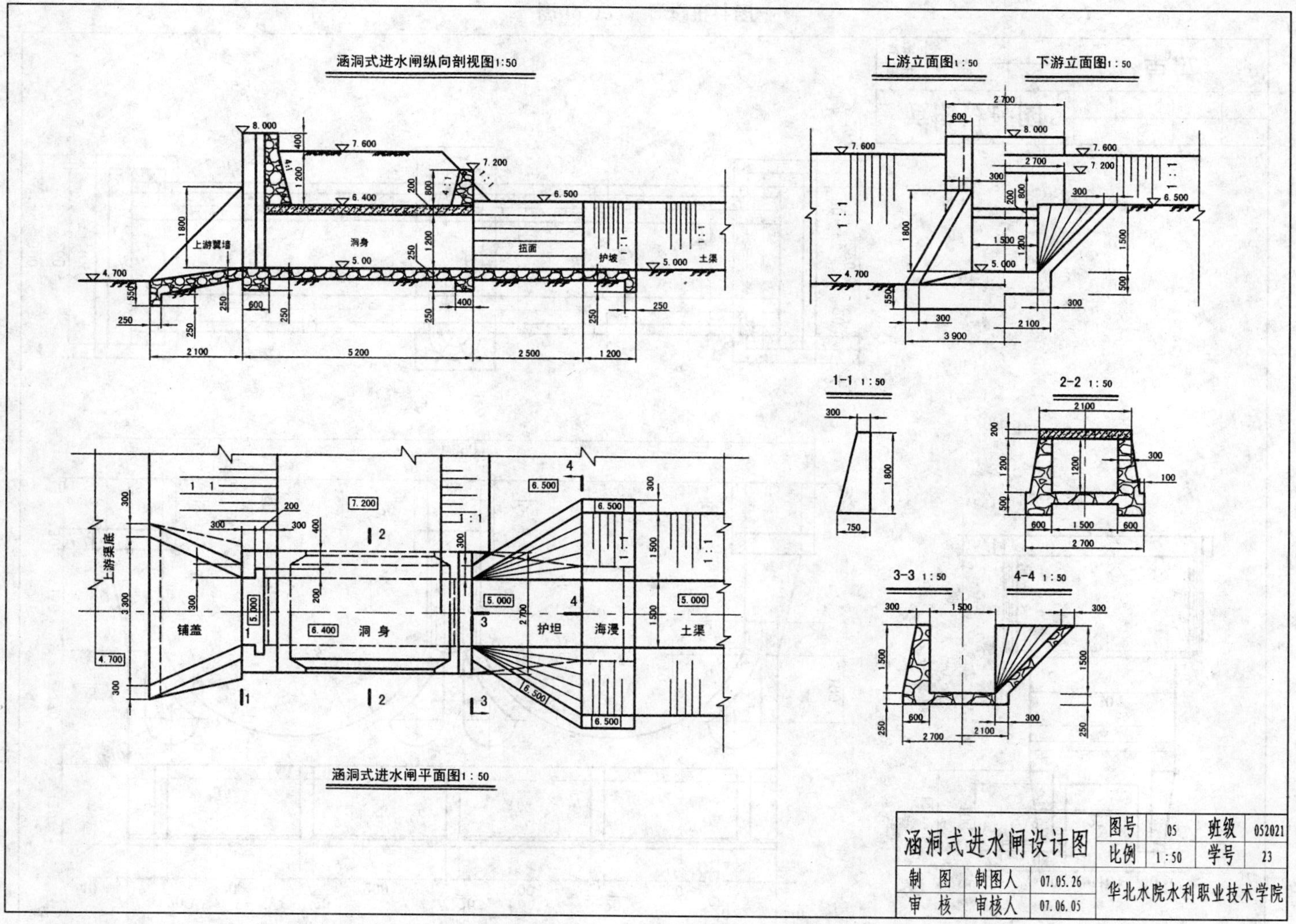

图 12.121　涵洞式进水闸设计图

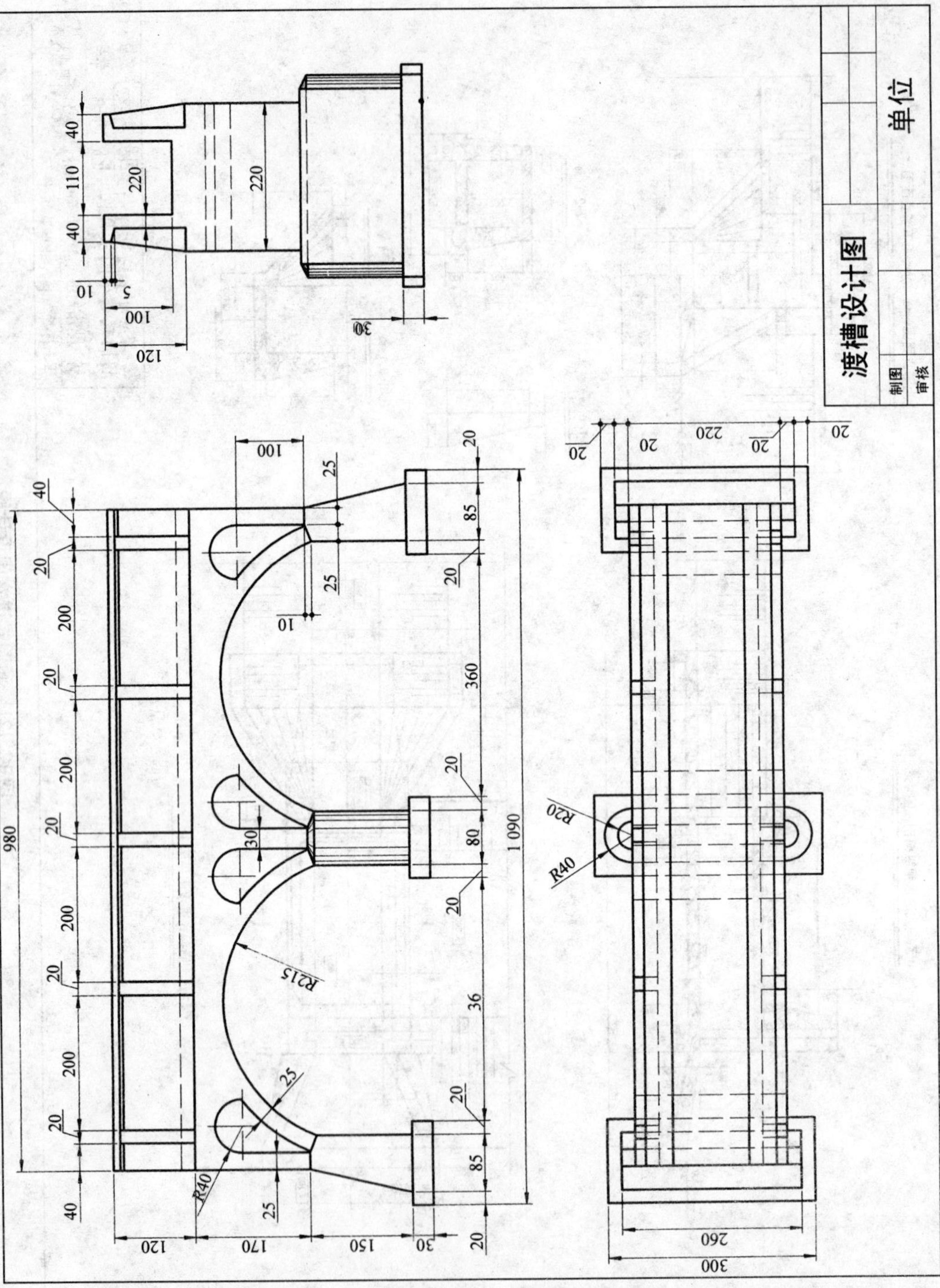

图 12.122 渡槽设计图

(4)用“删除”、“修剪”命令修剪多余线;用“直线”命令绘制相关图线,如图 12.132 所示。

3. 绘渡槽左立面图

(1)根据题目中给出尺寸,用“直线”、“偏移”命令制绘底板及槽墩,如图 12.133 所示。

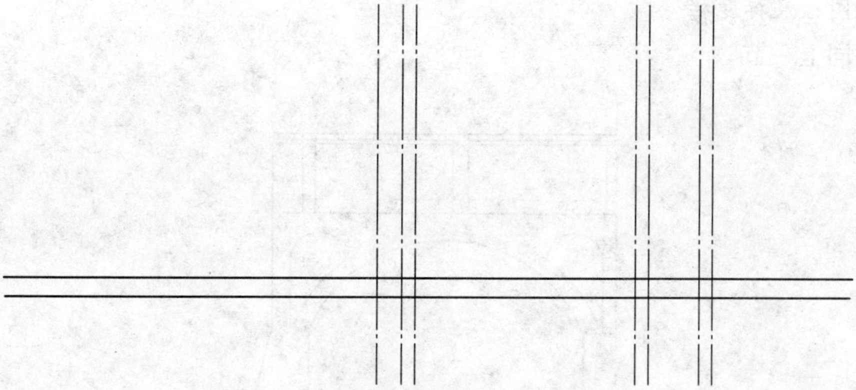

图 12.123　绘基准线、底板及槽墩底宽线

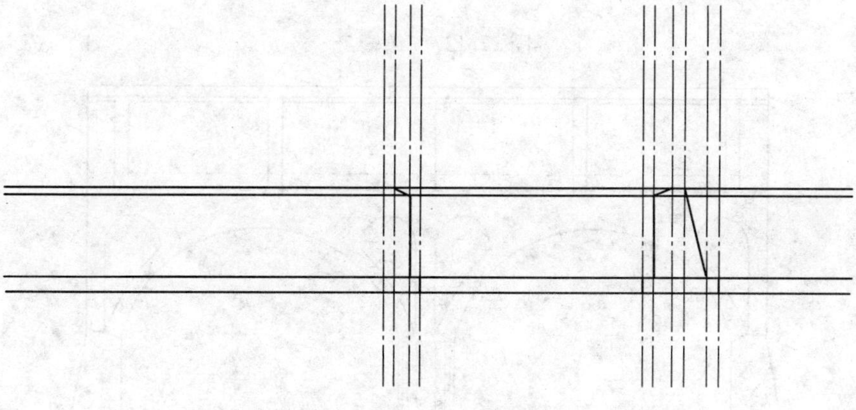

图 12.124　绘底板及槽墩

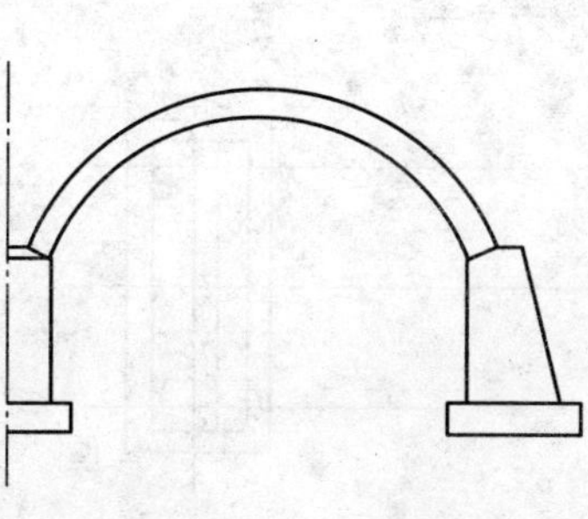

图 12.125　绘槽拱

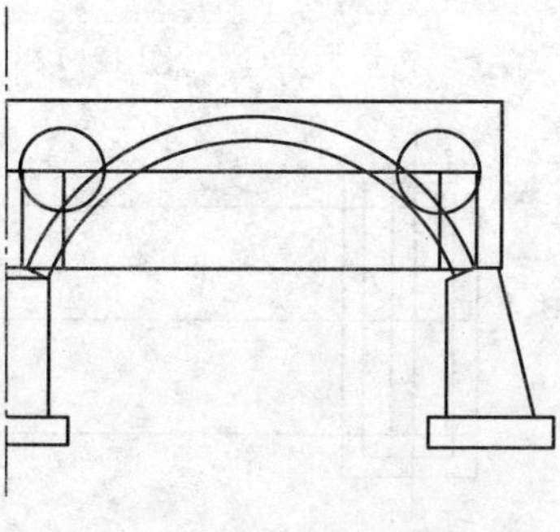

图 12.126　绘肩拱

(2)根据题目中给出尺寸,用“直线”、“偏移”命令绘槽拱及槽身,如图 12.134 所示。

(3)用“删除”、“修剪”命令,修剪渡槽左立面图;用“直线”命令绘制相关图线, 如图 12.135 所示。

4. 标注尺寸

在“尺寸标注层”标注尺寸,如图 12.136 所示。

5. 绘图框及标题栏

方法同上一节。

图 12.127　绘槽身

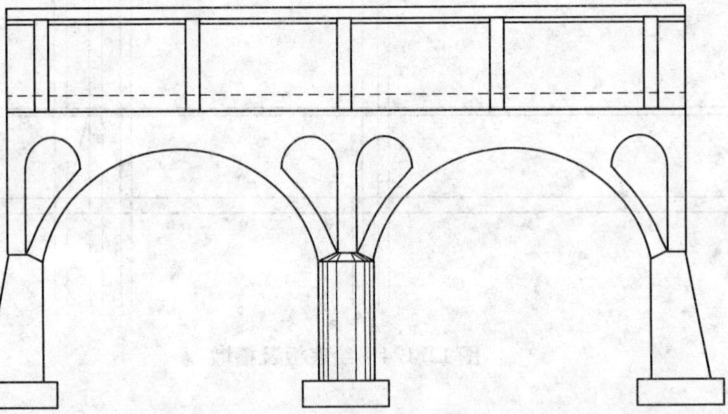

图 12.128　修剪槽身并镜像另一半

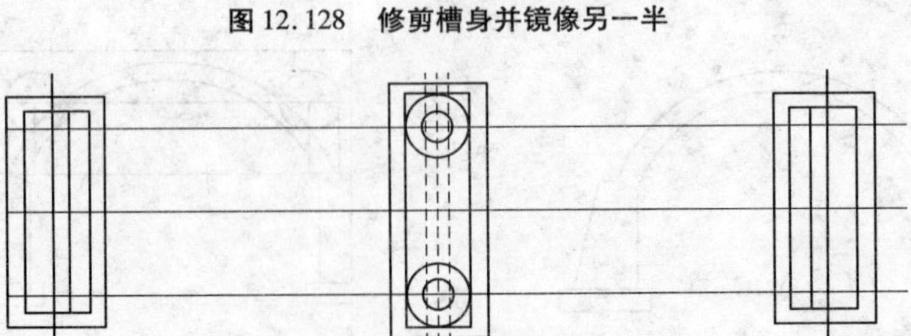

图 12.129　绘底板及槽墩

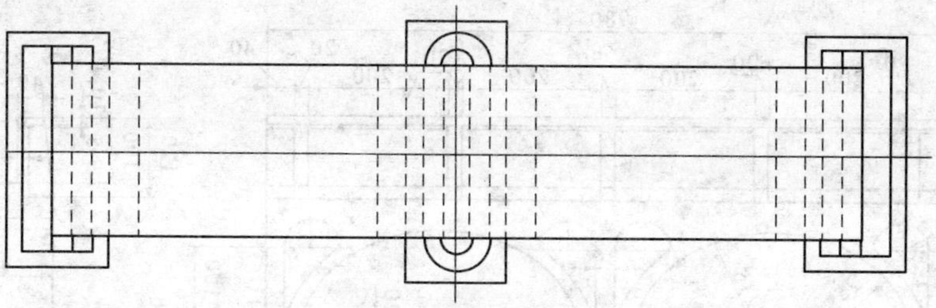

图 12.130　绘槽拱、肩拱

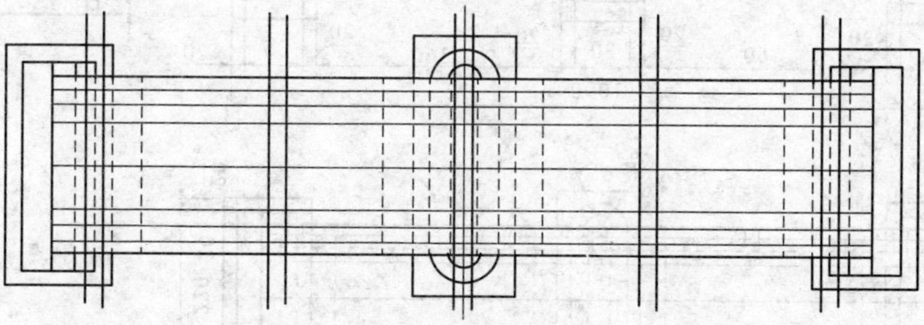

图 12.131　绘槽身

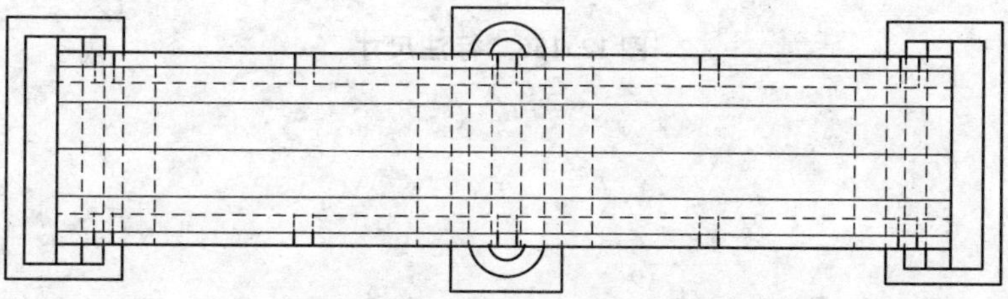

图 12.132　修剪渡槽平面图

6. 修整图框与标题栏

5 倍放大图框及标题栏,并把“渡槽设计图”放入,然后填写标题栏。

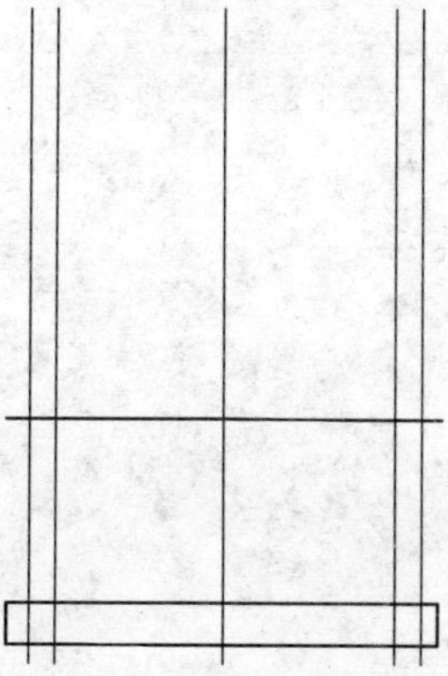

图 12.133　绘底板及槽墩

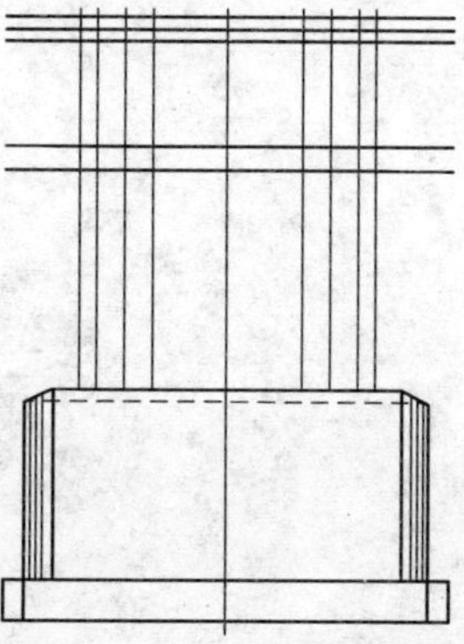

图 12.134　绘槽拱及槽身

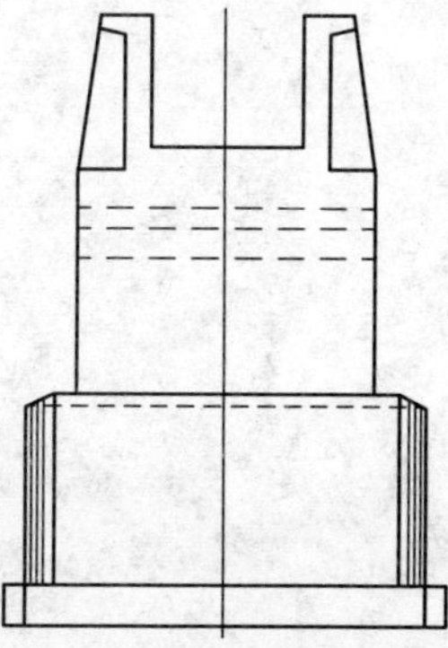

图 12.135　修剪渡槽左立面图

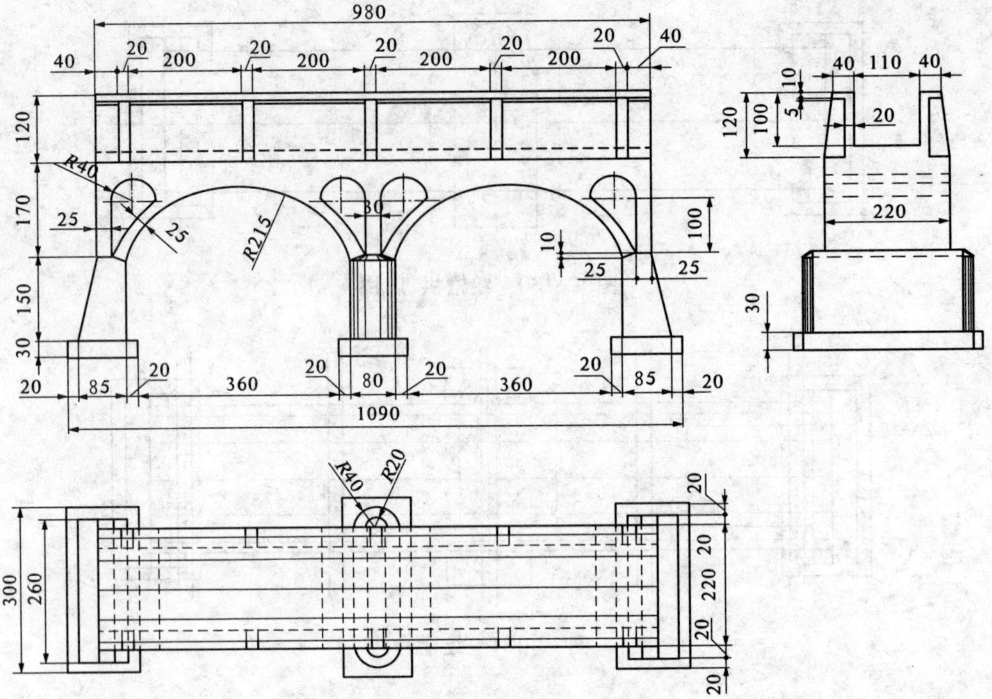
980
40
20
200
20
200
20
200
20
200
20
40
120
R40
170
25
25
R215
30
100
10
25
25
150
30
20
85
20
360
20
80
20
360
20
85
20
1090
40
110
40
10
120
100
5
20
220
30
R40
R20
300
260
20
20
220
20
20

图 12.136　标注尺寸

参 考 文 献

[1] 卢德友,陈红中. 计算机绘图实用教程(AutoCAD 2000 中文版)[M]. 河南:郑州大学出版社,2003.

[2] 卢德友,陈红中. 计算机绘图(AutoCAD 2002)[M]. 陕西:西安地图出版社,2005.

[3] 王佩楷,郭敬芬,曾嫦娥. 中文 AutoCAD 2006 实用教程[M]. 北京:中国林业出版社,北京希望电子出版社,2006.

[4] 赵雪. 中文 AutoCAD 2006 标准教程[M]. 陕西:西北工业大学音像电子出版社,2005.

[5] 管正. 中文 AutoCAD 2006 计算机绘图简明教程[M]. 北京:清华大学出版社,2006.

[6] 吴永进,林美樱. AutoCAD 2006 中文版实用教程——基础篇[M]. 北京:人民邮电出版社,2006.

[7] 韩宁,徐波. 中文版 AutoCAD 2002 三维图形绘制技巧与范例[M]. 北京:人民邮电出版社,2001.

[8] 李磊,郭军利,赵焕光. 中文版 AutoCAD 2005 三维设计[M]. 北京:清华大学出版社,2004.